JN310579

年表で読む 日本食品産業の歩み

明治・大正・昭和前期編

西東秋男 = 編
Saito Tokio

山川出版社

凡　例

1．本年表は，1868(明治1)年から1945(昭和20)年の終戦までを収録した。
2．事項は，月日の順に配列したが，月の確定できない事項及びその年の統計的，総括的な事項は，12月の後の「この年」の項に記載した。
3．年の区切りは，西暦を基準としたが，1872(明治5)年以前については，陰暦の年月によった。但し，一部，(　　)で新暦を併記した事項もある。
4．年齢，享年などについては満年齢とし，月日が判明しない場合については，「事象年―生誕年」で算出した。生没年の前の＜　＞は該当時の満年齢を示す。
5．記号について
　　＊　事項の注または解説。
　　❖　拙編『日本食文化人物事典』(筑波書房)に登載している人物。
6．株式会社名については，明らかに株式会社と判るものは省略したが，株式会社○○○○は(株)○○○○とした。(合名)は合名会社，(合資)は合資会社，(社)は社団法人，(財)は財団法人の略記号である。
7．会社名などで現存の会社名と異なる場合は，原則として会社名などの後に(○○○○の前身)とした。但し，下記の会社については，次のようにした。
　　●大日本麦酒(サッポロビールとアサヒビールの前身)→大日本麦酒。
　　●味の素本舗株式会社鈴木商店(味の素の前身)→(味の素の前身)は省略した。
　　●神戸の総合商社鈴木商店については，味の素の鈴木商店と区別することなどもあって，主として「神戸の鈴木商店」と記した。
8．人名については，原則として敬称を省略した。
9．引用文については，読み易いように適宜句読点を入れるなど，現代文に書き換えたものもある。
10．事項中の単位について
　　●1円＝100銭＝1,000厘，　1銭＝0.01円，　1厘＝0.001円。
　　●砂糖・小麦粉などの数量単位：1ピクル(picul)，　1坦＝約60kg。
　　●玄米1石＝150kg（約180ℓ）＝10斗＝100升＝1,000合＝10,000勺(しゃく)
　　●貫・斤→kg・gへの換算は下表の通り。

凡例　◆　iii

重量換算表

	貫	斤(きん)	グラム(g)	キログラム(kg)
貫	1	6.25	3750	3.75
斤(きん)	0.16	1	600	0.6
グラム(g)	0.000266	0.00166	1	0.001
キログラム(kg)	0.266666	1.66666	1000	1

- ビールの価格：大びん1本当たりの小売価格。
- 製粉工場の能力1バーレル(barrel)とは「1昼夜に22kg入りの小麦粉を4袋生産する能力」[21]。（例えば，製粉能力200バーレルは800袋＝17,600kg＝17.6トンを生産）。

11. 事項の典拠文献は，事項末尾に番号を付した。年月日，内容などについて複数の文献を総合して作成した場合，複数の出典番号を記載した。
12. 事項中の資本金，商品価格などの金額については，参考のために「現在の価格に換算すればおおよそどれ位になるか」を（現在価○○○円）で表示した。あくまで試算にすぎない。換算基準については種々あるが，形状が変化していないことなどから「官製ハガキ」の倍率を基準とした。ハガキ適用以前については，物価上昇率を1万倍として試算した。ハガキの価格倍率は次表の通りである。参考までに「アンパン」と「国家公務員の初任給」の上昇率を掲載した。

官製ハガキの値段(1枚)　　平成23年現在価格：50円

		50円は当時の何倍か
明治6年12月	1銭	5,000倍
明治32年4月	1銭5厘	3,333倍
昭和12年4月	2銭	2,500倍
昭和19年4月	3銭	1,667倍

（出所）『値段の明治大正昭和風俗史』週刊朝日編，朝日新聞社，1981。

上表にもとづき，現在価は以下の倍率で試算した。
- 明治6年12月～32年3月　　：当時の価格×5,000倍
- 明治32年4月～昭和12年3月：　〃　×3,333倍
- 昭和12年4月～19年3月　　：　〃　×2,500倍

アンパン（1個）の値段（木村屋総本店）　　平成23年現在価格：147円

		147円は当時の何倍か
明治7年	5厘	29,400倍
明治38年	1銭	14,700倍
大正6年	2銭	7,350倍
大正12年	2銭5厘	5,880倍
昭和13年	5銭	2,940倍

（出所）『値段の明治大正昭和風俗史』週刊朝日編，朝日新聞社，1981。

国家公務員の初任給（月給）　　平成23年現在：181,200円

		181,200円は当時の何倍か
明治27年	50円	3,624倍
明治44年	55円	3,295倍
大正7年	70円	2,589倍
大正15年	75円	2,416倍
昭和12年	75円	2,416倍

（出所）『続・値段の明治大正昭和風俗史』週刊朝日編，朝日新聞社，1981。
注：戦前は高等文官試験，現在は1種試験合格者。諸手当を含まない基本給。

目次

1868(明治1年)	中国人の蓮昌泰，東京でラムネの製造を始める ………	2
1869(明治2年)	町田房蔵，アイスクリームを日本で初めて製造販売 …	4
1870(明治3年)	コープランド，横浜にビール醸造所「スプリング・バレー・ブルワリー」設立 ……………………………………	6
1871(明治4年)	長崎の松田雅典，缶詰を試作 ……………………………	8
1872(明治5年)	大阪の渋谷庄三郎，渋谷麦酒製造所を起こす …………	11
1873(明治6年)	司法省，初の食品衛生取締りに関する布達を出す ……	14
1874(明治7年)	鈴木岩治郎，神戸に鈴木商店設立 ………………………	18
1875(明治8年)	甲府の野口正章，『東京日日新聞』に「三ッ鱗ビール」の広告を掲載(3月16日) ………………………………	22
1876(明治9年)	わが国初の官営ビール工場，開拓使麦酒醸造所竣工(9月8日) ……………………………………………………	24
1877(明治10年)	第1回内国勧業博覧会，東京上野公園で開催(8月21日〜11月30日) ……………………………………	27
1878(明治11年)	内務省，「製氷取締」を公布 ……………………………	31
1879(明治12年)	民営機械製粉事業の始まり ………………………………	34
1880(明治13年)	旧刑法で，食品衛生に関する罰則を定める …………	37
1881(明治14年)	官営紋鼈製糖所，操業を本格化 ………………………	41
1882(明治15年)	赤堀峯吉，日本初の料理学校を開設 …………………	45
1883(明治16年)	鹿鳴館オープン ……………………………………………	47
	鈴木藤三郎，氷砂糖の製法を完成 ……………………	47
1884(明治17年)	商標条例の制定 ……………………………………………	50
1885(明治18年)	ジャパン・ブルワリー・カンパニー(キリンビールの前身)設立 ………………………………………………	53
	宇都宮駅で日本初の駅弁を売り出す …………………	53
1886(明治19年)	日本初のワイン会社「大日本山梨葡萄酒会社」，閉鎖 ………………………………………………………	56
1887(明治20年)	麦酒などに民間主導の会社が誕生 ……………………	59
1888(明治21年)	わが国初のビールびんの国産化 ………………………	62
1889(明治22年)	水産人を養成する水産伝習所開設(1月20日) ………	65
1890(明治23年)	食品業界に初のカルテル …………………………………	68
	わが国初の水道基本法「水道条例」制定(2月) ……	68

1891（明治24年）	大阪麦酒吹田村醸造所（アサヒビールの前身）が完成 ·· 72
	小岩井農場設立 ·· 72
1892（明治25年）	徳島の中川虎之助，沖縄糖業の開発に意欲をみせる ··· 74
	マシュマロ新発売 ·· 74
	牛乳に牛糞 ·· 74
1893（明治26年）	馬越恭平，日本麦酒を立て直す ······························ 77
	佐藤弥六，『林檎図解』を編纂 ································ 77
1894（明治27年）	日清戦争の勃発で，缶詰やビスケット製造業が盛況 ··· 80
	神谷伝兵衛，養子をフランスに派遣 ···························· 80
1895（明治28年）	近代糖業の先駆けを成す，日本精製糖株式会社発足（のちの大日本製糖） ·· 83
	大阪麦酒（アサヒビールの前身），躍進 ······················ 83
1896（明治29年）	初の本格的な機械製粉会社，日本製粉株式会社設立 ··· 86
	本格的なソースの発売が始まる ·································· 86
1897（明治30年）	初めて食品の広告を新聞に掲載した中川嘉兵衛，死去（79） ·· 90
1898（明治31年）	松戸覚之助，「青梨新太白（のちの二十世紀梨）」の育成に成功 ·· 93
1899（明治32年）	サントリー・森永製菓の前身，創業 ···························· 96
	東京銀座に「恵比寿ビアホール」開店 ························ 96
1900（明治33年）	館林製粉株式会社設立（日清製粉の前身）（10月） ··· 101
	「飲食物其ノ他ノ物品取締ニ関スル法律」（食品衛生法の前身）公布 ·· 101
1901（明治34年）	増税が相次ぎ，ビールに初めて課税 ························ 105
	相馬愛蔵，東大赤門前にパン屋「中村屋」開業（12月30日） ·· 105
	東海道線の急行に1，2等客用の食堂車が登場 ······ 105
1902（明治35年）	台湾製糖，守備隊に守られ製糖開始（1月） ············ 108
1903（明治36年）	最後の内国勧業博覧会，大阪で開催（3〜7月） ····· 111
	村井弦斎，『食道楽』を『報知新聞』に連載 ············ 111
1904（明治37年）	日露開戦でビスケット業界躍進 ································ 116
1905（明治38年）	全国缶詰業連合会（大日本缶詰業連合会の前身），設立 ·· 119
	天狗煙草の岩谷松平，養豚場を披露 ························ 119
1906（明治39年）	日本・札幌・大阪の三大麦酒会社が合併し，大日本麦酒

	設立 ……………………………………………………	122
	南満州鉄道株式会社(満鉄)設立 ………………………	122
1907(明治40年)	麒麟麦酒株式会社設立 …………………………………	127
1908(明治41年)	池田菊苗,昆布のうま味成分の抽出に成功.鈴木三郎助,製造法の工業化を引き受ける ………………	132
	精製糖,製粉業界で生産や価格協定を締結 …………	132
1909(明治42年)	食品製造業などの実態を明らかにする工場統計調査(工業統計調査の前身)が開始される ………………	136
	大日本製糖(日糖)疑獄事件発生,藤山雷太が立て直しを図る	136
1910(明治43年)	藤井林右衛門,横浜に不二家洋菓子舗(不二家の前身)を創業 ………………………………………………	140
1911(明治44年)	工場法公布 ………………………………………………	143
	初のカフェー「カフェー・プランタン」オープン …	143
1912(明治45年・大正1年)	明治製糖,台湾製糖に続いて,粗糖→精糖製造の一貫体制を本土に実現 …………………………………	147
1913(大正2年)	浦上靖介,ハウス食品の前身を創業 …………………	151
1914(大正3年)	蟹江一太郎,カゴメの前身を設立 ……………………	155
1915(大正4年)	小麦粉輸出が急増,製粉工業は活況を取り戻す ……	159
1916(大正5年)	砂糖の消費増を図るため,明治製菓の前身を設立 …	162
1917(大正6年)	野田醤油(キッコーマンの前身)設立 …………………	166
1918(大正7年)	米騒動で寺内内閣総辞職し,原敬内閣誕生 …………	171
1919(大正8年)	ドイツ人捕虜,食文化に貢献 …………………………	176
1920(大正9年)	大正9年の恐慌の下,製糖業は活況を呈し,未曾有の高率配当を行う …………………………………	181
1921(大正10年)	不況克服のため,企業連合の動きが活発化 …………	185
1922(大正11年)	江崎商店(江崎グリコの前身),大阪・三越デパートでグリコを売り出す …………………………………	190
1923(大正12年)	関東大震災で食品業界,被害甚大 ……………………	194
1924(大正13年)	寿屋(サントリーの前身),日本初のウイスキー工場を完成	199
1925(大正14年)	北海道製酪販売組合(雪印乳業の前身)設立 …………	203
1926(大正15年・昭和1年)	小麦粉不況,深刻化 ……………………………………	206
1927(昭和2年)	神戸の鈴木商店破綻,食品業界に大打撃 ……………	210
1928(昭和3年)	製粉業界,生産調整 ……………………………………	213

年	内容	頁
1929（昭和4年）	不況のさなか，わが国初の本格ウイスキーが発売される	216
1930（昭和5年）	不況が深刻化し，大手食品会社でも人員整理を実施	221
1931（昭和6年）	カルテル化が進行するなか，満州事変が勃発	224
1932（昭和7年）	軍部の力が強まるなか，食品企業の協調体制強まる	229
1933（昭和8年）	食品企業，満州に進出．一方，ネッスル（ネスレ）社が日本に攻勢をかける	233
1934（昭和9年）	竹鶴政孝ら，大日本果汁株式会社（ニッカウヰスキーの前身）を設立	237
1935（昭和10年）	農村経済更生政策で，農村の工業化を振興	241
1936（昭和11年）	「準戦時経済」強まるなか，日本船による南氷洋捕鯨初出漁	245
1937（昭和12年）	日中戦争勃発で，食糧に対する国家統制が始まる	249
1938（昭和13年）	国家総動員法公布，統制経済体制が強化される	253
1939（昭和14年）	ほとんどの食料品が価格統制令の対象となる	258
1940（昭和15年）	公定価格の表示が義務付けられるなど，食品企業の自由度なくなる	262
1941（昭和16年）	生活必需物資統制令公布，配給制度が強化されるなか，太平洋戦争に突入	268
1942（昭和17年）	企業整備令の施行で，企業の統廃合が進み，統制機関が設立される	273
1943（昭和18年）	多くの食品工場が軍事関係の製造場へ転用される	278
	ブドウ酒醸造業者の酒石生産が本格化	278
1944（昭和19年）	原材料輸入途絶，労働力不足などで食品産業の存立基盤，弱体化	282
1945（昭和20年）	相次ぐ大空襲で，食品工場の大多数焼失	287

典拠文献	289
参考文献	293
事項索引	294
会社等索引	302
人名索引	313
社史一覧	316

年表で読む
日本食品産業の歩み
(明治・大正・昭和前期編)

1868　明治1年

中国人の蓮昌泰❖，東京でラムネの製造を始める

　東京築地入船町(現中央区)で「蓮昌」の看板をかかげて，ラムネの製造を始めた．東京初とみられる．彼の店で修業した鈴木乙松(音八)❖(1849～?)らが，その後，東京で開業し，ラムネブームを支えたという．同じ頃，横浜本町通り居留地61番館で，イギリス人のJ.ノース❖とW.レー経営のノースレー商会がラムネなどのソフト・ドリンクの製造販売を始めた．

　日本で初めてラムネを製造販売したのは，1865(慶応1)年長崎の藤瀬半次郎(半兵衛)❖といわれ，100年目に当たる1965(昭和40)年に全国清涼飲料工業会が「清涼飲料百年祭」を行った．

　ラムネの名称はレモネード(lemonade)の語尾が消え，レがラの発音に聞こえて「ラムネ」になったといわれる．

1月	3	鳥羽・伏見の戦い(戊辰戦争)起こる．[16]
		＊この戦いで，京都の町の大半が焼失，酒蔵も被害を蒙り，伏見の醸造量は江戸末期の7,197石から1,800石に激減．[29]
	17	新政府，官制(三職七科の制)を発布．[16]
	27	新政府，大久保利通❖(1830～78)の建議を入れ，牧畜政策を推進．[1]
	◆	大阪江戸堀の島津藩蔵屋敷，兵火のため落札済みの黒糖が焼ける．[2]
5月	30	新政府，商法大意を布達．従来の問屋株や仲間制度を廃止し，売買の自由を許可．[6]
	◆	太政官，酒造規則五箇条を定める．[3]
		＊酒造株鑑札により収税に努めるが，無鑑札で醸造する者もあって収税に支障を生じるようになったので，1871(明治4)年7月清酒・濁酒・醤油の醸造税，免許税が創設される．
7月	1	新政府，旧幕府開成所の理化学施設を大阪に移し，舎密局(せいみきょく)とする．1869(明治2)年2月，大阪府の所管となり，5月1日開講．[16]
		＊舎密はオランダ語chemie(化学)の音訳．
	17	(1868.9.3)　江戸を東京と改める．
8月	10	ブリジンス・清水喜助設計の日本初の洋式ホテル「築地ホテル」完成．[26]
	◆	税法，小物成，諸運上の徴収は旧慣を踏襲．[6]

'68 —'77

2　◆　1868年

9月 8 慶応を明治と改元．一世一元の制を定める．
　　＊慶応4年9月8日が明治1年9月8日（1868.10.23）となる．[266]

23 天皇の東幸（東京へ行くこと）につき，日本橋魚市場で本小田原町に魚類調進所を設置，宮内省内膳部からの鮮魚の注文を調進することとなる．[4]

11月 19 （1869.1.1）東京の築地鉄砲洲に外国人居留地開設．[43]
　　＊21日，交易所開設．市民が自由に外国人と交易できるようになる．[32]

12月 8 房総の幕府直営の嶺岡牧場（現千葉県南房総市大井，現千葉県嶺岡乳牛試験所）を官営に改める．[5]
　　＊享保年間にこの牧場で，インド産白牛の乳から白牛酪（乳に砂糖を入れて煮詰め，石けん程度の堅さにしたもの）を造ったことなどから，「日本酪農発祥の地」として千葉県史跡に指定されている．

この年

◆ 明治初年頃，内地糖業は有史以来の最盛期といわれたが，安値・良質の輸入糖が増大し，衰退のきざしがみられる．[6]

◆ 明治初年頃，東京の味噌製造業者は本郷を中心に四谷・深川・芝・品川・大井・大島などに四，五十軒あり．[72]

◆ 凮月堂，薩摩藩に東北征討用兵糧パン（黒ゴマ入りビスケット）5,000人分を納入．[7]

◆ 宮川清吉（角清），東京本芝に薩摩藩兵隊用屠牛場を開設．[261]

◆ この頃，児島湾（岡山県）の養貝事業が湾内の一大事業として盛況をきわめる．[8]
　　＊苗貝の育成，採貝器具の改良，清国輸出などで繁栄．

◆ イギリス人経営のノースレー商会，横浜本町通り居留地61番館で，清涼飲料水の製造を始める．[9]

◆ 中国人の蓮昌泰❖，東京築地入船町（現中央区）でラムネを製造．[10, 224]

1868年　◆　3

1869 明治2年

町田房蔵❖, アイスクリームを日本で初めて製造販売

　旗本納戸役の家に生まれ，16歳のとき咸臨丸の乗組員として渡米した経歴をもつ房蔵（?～1886）は，旧暦6月（新暦7月），横浜の馬車道通り（現中区常盤町）に氷水店を開き，日本初のアイスクリームを「あいすくりん」の名で売り出す．値段は1人前2分（約8,000円），庶民にとっては高嶺の花で，売行きは悪かったが，翌3年4月，横浜の伊勢山皇大神宮の遷宮大祭をきっかけに売行きが伸び，「ザルで金を計るほど儲かった」という．なお，彼にアイスクリームの製法を教えたのは，出島松造❖（1842～1928）といわれる．

　時代は下って，1965（昭和40）年日本アイスクリーム協会は5月9日を「アイスクリームの日」と制定した．1976（昭和51）年，日本アイスクリーム協会神奈川県支部はアイスクリームの誕生を記念して，発祥地の馬車道通りにモニュメント「太陽の母子像」を建立した．

'68―'77

1月1	場所請負制度廃止（蝦夷地，現北海道）．
14	官営嶺岡牧場で牧牛を試みる．[5]
◆	千葉県印旛郡出身で，もと一橋家に仕えていたという角田米三郎❖，建議書『協救社衍義書草稿』第2号を著わす．[344] ＊飢饉に備えて肉食の必要性と豚の生育の早いことに着目して養豚と豚肉奨励を建白し，東京麹町3丁目（現上智大学付近）に協救社という結社を作る．
◆	関東府藩県に醤油醸造鑑札交付，12月同鑑札に対して税金徴収．[11]
2月16	(3-28)木村安兵衛❖<51>（1817～89）と次男英三郎❖<17>（1852～87），東京芝日蔭町（現新橋駅前）にパン屋「文英堂（木村屋総本店の前身）」を開業．[13] ＊店名は文明開化の「文」と英三郎の「英」をとって命名したという．
19	蝦夷島（北海道）総裁榎本武揚（1836～1908），渡島半島七重村の土地約300万坪をプロシア人ガルトネル❖に99年間貸与する契約を締結（後の七重農業試験場）．[5] ＊ガルトネルは，北海道で初めて洋種リンゴを栽培したという．
◆	品川県（現東京都品川区），麦酒製造所設立．[12]
3月◆	京都の和菓子老舗の虎屋，12代光正のとき，明治天皇❖のお供を

　　　　　　して東京に転じ，神田小川町にて御用を承る．
　　　　　＊虎屋の創業は口伝によると，奈良時代にさかのぼるといわれる．
　　　　　　その頃から御所御用をつとめ，のちに京都に移転したと伝えら
　　　　　　れる．黒川円仲❖(?～1635)が虎屋の中興の祖といわれる．現
　　　　　　在，赤坂本店(港区赤坂4-9-22)には，「虎屋文庫」があり，年
　　　　　　数回貴重な文献や和菓子などが展示される．[14]

4月14 明治天皇，吹上御苑内で白牛の搾乳(乳しぼり)をご覧になる．[15]
　　　　　＊乳をしぼったのは，日本人で初めて横浜で搾乳業を始めた前田
　　　　　　留吉❖(1840～?)．

7月8 職員令を制定し，官制を改革，太政官・民部省・大蔵省などを設
　　　　置．東京の民部省庁内に開拓使を設置．[12, 16]

　　17 東京・京都・大阪以外の府は県に改める．[16]

8月15 蝦夷地を北海道と改称．[16]

9月◆ 通商司，東京築地に築地牛馬会社を設立し，屠牛所を開設，屠肉
　　　　の販売を試みる．[17]

12月◆ 日本海軍，牛肉を栄養食として採用．[17]

この年
　　◆ 安南・サイゴン米，318万石(約48万トン)も輸入されたという．[10]
　　　＊冷害による食糧不足と国内産高騰に対し，輸入米は廉価であっ
　　　　た．

　　◆ 兵庫の中国人商館，香港集散の据物糖を輸入．[2]

　　◆ 奄美大島の機械製糖工場(宇換・名瀬・西方・龍郷の4工場)が操
　　　業を中止．[2, 6]

　　◆ 小麦粉の輸入量3万ピクル(約1,800トン，1ピクル=約60kg)近
　　　くまで増加．[6]

　　◆ 旧徳川藩士，静岡県下の牧之原に土地の払下げを受けて帰農し，
　　　茶園を開く．中条景昭・大草高重ら約300名といわれる．[18]

　　◆ 神戸の関門月下亭(牛肉屋，三輪亭の前身)創業．[345]
　　　＊牛肉屋で最も古いと思われるのは，ペリー来航前の1851(嘉永
　　　　4)年に大阪阿波座の徳松という者の開いた店という．[10]

　　◆ 中川(屋)嘉兵衛❖(1817～97)，芝露月町(現港区東新橋2丁目，
　　　新橋5丁目付近)に牛鍋店開業．[17]
　　　＊実際に開業したのは中川嘉兵衛ではなく，中川嘉兵衛から権利
　　　　を譲り受けた堀越藤吉とみられる．藤吉は「牛肉店中川」を開
　　　　業し，「御養生牛肉」の赤旗を掲げた．しかし，牛肉の販売だ
　　　　けでは利益が少ないので，牛鍋屋も始めた．これが東京で最初
　　　　の牛鍋屋といわれる．[20]

　　◆ 凮月堂，パンの販売を始める．[7]

　　◆ ウイリアム・コープランド❖<35>(1834～1902)，ビール醸造用
　　　地に横浜山手の居留地123番を含む2,480坪の借入入札に成功．[19]

1870 明治3年

コープランド，横浜にビール醸造所「スプリング・バレー・ブルワリー」設立

　1864(元治1)年来日したビール醸造技術を有するノルウェー生まれのアメリカ人ウィリアム・コープランド❖<36>（1834～1902）は，横浜で運輸業などで資金をたくわえ，山手123番地に醸造所を設立した。これと前後して，ジャパン・ブルワリー（山手46番），ヘフト・ブルワリー（山手68番）などもビール醸造を開始した。コープランドは，極東に来ている外国人醸造家のなかで，自分の右に出る者はいないというのが自慢であった。競争相手のウィーガントに競争の不利益を説き，2人で商事組合を設立し，事業を続けたが，ウィーガントと仲違いし，ウィーガントがビールのにごり止めの「人体有害論」を裁判で主張したため，売行きが落ち，14年続いた醸造所は1884(明治17)年公売に付された。その跡地に設立されたのが，麒麟麦酒の前身のジャパン・ブルワリー・カンパニーである。
　時代は下って，1984(昭和59)年8月1日～10月30日まで，横浜開港資料館で「コープランド生誕150年記念　ビールと文明開化の横浜」展が開催された。[19]

ウィリアム・コープラント
（個人蔵）

1月◆ 宇都宮三郎❖<34>（1834～1902），松平春嶽（1828～90）が輸入した製氷器械で，初めて人造氷の製造に成功．[31]

3月14 牛馬の売買に課税し，鑑札を必要とする．[17]

4月◆ 政府，嶺岡牧場（千葉県）にオランダ・イギリスから乳用牛牝牡5頭を輸入．[321]

5月9 黒田清隆❖<29>（1840～1900），開拓次官に就任（1874〈明治7〉年8月年開拓長官）．[21]

6月◆ 一橋徳川家（第10世）茂英，東伏見宮彰仁親王の下に参上した際，ビール5びんを手土産にする．[22]

10月9 岩崎弥太郎❖<35>（1835～85），大阪西長堀商会を継承し，土佐開成商社（三菱の前身）を設立．

11月 ◆ 新貨幣の単位を1厘，半銭，1銭の3種類の銅銭と5銭，10銭，20銭，50銭，1円の5種類の銀貨，および，2円半，5円，10円の各銀貨，合わせて11種類と決定した．

◆ 松江藩直営の横浜商会，ジャパン・ブルワリーを買収し，明治5年4月までビールを製造販売．[19]

12月10 政府，北海道のガルトネル兄弟❖経営の農場を買収し，七重開墾場(勧業試験場の前身)と改め，ワイン用ブドウを栽培．[5,16]

この年

◆ 甲府の山田宥教(ひろのり)❖(？～1885)と詫間憲久❖，日本初の葡萄酒共同醸造場をつくり，山ブドウや甲州種を原料にブドウ酒醸造を開始．(後に京浜地方に販売したともいわれる)．[23]

◆ 文英堂(木村屋総本店の前身)，京橋区尾張町(現在の銀座更科付近)に移り，屋号を「木村屋」と改め，営業開始．[13]

◆ 京都御所に勤めていた村上光保❖<33>(1837～?)，在官のまま，妻もと❖<17>(1853～1938)とともに，横浜85番館のサムエル・ピエールに洋菓子の製法を学ぶ．[24]
  * 1874(明治7)年，妻もとの名義で東京麹町山元町に，わが国最初の洋菓子専門店「開新堂」を開く．[25]

◆ 「スプリング・バレー・ブルワリー」と前後して「ジャパン・ブルワリー」(山手46番)，「ヘフト・ブルワリー」(山手68番)などもビール醸造を開始．[19]

◆ 民部省，東京府開墾局で甜菜(てんさい)(砂糖大根)を試植．[2]
  * 民部省東京府開墾場(新宿試験場)で試植され，各地に配布されたという．

◆ 天然氷の商品化に初めて取り組んだ中川(屋)嘉兵衛❖<53>(1817～97)，函館五稜郭の外堀を借り受けて製氷を試みていたが，採氷に成功．翌年夏から「函館氷」の名で東京に出回る．[20]

◆ 小豆島(香川県)東部地域の醤油醸造業者，75名．生産量(諸味(もろみ)石数)は10,700石で，大部分が200石未満の零細な醸造業者．[269]→1905年．

◆ 京都府が理化学・化学工業技術の研究・普及を目的として設立した京都舎密局(せいみきょく)で，氷砂糖を試製．[2]

'68 — '77

1870年 ◆ 7

1871 明治4年

長崎の松田雅典(まさのり)，缶詰を試作

　缶詰は1804年にフランス人の菓子職人アッペールが，ナポレオン1世の「腐らない食糧」に懸賞応募して発明した．日本では1870(明治3)年，工部大学のお雇い米人教師ライマが四季の果物類の缶詰を作ったのが始まりという．日本人としては翌年，通訳の松田雅典❖<39>(1832～95)が長崎駐在フランス領事レオン・デュリー(1832～91)から，イワシ油づけ缶詰の製造法を伝授され，試作を行った．缶は東京四谷の根岸万吉❖<46>(1825～99)が製造した．[80, 81, 82]

　戦争の必需品となった缶詰は，日清・日露戦争などで需要が拡大し，業界は活況を呈した．時代は下って，1971(昭和46)年日本缶詰協会・九州缶詰製造協議会・長崎県缶詰工業協同組合共催で，「缶詰百年記念・松田雅典翁墓前祭」が行われた．

4月	7	大阪堂島米会所再興．13日開業．[26]
	26	神奈川県，食牛の飼育奨励を布告．[17]
	◆	仮名垣魯文❖<42>(1829～94)，『牛店雑談 安愚楽鍋(うしやぞうだん あぐらなべ)』(初・2編)を著わす．3編は翌年孟春(もうしゅん)(初春)に著わす．
		＊当時流行の牛鍋店に出入りする客の浮世ばなしを，滑稽な筆致でヴィヴィッドに描き，開化期の風俗に正面から取り組んだ作品として高い評価を受けた．「牛鍋食わねば開化不進奴(ひらけぬやつら)」の書き出しで始まる同書の挿絵に牛乳(ミルク)，乾酪(チーズ)，乳油(バター)などの広告がみえる．
5月	10	新貨条例公布．金本位制採用．円・銭・厘の10進法を採用．
	◆	札幌に開拓使庁開設．[12]
	◆	開拓使，札幌官園設置．[12]
7月	10	北海道開拓次官黒田清隆が開拓使顧問に招聘したアメリカ人ホーレス・ケプロン❖<66>(1804～85)，トーマス・アンチセル❖<50>(1821～?)ら3人の補佐とともに横浜に到着．[12]
	14	廃藩置県の詔書出る．
	◆	太政官，「清酒濁酒醤油鑑札収与並ニ収税方法規則」布告．清酒・濁酒・醤油の免許税，醸造税が創設される．[27, 28]
		＊新規免許料金10両，免許料稼人1人につき金5両，醸造税(従価税)売価の5％．
		＊「商法大意」の趣旨が酒造業まで適用されることとなり，江戸時代以来の「酒造株」制度は完全に否定された．[29]

＊課税が体系化されたため，造石高の把握が可能となる．
＊1875(明治8)年，醤油は生活必需品ということで，両税とも廃止される．しかし，10年後の1885(明治18)年，軍備拡張のための新たな財源として醤油税が復活した．[72]

夏　中川(屋)嘉兵衛❖(1817〜97)が函館五稜郭で採取した氷が，「函館氷」という名で東京で出回り始める．[20]
＊この頃，氷は米国のボストンから数カ月かかって輸入されていた「ボストン氷」が，居留地の外国人を中心に使用されていた．品質良好な函館氷の出現で，ボストン氷は完全に駆逐された．

8月9　米麦の輸出解禁．[26]

◆　大蔵省，全国に「屠場は公衆衛生に関係あるをもって，人家懸隔の地に設け，鑑札を受くるべきこと」を布達．[30]

◆　福井数右衛門❖，屠肉取締り及び屠獣検査の必要性を建議．[17]
＊1873(明治6)年1月，建議により屠獣検査が開始され，屠肉取締検査官に任命される．

9月7　大蔵省，田畑勝手作を許可．米麦などの主穀作本位の作付制限を撤廃．[5]

◆　政府，大蔵少丞渋沢栄一(1840〜1931)論述「官板 立会略則」(たちあい)(会社の設立に関する説明)を刊行・配布し，会社設立に関する知識の普及に努める．[225]

◆　築地ホテル館，半官半民の外国人専門旅館を廃し，普通の民営の旅館とする．しかし，11月には営業不振で休業．

◆　開拓使，東京青山に開拓使官園を開設．[5]
＊『サッポロビール120年史』には開拓使，東京勧業課試験場(通称「東京官園」第1〜第3号設置)設置とあり，同一のものか．

11月3　肉食流行により，東京高輪に屠牛場の設置を許可．

12　岩倉具視を正使とし，大久保利通・木戸孝允らを副使とする特命全権大使一行，欧米巡回視察のため，横浜を出港．1873(明治6)年9月帰国．
＊先進諸国の産業の見聞は，わが国の殖産興業政策に大きな影響を与えたといわれている．

◆　前田留吉❖<31>(1840〜?)，東京芝西久保桜町に牛乳搾取所を開く．[1]

◆　明治天皇❖<19>(1852〜1911)，この月から日に2度牛乳を飲まれるようになったという．[31]

この年

◆　この頃，農学者津田仙❖<34>(1837〜1908)，横浜在留の米国領事からリンゴの苗木を譲り受け試植，オランダイチゴやアスパラガスも試植．
＊次女の津田梅子(1864〜1928)は津田塾の創設者．

◆　開拓使，米国から大麦種子を輸入．東京・札幌両官園で試作．[12]

1871年　◆　9

- 桐野孫太郎，廃藩に際し，島津藩の白糖製造設備の払下げを受け，鹿児島城下に据え付け白糖を生産．[2]
- 日本茶の輸出額1,800万ポンドに激増．これは米国向けの日本茶が大西洋廻りから，米国の大陸横断鉄道完成により太平洋航路が開け，横浜からサンフランシスコへ直送されるようになったことも要因になっている．[18]
- 京都府の南三郡茶商社設立．[18]
- 醤油鑑札を改め，新たに免許鑑札を下付．[11]
- 東京芝・神田の醤油問屋，価格を協定するために組合を結成．[72]
- この頃，各地で搾乳目的の乳牛飼育が始まる．
- 京都舎密局，リモナーゼ，ラムネ，ビール，氷砂糖を製造販売．[48]
- 横浜山下町のイギリスのサルノー商会，ウイスキーをわが国で初めて輸入販売．
- 現東京銀座7丁目の薬種屋主人滝口倉吉❖，焼酎に砂糖，香料を加えてリキュールを日本で初めてつくり，高利益を得たという．リキュールは薬の一種とみなされていた．[32]
- 横浜で西洋料理店を営んでいたという三河屋久兵衛，東京外神田の佐久間町に日本人による本格的な西洋料理店「三河屋」を開店．その後，三河町1丁目(現内神田)に移転．
  ＊福沢諭吉らは毎月1回1の日に集まって会食し，坪内逍遙らも訪れた．[31]
- 長崎出身の草野丈吉❖<32>(1839〜86)，大阪梅本町に西洋料理店「自由亭」を開く．その後，長崎や京都にも店を開き，1881(明治14)年大阪中之島に「自由亭ホテル」を開業．
  ＊現在，長崎のグラバー邸園内に自由亭の建物が移築されており，そこに「西洋料理発祥の地」の石碑が建てられている．[34]
- 神戸元町の松花堂の主人松野庄兵衛❖，紅梅焼から瓦形をした煎餅にいろいろな図を描いた瓦煎餅を考案．
  ＊その後，1873(明治6)年松井佐助創業の亀井堂や紅花堂(後の本高砂屋)などで「瓦せんべい」が作られ，製法や技術が向上し，神戸の名物に成長した．[33]

1871年

1872 明治5年

大阪の渋谷庄三郎，渋谷麦酒製造所を起こす

　綿卸商と酒造業を兼業する旧家に生まれた渋谷庄三郎❖<51>（1821～81）は知識欲旺盛で，明治維新後，紡績所（後の堂島紡績所，大阪初の紡績業）をはじめ，種々の事業を起こしたが，なかでも「渋谷麦酒製造所」は有名。この年の3月から，アメリカ人ヒクナツ・フルストの指導を受けて，同家の番頭金沢嘉蔵を醸造主任として，ビール製造を始めた。これは，日本人によるビール事業の最初といわれる。醸造は庄三郎が死去するまで続けられたが，10年間の累積赤字は渋谷家の家産を傾かせ，ついには家業を廃止するまでに至った。

1月	2	開拓使顧問ホーレス・ケプロン❖<67>（1804～85），リンゴを最適の果物とし，北海道のほか本州に移植を進言．
	22	ウィーン万国博覧会（オーストリア）参加のウィーン会事務局が設置される． ＊1873（明治6）年5月1日より11月2日まで開催．
	24	明治天皇❖<19>（1852～1911），初めて牛肉を召し上がる．肉食促進の契機となる．[17] ＊天皇に牛肉をおすすめしたのは，殖産興業を推進していた大久保利通といわれる．
◆		岩崎弥太郎<38>（1834～85）の九十九商会，三ツ川商会と改称（1873年3月，三菱商会と改称）．[35]
◆		伊藤忠兵衛<29>（1842～1903），大阪に出て呉服太物店（屋号紅忠〈伊藤忠商事・丸紅の前身〉）を開店．[35]
2月	15	（3-23）土地永代売買の禁を解く．
◆		もと京都仏光寺の寺侍で，岩倉具視の御用人北村重威❖<53>（1819～1906），具視らの支援を得て，東京馬場先門前に「精養軒」を開業． ＊しかし，開店当日，大火に遭い類焼した．翌年，築地の外国人居留地近くの京橋采女町（現銀座5丁目）に，わが国初の本格的なレストラン「築地精養軒」を再建した．[31]
3月	13	（4-20）「府県物産表雛型」を改正，改正様式による物産表の差出しを，府県に命じる．
	14	開拓使，仮学校（札幌農学校の前身）を東京の芝増上寺に開設．[5]

- 大阪の渋谷庄三郎❖，日本産大麦でビールを醸造．[36]

4月25　太政官，僧侶の肉食・妻帯・蓄髪を許可．

5月4　千葉勝五郎❖，東京京橋小伝馬町で初めて許可を得て，ラムネの製造販売を始める．[32]
　＊横浜居留地に住むレモン水製造の中国人を，6カ月雇い入れたという．

　　　5　中川(屋)嘉兵衛❖(1817〜97)，東京築地新富町に氷室を作り，函館の天然氷を売り出す．

- 国学者近藤芳樹❖<70>（1801〜80），『牛乳考　屠畜考』(13丁，和装)を著わす．
　＊文部省は肉食と牛乳飲用普及のため，70歳の著名な氏に執筆を依頼し，食事の迷信打破に努める．

- 開拓使，器械場(工業団地)を東創成町南一条から北一条に至る地域に設置．[21]
　＊この年，開拓使10カ年計画実施開始．[21]

7月29　開拓使お雇い化学技師アンチセル❖<51>（1821〜？），開拓使にホップ栽培を建言．[12]

- 京都府，牛乳の飲用を奨励．

8月30　新橋駅構内に西洋食物茶店，営業を許可．[32]
　＊初の駅売店異説あり．

9月14　琉球藩設置．
　＊琉球は1871(明治4)年の廃藩置県で鹿児島県所管となった．

10月◆　勧業寮，新宿の旧信州高遠藩主内藤氏の屋敷に洋種植物試験場(現新宿御苑)を設置し，外米やビール，紅茶などの研究を開始．[32]

- 米，豆及び雑穀の製油を許可．[6]

- 敦賀(福井県)県令(知事に相当)，肉食奨励の諭達を出す．[30]
　＊敦賀に開店した牛肉店が妨害を受けたため，県令はこれを戒め，肉食の奨励を説く．

11月10　東京府，不衛生な日本橋大通りの魚市立を禁止し，該当営業者を本小田原町(現日本橋室町1丁目・本町1丁目のうち，日本橋魚河岸といわれた)へ移転させる．[4]
　＊日本橋魚河岸は関東大震災により灰燼に帰し，築地に移転．[37]

- 片岡伊右衛門❖，長崎に来遊したアメリカ人ペンスニよりハム・ソーセージの製造法の伝授を受け，工場を設けハム製造を始める．[30]
　＊日本人による最初のハム製造ともいわれる．

- 群馬県の官営富岡製糸場で大食堂を設置し，わが国初の産業給食(請負制)が始まる．

12月3　太陽暦採用．この日が1873(明治6)年1月1日となる．

'68—'77

12　◆　1872年

- ◆ 福井数右衛門❖，浅草新谷町に屠場開設．[17]

この年
- ◆ 海軍，脚気予防のため乾パン（麵糧）を軍用食に採用．[38]
  - ＊当時，脚気は結核とともに二大国民病といわれていた．乃木希典（1849～1912）の親友の桂弥一は食パンで重症の脚気を全治したという．
- ◆ 開拓使，札幌に官営製粉工場を設置し，操業開始．[38]
  - ＊フランス製水車式石臼製粉機を使用，日産16俵．
- ◆ 課税統計による全国醤油造石高：1872（明治5）年73万石，1873（明治6）年80万石，1874（明治7）年83万石．
  『明治7年府県物産表』（内務省勧業寮編）には，各府県別の醤油造石高が記載されており，明治5年の全国合計は94万2,432石となっている．[28]
- ◆ 横浜茶会社設立．[18]
- ◆ 日本茶の輸出額，1,948万9,007ポンド（422万6,000円）に増加．[18]
- ◆ この頃，神戸牛の肉が世界一と在留外国人の間で名声を高める．
- ◆ 肉食の普及に伴い，すき焼きに高野豆腐（凍豆腐）を用いることが多くなる．[330]
- ◆ 仮名垣魯文❖，『西洋料理通』（河鍋暁斎画）上下2巻を編纂し，食肉及び加工品の普及に貢献．
  - ＊横浜のイギリス人の家に雇われていた日本人の手控えをもとに作成．
- ◆ 敬学堂主人，『西洋料理指南』を著わし，洋食の効用を説く．
  - ＊国立国会図書館の「近代デジタルライブラリー」で閲覧できる．
- ◆ 東京の開拓使3号試験場，煉乳の試製開始．[6]
- ◆ 鈴木岩治郎<31>（1841～94，のちの鈴木商店の創設者），大阪の豪商，辰己屋恒七こと，砂糖商松原恒七の神戸出張所（弁天浜）に雇われる．[39]
- ◆ 東京の京橋南伝馬町（現中央区京橋）の凮月堂，洋菓子の製造販売を始める．[112]
- ◆ 東京の京橋南伝馬町の凮月堂番頭，米津松造❖<33>（1839～1908），「白扇に月」の暖簾分けを許され，両国若松町（現中央区東日本橋1丁目）に「米津凮月堂」として独立し，和洋菓子の製造販売を始める．[7]

'68 — '77

1872年 ◆ 13

1873 明治6年

司法省,初の食品衛生取締りに関する布達を出す

8月12日,全国民に知らせるために戸長(村長に相当),副戸長の制度のある所では,必ず次の事項(該当者はすべて処刑の対象)を掲示しなければならないとした.
第7条　偽造の飲食物および腐敗の食物と知って販売する者
第10条　病牛,死牛,その他病死の鳥獣と知って販売する者
第25条　毒物並びに爆発物を用いて魚鳥を捕獲する者
第27条　道路において死牛馬の皮をはぎ,肉を居る者

1月 ◆ 東京府,福井数右衛門の建議により,初めて屠畜検査を行う. [17]

2月 ◆ 開拓使,函館寄留・東京日本橋通2丁目の中川嘉兵衛❖<55>(1817～97)に対し,向こう5カ年間,北海道氷輸出の専売を許可.

◆ 神戸の松井佐助,亀井堂を創業し,瓦せんべいを売り出す.
＊神戸の名物となる.

◆ 東京府,清濁酒鑑札雛型等布達.濫造密造の取締りのため,醸造人,請売人とも規定の看板を掲げることを定めた. [3]

3月 2 太政官布告,病死した鳥獣肉の販売を禁止. [40]

7 現新潟県長岡市与板出身の中川清兵衛❖<25>(1848～1916),ドイツの「ティヴォリ・ベルリンビール醸造会社」で修業開始. [41]

30 鹿児島県,島津藩以来の砂糖の総買入制を廃止し,自由販売を許可. [2]

4月 ◆ 官営札幌製粉所設置.
＊米国から輸入のわが国初の石臼製粉器を使用.動力は水車タービン,5月から操業開始するが,事業は不成功に終わり,1875(明治8)年には放置される. [21, 163]

◆ 東京上野の山一帯が公園に指定される(太政官通達).1876(明治9)年,上野公園として開園.
＊産業振興を図るため,度々内国勧業博覧会などが開催される.

◆ 開拓使,中川嘉兵衛❖<56>(1817～97)に対し,北海道氷の専売を許可. [3]

5月 1 ～11月2日:日本政府,オーストリアで開催のウィーン万国博覧会に初参加.優良工芸品や農産物などを出品.これらの出品物は好評を博し,褒章受賞31カ国中,上位18位に入った.以後,政

府は海外博覧会を重要な事業と位置づけ，1885(明治18)年までに大小20回の博覧会に参加．

* 千葉県流山のみりん，堀切紋次郎の「万上みりん」と秋元三左衛門の「天晴みりん」が有功賞牌を授与される．秋元三左衛門に授与された銅製のメダルはかつて流山市の「一茶双樹記念館」でみることができた．現在，「万上みりん」はキッコーマンから販売されている．

一茶双樹記念館

* 大豆を出品．米国はこれに注目し，米国における大豆栽培のきっかけになったともいわれる．
* 日本茶を出品．
* 千葉県野田の亀甲萬(キッコーマンの前身)，最高賞を受賞．[195]
* 初めて醤油のびん詰めを使用．
* 兵庫県西宮の酒造家和泉万介の自醸酒「いろ盛」が入賞．熱帯航路輸送に耐える腐敗防止に苦労したという．

15　市街地等人家稠密の地における牛豚の飼育が禁止される．ただし，牛乳搾取業は例外とされる(太政官布告)．[1]

15　小田県(現岡山県笠岡市など)，笠岡玄忠寺で，農業・工業生産物に美術品を加えて展覧会を開催．[8]

* 展覧会の開催は明治新政府の勧業政策の主要な事業の一つで，地方産業の発展に貢献．

6月1　この日より100日間，東京上野広小路の麦湯店の営業を許可．時間は午後7時から10時まで．

* 麦湯とは麦茶のことで，夏の飲み物として愛飲された．[32]

7　東京府，市中での牛乳搾乳のための牧畜を許可．[217]

◆　開拓使，『西洋菓樹栽培法』(32丁)，『西洋蔬菜栽培法』(42丁)を刊行．

7月17　明治天皇，東京青山の北海道開拓使第一官園(農業試験所)に行幸，温室になったレイシとアイスクリームを召し上がったという．[32]

* アイスクリームをつくったのは開拓使御用掛で，同試験所の出島松造❖<30>（1842～1928）．[31]

28　地租改正条例公布．地租(農地等土地に対する税金)の物納を廃止し，土地所有者に地券を交付し，地価の3％(1877〈明治10〉年に2.5％に低減)の税率による全国一律の金納制を導入．

* 自作地を持たない小作人からの地主への納入は従来通り物納であったため，米価の上昇につれて地主の利潤は拡大し，寄生地主制の発展を促進させた．戦前の農家経済窮乏の大きな要因の一つであった．

8月 1	米麦の輸出解禁. [5]
	*この年の神戸港からの米の輸出量65,805石, 533,431円(現在価53億3,431万円). 輸出先は中国. [10]
12	司法省, 食品衛生に関する布達(司法省布達第130号)を施行. [40]
◆	東京市中, 氷店増加し, 通り2, 3丁に1, 2店程度になったという. [32]
◆	ケプロンの要請でエドウィン・ダン❖<25>(1848～1931), 米国より開拓使購入の乳牛140頭・緬羊180頭とともに横浜に到着.
9月 ◆	横浜海岸通20番に, 横浜グランド・ホテル開業. 横浜唯一のホテルとして盛隆を極め, 関東大震災まで50余年間存続. [32]
◆	東京小石川の橋爪貫一❖(1820～84), 経営する「東京健全社」から, わが国最初とみられる牛羹汁(ソップ=スープ)を販売. [15]
	*彼には『世界商売往来』『英語往来』『英和・和英語彙』『英算独学』など多数の著書がある.
◆	加藤祐一, 『文明開化』を著わし, 神道の立場から肉食の効用を説く.
10月15	大倉喜八郎(1837～1928), 大倉組商会創立. 資本金15万円, 業務は貿易・商事. 1893(明治26)年合名会社大倉組となる.
	*ロンドンに出張所を設け, 茶の輸出に力を注ぐ. [18]
19	東京府, 「牛乳搾取人心得」を布達(牛乳取締規則の最初のもの). [40]
	*当時は搾乳とはいわなかったようである. 牛乳搾取業は東京, 横浜の市街地が中心であった.
◆	「銀座煉瓦街」のうち, 表通りの部分の建設が完了. [43]
◆	『新聞雑誌』に, 人口に膾炙する食品店を挙げし中に「パンは鉄砲洲つか本」とあり, 『武江年表』に, 近頃(明治6年頃)行われし物をあげし中に, 「麺包種類多し」と出し, 『珍奇競』に, 「日本出来の菓子パン三(年)ハヤル」とあり. [15]
12月 ◆	東京の渡辺一蔵ら, 洋式捕鯨業の開洋社設立. [26]
◆	東京府, 屠牛商人規則を布達. [3]
この年	
◆	陸軍給養表に兵食を1人1日6銭6厘(現在価660円)とし, 米6合と牛肉24匁(約90g), 1匁=約3.75g), 味噌20匁(約75g), 魚適宜と規定. [48]
	*牛肉の採用が注目される.
◆	陸軍, 主食糧として乾パンを採用.
◆	政府, フランスから石臼製粉機を輸入し, 東京蔵前に官営製粉機械工場を設立. [32, 72]
◆	『公文通誌』, 牛肉消費の増加を報ず. 「明治初年の東京府下の屠牛の数は1頭半, 5年末には20頭となる. 20頭の肉は1人半斤(約300g, 1斤=約600g)と見積っても5,000人分である」.

- ◆ 北海道七重勧業試験場でバター，粉乳を試作．[48]
- ◆ この頃(明治6〜8年)，備前・備中(岡山県)のサトウキビの作付面積，最盛期を迎え，200〜900町歩に達する．作付地は岡山県の海辺部分．[2]
- ◆ 大阪に砂糖定期取引所の第一商社起こる．[6]
- ◆ 北海道七重官園より，札幌へ外国種のリンゴ・ナシ・モモ・サクランボ・ブドウなどの苗を若干移植．
- ◆ 横浜在留の外国人商館の輸入する英・独のビールが年々増加し，1873(明治6)年に至って，初めて輸入ビールの輸入額10万1,000余円が計上される．[36]
- ◆ コープランド❖<39>（1834〜1902），安定剤の使用により濁らないビールの醸造に成功．地元売りのほかに，輸出も開始．年間32,000ガロンを生産．[19]
- ◆ 甲府の野口正章❖<24>（1849〜1922），ビール醸造を開始．[36]
  ＊コープランドが技術指導を行う．
- ◆ この頃，東京で評判の西洋料理店など．[32, 37]
  - 西洋料理　采女町(うねめ)(現銀座5丁目)西洋軒，茅場町(現日本橋茅場町)海陽亭
  - 洋酒　入船町(現中央区入船町)伊勢与，芝神明前(しばしんめいまえ)(現港区芝大門1丁目)東花堂
  - ラムネ　新富町(現中央区新富)三川屋
  - 精牛　通り3町目(現中央区日本橋3丁目)平庸
  - 鳥類　小田原町(現中央区築地)東口屋
  - 牛肉割烹　数寄屋河岸(現JR有楽町駅付近)千里軒，黒船町(現台東区蔵前付近)鱗亭，参河町(現千代田区内神田付近)三ツぼし，上野(現JR上野駅付近)釜甚
  - パン　鉄砲洲(中央区湊町付近)蔦本(つたもと)

1874 明治7年

鈴木岩治郎，神戸に鈴木商店設立

　鈴木岩治郎[33]（1841～94）は，神戸市内海岸通5丁目に洋糖引取業（輸入商）の鈴木商店を創設する．同商店は，岩治郎死去後，よね夫人（1853～1938）が経営を引き継ぎ，大番頭の金子直吉❖（1866～1944）が中心となって采配をふるう．台湾での樟脳（しょうのう）の販売権獲得，ジャワ島（インドネシア）からの原糖輸入がコスト的に有利な大里（だい）製糖所（現北九州市）の創設，サイゴン米などの3国間貿易などで業容を拡大した．1917, 18（大正6, 7）年頃には，関連会社は製粉，製糖，製油，製鋼，造船など，わが国の基幹産業のあらゆる部門にわたり，その数は50数社にのぼり，三井，三菱に匹敵する一大商社に成長した．なお，よね夫人を取り上げた伝記小説，玉岡かおる著『お家さん』がある．→1927（昭和2）年

1月 9　内務省に勧業寮を設置．[5]

20　東京府，牛肉取扱業者に鑑札を付与．[217]
＊府下の牛肉店が結社して，鑑札をかけ良肉を売ると新聞に広告．

◆　甲府の野口正章❖[24]（1849～1922），「三ッ鱗（うろこ）」印ビール発売．[49]

3月15　米国公使館，築地居留地に移転．[43]

27　内務省，東京府下に司薬所を設置し，食品分析，衛生検査を開始．
＊この年，京都・大阪にも設置．[48]

◆　山梨県勝沼出身の小沢善平❖[34]（1840～1904），アメリカから帰国，東京の高輪と谷中清水町（現台東区池之端3～4丁目のうち）の2ヵ所に農園を開設．谷中の農園には西洋種のブドウの苗木のほか，西洋ナシ・リンゴ・カキ・モモなどの苗木を取り寄せ研究．[23]

◆　名古屋でパン製造始まる．名古屋市伝馬町5丁目の清甜堂主人加藤定七，『愛知週報』57号に，パンの製造販売の広告を掲載．パンが地方でも販売され始めたのがうかがえる．[15]

4月◆　内務省勧業寮内に製茶掛を置き，各種茶を試造．翌年，欧米諸国に試売．

◆　高松の砂糖問屋宮武清三郎ら4人，イギリス製粗糖製造機械を購入，寒川郡志度村に讃岐志度製糖場を設立，翌年から作業を開始．
＊1886（明治19）年秋の農商務省の調査によると，同製糖場は数年前より休業しているとあり，その後，再興の企画はみられなかった．[44]

*「和製砂糖」産地に設置された最初の近代的装置といわれている．[109]

5月 6 内務卿大久保利通❖<43>（1830〜78），殖産興業に対する考え方を，この頃，起草した「殖産興業に関する建白書」で明らかにする．

8 大蔵卿，山梨県令にビール醸造業者からの徴税を指示．
*「三ッ鱗」印ビールからの徴収とみられる．

27 紅茶，東京銀座で店頭販売．

◆ ウィーン万国博覧会から帰国した津田仙❖<36>（1837〜1908），オランダの園芸家ダニエル・ホーイブレンの口述した『Method of cultivation, Explained Three Different Processes』を訳述し，『農業三事』（上巻23丁，下巻22丁，和装）と名付けて出版．

『農業三事』の表紙

*この書は福沢諭吉の『学問のすゝめ』と並んでベストセラーになったという．内容は気筒法（暗渠気排水），偃曲法（果樹の枝を曲げて結実を促す），媒助法（花粉をふりかけて結実を促す）から成っている．津田仙は在来農法の改良と人材育成のため，「学農社農学校」を創設するとともに，『農業雑誌』（1876〈明治9〉年1月以降毎月2回発行）を刊行し，農業の近代化に努めた．学農社農学校は，駒場農学校（東大農学部の前身）の設立に強い影響を与えた．

*現存する『農業雑誌』は極めて少ない．国立国会図書館にも所蔵されていない．東大経済学部図書館には創刊号から終号まであるようだ．千葉県立中央図書館には49号（明治11.1.15）〜88号（同12.8.25）〔一部欠号〕がある．なお，次女の津田梅子（1864〜1929）は，彼の先見の明と決断により，明治4年，満6歳で岩倉具視大使一行に加わり，5人の女子留学生の一人として米国へ出発．後に女子英学塾（津田塾大学の前身）を創設した．
[45, 46, 221]

6月23 北海道屯田兵制度創設，黒田清隆❖<33>（1840〜1900）を屯田兵事務総理に任命．

◆ 東京三田に三田培養場（植物試験場）設置．[26]

7月◆ 1872（明治5）年に焼失し，再建中の京橋・銀座一帯の洋風レンガ街，ほぼ完成．
*この頃，木村屋（木村屋総本店の前身）は銀座4丁目（現在の銀座店の向かい側）に店舗を完成．[13]

8月 1 米麦の輸出禁止．[5]

10月13 株式取引条例公布（東京・大阪に取引所設置）．[26]

◆ 勧業寮，カリフォルニアから落花生の種苗を輸入．

1874年 ◆ 19

- ◆ 開拓使，函館で，緑青で着色した刻み昆布を厳しく取り締まる．[48]

11月
- ◆ 東京の蓬莱社という商社，イギリス製精糖機械を備えた工場を大阪の中之島玉江町の旧熊本藩屋敷内に完成．
  - ＊操業は1884(明治17)年上半期まで辛うじて続けられたらしいが，同年9月には廃社の有様に近く，明治18年処分が行われ，明治19年5月，工場・機械設備は公売に付せられた．[44]

この年
- ◆ この頃から砂糖の需要が急速に高まる．
- ◆ 種子島西之表の牧惣平，甘蔗を栽培し，糖業の復活に努める．[2]
- ◆ 増田(屋)嘉兵衛，横浜本町で砂糖貿易店を開業し，輸入砂糖の取扱いを始める．[2]
- ◆ 大阪川口の清国商館，香港車糖(くるまとう)を輸入．[2]
  - ＊車糖とは，この当時香港で機械製糖された砂糖を指していたようである．一般的には双目糖に対して目立(結晶)が小さく，通常1～3％の転化糖を含んだ柔らかい感じの砂糖(ソフトシュガー)の総称で，色相により上白(白砂糖)，中白及び三温に区別される．[276]
- ◆ 宮内省大膳職料理方の村上光保❖<37> (1837～?)，妻もと❖<21> (1853～1938.11.13)の名義で，東京麹町山元町2丁目の自宅に，わが国最初の洋菓子専門店「開新堂」を開く．[125]
- ◆ 凮月堂本店，リコールド・ボンボンなるリキュール・ボンボンを完成し，「宝露糖」と名付けて販売．[7,112]
- ◆ 米津凮月堂，初めて本格的なビスケットの製造に成功．[112]
- ◆ 千葉県行徳の山田箕之助❖，アメリカ人から教えられた缶詰方法により，漬物缶詰を製造し，ハワイ，アメリカに輸出．缶詰輸出の嚆矢といわれる．[15]
- ◆ 鈴木岩治郎(1841～94.6.15)，独立して屋号の継承を許され，神戸の内海岸通5丁目に洋糖引取商を始め，神戸辰已屋扇(かねたつ)鈴木商店と称した(神戸の鈴木商店の始まり)．
  - ＊居留地貿易では洋銀取引を必要としたので，両替商(洋銀両替商)の看板も掲げる．[39]
- ◆ 工業生産物価額の多い順に挙げると下記の通り(原資料『明治7年府県物産表』山口和雄氏集計)．[268,269]
  ①酒類1,860万円，②織物類1,715万円，③醤油633万円，④生糸類616万円，⑤味噌613万円，⑥油類554万円，⑦紙類516万円となっており，食料品製造業が7業種の生産物価額合計の半分強を占める．
  - ＊醤油生産量は95万673石(約17万1,000kl)，うち野田・銚子を中心とする関東27万8,494石(29.3％)が約3割，播磨龍野・紀伊湯浅など近畿18万2,884石(19.2％)が約2割を占める．
- ◆ 政府，『紅茶製法布達案並製法書』を府県に配布して，その製造

を奨励する．同時に内務卿名にて紅茶伝習規則を公布．[18]
- 服部撫松(誠一)著『東京新繁昌記』に，「肉の流行は汽車に乗って命を伝ふるよりも速かなり」と記す．
  * 本書は当時の社会風俗を知るには不可欠な著書である．
- お雇い外国人科学者イギリス人のR・W・アトキンソン(1850～1911)，来日．1881(明治14)年まで滞在，古来の酒造方法を科学的に解明し，体系化を図った．1881(明治14)年『日本醸酒編』を著わす．
- 明治初年に来日したイギリス人，ウィリアム・カーティス❖，神奈川県鎌倉郡川上村(現横浜市戸塚区柏尾町)でハム製造を開始し，横浜の外国人居住地の一般家庭，ホテル，商館などに販売した．これは関東地域におけるハム製造の始まりといわれる．[30]
  * 食品についての知識が豊富な上に商才にたけていたため，恋女房の日本人のかねさんとともに，川上村柏尾(現柏尾町)の戸塚街道沿いに，ペンキ塗の二階建ての西洋館(ホテル)を建築して「白馬亭」と命名し，そこで自家製のハムやベーコンなどを客に提供，ホテルは大いに繁盛した．[47]
- 東京で，食事を箱詰めにして1日3回配達する3食弁当屋「常平社」，営業を始める．
- 大沼庄助，函館で牛3頭を飼育し，搾乳・販売を始める．

1874年

1875 明治8年

甲府の野口正章,『東京日日新聞』に「三ッ鱗(うろこ)ビール」の広告を掲載

　山梨県甲府でビール醸造を始めた野口正章❖<25>(1849～1922)は，3月，東京日日新聞(毎日新聞の前身)に「三ッ鱗ビール」の広告を出し，東京で販売を開始した。横浜の「スプリング・バレー・ブルワリー」のコープランド(1834～1902)から技術を習得，関東における日本人によるビール醸造の元祖といわれる。地元ではほとんど売れなかったため，止むなく，輸送費をかけて東京や横浜方面へ出荷した。しかし，当地では，イギリス製のバース(バス，BASS)ビールが市場を押さえており，入り込む余地はほとんどなかった。

野口正章(『大日本麦酒株式会社三十年史』より)

'68―'77

1月◆	東京の泉水(いずみ)新兵衛❖，コーヒー豆を焙煎し売り出す(『郵便報知新聞』)．[32] ＊日本人による本邦最初の販売とみられる．
2月20	太政官，酒類税則を制定．
	＊清酒製造には酒造営業税10円と醸造税(売価の10％)が課せられた．しかし，一般庶民が愛用していた濁酒の製造にはどちらの税金もかからず，無税となった．
	＊ビールとブドウ酒は免許料のみを徴収．[27, 49]
3月16	野口正章❖，『東京日日新聞』に「三ッ鱗ビール」の広告を出す．[36]
4月 4	木村屋の酒種のあんパン，明治天皇の御試食の栄を賜る．これを機に，店の名は一躍世に知られるようになる．
	＊天皇が東京向島の水戸家へ花見の行幸の折，侍従の山岡鉄舟(1836～88)より献上された．[13]
◆	米穀相場会社準則公布(不実施)．[42]
◆	勧業寮，アメリカからオレンジ，レモン，ストローベリー，ホップの種苗を輸入．
◆	フランス留学から帰国した清水誠❖<29>(1846～99)，東京三田にマッチ製造開業．翌明治9年9月，本所柳原町に工場設置，

「三ッ鱗ビール」の商標(『大日本麦酒株式会社三十年史』より)

新燧社と称す．[26]

5月17 宮城・青森・酒田(山形)3県などの士族とその家族，北海道屯田兵の先駆けとして琴似屯田兵村(現札幌市)に入植．食糧基地・北海道開拓の始まり．

6月23 黒田清隆の要請で1871年に来日し，北海道開拓に尽力したホーレス・ケプロン❖<70>（1804.8.31～85.2.22），米国に帰国．[50]

◆ 勧業寮，アメリカからリンゴ苗木を輸入し，北海道・東北諸県に配布．＊青森県では，旧弘前藩士らに分与して栽培させ，1880(明治13)年秋に初結実．
　＊青森県は100年後の1975(昭和50)年9月17日，県庁前の庭に建立された「青森りんご栽培百年を記念する石碑」の除幕式を行う．同時に「りんご百年記念展」を開催．[277]

7月◆ 開拓使仮学校を東京から札幌に移し，札幌学校と改称．[5]

8月24 開拓使，ドイツでビール醸造技術を取得した中川清兵衛❖<27>（1848～1916）を雇用．月給50円(現在価25万円)．[41]

◆ 内務省蔵『独逸農事図解』三十葉のうち，「第2葡萄栽培法」「第3葡萄酒管理法」を翻訳刊行．翻訳者は平野榮・鳴門義民．

◆ 日本醬油，外国で好評を博し，ドイツに偽物が出現．[48]

12月27 開拓使，東京出張所の村橋久成❖<33>（1842～92）の建言で，麦酒醸造所建設(サッポロビールの前身)を札幌に変更．[12, 278, 279, 280]　＊17年後の1892(明治25)年9月25日，神戸市内の路上で疾病のため倒れ，3日後に死去し，無念仏として埋葬された．
　＊久成を伝記小説化した田中和夫著『残照』がある．

この年

◆ 勧業寮，中国から天津水蜜桃・上海水蜜桃・播桃を輸入．

◆ アメリカから帰国した柳沢佐吉❖，東京の内藤新宿試験場で果物缶詰の試験製造を始める．翌年には，同じくアメリカ帰りの大藤松五郎❖(？～1890)が参加．[51]

◆ 神戸のブラオン商会，香港のジャーデン・マジソン糖を輸入し，大阪堺筋がこれを引き取る．[2]

◆ 北海道の七重勧業試験場，コンデンス・ミルクを製造．

◆ 開新堂，アイスクリームを販売．[112]

◆ 桐沢桝八，横浜仲町に新杵の屋号で菓子店を開業．[112]

◆ 横浜のウィーガント，ババリアンビールを発売，コープランドと激しい販売競争に入る．[19]

◆ 千葉県出身の秋元巳之助❖(？～1911)，横浜扇町(現中区扇町)でラムネの製造販売を始める．[9, 159]
　＊英人デキンに製造法を学ぶ．[341]

◆ サケ・マス孵化法，米国より習得．[52]

◆ 東京日本橋の山形屋海苔店5代目窪田惣八❖，焼海苔のびん詰・ブリキ缶詰を初めて売り出す．[48, 108]

1876 明治9年

わが国初の官営ビール工場，開拓使麦酒醸造所竣工

　新政府は種々の新規事業に取り組んでいたが，9月8日，開拓使は札幌にわが国初の官立の麦酒醸造所（サッポロビールの前身）を竣工した。ドイツで最新の醸造技術を修得した中川清兵衛❖<28>（1848〜1916）が主任技師として就任し，当時としては最高の技術水準で製造された。ビールは「札幌冷製ビール」の名で東京で売り出され，好評を博した。大びん16銭（現在価800円）。その後，同醸造所は農商務省所管→北海道庁所管→大倉組商会→札幌麦酒(株)→大日本麦酒(株)→日本麦酒(株)など経て，現在に至っている。現在，サッポロビールのラベルには「since1876」の表示がある。1996(平成8)年3月，『サッポロビール120年史』が，2006年10月には『サッポロビール130年記念誌』が発刊された。

'68―'77

1月◆ 津田仙❖<38>（1837〜1908），学農社農学校を東京の麻布本村町に設立．同時に『農業雑誌』を発刊．[5, 46]
＊学農社農学校は農業改良の方法を教える指導者養成校であったが，農業を通してすぐれた人物を育てることに大きな目的があった．キリスト教女子教育者巌本善治（1863〜1942），福羽逸人❖（1856〜1921），立花寛治❖（1857〜1929）らが同校に学んだ．

2月◆ 東京府，屠殺場に吏員を派遣し，屠牛の検査を始める．[17]

4月4 工部省，東京品川に官営硝子製造所を設立し，イギリス人を雇用して食器・器具の製造を開始．[26]
＊製造所は1888（明治21）年民間に払い下げられ，ビールびんの製造に成功．

14 精養軒，東京上野公園内に支店（現上野精養軒）を出す．日本人向けの本格西洋料理店として評判となる．[48]
＊5月9日，天皇皇后の行幸啓を仰いで上野公園開園．[32]

5月10 〜11月10日：日本政府，フィラデルフィアで開催のアメリカ合衆国建国100年祭記念万国博覧会に参加．
＊新政府は殖産興業を推進するため，2回の万国博体験を踏まえ，本格的な博覧会事業に乗り出す．

上野公園内の精養軒（国立国会図書館提供）

◆	不良肉を売る肉の辻売りが,福井数右衛門❖らの組合運動により禁止.[17]
6月15	コープランド,ウィーガントを説得し,両者共同出資の組合を設立,販売競争に終止符を打つ.[19]
◆	下総種畜牧場で雇い入れたイギリス人のリチャード・ケエー,煉乳製造を行う.[1]
7月19	米津凮月堂,米津松造❖<37>(1839〜1908),『読売新聞』に広告王岸田吟香❖<43>(1833〜1905)とともに広告掲載.[7]
29	(有限責任)三井物産会社設立.益田孝❖<27>(1848〜1938)が社長(惣括)に就任(資本金を設定せず,使用人16名).[26] ＊資本金1880(明治13)年20万円,1893(明治26)年100万円.
8月1	米商会所条例公布.[26] ＊この条例により東京・大阪・大津・赤間関(現下関)・桑名・新潟・兵庫・金沢・松山・名古屋・岡山・京都・徳島などに米商会所設立.
14	札幌学校を改称し,札幌農学校設立.[5] ＊"Boys, be ambicious！"の言葉で有名な初代教頭クラーク博士❖<50>(1826〜86)が,実際に教育に当たった期間は8月から翌年4月までのわずか8カ月に過ぎなかったが,直接教えを受けなかった内村鑑三・新渡戸稲造ら多くの逸材を生み出す礎を築いた.「ライスカレー」の名付けの親ともいわれる.
9月8	開拓使麦酒醸造所(サッポロビールの前身)・葡萄酒醸造所並びに製糸工場が完成,23日開業式.[12]
25	堂島米商会所設立免許.11月2日開業.[26]
27	東京蠣殻町に米商会所設立免許.10月3日開業.[26]

開拓使麦酒醸造所開業式(『大日本麦酒株式会社三十年史』より)

10月◆	ブドウ酒醸造奨励のため,山梨県甲府の詫間憲久❖ほか1名に資本金1,000円が貸し下げられる.[3] ＊この時の「山梨県へ葡萄酒醸造資本金貸下伺」の原本が国立公文館に保管されている. ＊1,000円の貸渡し(3年年賦,無利息)が決定されたが,同月「廃休スルノ不幸」(山梨県勧業第1回年報)に陥り,多額の借金を背負って倒産した.[23]
◆	『家庭叢談』に「此節頻りに流行する麦酒の如きも日本製多し」とある.[22]
11月◆	開拓使,新製粉工場(磨粉機械所と称す)を札幌南一条3丁目に完成,翌年から操業.[21]

1876年

- ＊1873（明治6）年設立された製粉所の石臼製粉器を移転・設置した，わが国初の蒸気機関使用の石臼製粉工場（15バーレル程度）．
- ◆ 米価続落し，石当たり4円8銭となる．

この年
- ◆ 地租改正反対の農民騒動，和歌山・茨城を初め各地で発生．
- ◆ 大阪中之島の紙砂糖製造所，製糖作業を開始．[2]
- ◆ 内務省，甜菜種子をフランスなどから輸入し，東北・北陸で試植させる．[2]
- ◆ 政府，ブドウの苗木を米国より3万6,000本，フランスより2万本輸入．
- ◆ 小幡高政❖<59>（1817～1906），山口県萩で，失業武士救済のため士族授産資金を活用して，武家屋敷を壊した空き地などに，夏ミカン栽培を奨励．[31]
- ◆ 兵庫県龍野の横山省三❖<27>（1849～1910），有志とはかり，龍野醤油醸造組合をつくる．初代会長となり，薄口醤油の品質向上などに努める．[72, 343]
- ◆ 酒造場の数，2万6,171場．
  - ＊日清戦争（1894～95）まで減少を続け，1896（明治29）年には1万3,777場と半数強が廃業に追い込まれた．この原因としては，政府が酒税確保上，規模の大きい造り酒屋を奨励したこと，増税が経営を圧迫したこと，製造技術が現在と比べ劣っていたことから，もろ味の腐敗が多かったことなどが挙げられている．
- ◆ フランス人ルイ・パスツール，ビールに低温殺菌が有効との研究論文を発表．[12]
- ◆ 関沢明清❖<33>（1843～97），茨城県那珂川で日本初のサケの人工孵化放流を実施．[5, 53, 54]

1877 明治10年

第1回内国勧業博覧会，東京上野公園で開催

　新政府の殖産興業政策は緒についたばかりだが，産業振興を図る一環として，内務卿大久保利通❖（1830〜78）の建議により，8月21日〜11月30日の102日間にわたり開催された．開会式当日は明治天皇親臨のもとに勅語を賜った．開拓使ビール・洋菓子・乳製品など各地から新製品が出品され，来場者は総計45万4,000余人にのぼり，新規事業に取り組もうとしている人びとに多大な刺激を与え，好評を博した．以後，5年ごとに開かれることが決められたが，数年ごとに東京（明治14・23年），京都（同28年），大阪（同36年）で5回にわたり開催され，わが国の産業発展の基礎づくりに大きな役割を果たした．

1月 4 地租を地価の3％から2.5％に軽減．
　　　＊「竹槍でどんと突き出す2分5厘」といわれた．
11 内務省，勧業寮を廃し，勧農局を設置．勧農局に水産係を設置．[5, 83]
13 輸出米廻漕販売を三井物産に委託．[26]
◆ 開拓使麦酒醸造所，ビール醸造開始．[12]
◆ 開拓使，醤油醸造所を札幌区空知通に，味噌醸造所を厚田通に建設．
◆ 鈴木藤三郎❖<21>（1855〜1913），菓子製造のかたわら，氷砂糖の製法研究を志す．[55]
2月15 西南戦争始まる（9月24日終結，西郷隆盛自刃）．
　　　＊木村屋は西南戦争用にパンを納入し，パンの木村屋の地歩を固める．
　　　＊陸軍が，東京両国若松町の凮月堂に，食糧としてのビスケットを注文．以降，戦争の都度ビスケット産業が発展．
　　　＊西南戦争で，鹿児島の桐野孫太郎の白糖製造所が焼かれる．[2]
　　　＊西南戦争に際し，対島桃太郎，中沢彦吉らが牛肉野菜入り味付け缶詰を製造．
　　　＊凍豆腐（高野豆腐），軍用品として買い上げられる．西南戦争後も陸軍は日清・日露の両戦争に際し大量に買い上げた．[330]
19 警視庁（東京府所管），諸獣屠場規則及び売肉取締規則を公布．わが国最初の獣肉販売取締に関する規則．
　　　＊その後，1877〜82（明治10〜15）年の頃に，獣肉の普及に伴っ

て各府県において取締に関する条例が定められた．[17, 40]

- ◆ 紅茶・茶業研究のため，勧業寮よりインド・中国に派遣されていた多田正吉❖<47>（1829～96），帰国．
  * ダージリンに入った初の日本人．[56]

3月30 山梨県甲府城跡に日本初の県立葡萄酒醸造場が完成（総工費1万5,000円，現在価7,500万円）．大藤松五郎❖（？～1890）が醸造指導を行う．[23]

- ◆ 勧農局御用掛，前田正名❖<26>（1850～1921），フランスから果樹・蔬菜類・草木・良材などの種子・苗木をたずさえて，7年ぶりに帰国．[57]

4月 ◆ 開拓使，ホップ園を札幌市街小樽通の東側に設置．

6月 9 銀座煉瓦街（新橋～京橋）が完成．[43]

18 岸田吟香❖（1833～1905）の精錡水本店，『東京日日新聞』に檸檬（レモン）水の広告を出し，評判となる．大びん（4合5勺）35銭（現在価1,750円），小びん（2合5勺）20銭（1,000円）
  * 吟香の4男は洋画家岸田劉生（1891～1929）．

20 開拓使，献上・寄贈用ビールを小樽港から初出荷（びん詰20ダース，樽詰9本，6月23日に東京箱崎に荷揚げ）．[12]
  * 6月26日ビール1函を明治天皇に献上．[32]

7月 1 三井銀行開業（わが国初の普通銀行）．

- ◆ 京都府舎密局，麦酒醸造所設立．[12]

8月21 ～11月30日：第1回内国勧業博覧会，東京上野公園で開催．
  * 開拓使，ビール5本出品
  * 凮月堂本店の各種洋菓子，米津凮月堂のビスケット，亀甲萬醤油，北海道真駒内牧場の粉乳など受賞
  * 小麦粉の出品者23名（関東が主）をかぞえ，製粉業の独自的発展のきざしがみられる．[6]

京都舎密局麦酒醸造所（『大日本麦酒株式会社三十年史』より）

30 山梨県東八代郡祝村（現甲州市勝沼）の有志，県令（知事に相当）藤村紫朗❖<32>（1845～1909）の勧業策により，大日本山梨葡萄酒会社設立（一般には「祝村葡萄酒会社」と呼ばれた）．[23]
  * 株主総会で高野正誠❖<24>（1852～1923），土屋龍憲❖<18>（1859～1940）の2青年をフランスに留学させることを決定．

9月18 開拓使招聘の米国の水産加工技術指導者トリート<66>（1811～?）ら，北海道に入る（函館港）．[226, 281, 282, 283]

19 東京府，「飲用水運送船心得」を通達．神田・玉川両上水及び利根川を除いて，河川から飲料水を汲み取ることを禁止．[40]

| | 30 | 勧農局，東京三田四国町の旧薩摩藩邸跡（5万4,000余坪）に三田育種場（場長前田正名）を設置．[5, 57]
| | | ＊1884（明治17）年4月，事業を大日本農会に委託，1886（明治19）年11月民間に払下げ．
| ◆ | | 小沢善平❖<37>（1840〜1904），『葡萄培養法摘要』を著わす．
| ◆ | | コレラ流行のため，食品の流通が乱れ始める．
| ◆ | | 内務省衛生局報告『虎列刺治方概略』（6丁）（八琴書屋）．
| ◆ | | 開拓使，東京の増上寺ほかで「札幌ビール」払下げ．[12]
| | | ＊官有品であったため「払下げ」という言葉が使用された．大びん16銭（現在価800円）．1ダース1円60銭（8,000円）
| ◆ | | 津田仙❖<40>（1837〜1908），津田縄の実施法を天覧に供するため，赤坂御所に参上．[46]
| 10月10 | | 山梨の高野正誠❖<24>（1852〜1923）と土屋龍憲❖<18>（1859〜1940），「大日本山梨葡萄酒会社」の設立に伴い，ブドウ栽培とワイン醸造技術を習得するため，前田正名❖（1850〜1921）に伴われフランスに派遣される．11月24日，マルセイユに着く．[23, 31]
| 10 | | 開拓使，石狩缶詰所開業．トリートらが技術生や職工を指導し，50尾のサケで試験操業．
| | | ＊この日を記念して，1987（昭和62）年日本缶詰協会が「缶詰の日」を制定．[281, 282]
| ◆ | | 西野古海編『虎列刺病の心得』（11丁）：一名「コロリノヨケカタ」（東京：木村文三郎）．
| ◆ | | 上田寛行編『虎列刺病予防法』（16丁）（京都：村上勘兵衛）．
| ◆ | | 内田健之丞編『虎列刺病予防用法』（11丁）（名古屋：報恩舎）．
| | | ＊コレラ蔓延のため，上記のほか予防法，治療法の冊子が多数出版される．
| 12月 ◆ | | 太政官，酒類税則を改正追加．
| | | ＊醸造税が売価の10％から20％にアップ．1875（明治8）年から無税となっていた濁酒に営業税が毎期5円課税されるようになる．濁酒への課税は酒造業者がこぞって無税の濁酒製造に集中したため，清酒の生産が減少し，税収が激減したことによる．[27]
| ◆ | | 開拓使の磨粉機械所，物産局へ移管（1883〈明治16〉年2月農商務省へ移管）．[21]
| この年 | | |
| ◆ | | 国の租税総額（47,923千円）中，酒類税は3,050千円で，地租（39,450千円）に次いで多く，全体の6.4％を占める．[262] この金額は海軍省の歳出金額と同じ．[225]
| ◆ | | この頃，砂糖の輸入量は5,000〜6,000万斤（30,000〜36,000トン，1斤＝約600g）に達していたが，国内の生産量は3,000万斤（18,000トン）にとどまる．
| | | ＊輸入品の過半は主に中国南部や台湾産の赤砂糖であったが，明治10年代末には年間輸入量は約1億斤（6万トン）の半分が白砂

1877年

糖になった．[289]
◆ 政府，蘆粟糖の生産を計画し，蘆粟の種子を清国・アメリカから輸入．[2]
　＊蘆粟糖とは，砂糖もろこしからつくった砂糖．
◆ 新潟県で，蘆粟栽培．
◆ 東京京橋南鍋町(現銀座)に米津凮月堂分店が開業，同店は1882(明治15)年より，米津松造❖・恒次郎❖にまかされ，後年，ここより多くの新しい菓子が生まれ，技術者を輩出．[112]
◆ 内藤新宿試験場，西洋風のジャム・モモなどの砂糖漬けを製造販売．[48]
◆ 滋賀県彦根出身の小西儀助❖<20>（1857～?），大阪で関西初の混成ブドウ酒，リキュール，ブランデー，シェリーなどを製造販売．[31]

1878 明治11年

内務省,「製氷取締」を公布

　9月20日,内務省は氷の製造・販売にあたる者は,あらかじめ所轄官庁(東京府下は東京警視本署)に申請し,検査を受けることを義務づけた。これは国産製氷量が増大する中で,不衛生な氷による危害防止と,前年のコレラ流行が氷を介在としているケースがみられたことから制定された。

1月17 紅茶製造伝習規則を公布し,勧農局に紅茶製造場を設置,東京・静岡・鹿児島に伝習所を開設. [5]

20 初の勧工場,東京府立第一勧工場が永楽町(現大手町付近)に開場. 辰の口勧工場と呼ばれた. [35]
* 勧工場とは一つの建物の中に多くの店が入り,いろいろな商品を販売した所で,現在の名店街に似たもの. デパートの進出により衰退した.

24 東京駒場に内務省勧業局の農学校,駒場農学校(東大農学部の前身)開校式,天皇臨席. [5]

◆ 兵庫県,商法講習所を設立(神戸高等商業学校→神戸大学の前身).

2月13 米津風月堂の米津松造(1839〜1908),『読売新聞』に「ビスコイト(ビスケット)1斤　金20銭」の広告を出す. [7]

4月18 アニリン及び鉱属製絵具染料の飲食物着色を禁止. [40]

5月1 起業公債発行条例公布. [26]

1 〜11月10日:パリ万国博覧会開催. 日本の出品点数は4万5,000点以上にのぼる.

4 株式取引所条例公布(株式取引条例廃止). [26]

14 殖産興業を推進した大久保利通(1930〜78),東京紀尾井坂で暗殺される. 享年47歳.
* 欧米列強に追いつくため殖産興業の推進を最重要課題に掲げた. その例として,お雇い外国人の招聘,開拓使の設置,内国勧業博覧会の開催,山梨のワインづくりの推進,水に恵まれない福島県安積地方に猪苗代湖から水を引く安積疎水の開削などに意欲を燃やした. [31]

22 渋沢栄一・三井養之助ら,東京株式取引所設立(東京証券取引所の前身). 6月1日開業. 9月売買開始.

27 府県に命じて,衛生事務吏員を置く.

◆ 松方正義(後に首相,1835〜1924),欧州各国で盛んな甜菜糖業を視察し,日本での振興に努める. →1879(明治12)年7月

6月	◆	わが国最初の広告取次所「引札屋」，東京銀座2丁目に開業．[35]
7月	15	渡米の経験ある現神奈川県秦野市出身の山口仙之助(1851～1915)，箱根宮の下に500年近い歴史を持つ旅館藤屋を買収し，富士屋ホテルと改称し，外国人専用のホテルとして開業．当初，パンや肉類は横浜から運んだ．
		＊東京の精養軒ホテル，日光の金谷ホテルと並んで外国人用ホテルの先駆けの一つ．[32, 47, 159]
	22	開拓使，別海缶詰所開業式(現北海道別海町)．住民に工場を見学させる．
		＊9月サケ缶詰製造．厚岸産カキを缶詰に試製．[281]
	◆	東京，ビール大びん1本当たり価格．
		＊英国産バースビール25銭(現在価1,250円)．横浜天沼米国人製20銭(1,000円)．東京小石川製・新橋新金屋製17銭(850円)．開拓使冷製麦酒払下価格(東京函崎町開拓使貸付所) 18銭(900円)．
8月	15	大阪株式取引所開業．[26]
	◆	別海缶詰所，缶詰用に牛20頭を函館庁下で購入．[281]
9月	20	内務省，「製氷取締」公布．[40]
	28	太政官，酒類税則を改正追加．
		＊従来の従価税方式から従量税方式に変更し，造石税方式を設ける(清酒1石〈約180ℓ〉に付き1円)．この税則改正で，酒造税収入は一段と増加した．[27]
10月	17	開拓使，農業奨励のため，第1回農業仮博覧会を札幌で開催．
	◆	オーストラリアより羊1,500頭を買い入れ，下総牧羊場で飼育．[17]
	◆	開拓使，胆振国勇払郡植苗村字美々(現千歳市)に，鹿缶詰所及び脂肪製造所を建設．[281]
	◆	徳川家御用菓子商の金沢丹後の長男金沢三右衛門❖<31>(1847～1920)，東京芝区桜田本郷町(現港区西新橋1丁目・新橋1丁目付近)にビール醸造会社「醗酵社」を設立．翌年5月「桜田ビール」を発売．
		＊1890(明治23)年，「桜田麦酒会社」と社名変更．1907(明治40)年大日本麦酒に買収される．[31]
11月	◆	福羽逸人❖<21> (1856～1921)，甲州ブドウ沿革史編纂のため，山梨県庁・勝沼・東山梨郡役所などで取材．[23]
12月	4	警視本署，氷製造人并発売人取締規則を布達．[3]
	24	米津凮月堂，『かなよみ新聞』に猪口冷糖(チョコレート)の広告を掲載．[7]
	26	神戸元町3丁目の茶商放香堂，『読売新聞』に「焦製飲料コフィー弊店にて御飲用或ハ粉にて御求共にご自由」とコーヒー販売の広告を出す．神戸で最初のコーヒー販売とみられる．
この年		

- ◆ 大豆の作付面積41万1,200ha，生産量21万1,700トン．[347]
  - ＊131年後の2009(平成21)年の作付面積は14万5,400haと大幅に減少したが，生産量は単収がアップしたため，ほぼ同じの22万9,900トン．[347]
- ◆ 北海道有珠郡伊達移民団，クラークの勧告に従い民間初の甜菜を試作．
- ◆ 琉球の読谷山間仕切で製糖に水車利用が発達．[2]
- ◆ 官報に味噌の速醸法が掲載され，わずか20日間で醸造可能であると記載．[48]
  - ＊味噌の製造には通常1年かかる．
- ◆ 岩手県の古沢林，リンゴを船便で東京に移出．岩手県における東京出荷の始まり．1個25銭(現在価1,250円)で販売．[60]
- ◆ 千葉県の房州ビワ，東京湾内汽船の発達により，栽培面積が増える．[58, 59]
- ◆ 凮月堂本店・米津凮月堂，お菓子に香料のバニリンを使用．香料使用の初めとみられる．[7, 112]
- ◆ 東京浅草の井生村楼における儒学者江木鰐水(1810〜81)の古稀の祝いで，初めて立食形式のパーティーが行われる．

1879　明治12年

民営機械製粉事業の始まり

　海外歴訪から帰国した雨宮敬次郎❖(1846〜1911)は製粉事業の将来性に着目し，この年の暮れかまたは翌年春に，東京小名木川畔(旧南葛飾郡右衛門新田2番地＝現江東区東扇橋町8番地，後の日本製粉株式会社発祥の地)に，米国製石臼製粉器(40バーレル)を備えた製粉工場「泰靖社」を設立した．当初，製品は出来たものの，ほとんど売れなかったことから，陸軍に軍用食として堅パンやビスケットを採用するように働きかけて，小麦粉を納入することに成功したという．その後，この会社は幾つかの変遷を経て，日本製粉株式会社となった．→1896(明治29)年 [21]

1月19　居留地17番Aの江戸ホテルが焼失. [43]
　　25　『朝日新聞』創刊.
2月 7　米国の水産加工技術指導者トリート<68>(1811〜?)らが帰国. [281]
3月19　大蔵省造幣局，炭酸ソーダ製造所設置．翌年10月9日，ソーダ製造所と改称．
4月 4　琉球藩を廃し，沖縄県設置(5月20日，清国より抗議)．
　　＊置県当時，蔗作・製糖農家の窮乏化は激しく，未収穫糖を抵当にして「砂糖前代」と称する高利の借金をするものが多数にのぼり，その救済策が必須となっていた． [44]
　◆　春頃から，コレラが全国的に大流行し，年末までの患者総数は16万2,637人，死者数は10万5,786人と惨状を極める． [363]
　　＊6月28日「虎列剌病予防仮規則」，7月14日「海港虎列剌病伝染予防規則」が定められる．
　　＊この年，各府県に衛生課が設置され，食品担当を明示．町村の衛生事務取扱の組織が定められる．
　◆　品川工作分局(旧品川硝子製造所)，イギリス人硝子工を雇い入れ，食器その他の常用器具の製造開始. [26]
　◆　警視庁直轄の東京千束屠場，木村荘平❖<37>(1841〜1906)ほか2名に払い下げられる. [61]
　◆　鈴木清❖<30>(1848〜1915)，神戸市下山手通りに缶詰工場を開設し，「牛肉大和煮缶詰」を初めて製造したといわれる. [33, 62, 63, 64]
5月◆　大日本山梨葡萄酒会社の高野正誠❖(1852〜1923)と土屋龍憲❖(1859〜1940)，1年半年ぶりにフランスより帰国．
　　＊この年のブドウ酒醸造量約15石(2.7kℓ). [23]

- ◆ 勧農局新宿試験場，宮内省に移管し，植物御苑(現新宿御苑)と改称．[284, 288]
- ◆ 醸酵社(後の桜田麦酒)，「桜田ビール」発売．[12]

6月 ◆ 北海道紋鼈村(現伊達市)の永年社，菜種製油業を起こす．

7月 政府，官営の甜菜糖製造工場設立計画を決定．
フランスから甜菜製糖機械を輸入し，北海道胆振郡紋鼈村(現伊達市)に官立紋鼈製糖所設置．1880(明治13)年8月機械設置，12月試運転，81年3月製糖開始．[2]
 * その機縁となったのは，前年，パリ万国博覧会に日本事務局副総裁として派遣された勧農局長松方正義(後の首相，1835～1924)の滞仏中の甜菜糖業の見聞であった．[44]

- ◆ 長崎県，わが国缶詰製造の始祖といわれる松田雅典❖<46>(1832～1916)の意見を取り入れ，県立缶詰研究所を設立．
 * 雅典は主任に任命され，モモ・ビワ・イチゴ・トマト・タケノコなどの缶詰を製造し，これらの缶詰を持参し，勧農局に納入したところ，好評を博したという．[51]

8月 ◆ 新潟で米価高騰．コレラ予防のため野菜・果物・魚類の販売が禁止となり，困窮した人びとが米商を襲撃．

- ◆ 農商務省勧農局，所管の神戸オリーブ園にフランスから導入した苗木600本を初めて植え付ける．

9月15 内務省勧農局・大蔵省商務局，わが国最初の製茶共進会，横浜の町会所で開催．
 * 当時，わが国の貿易はほとんど連年輸入超過を示し，正貨流出が甚だしかった．そのような中で，輸出の中心を占めていた茶については，その拡大を図るため開催された．また，同様な趣旨で11月には生糸繭共進会が開催された．[44]

10月11 開拓使，第1回農業博覧会を函館で開催．

11～19 横浜で生糸繭製茶共進会開催の際，生糸集談会及び茶事集談会を開く．[284]

11月 1 三田育種場内に農具製作所竣工．

12月11 横浜正金銀行(旧東京銀行の前身)創立許可．

この年
- ◆ 暮れかまたは翌年春に，雨宮敬次郎❖，東京小名木川畔に製粉工場「泰靖社」を設立．[21]
- ◆ 大蔵省常平局，浅草蔵前に官営模範工場として製粉工場設立(1882〈明治15〉年国債局に移管)
 * 松方正義❖がフランスから持ち帰った石臼製

民営機械製粉業発祥の地碑

1879年 ◆ 35

- 粉器(30バーレル)を使用，動力は蒸気機関．[21]
- 開拓使，七重勧業試験場でチーズの製造を開始．
- オランダのロッテルダム生まれのストルンブリンク❖<32>（1847〜1917），現横浜市中区山手町に機械製氷会社「横浜氷製造所」を創業，わが国初の機械製氷業者といわれる．[31]
- 北海道で初めてリンゴが実る．場所は開拓本庁舎周辺の試作圃及び札幌の水原寅蔵❖<61>（1818〜99）の果樹園．
  ＊寅蔵のリンゴを中心とした2.4haのリンゴ園は，まとまった形としては日本で最初といわれる．[65, 66]
- 岡山県天瀬試験場（岡山市）で栽培した洋種ブドウ苗を1本8厘（現在価400円）で払い下げ．[67]
- 現長野県松本市で，洋種ブドウを県下で初めて栽培．[136]
- 愛媛県宇和島に，夏ミカンが愛媛で初めて導入される．その後，特に南予を中心に産地化される．[137]
- 開拓使，ブドウジャムの製造を開始．
- 小沢善平❖<39>（1840〜1904），『葡萄培養法』（上・下）を翌年にかけて編纂．
- この年度の酒類造石高520万8,107石，うち清酒501万5,227石（96.3％），濁酒6万5,447石（1.3％），焼酎8万3,738石（1.6％），その他4万3,695石（0.8％）で，清酒が大部分を占める．[27]
- 現千葉県富津市大堀の平野武治郎❖（1842〜1914），従来よりも品質の良い海苔が大量に採れる「海苔養殖移植法」を発見．
  ＊1883（明治16）年に養殖法を完成させた．[285]

1880 明治13年

旧刑法で，食品衛生に関する罰則を定める

　7月17日，太政官布告で「不熟ノ果物又ハ腐敗シタル飲食物ヲ販売シタル者」を処罰の対象とした。違反者は2日以上5日以下の勾留に処し，または50銭（現在価2,500円）以上1円50銭（7,500円）以下の科料に処するとした。また，人の健康を害する可能性のある物品飲食物に混和して販売した者は，3円（15,000円）以上30円（15万円）以下の罰金に処するとした。

　しかし，このような取締りでは，食品衛生行政上，極めて不備であるとして，20年後の1900（明治33）年，現在の食品衛生法の前身である「飲食物その他の物品取締に関する法律」が公布された。

1月◆　北海道厚岸の缶詰製造所竣工．17日に開業式を行い，鹿肉缶詰の製造を開始．[281]

　◆　スプリング・バレー・ブルワリーのコープランド❖（1834～1902），ウィーガントと仲違いし，米国総領事裁判の判決により，醸造所は公売されたが，みずから落札し，再び単独所有者となる．[19]

2月15　～4月5日（50日間）：内務省勧農局・大蔵省商務局，大阪で綿砂糖共進会を開催．
　　＊輸入総額のなかばを占め，かつ国内需要が激増しつつあった綿と砂糖について，その国産化を推進するために開催された．会期末の4月1日から2週間にわたり開かれた砂糖集談会は，在来糖業の当面する諸問題を一層明らかにするのに役立った．[44]

　◆　勧農局雇いとなった山田寅吉❖<26>（1854～1927），北海道に派遣され，甜菜製糖所の設立場所の設定に当たり，結局，胆振国有珠郡紋鼈村（現伊達市）に定める．3月工場建設着手．5月から6月にかけて同村及び近隣の村の農家440戸に130町歩を割り付けて，甜菜を播種させる．年末に工場落成．
　　＊山田寅吉は松方正義がパリ滞在中に日本への甜菜糖業の導入に当たり，担当を命じた土木建設技師．[44]

3月30　警視庁，諸獣屠場規則及び売肉取締規則を改定し，取締りを強化する．[17, 40]

　◆　三田育種場所属の播州ブドウ園，兵庫県に設置．[288]
　　＊1883（明治16）年7月農務省に直属，1886（明治19）年4月に前田正名❖に経営を委託，1889（明治21）年3月同人に払下げ．

　◆　兵庫県龍野の醤油醸造家は約15戸，年間仕入高は総計16,450トン

4月21 東京警視本署，各署に衛生警察本務を置き，所管内の衛生取締りを担当させることとなる(衛生警察の発足)．食品衛生に関係するものは次の通りであった．
  * 人畜接近する場所における馬・牛・豚・牧場・諸鳥獣畜飼育所，屠場，魚類乾燥所，諸市場，魚腸貯蔵場の不潔または悪臭．腐敗・がん造等の飲食物を販売する者．病死した鳥獣肉を販売する者．露店で鳥獣肉を販売する者．牛乳搾取人．氷製造及び販売人．飲食物及び玩具の着色料その他染料．中毒死亡者及び患者．[40]

◆ 官立紋鼈製糖所用の製糖機械，フランス人技師とともに到着．12月，試運転．
  * 前年7月，官立甜菜糖製造工場決定とともに，滞仏中の勧農局員前田正名❖(1850〜1921)に製糖機械の購入を命じた．[44]

◆ 神谷伝兵衛❖<24>(1856〜1922)，東京浅草花川戸に出身地(三河国)にちなんで「みかはや」という屋号(後の神谷バー)をつけ開店，酒の一杯売りを始める．[68]
  * これは，おそらく東京でのワンコップの元祖であろうといわれている．

◆ 鹿児島県川内から上京した岩谷松平<31>(1849〜1920)，銀座2丁目(現在の松屋デパート付近)に呉服太物及び煙草販売店を開き，引き続き紙巻煙草の製造を始める．
  * 煙草は品質最良を誇る意味で，店頭に天狗面を掲げ「天狗屋」と号し，商品には金天狗，銀天狗，赤天狗など天狗名を付けて売上げを伸ばした．「東洋煙草王，勿驚(おどろくなかれ)税金百万円，慈善職工5万人，天狗煙草」などと宣伝し，世人の注目を集めた．→1905(明治38)年[61]

5月28 政府，各府県に農事会・共進会の開設を奨励．

◆ 政府，沖縄糖業に製糖機械購入のため，勧業資金6万9,000余円貸下げる．1882年，鉄製甘蔗圧搾車購入奨励．[2]

◆ 勧農局，小笠原島に製糖業奨励のため出張所を設置．[2]

6月15 備荒儲蓄法公布(1881〈明治14〉年1月1日施行)．

7月10 札幌農学校第1回卒業式挙行．佐藤昌介(1856〜1939，農政学)ら13名卒業．

17 太政官布告第36号で，食品衛生に関する罰則を定める．[40]

◆ 銀座3丁目1番地の中川幸吉，林檎水を売り出す．1びん25銭(現在価1,250円)．このほか，ジャム・レモン水・いちご水・ぶどう水・あんず水・みかん水・みかん酒・リキュール類も販売．[32]

8月30 開拓使麦酒醸造所(サッポロビールの前身)，ベルリンビール醸造会社へ品評依頼．[12]

- ◆ 政府，四国・九州に紅茶試験場を開設し，没落士族の授産事業の資本を融資．
- ◆ 現サンヨー堂の初代店主逸見勝誠(へんみかつあき)<35>（1844～1904），広島県西条町で野菜缶詰を試製(当社創業)．[117]
  * 逸見山陽堂(1882.2)→サンヨー堂(1972.2)

9月 1
旧マルハの創業者中部幾次郎(なかべいくじろう)❖<14>（1866～1946），兵庫県明石で父を助けて家業の鮮魚仲買・運搬業に従事．この年月日をマルハの創業年月日としている．[69,70]

27
太政官，酒類税則を廃し，酒造税則を制定．
* 営業免許税が従来の1期10円より酒造場ごとに30円へと大幅に引き上げられ，造石税も1石に付き1円から2円に増額．鑑札制度は廃止．自家用料酒の造石高は1年1石以下．酒造検査の徹底化．
* 明治前期の政府の酒税政策の基本線が完成されたといわれる．[27]

- ◆ 開拓使麦酒醸造所，陶製ビールびん10万本発注．[12]

10月 1
酒造税則施行．各地に反対運動起こる．[71]

10
神田通新石町のケレー本舗鶴岡市太郎，鶏肉缶詰を売り出す．1ポンド缶詰1個30銭(現在価1,500円)，半缶18銭(900円)．[32]

- ◆ 玉振社，『酒造税則=麹営業税則俗解』発刊．

11月 5
官営工場の民営化促進のため「工場払下概則」制定．[26]
* 内務省・工部省・大蔵省・開拓使に官設工場の漸次民営化を命令．

- ◆ 開拓使麦酒醸造所，増設完了(製造能力，年250石から500石へ)．[12]
  * ビールの大びんの容量は3合5勺，1石(1,000合)で285本になるので，7万1,250本から14万2,500本の生産が可能となったことになる．

- ◆ 高松砂糖会社設立．製糖荷為替，肥料貸付を営業．

12月 ◆
北海道紋鼈村(現伊達市)の開拓使，官営甜菜糖製糖所，工場竣工とともに機械試運転を行ったところ，機械据え付けに不備があり，初年度は本格的な作業を開始するに至らなかった．[44]

- ◆ 米価高騰し，1875(明治8)年以来最高値を記録．
  * 最高値，1石東京12円11銭，大阪10円80銭．
  * 大阪の米屋では白米の1合売りが始まる．

- ◆ 新製コーヒー糖，ブリキ缶詰懐中吸物など，即席食品現れる．

冬
千葉県立食肉製造所設立．森田龍之介❖<30>（1850～1916），主事となる．[30]

この年
- ◆ 大阪で米が1升1銭5厘(現在価75円)上がって14銭2厘(710円)となり，貧しい人の多い長町辺の米屋では1合売りを始め，白

米1合1銭何厘という附札を出す．[286]
- ◆ 米津松造❖(1839〜1908)経営の米津凬月堂，イギリスから輸入した蒸気エンジンによる自動切断機と手押式焼窯のビスケット製造機械で，わが国初の大規模な製菓の機械化を試みる．[112]
- ◆ 国分勘兵衛（9代）(1851〜1924)，変動期の時流に即応し，江戸時代からの茨城土浦の醤油製造を廃止して，食品卸問屋「国分商店」を開店．勃興し始めたビール・缶詰などを取り扱い，販路を拡大．全国の生産者から最も優良な商品を取り寄せ，薄利多売の方針を取り，同商店の基礎を築く．[72]
- ◆ 東京三田育種場，孵卵器による雛の孵化を開始．
  ＊孵卵器が高価なため，一般には普及しなかった．[10]
- ◆ 東京の搾乳業者70名，乳牛372頭，搾乳量2,199石6斗1升7合．[1]
- ◆ 神戸在住のイギリス人クリフォード・ウィルキンソン❖<28>(1852〜?)，現西宮市塩瀬で発見した六甲山系の天然鉱泉のわき水を原料に，ミネラルウオーターを製造．[72]
  ＊ウィルキンソン鉱泉株式会社を設立し，外国人用ホテルや外国人給水用に販売した．
- ◆ 鈴木乙松(音八)❖，東京の浅草？で「羊(洋？)水舎」を設立し，ラムネを製造．[9, 74]
- ◆ ビールの輸入量，2,938石(529kℓ)(13万3,387円，現在価6億6,700万円)．ブドウ酒3,248石，ブランデー・ウイスキー・リキュール670石．[49]
- ◆ 阪神地域に輸出マッチの製造工場ができ始める．輸出先は中国，インドなど．

1881 明治14年

官営紋鼈製糖所，操業を本格化

1881（明治14）年度には，昨年同様120町歩に甜菜の作付が行われたが，再び干ばつの害を受け，収穫は約64万貫（2,400トン）にとどまった。製糖作業は同年10月末から93日間にわたって行われ，3万4,713斤（20,828kg，1斤＝約600g）の製品を得た。製品は主に東京へ出荷されたようであるが，製品の品質は良好とはいえず，決算の結果は4万8,000余円の損失を生じたという。明治15年度は甜菜収穫量に対する製糖量の割合は前年よりはるかに上昇したが，収支相償うものではなかったようである。この間，同製糖所は明治14年4月，農商務省設置とともに，同省工務局所管となり，明治16年1月，省内に北海道事業管理局が設けられると，その所管に移された。その後，明治19年1月，北海道庁へ移管され，明治20年には民間に払い下げられた。[44]

1月8 長崎出身の草野丈吉❖<42>（1839〜86），大阪中之島に「自由亭ホテル」を開業．[34]→1871（明治4）年

2月12 醤油の「製販一体化」を目的とする販売会社の東京醤油会社を設立（資本金10万円）．千葉県野田の7代茂木佐平治❖（1844〜99）を筆頭発起人として，千葉・茨城・東京・埼玉の醸造家及び一部の問屋15名が発起人となった会社．11月15日開業．
＊生産者から直接小売店への販売ルートを開き，中間経費を削減する問屋制度の改革を目標としたが，時期尚早のため，1889（明治22）年には解散を余儀なくされた．[72, 267, 269]

◆ 北辰社，東京府の9区内で牛乳配達開始．1合3銭（現在価150円）．

3月1 〜6月30日：第2回内国勧業博覧会，東京上野公園で開催．

第2回内国勧業博覧会，会場内の図（国立国会図書館提供）

＊「札幌冷製ビール」，有功3等賞を受賞．[12]

- ＊徳島県の中川虎之助❖<22>（1859～1926），特産の和三盆糖を出品し，有功1等賞を受賞．[73, 31]　この頃から安い輸入砂糖の増加によって，阿波糖業をはじめ，内地の糖業は衰退の方向をたどる．
- ＊東京谷中でブドウ園を経営する小沢善平❖（1840～1904），「夙ニ外国葡萄ノ良種ヲ移植シ接挿及屈条切枝等善ク法ニ適ヒ以テ栽培家ニ裨益ヲ与フ」をもって，有功賞を受賞．これを記念して『撰種園開園ノ雑説』という小冊子を出し，ブドウ栽培の収益を記す．[31]

◆ 官立紋鼈製糖所，操業開始．1887（明治20）年4月民間に払下げ．
◆ 鈴木由松，静岡県下でマッチ製造開始．[26]

4月5 大日本農会設立（東京農談会，東洋農会を合併，発展）．[5]
7 内務省勧農局と大蔵省商務局を廃止し，農商務省を新設．勧農局の事業を引き継ぐ．
- ＊1981（昭和56）年，農林水産省100周年．

11 農商務省に農務局水産課設置．[83]
21 「札幌ビール」，ベルリンビール醸造会社から高評価を受ける．[12]

◆ 太政官，法律顧問ロエスレルに商法草案起稿委嘱．1884（明治17）年1月29日脱稿．

5月2 大阪の渋谷庄三郎❖<60>没し，渋谷麦酒製造所廃業．[49]
27 米国船ペキン号，茶51万8,549斤を積み横浜から米国に向け出帆．

6月30 地租改正事務局廃止．

7月27 開拓長官黒田清隆❖<40>（1840～1900），北海道開拓使官有物払下げを申請（29日払下げ決定，世論の非難高まる）．
27 直輸出販売の日本紅茶商会，横浜の港町6丁目に設立．

◆ 山田寅吉❖（1854～1927），『甜菜製糖新書』（農商務省紋鼈製糖所刊）を著わす．
- ＊彼は建築土木学修学のためフランス留学中に，製糖機械の購入に関係していたので，帰国後，紋鼈製糖所建築主任として着任し，製糖にも従事．その後，内務省技師などを経て，各地の鉄道工事，灌漑事業などで指導的役割を果たした．

◆ 横浜，弁天通4丁目の守屋正造，懐中ラムネ，懐中レモンを売り出す．定価2銭5厘（現在価125円）．[32]

8月1 北海道官有物払下げ認可．10月12日認可取消．[26]
- ＊この年，開拓使第1，第2官園が民間に払い下げられる．

31 明治天皇，開拓使麦酒醸造所にご臨幸．[12]

◆ 開拓使官有物払下げの不明朗を批判した『東京日日新聞』などの新聞・雑誌，相次いで発行停止処分を受ける．
◆ お雇い外国人科学者R・W・アトキンソン（1850～1929），『日本

醸酒編』を著わし，日本古来の酒造方法を科学的に解明し，体系化した．[29]
＊体系化された酒造方法が，全国の業者に実用化されるまでにはかなりの年月を要した．

10月11 御前会議を開き，開拓使官有物払下げの中止を決定．12日認可取消．
＊これに伴い，「明治14年の政変」が起こり，大隈重信ら下野．

21 松方正義(1835～1924)，大蔵卿に就任し，西南戦争以来の不換紙幣整理を開始．松方財政始まる．

11月 1 植木枝盛(1857～92)，酒税増税に反対し，翌年5月1日を期して酒屋会議開催の檄文を発表．[16]
＊明治14年度(明治14年7月～15年6月)の決算額に占める酒税の割合は17.3％で，地租(70.2％)に次いで多い．[262]

年末 木村荘平❖<40>(1841～1906)，牛鍋店「いろは」48店開設の野望を抱いて，東京三田四国町(現港区芝2～5丁目のうち)に第1号店(本店)を開店．
＊死去するまでの20余年間に20店舗近くのチェーン店を開設したが，48店の覇業は達成できなかった．[61]

この年
◆ 紙幣整理に伴い，不況期に入る．
◆ 前田留吉❖(1840～?)，短角種による乳業を始める．[1]
◆ スプリング・バレー・ブルワリー，永年の研究成果を結集し，日本人の口に合う特醸品を発表．[22]
◆ 大阪の荒木某，「浪華ビール」発売．
＊金沢嘉蔵❖が技術指導．
◆ 現福島県いわき市出身の前田道方❖(1859～?)，東京小石川に工場を設け，鴨肉を醤油・砂糖・みりんで味付けし，「鴨の大和煮缶詰」と称して売り出し，評判を呼ぶ．鴨は東京赤坂福吉町(現港区赤坂2・6丁目)にあった黒田侯爵邸(約10ha)の鴨場で獲ったもの．[62, 75, 80]
＊大和煮という名称は，この時初めて使用され，この鴨の大和煮が元祖になったという．
◆ 現長野県小諸市の塩川伊一郎❖(1846～1906)，わが国で初めてイチゴジャムの缶詰を製造したといわれる．
◆ 神谷伝兵衛❖(1856～1922)，輸入ブドウ酒を日本人の口に合うブドウ酒に再製して販売．
＊口あたりがよいので評判になる．[68]
◆ 全国の酒類醸造場数，2万6,826ヵ所．
＊最も多いのは，兵庫県(1,336)，次いで新潟県(1,052)，長野県(1,019)，茨城県(972)，千葉県(913)の順となっており，最も少ないのは札幌1ヵ所となっている．
＊この年度の全国の清酒造石量は479万681石．[27]

* 兵庫の酒造中心地は灘五郷（なだごごう）．同地の造石量は25万石（4万5,000kℓ）に及ぶ．
* 灘五郷とは西郷（現神戸市灘区），御影郷（みかげ）（中郷，現神戸市東灘区），魚崎郷（うおざき）（東郷，現神戸市東灘区），西宮郷（現西宮市），今津郷（いまづ）（現西宮市）を指し，「宮水」を利用して醸造を行っている．

宮水発祥之地の碑　　酒蔵通りの表示

- ◆ 警視庁の俸給（月給），巡査・看守6〜10円（現在価3〜5万円），書記12〜30円（6〜15万円），看守長20〜30円（10〜15万円），巡査長30〜40円（15〜20万円），典獄50〜70円（25〜35万円）．
[286]

44　◆　1881年

1882 明治15年

赤堀峯吉, 日本初の料理学校を開設

　掛川宿(静岡県)で料理屋を営む家に生まれた峯吉❖(1816〜1904)は, 江戸に出て修業を積み, 1860(万延1)年日本橋付近に割烹店「掛川屋」を開業。1881(明治14)年皇后が御茶ノ水の女子師範学校へ行啓されたとき, 同校の食堂で昼食を差し上げた。皇后はその料理を大変喜ばれ, それが機縁となって, 各女学校に招かれて料理指導を行ったという。1882(明治15)年2月には, 日本橋区本銀町(現中央区日本橋本石町)に, 一般家庭の子女に料理を教える「赤堀割烹教場(赤堀料理専門学校の前身)」を開設した。当初, 生徒はわずか10人だったという(1910〈明治43〉年には400人を数える)。1887(明治20)年には日本で最初の西洋料理指導も始めた。[76]

1月10　内務省戸籍局発表, 1882(明治15)年1月1日現在の全国人口3,670余万人.

　　11　黒田清隆❖<41>(1840〜1900), 開拓長官辞任.

2月 1　〜3月31日：米麦大豆煙草薬種及び山林共進会, 東京上野で開催.

　　 8　開拓使を廃止し, 北海道に函館・札幌・根室の3県を置く.
　　　　＊別海缶詰所は農商務省の所管となる. [281]

　　12　大日本水産会設立. [5]

　　◆　赤堀峯吉❖<66>, 東京日本橋に「赤堀割烹教場」を開設. [76]

3月16　開拓使麦酒醸造所, 農商務省工務局の所管となり, 札幌麦酒醸造所と改称. 開拓使ホップ園は同省農業事業所の所管となり, 札幌ホップ園と改称. [12]

　　23　酒造税則改正され, 酒類造石税中に初めて「酒精(アルコール)」登場. [71]

4月23　太政官に商法編纂局設置.

　　26　大阪府知事, 5月1日予定の酒屋会議禁止を告示. 5月4日植木枝盛, 淀川舟中で協議の上, 5月10日京都で酒屋会議開催. 6月26日元老院に酒税減額建白書を提出. [16]

5月29　東京神田・芝にコレラが発生. 晩秋にかけて流行し, 死者5,077名. [217]　全国の患者数5万1,631人, 死者3万3,784人. [363]

6月27　日本銀行条例公布. 10月10日開業, 資本金1,000万円, うち500万円政府引受け.

11月13　山口県萩出身の桂二郎❖<25>(1857〜?),『葡萄栽培新書』(110頁)を著わす. ＊2007(平成19)年1月, 古書価格6,000円.
　　　　＊桂二郎は桂太郎(1847〜1913)の実弟. ドイツに留学し, 当時

最高の銘醸地といわれていたラインガウ地方のガイゼンハイムの葡萄栽培葡萄酒醸造学校に学ぶ．北海道庁から札幌葡萄酒醸造場の払下げを受けたり，日本麦酒醸造社長（サッポロビールの前身）などを務めるが，晩年の動向は不明である．[77, 78]

- 海軍省医務局副長の高木兼寛（かねひろ）❖<33>（1849～1920），脚気と食物の関係を調べ，麦食推進の意見を天皇に上奏．
  - ＊ロンドンのセント・トーマス病院医学校出身の高木兼寛は，イギリス医学系の代表として，わが国最初の看護学校や成医会講習所（東京慈恵会医科大学の前身）を設立．[79, 287]

12月11 為替手形・約束手形条例公布．

- 太政官，酒税税則を改正追加．造石税を1石2円から4円に増額．
  - ＊自家用料酒に免許を与え，その売買を禁止．[27]

この年

- この頃から，群小の醤油メーカーが続出し，粗悪品が出回り，商品としての信用が失われる．
- 松田雅典（1832～95），長崎県立缶詰製造所の払下げを受け，松田缶詰工場を設立．
  - ＊製品は長崎缶詰の名で声価を高めたが，当時としてはまだ缶詰は一般に普及するに至っていなかったため，資金繰りは大変であった．1894（明治27）年日清戦争が始まり，陸海軍に缶詰を納入するため奔走し，東京から帰途，病を得て志半ばにして明治28年死去した．享年62歳．[80, 81]→1871（明治4）年
- 東京下谷の辻村義孝（義久？），稲荷町の村瀬六太郎ら，煉乳の試製を始める．[1]
- 下総種畜牧場技師井上謙造❖，煉乳製造用に「二重底の平鍋で中間に水を入れて湯煎（ゆせん）する釜」（井上釜）を開発し，ようやく煉乳の製造に成功．[31]
- 山梨県甲府で「三ッ鱗（うろこ）ビール」を製造販売する野口正章❖<33>（1849～1922），ビール醸造の事業を含む家業一切を弟の富蔵に譲って東京に移住し，優雅な生活を送ったといわれる．
  - ＊正章の妻は女流画家として著名な野口小蘋（しょうひん）（1847～1917）．
  - ＊その後，「三ッ鱗ビール」は，1901（明治34）年3月ビール税が制定されるまで存続．[49]
- 播州葡萄園内（兵庫県）に，ガラス室設置．
  - ＊収穫されたブドウからワインが醸造された．実務担当者は後に宮内省新宿御苑の責任者となり，「福羽イチゴ」の育成者として知られる福羽逸人<26>（1856～1921）．時代は下って，1997（平成9）年遺構の地下室から3本のワインのびんが出土した．同園には福羽の指導を受けるために各地から園芸家が訪れた．なかでも岡山の山内善男（1844～1920）は熱心で，1886（明治19）年には，片側ガラス張りの温室（約16㎡）でブドウ栽培を岡山で初めて開始し，今日のマスカット作りの基礎をつくった．営利目的のものとしては，日本で最初といわれる．

1883　明治16年

鹿鳴館オープン

　鹿鳴館は，外務卿井上馨の主導のもと，欧米列強との不平等条約の改正交渉を円滑に進展させる目的で建てられた国際的社交場であるが，建築，服装，料理など，文化・風俗の近代化に演じた役割も少なくない。
　現千代田区内幸町1丁目の旧大和生命所在地の元薩摩藩装束屋敷跡に建設された鹿鳴館には，11月28日，内外の高顕官・淑女約1,000余名が集まり，夜会，舞踏会が夜半に及んだ。たびたび豪華な宴会や舞踏練習会などが開かれたが，1887(明治20)年9月，井上の辞任とともに欧化主義時代は終わり，同館は銀行に売却された。

鈴木藤三郎，氷砂糖の製法を完成

　遠州森の石松で知られる現静岡県周智郡森町に生まれた鈴木藤三郎❖<28>(1855〜1913)は，この年の12月，氷砂糖の製法を完成させ，翌年，氷砂糖工場を設立した。1889(明治22)年には東京に進出し，鈴木製糖所を設立した。さらに1895(明治28)年には渋沢栄一らの支援を得て，日本で最初の大規模機械生産による精製糖会社「日本精製糖株式会社(旧大日本製糖の前身)」を現東京都江東区小名木川河畔に設立し，わが国の精製糖事業の基礎を築いた。現在，江東区北砂5丁目団地の木立の中に，「我が国精製糖発祥之地」の碑が建てられている。[55]

'78—'87

1月14	桜田ビールの醸造元「醗酵社」，東京芝の紅葉館で創立5周年の祝宴を開く．参会者300人余． ＊この年，麦酒醸造所を麹町区紀尾井町に移転．
2月◆	札幌麦酒醸造所は農商務省北海道事業管理局札幌工事事務所の所管に，札幌ホップ園は同局札幌農業事務所の所管になる．[12]
3月 1	〜6月8日：農商務省，第1回水産博覧会を上野公園で開催．[83] ＊地場以外の水産知識に乏しかった漁民の啓発に大いに役立った．
4月◆	大倉喜八郎(1837〜1928)，発起人となり東京日本橋亀島町(現中央区日本橋茅場町3丁目)に中華料理店「偕楽園(かいらくえん)」を開店．1品料理の値段1円50銭(現在価7,500円)[32]
5月 5	東京兜町(かぶと)・蠣殻町(かきがら)両米商会所が合同して，東京米商会所となる(6月1日開業)．[26, 217]
5	東京・大阪・横浜の3司薬所，衛生局試験所と改称され，飲食物着色料の検査を開始．

6月◆ 官立紋鼈製糖所のフランス式機械をドイツ式機械に改良.所要機械をドイツより購入するとともに,ドイツ人技師を雇い入れる.

8月◆ 東京の伊治知政純,編網機を製作.[52]

9月22 工部省,工作局・鉱山局を廃止.品川工作分局は品川硝子製造所と改称.

10月◆ 農商務省札幌工事事務所,小麦生産量の増加に対応するため,小樽市周辺に石臼製粉器6台連結の製粉工場設置を計画.[21]→1884(明治17)年12月

　　　＊この年,北海道の小麦作付面積192町,生産量1,547石.[294]

◆ 東京築地に東京製氷会社設立(資本金20万円).これより人造氷の盛況をみる.ラムネの製造販売も行う.[32]

11月20 東京商法会議所解散,東京商工会設立(東京商工会議所の前身).[26]

28 鹿鳴館開館式.

鹿鳴館(国立国会図書館提供)

12月◆ 静岡県周智郡森町の鈴木藤三郎❖<28>(1855〜1913),氷砂糖の製法を完成.[55]

　　　＊1877(明治10)年,二宮尊徳の報徳の教えに基づいて家業の菓子製造で国家に貢献しようとの念願を起こし,家業のかたわら氷砂糖の製法を熱心に研究.

◆ 農商務省三田育種場,欧・米両種の葡萄(ブドウ)・苹果(リンゴ)・ナシや清国(中国)の水蜜桃などの種苗の払下げ広告を出す.苹果1本5銭(現在価250円),葡萄3.5銭(175円),桜桃(サクランボ)3銭(150円),水蜜桃4銭(200円),モモ3銭(150円),杏(アンズ)3銭など.[288]

この年

◆ デフレ政策の進行で,酒税滞納者が1882(明治15)年の502人から890人に激増し,全滞納額の98〜99%が酒造業者によって占められようになる.このため,倒産・廃業が続出し,第一次酒造恐慌時代が現出した.

　　　＊この年度の酒類造石高は325万3,600石で,最盛期の1879(明治12)年度に比べ37.5%減少.内訳は清酒313万9,507石(96.5%),濁酒3万9,732石(1.2%),焼酎5万1,327石(1.6%),ビール1,156石(0.035%),その他2万1,879石(0.7%)となっており,

ビールが初登場. [27]
- ◆ 宇都宮三郎✤<49>（1834〜1902），愛知県知多郡亀崎に試験場を設け，清酒製造を改良．
  - ＊従来より醸造が容易で腐敗が少なく，日本酒は大きく改良された．
- ◆ 国民1人当たりの砂糖消費量，3.1斤（1,860g）．
  - ＊以後4.3斤，4.7斤，5.3斤（3,180g）と次第に増加し，1897（明治30）年前後には10斤以上の年もあったが，家庭で料理用に使用する量は少なかった．[6]
  - ＊明治初期は1斤余（約600g）．
- ◆ 輸入統計に初めてハム・ベーコンを表示．
  - ＊輸入2万斤（約1万2,000kg），1万円弱．
- ◆ 雨宮敬次郎✤（1846〜1911），シベリアへ小麦粉を輸出して巨利を得たと評判．
- ◆ 青森県中津軽郡の藤田葡萄園，欧・米両種のブドウを栽培し，東北地方におけるブドウ酒醸造の先駆けをなす．
  - ＊桂二郎✤（1857〜?）が，指導に当たったとみられる．

1884 明治17年

商標条例の制定

　商標は商品を標識するものであり，商品の顔であるといわれるが，この年の10月1日に，商標に関する統一立法である「商標条例」が，わが国で初めて制定された。これにより，商標を使用するには登録が必要となり，多くの食品会社が商標登録を行った。例えば，現大関は，酒銘「万両」を「大関」と改めて登録。中埜酢店は，従来使用していた㊒を同業者が先に登録したため，使用できなくなり，「ミツカン」で登録した。

1月◆ 東京製氷会社，製氷初売出し．

◆ 松方デフレ政策の強行で，諸物価下落．
* 1881（明治14）年1石14円40銭に高騰した米価が4円61銭に急落．この年，農村は深刻な不況に見舞われ，各地に農民騒擾が多発．

2月21 品川硝子製造所を西村勝三❖<47>(1837～1907)らに貸与（1885〈明治18〉年5月19日に売却）．
* 1888（明治21）年ビールびんの試験吹製を始め，翌年1月から本格的にビールびんの製造を開始．[84]

3月14 農商務省，三田育種場の事業を大日本農会に委託．

15 地租条例公布．
* 法定地価の決定，税率の固定．

5月◆ 札幌麦酒醸造所，札幌麦酒醸造場と改称．[12]

◆ 三重製茶会社開業．[26]

6月7 商標条例を制定．10月1日施行．
* 商標15年の専有権．

9 農商務省に商標登録所設置．[26]

12 鹿鳴館に華族・高官・実業家の夫人・令嬢らが集まり，第1回婦人慈善会を開催．日本最初のバザーといわれる．

◆ 鈴木藤三郎❖<28>（1855～1913），静岡県周智郡森町に氷糖工場設置．[55]
* 製品の販売については，東京日本橋小船町の砂糖問屋村山仁兵衛が一手に引き受けた．当時，氷砂糖といえば，清国福州産のものが大部分であったが，鈴木の製品はそれを次第に駆逐する勢いを示した．[44]

7月◆ スプリング・バレー・ブルワリー，倒産し，公売される．
* ウィーガントがビールのにごり止めの「人体有害論」を裁判で主張したため，ビールの売行きが落ちた．このため，醸造所売却を図って英国の有名ビール会社6社へ回状を送付するが，買

- い手がつかず．[19]

- ◆ 米津凮月堂の米津松造の二男米津恒次郎❖<17>（1867～1932），父のすすめで，洋菓子製造を学ぶため，アメリカに渡り，さらに，ロンドン，パリで研究を重ね，1889(明治22)年帰国．
  - ＊留学中に日本人としては初めて本格的なフランス料理を修め，菓子については，ウエハース，マシュマロ，サブレ，ワッフルなど，数々の最新技術を持ち帰った．7月30日の『読売新聞』に帰国の挨拶の広告を出す．[7]

8月20 関東に地震があり，神奈川県鎌倉郡川上村(現横浜市戸塚区柏尾町)のウイリアム・カーティス❖のハム工場が焼失，カーティスはこれを機に，斎藤満平❖<39>（1845～1912）にハムの製法を伝授したと伝えられる．[4, 17]

5 竹中卓郎著『舶来果樹要覧』(144頁)，大日本農会三田育種場出版，定価50銭(古書価格1992〈平成4〉年12月，3万5,000円，定価の7万倍)．
  - ＊掲載果樹は，ブドウ・苹果(リンゴ)・甜橙(オレンジ)・モモ・桜桃(サクランボ)・杏(アンズ)など，購入希望者は申し込むことになっている．[291]

9月 ◆ 香川県の有力な搾屋22人，讃岐糖業大会社創立．主な事業は糖業の衰退を挽回するための製糖荷為替，肥料代金貸付けなど．
  - ＊1896(明治29)年，金融事業そのものを目的とする高松銀行へ転身．[44]

10月 1 商標登録制度開始．
  - ＊現大関，酒銘「万両」を「大関」と改め，商標登録．[86]
  - ＊中埜酢店，「ミツカン」を商標登録．[93, 290]

- ◆ 東京鎮台の兵食として，ハムが常用品となる．[30]

11月29 農商務省，同業組合結成奨励のため，同業組合準則公布．[4]
  - ＊準則の中に，同業者に対して強制的に加入させる条項があったが，時が経つにつれて不都合な点も生じてきたので，1902(明治35)年5月に削除された．[331]

29 在来の(東京)日本橋魚問屋組合，新たに組合を組織し，以後，日本橋魚市場と称する．[4]

12月26 農商務省，不況を乗り切って国富を増加させるための在来諸産業の振興策の大綱をまとめた『興業意見』(和綴30巻の大作)を編纂し，太政官に提出．[5, 57]
  - ＊『興業意見』は，日本経済史上，最初の経済白書ともいわれるもので，編纂主任は前田正名❖(1850～1921)．全国府県別の10年間の経済計画を明らかにした．茨城県を例にとってみると，米麦の増産改良，製茶の改良挽回，養蚕製糸の改良増産，こんにゃく製粉法の改良増産，水産の増殖などが具体的に数字を挙げて示されている．

- ◆ 農商務省札幌工事事務所，製粉工場の設置計画を大幅に変更．

- * わが国最初のロール式製粉機械(米国式50バーレル)を導入し，工場の建設地も札幌区大通東1丁目に変更．[21]

この年
- ◆ 松方財政による不換紙幣整理のため，不況がその極みに達し，会社・銀行の倒産が続出．
- ◆ 搾乳業者の辻村義久の主唱により，余剰牛乳の解決策として，東京に東京煉乳会社を設立．
- ◆ 千葉県立食肉製造所，清国蘇州の顧亜宝を雇い入れ，豚肉及び魚肉の清国風加工法を研究．[30]
- ◆ 浅田甚右衛門❖<28>（1856～1908），現東京都中野区中野坂上に，浅田麦酒醸造所設立．
    - * スプリング・バレー・ブルワリーの設備一式を購入し，醸造技師にはコープランドの弟子村田吉五郎・久保初太郎を雇ったといわれる．[31]
- ◆ 小西儀助(大阪)，「朝日ビール」発売．天満場橋通りに工場を設置．[49]
    - * 醸造技師は渋谷ビールの醸造にあたった金沢嘉蔵．5年後の1888(明治21)年まで続き，その後，大阪洋酒醸造会社に発展した．
- ◆ 柴谷善三郎・木村助次郎(大阪)，「エビスビール」を発売．[49]
    - * 金沢嘉蔵が醸造指導したといわれる．このビールの名称は醸造所(大阪市南区恵美須)の戎神社に因んだもの．1890(明治23)年，東京の日本麦酒醸造会社から同名のビールが発売されたが，両者の間には関係はない．
- ◆ 佐藤一朗(新潟県)，「芙蓉ビール」発売．
- ◆ 三菱商会，現兵庫県川西市平野から湧水する鉱泉を「平野水」の名で発売．三ツ矢サイダーの始まり．[9, 352]

1885　明治18年

ジャパン・ブルワリー・カンパニー（キリンビールの前身）設立

　前年，コープランド経営のビール工場「スプリング・バレー・ブルワリー」が，横浜米国総領事裁判により破産売却と決定された。これを受けて，当時，三菱の顧問格であったグラバー（1838～1911）らの尽力によって，外国人経営の「ジャパン・ブルワリー・カンパニー」（キリンビールの前身）が設立された。醸造開始までには2年半以上を要し，1887（明治20）年に資格のあるドイツ人醸造技師ヘルマン・ヘッケルトがドイツから着任し，翌年2月に初仕込みが行われた。[49]

明治18年頃の横浜山手工場（キリンホールディングス提供）

宇都宮駅で日本初の駅弁を売り出す

　7月16日，日本鉄道株式会社の東北線が上野～宇都宮間に開通した時，宇都宮駅で旅館白木屋の主人斎藤嘉平＊が日本で初めて駅弁を売り出す。折詰弁当ではなく，「梅干入りの握り飯2個，たくあん付」を竹の皮に包んで5銭（現在価250円）で販売した。これが各地に拡がり，同年10月15日には官鉄信越線横川駅，翌年には高崎駅，1888（明治21）年には東海道線国府津駅で販売された。折詰弁当が初めて売り出されたのは，1889（明治22）年の山陽鉄道の姫路駅といわれている。
　＊駅弁第1号についてはいくつかの説がある。

1月◆	札幌麦酒醸造場，試作品の陶製びんを精磁会社に，ガラスびんを品川硝子に発注（各1,000本）．[12]
2月7	三菱の基礎を築いた岩崎弥太郎（1835生まれ）死去（52）．弟の岩崎弥之助（1851～1908）が後を継ぎ，郵便汽船三菱社長となる．
	＊遺訓「創業は大胆に，守成には小心なれ」．
	＊現東京都台東区池之端にある「旧岩崎邸」は，1896（明治29）年に岩崎家本邸として建てられたもの．

	20	農商務省に水産局設置．[5]
4月◆		鈴木藤三郎❖(1855～1913)，郷里の静岡県周智郡森町に氷砂糖の第二工場を増設．[55]
		＊設置に当たっては，最初の氷砂糖工場と同様，郷里の豪商の資金援助を受ける．
		＊12月には3,000余円(現在価約1,500万円)の利益があり，1888(明治21)年に至るまで毎期の利益は1万円にのぼったという．
5月	8	財源確保のため菓子税則公布．施行は7月1日．菓子業界はその重圧に苦しみ，撤廃運動を繰り返す．
		＊11年後の明治29年3月24日，運動が功を奏して撤廃．[7, 125]
	28	品川硝子製造所を，西村勝三❖(1837～1907)に払下げ．1888(明治21)年有限責任品川硝子会社に改組(資本金15万円)．明治25年11月解散．
	◆	10年ぶりに醤油税が復活．7月1日から実施．[72]
		＊軍備拡張のための増税で，間接税増大の起点となる．
		＊製造所1カ所ごとに免許鑑札を必要とし，1カ所につき営業税5円(現在価25,000円)，製造高1石に付き造石税金1円(現在価5,000円)を毎年納付．輸出した場合には造石税に相当する部分金額が戻されることになった．
6月	27	神谷伝兵衛❖，輸入品再製ブドウ酒に蜂印の商標．[68]
7月	8	ジャパン・ブルワリー・カンパニー設立決定．[49]
	16	日本鉄道(株)の東北線宇都宮駅に，日本で初めて駅弁登場．
8月	14	埼玉県出身の高林謙三❖(1832～1901)，焙茶器械・生茶葉蒸器械・製茶摩擦器械など5件の特許を取得．
		＊同県川越市の喜多院境内に，全国茶業組合によって建立された頌徳碑がある．
9月	30	開拓使別海缶詰所，フランス向け鱒缶詰を函館丸と千歳丸に積み入れる．
		＊6月にフランスから平形缶1斤入りと半斤入りを合わせて7万2,000缶の注文があった．フランス向け缶詰輸出の始まりとみられる．[281]
	◆	農商務省札幌工事事務所の製粉工場(「札幌製粉所」と称す)，わが国初のロール式製粉機械により操業を開始．[21]
10月	1	東京瓦斯局払下げ，東京瓦斯会社設立(東京ガスの前身)．[26]
	◆	磯野計❖<27>(1858～97)，欧米の著名な酒類・食料品の直輸入並びに販売を行う「明治屋」を横浜に創業．
		＊1888(明治21)年キリンビールの総販売店となる．[85]
	◆	小鹿嶋果編著『日本食志』：一名は日本食品滋養及沿革説．
		＊食物栄養の略説と，邦人の常食とする100種の食品の分析表及びそれらの食品の沿革を記す．[48]
11月	13	警視庁，牛乳営業取締規則を公布．[40]

12月

- 札幌麦酒醸造場（サッポロビールの前身），増設完了（製造能力，年500石から1,000石へ）．[12]
- 『女学雑誌』，女子学科に割烹（料理）科目の必要を説く．[48]
- アメリカ人クララ・ホイットニー（1861～1936），『手軽西洋料理』（津田仙・皿城キン訳）を著わす．
  * クララは商法講習所の創設者ホイットニーの長女で，刊行後，間もなく勝海舟（1823～99）の3男，梅太郎と結婚．国立国会図書館の「近代デジタルライブラリー」で読むことができる．

この年

- 陸軍省，兵食にパン採用の方針を決定．
- 三田育種場，『再植馬鈴薯の記』を全国に配布し，普及に努める．
- 福羽逸人❖（1856～1921），ヨーロッパからメロンの種子を取り寄せ，栽培を始める．
- 千葉県銚子のヤマサ醤油の浜口儀兵衛（8代），渡米中の7代❖（1820～85）の指示でウスターソースを製造し，三角びんに入れて「ミカド（三角）ソース」と名付けて販売．
  * ミカドソースは当時の日本人にはなじみのない味で，時期尚早のため売行きは思わしくなく，わずか1年で製造が中止された．10月30日「新味醤油」の名で専売特許を取得．[31]
- 長野県諏訪地方の寒天，ゼリー材料として輸出．
  * 国内消費より輸出が伸び，兵庫・福島でも漸次生産が増える．
- 東京の小石川興農社の前田喜代松❖（1853～?），フランスから脂肪分離機を購入し，バター製造を開始．[48]
  * 前田喜代松は搾乳業者の元祖といわれる前田留吉❖の甥で，東京屈指の牛乳店北辰社も経営．
- 米津凮月堂，スイート・ポテトを発売．[112]
- 浅田麦酒醸造所，「浅田ビール」発売．[31]
- ドイツ産ビールの輸入が増加し，国内に広く出回る．[22]
- 大倉蔵太郎と横山助次郎❖（東京京橋区弓町），共同で「大倉ビール」発売．[49]
  * 横山助次郎は甲府の野口正章のもとで，コープランド及びその弟子村田吉五郎についてビール醸造を学んだ．
- この頃の岡山市中のビールの値段，バースビール（1ダース）4円（現在価20,000円），西京（京都のこと）製扇ビール（1ダース）1円8銭（5,400円）．[8]
- 一ツ矢サイダー（三ツ矢サイダーの前身），明治屋より発売．同年大日本製薬，Ⓟらむね定価3銭5厘を発売し，「宮内省御用」を看板に宣伝．[9]
- 斎藤彦三郎（北海道），ニシン角網発明．[52]

1885年 ◆ 55

1886　明治19年

日本初のワイン会社「大日本山梨葡萄酒会社」, 閉鎖

　1877(明治10)年, 同社は新政府の殖産興業の一環として, 山梨県祝村(現甲州市)に設立された. 本場のフランスに派遣された高野正誠(1852～1923)・土屋龍憲(1859～1940)の帰国(1879年5月)をまって, 直ちに醸造販売を始めた. 当初, 製品は輸入品より安いため, 大いに歓迎されたという. しかし, その後, 変味酒が多く出たため, 経営が悪化し, この年1月, 閉鎖の止むなきに至った.

1月	26	北海道の3県(函館・札幌・根室)を廃止し, 北海道庁を設置.
		＊農商務省北海道事業管理局所管の事業(紋鼈製糖所など)は, すべて道庁へ移管された. [44]
	◆	大日本山梨葡萄酒会社, 経営不振でついに閉鎖. [23]
	◆	雨宮敬次郎❖, 製粉事業の拡大を図るため, 個人経営の「泰靖社」を解社. [21]
	◆	札幌麦酒醸造場・札幌ホップ園, 北海道庁の所管となる. [12]
	◆	森林太郎<23>(鷗外, 1862～1922),「日本兵食論大意」を発表. 兵食改善を説くが, 麦食には反対.
2月	◆	兵庫県灘五郷の酒造業者, 摂津灘五郷酒造組合連合会を設立. 8月4日, 西宮郷・今津郷の脱退で解体. [86]
3月	19	東京の市乳業者によるわが国初の乳牛共進会, 三田育種場で開催. [1]
	19	神谷伝兵衛❖(1856～1922),「蜂印葡萄酒」に香竄印の商標登録を受ける.「香竄」は父の雅号. [68]
	25	～4月25日：東京上野公園で水産共進会開催. [83]
	29	郵便汽船三菱会社を解散し, 三菱社設立(社長岩崎弥之助〈1851～1908〉). [26]
	◆	土屋龍憲❖<26>(1859～1940)・宮崎光太郎❖<22>(1863～1947)・土屋保幸の3人, 閉鎖した大日本山梨葡萄酒会社(現山梨県甲州市勝沼)を買い取り,「祝村葡萄酒会社」と改称して再開. [23]
	◆	福羽逸人❖<29>(1856～1921), ブドウ栽培・ブドウ酒醸造法研究のため, フランスに派遣される.
4月	◆	1881(明治14)年に「鴨の大和煮缶詰」を初めて売り出した前田道方❖(1859～?),『専売特許品及発明者一覧表』(東京：笛㢱屋専

売店)を編輯.
* 明治18年8月14日から明治19年3月31日まで，専売特許を取得した品目と発明者が記されている．高林謙三の「焙茶器械」「茶蒸器械」「製茶摩擦器械」や編輯者の前田道方が神村平助と共同で取得した「便利米磨桶」などを掲載．本書は国立国会図書館の「近代デジタルライブラリー」で閲覧できる．

◆ 吉田正太郎編輯・青陽楼主人校閲『日本支那西洋料理独案内：附礼式及食事法』(駸々堂).

5月6 漁業組合準則制定. [26]

6月20 県令を県知事と改称.

◆ 千葉県立食肉製造所，『塩豚製造法』を発刊.
* 執筆者は森田龍之介❖(1850～1916)，25頁の小冊子であるが，ハム製造の成書としては日本で最初のものとみられる. [31]

◆ 夏から秋にかけて，コレラが大流行し，死亡者数は明治期最多の10万8,405人にのぼる．天然水は危険につき，ラムネを飲むようにとの宣伝もあって，ラムネが爆発的に売れる．ラムネを製造していた鈴木乙松❖(1849～?)の「羊(洋?)水舎」では，次から次に入ってくる売上金の置場に困り，荷車に積んで両替屋に持って行ったという． [31, 363]

9月1 北海道庁，札幌葡萄酒醸造場を桂二郎❖(1857～?)に経営委託. [12]

10月 ◆ チボリービール，売り出される. [32]

11月30 北海道庁，札幌麦酒醸造場(サッポロビールの前身)を大倉喜八郎(1837～1928)の大倉組商会に払下げを通達. [12]
* 大倉組札幌麦酒醸造場となり，10年余にわたる官業から民間経営に移行する.

30 官営札幌製粉場，後藤半七ら7名に払下げが承認される．札幌製粉場と称す. [21]

12月 ◆ ドイツのボックビール(Bockbier)・インペリアビールが，販売される. [32]

この年
◆ 不況からようやく回復，下半期より各企業が勃興.
◆ 大蔵省の浅草製粉所，雨宮敬次郎❖・野村忍助らへ払下げ．雨宮らは京橋区南飯田町に同施設と既存の設備を合わせて，新工場(70バーレル)の建設に着手. [21]
◆ 今井伊太郎❖(1864～1941)，父佐平次❖の指導を受け，大阪府泉南郡でタマネギの栽培を始める.
* 1903(明治36)年有名な「泉州黄」を作り出し，「玉葱王」と呼ばれた．淡路島をタマネギ産地に育成する契機となった. [87]
◆ 豚の飼養頭数，4万1,904頭. [347]
* 初の正式統計.

1886年 ◆ 57

- ドイツで発明された合成甘味料サッカリン，砂糖の代用品として輸入販売される．[418]
- 田原良純(1855〜1935)ら，各種の食物栄養価調査を行う．
  *翌年，わが国で初の食品成分表として発表．
- 金子直吉❖⟨20⟩(1866〜1944)，鈴木岩治郎経営の鈴木商店(神戸)に雇われる．この頃，鈴木岩治郎，資力3万円以上の神戸有力八大貿易商となる．[39]
- この頃，一升びん(1.8ℓ)入りの日本酒，東京日本橋の問屋が灘の醸造会社と契約して売り出す．びん詰の始まり．[362]
- 現山梨県甲州市塩山の雨宮竹輔❖(1860〜1942)，東京谷中の小沢善平❖(1840〜1904)のブドウ園からデラウエア種(米国種)の苗を持ち帰り，栽培に成功し，県内に広め，デラウェア栽培の基礎を築く．
  *1956(昭和31)年，同市の雨宮橋の際に顕彰碑が建てられた．[31]
- 岡山県のブドウ作りの先覚者山内善男❖(1844〜1922)，片側ガラス張りの温室(約16m^2)でブドウ栽培を開始．今日のマスカット・オブ・アレキサンドリア作りの基礎をつくる．営利目的としては日本では最初といわれる．[8, 67]
  *1956(昭和31)年，ガラス室が復元された．
- 東京日本橋小網町に東京最初の喫茶店「洗愁亭」開業．
  *本格的なコーヒー店の始まりは，2年後の1888(明治21)年の可否茶館．
- 東京下谷池ノ端の「酒悦」の野田清右衛門(15代)，福神漬を創製．
  *戯作家梅亭金鵞(瓜生政和，1823〜93)が，これを賞味する家には福の神が来るということで，7種の野菜(ナス・カブ・ダイコン・シソ・ウド・タケノコ・ナタマメ)を谷中七福神に見立てて福神漬と命名したという．[31, 62]

1887 明治20年

麦酒などに民間主導の会社が誕生

　この年は日本製粉会社(日本製粉の前身)，日本麦酒醸造会社(大日本麦酒，サッポロビールが継承)，大阪麦酒会社(アサヒビールの前身)，丸三麦酒醸造所，紋鼈製糖株式会社などの企業の誕生・設立の動きがみられた。この頃から，民間の有力者が新規事業に取り組む機運が高まってきた。企業形態は，有限責任会社となっており，株式会社は少ない。

2月21 北海道庁，別海缶詰所を藤野辰次郎(?～1909)に払い下げる．
- ＊8月に北極星(北辰)をかたどった五稜星のサケ・マス缶詰の商標(★印)の譲与を受ける．なお，この商標権は昭和20年代に日本冷蔵(現ニチレイ)に譲渡された．[53, 89]

◆ 雨宮敬次郎❖・野村忍助・河野呈甫らが発起人となり，官営浅草製粉所払下げを受け，有限責任日本製粉会社設立(資本金20万円，社長野村忍助)．[21]

3月 ◆ 日本製粉会社，南飯田町工場操業開始．[21]
- ＊南飯田町は現中央区築地6～7丁目のうち隅田川寄り．

4月 ◆ 北海道庁所管の紋鼈製糖所，旧亘理藩(宮城県)の伊達邦成らに払い下げられ，紋鼈製糖株式会社が創立(資本金5万5,000円，うち4万5,000円は北海道庁引受け)される．社長には旧藩家老で当時室蘭郡長であった田村顕允❖<54>(1832～1913)が就任．
- ＊同社の業績は，明治20年度は赤字．21・22年度の営業収支はわずかながら黒字であったが，その後は連年赤字が続いた．原因は「士族の商法」にあるともいえるが，最大の原因は，甜菜の収穫がきわめて不安定であったため．原料不足のために，運転休止期間が長引き，1896(明治29)年2月，解散の止むなきに至った．[2] →1896(明治29)年

◆ 東京人造肥料会社創立(日産化学工業の前身)．過燐酸石灰製造の企業化．[118]

◆ 西川麻五郎纂訳『麦酒醸造法』(勧農叢書)(東京：有隣堂)．

5月9 木村安兵衛❖(1817～89)とともに木村屋(パン)の基礎を築いた2代目の次男木村英三郎，36歳の若さで死去．
- ＊3男儀四郎が後を継ぎ，販路の拡大を図る．[13]

◆ 伴源平編『日本・西洋・支那三風料理滋味之饗奏』(大阪：赤志忠雅堂)．
- ＊カツレツ，ビフテキ，コロッケ，シチューのソースの作り方などを掲載．

6月25 関沢明清<44>(1843～97)❖，伊豆大島沖で捕鯨に米国で使用さ

れている「ボムランス」(破裂弾付銛, Bomb Lance Gun)を使用.
[83]

◆ 東京醤油問屋組合発足.
＊1884(明治17)年公布の同業組合準則に基づく組合. [72]

8月11 千葉県野田の茂木七郎右衛門❖<27>(1860～1929, 後に野田醤油初代社長)の主導で, 野田と隣の流山などの醤油醸造業者17名, 野田醤油醸造組合を結成.

茂木七郎右衛門第一・第二醸造場(国立国会図書館提供)

＊組合は醤油・粕(かす)の価格協定, 原料麦の価格入札, 出荷統制, 各種雇人及び職人の賃金協定など, カルテル的機能を果したという.
＊この頃, 茂木佐平治家のキッコーマン印が常に最高価格を保持. [35, 195, 269]

9月6 有限責任日本麦酒醸造会社(社長鎌田増蔵, 資本金15万円〈うち, 10万円興業資本, 5万円運転資本〉)設立. 仮本社を京橋区木挽町2丁目12番地(現中央区銀座2丁目)に設置. [12]
＊ビール工場は府下荏原郡三田村(現目黒区恵比寿4丁目エビスガーデンプレイス内)に設立. 1889(明治22)年12月から醸造を開始し, 翌年「エビスビール」の名で発売し, 予想以上の好評を博する. →1888(明治21)年2月16日

◆ 大倉組札幌麦酒醸造場(サッポロビールの前身)が, ドイツより招聘した醸造技師マックス・ポールマン着任. [12]

10月8 神奈川県鎌倉郡川上村(現横浜市戸塚区柏尾町)の斎藤満平❖<42>(1845～1912), 同村のウィリアム・カーティス❖の指導により, 同村上柏尾(現柏尾町)で父親満三とともにハムの製造を始める. [17]

17 横浜市街地に, 日本初の近代的上水道による給水が始まる.
＊横浜はコレラの最大の浸入口である横浜港を抱えていたことから, 近代的な水道の設置は急務であった. 設計施工の指導

60 ◆ 1887年

者は英国のパーマー，ヘンリー・スペンサー陸軍工兵少将❖<49>（1838～93）．時代は下って，1987(昭和62)年4月30日，スペンサーの誕生日に当たるこの日，近代水道の100周年を記念して，野毛山貯水池付近の公園内に建立された彼の胸像の除幕式が行われた．[31, 90, 91]

26 鳥井駒吉❖<34>（1853～1909）ら発起人15名，大阪麦酒会社設立発起人会開催．アサヒビールの前身．[92]

11月◆ 大阪麦酒会社創立願書提出（12月許可）．[92]

12月10 北海道庁，札幌葡萄酒醸造場を桂二郎❖<30>（1857～?）に払い下げる．[12]

28 大倉組札幌麦酒醸造場を譲り受け，札幌麦酒会社設立（資本金7万円，委員長渋沢栄一）．[12]

この年

◆ 神津邦太郎❖<22>（1865～1930），長野・群馬両県にまたがる志賀高原（海抜1,200m）に民間初の洋式牧場「神津牧場」を開く．
　＊群馬県部分は甘楽郡の物見山国有林を借用．1889(明治22)年ジャージ牛の牛乳からバターをつくるが，販路開拓に苦労する．[96]

◆ この頃から，「酪農」という言葉が用いられるようになる．

◆ リンゴ生産会社「興農会社」，現青森県黒石市に10町歩のリンゴ園を開園し発足．[95]

◆ 英国紅茶が初めて輸入される．[364]

◆ 関東一府五県の醤油醸造業者，一府五県醤油組合を設立．[11]

◆ 千葉県野田の茂木七郎右衛門❖<27>（1860～1929，後に野田醤油初代社長），醸造化学を研究し，自邸内に醤油業界で最初といわれる化学試験所を設置．[195]

◆ 欧化主義の浸透などもあって，ビールの需要が急増し，国内生産高が1万7,000石と初めて1万石を超え，輸入も9,053石に及んだ．[224, 225]
　＊輸入量はこの年を最高に減少に転じ，1897(明治30)年858石，1907(明治40)年335石，1914(大正3)年328石．[49]

◆ 中埜又左衛門（4代）❖<33>（1854～95）・盛田善平❖<23>（1864～1937），愛知県半田に丸三麦酒醸造所を設立（後のカブトビール）．[31, 93]

◆ 大倉組札幌麦酒醸造場（サッポロビールの前身）が，ドイツから招聘した醸造技師マックス・ポールマン，ビールの火入れ殺菌（低温殺菌）を開始．[12]

◆ ジャパン・ブルワリー・カンパニーに，醸造技師ヘルマン・ヘッケルト，ドイツから着任．[49]

◆ 玉入りびんラムネ発売．[352]

1888 明治21年

わが国初のビールびんの国産化

　この年の6月，皮革産業の先覚者としても知られる西村勝三❖(1837～1907)は，品川硝子製作所を品川硝子会社と改称。わが国で初めてビールびんの製造に成功し，翌年1月から本格的な製造を開始した。それまでは外国製の空びんや陶器などを利用していたので，びんの確保はビール販売のネックとなっていた。これより先，彼はヨーロッパ各国のガラス工場を視察すると，工員数人を雇って帰国した。また中島宣技師をドイツに派遣して，ドイツ人シーメンスの発明した複熱式製法を細部にわたって研究させた。

1月 1　札幌麦酒会社(サッポロビールの前身)，正式開業. [12]

15　『東京日々新聞』に，東京浅草区瓦町(現浅草橋)の大野直，馬肉問屋・小売組合の設立を府庁へ出願．馬肉商は府下に85軒あり，また牛肉に馬肉を混売りする者あり．警視庁検査に乗り出すという記事がある．[17]

2月16　日本麦酒醸造会社，社長鎌田増蔵の私有地(府下荏原郡三田村5,271坪)を工業用地として一括譲り受ける．[12]

23　ジャパン・ブルワリー・カンパニー(キリンビールの前身)，初仕込み．[49]

24　『時事新報』に，盛岡から東京まで鉄道が開通し，リンゴの需要が大いに増えるだろうという記事がみえる．

3月14　木村荘平❖<46>(1841～1906)，日本麦酒醸造会社社長に就任．[12]

21　京都衛生支会で，中塚昇「菓子類に製造年月日を表示すべきである」と述べる．[40]

30　佐賀県の真崎照郷❖(1852～1927)，麺類製造機の特許(第418号，佐賀県での特許第1号)を取得し，初めて機械製麺の道を開く．[31]

◆　『東洋学芸雑誌』に，「石炭砂糖」と題して人工甘味料サッカリンを紹介．[48]

◆　西川麻五郎，『醸造篇』(勧農叢書)(東京：有隣堂)を著わす．

4月 7　大阪醸造(アサヒビールの前身)の醸造の中核となる生田秀❖<30>(1857～1906)，醸造技術習得のため，ドイツへ出張．翌年6月26日帰国．[92]

13　鄭成功の子孫で元岡山県師範学校教頭・鄭永慶❖<30>(1858～

94），東京下谷区西黒門町（現台東区上野1丁目）に日本初の本格的なコーヒー専門店「可否茶館」を開店．
* 経営は初めから赤字，1891（明治24）年，4年目にして倒産．米国シアトルで客死．[97, 98]

5月5 北海道庁，札幌製糖株式会社に設立許可．
* 渋沢栄一・益田孝・岩崎弥之助・大倉喜八郎・安田善次郎らの財閥関係者に対する北海道庁の勧説に基づいて東京府下の商業資本を糾合し，設立したもの．創設に当たって，宮内省は苗穂村の御料地3万8,000余坪を20年間貸与．製糖は1890（明治23）年から開始されたが，その後，紋鼈製糖株式会社の場合と同様に，甜菜収穫の不安定から1895（明治28）年度を最後に操業を中止し，1901（明治34）年解散．[44]

◆ 明治屋，ジャパン・ブルワリー・カンパニーのキリンビールの一手販売店となる．[85]

29 明治屋，ジャパン・ブルワリー・カンパニーのキリンビールの発売広告を『横浜毎日新聞』に掲載．この年，キリンビールの額縁入りポスターを全国の主要駅待合室に掲示．[85]

6月21 警視庁，飲料水営業取締規則を公布．
* 要旨は，飲料水営業者は用水の汲取り場所を所管警察署へ届け出なければならないこと，飲料水は汲取り後36時間を経過したら販売してはならないこと，水船は糞尿船及び芥船などが繋いである場所に接近して繋留してはならないことなど．[40]

27 桂二郎❖<31>（1857～?），日本麦酒醸造会社社長に就任．[12]

◆ 小豆島馬越醤油製造会社（資本金1万円〈現在価5,000万円〉，同払込高3,000円，株主6人），香川県小豆郡馬越村に設立．
* 香川県における醤油醸造企業の先駆をなす．

◆ 西村勝三，品川硝子会社設立．ビールびんの試験吹製開始．[84]

7月 ◆ 有限責任日本製粉会社，南飯田町の工場・施設を雨宮敬次郎の製粉事業発祥の地（府下南葛飾郡八右衛門新田2番地，のちの日本製粉株式会社発祥の地＝現江東区東扇橋町8番地）に移設．[21]

8月 ◆ 日本麦酒醸造会社，三田用水で水積4坪（2寸×2寸）認可．[12]

9月 ◆ カキ養殖，宮城県松島で始まる．[48]

10月 ◆ お雇い外国人，ルードルフ・ワグネル（1831?～92）著，若井栄三郎訳『麦酒醸造法』（東京：高崎修助）．

秋 鈴木三郎助（2代目）の母鈴木ナカ（?～1905.10.14），神奈川県葉山でヨード製造を開始．[99]

この年
◆ 東京府下の牛肉卸売業者122人，同請売業者583人となる．同時に

この頃から，牛乳飲料者も増え，牛乳搾乳業者165人，販売業者157人．[100]
＊乳幼児の人工栄養が次第に普及し，新聞などに牛乳と母乳の比較記事が多くなる．
◆ 秦孝一郎，安価な孵卵器を考案．[10]
＊この前後から，養鶏熱が盛んになる．
◆ 銚子醤油同業組合設立．11戸，1万7,600石．[11]
◆ 北海道庁，千歳中央孵化場を開設．サケの人工孵化事業が本格化．
◆ 灘五郷の一つ今津郷(現兵庫県西宮市)の酒造人31，蔵数57，造石高5万155石．
＊今津郷は灘五郷のうち，最も東にある．現西宮市今津．[86]
＊この年度の全国の清酒造石高は369万3,632石．[27]
◆ ジャーデン・マジソンとバターフィールド・エンド・スワヤの両社，激烈な競争の後，日本向け精糖販売協定．これに応じて，関西の鈴木・藤田・伊藤・両石田の五つの引取商は洋糖商会を組織．[6]

64 ◆ 1888年

1889 明治22年

水産人を養成する水産伝習所開設

　1月20日，大日本水産会が水産人を養成する目的で，水産伝習所を開設した．1897(明治30)年には農商務省所管の水産講習所となり，第二次世界大戦後，東京水産大学に移行．2003(平成15)年10月には東京商船大学と統合し，東京海洋大学となった．この間，鈴木善幸(首相)，高碕達之助(通産大臣)，中島董一郎(キユーピー創業者)，星野佐紀(缶詰業振興)，森和夫(東洋水産創業者)ら多数の人材を輩出し，わが国の漁業振興や食品産業の発展に多大な貢献を果たしている．

1月20	大日本水産会，水産伝習所開設(初代所長関沢明清❖)．[5]
◆	品川硝子会社，ビールびんの本格吹製開始．[12]
2月11	大日本帝国憲法・衆議院議員選挙法・貴族院令などを発布．
	＊憲法発布式典直前に，文部大臣森有礼は刺客に胸をえぐられ重傷，翌日死去(41)．
3月◆	岡山県倉敷の精米会社，職工40人を雇い，昼夜兼行で精米．[8]
	＊搗精は人力によっていたが，次第に機械精白に移行．
4月24	兵庫県西宮に西宮企業会社(旧西宮酒造→日本盛の前身)設立．
	＊同社の生みの親は青年有志会で，有志会は南摂青年協会の別働会として事業を興すことを目的として結成された．[335]
	＊2000(平成12)年に社名を日本盛株式会社に変更．
◆	北海道庁(第2部)，『甜菜栽培の心得』を刊行．
◆	伊藤左千夫❖<24>(1864～1913)，東京本所区茅場町3丁目(現墨田区江東橋3丁目)で牛乳搾取所を始める．
	＊1日18時間働いたといわれ，「牛飼いが歌読む時に世の中のあたらしき歌大いに起る」という有名な短歌は，明治30年前後の作だといわれる．[31]
◆	有限責任日本製粉会社の経営，志摩万次郎へ．[21]
◆	都甲勘弥，『和洋酒類醸造秘法』(大阪：都甲勘弥刊行)を著わす．
5月1	日本麦酒醸造会社の工場がある東京府荏原郡三田村，荏原郡目黒村三田と地名変更．[12]
1	岡山県上道郡網浜村(現岡山市)の岡山精米所(株式会社，資本金3万5,000円)，英国人技師アーサーアダムス(36)を5月1日より1カ年契約，1カ月175円(現在価87万5,000円)で招聘し，レンガ造の機械館で精米．
	＊当精米所設立の目的は，海外向けの輸出精米であったが，輸出米は不振に陥り，1910(明治43)年末に工場は閉鎖．会社は存続

		し，販路を阪神方面に拡張し，繁栄．[8]
	7	有限責任摂津製油会社設立．大阪市で製油業を開始．[118]
	◆	愛知県半田の丸三麦酒醸造所，丸三ビールを売り出す．[12]
	◆	上菱ビール，パリ万国博覧会で銅賞を受賞．
		＊醸造元は，茨城県信太郡鳩崎村（現稲敷市鳩崎）関口八兵衛（1850〜1912）．発売所は日本橋通の国分勘兵衛・丸善商社唐物部など7カ所．[111, 292]
	◆	横山助次郎，パリ万国博覧会に低温殺菌の「手形ビール」出品．[12]
	◆	日本麦酒醸造会社，資本金を15万円から45万円に3倍増資．[12]
6月	◆	鈴木藤三郎❖<33>（1855〜1913），氷糖工場を静岡県周智郡森町から東京府南葛飾郡砂村（小名木川南岸，現江東区北砂5丁目）に移し，鈴木製糖所（旧大日本製糖の淵源）と称する．[55]
		＊東京進出は，氷砂糖の原料である精製糖を横浜から取り寄せ，製品を東京へ送る費用が節約でき，精製糖の製造に関心を寄せ，その技術的知識を習得するためであった．
		＊同河畔は，8代将軍徳川吉宗が享保12(1727)年に琉球から取り寄せた甘蔗の苗を初めて植えさせたという，精製糖にゆかりの深い場所でもあるという．[101]
	◆	津田仙❖（1837〜1908）・巌本善治（1863〜1943），食物改良論を『女学雑誌』に発表し，肉食を奨励．[48]
7月26		木村屋（パン）の創業者木村安兵衛（1817年生まれ）死去（71）．[13]
8月15		兼松の創業者兼松房治郎（1845〜1913），神戸に「豪州貿易兼松房治郎商店」を創業．[26]
10月	◆	山形県鶴岡町（現鶴岡市）の私立忠愛尋常小学校，日本最初の学校給食を開始．城下町鶴岡は維新後，士族の没落により，生活困窮者が続出．仏教各宗派が協力して学童に昼食を支給した．1959(昭和34)年文部省は学校給食の発展を記念して，同小学校跡（大督寺境内）を「わが国学校給食の地」とした．[102]
		＊100年後の1989（平成1）年11月24〜27日，千葉市の幕張メッセで学校給食100周年記念行事として，「学校給食いまむかし展」が開催された．
11月16		同業組合準則に基づき，東京府下味噌製造業組合結成．[72]
	◆	有限責任大阪麦酒会社設立（資本金15万円，社長鳥井駒吉❖〈1853〜1909〉）．アサヒビールの前身．[92]
12月 5		日本麦酒醸造会社，「恵比寿ビール」と命名し，商標を登録．[12]
13		日本麦酒醸造会社，「恵比寿ビール」の醸造開始．[12]
この年	◆	凶作，米価高騰，金融ひっ迫などで経済界が混乱し，物価・株価

丸三ビールの商標
（『大日本麦酒株式会社三十年史』より）

販売店のエビスビールポスター（上）
恵比寿ビールの商標（左）（『大日本麦酒株式会社三十年史』より）

- が下落．年末より，日本最初の経済恐慌が始まる．
- ◆ 紀州ミカン，米国カリフォルニア州に初めて輸出するが，米国地産のネーブルオレンジに圧倒される．このため，翌年ネーブル苗2本を日本に導入．[293]
- ◆ 馬の屠殺頭数，2万1,203頭と飛躍的に増加．[48]
  ＊牛肉に馬肉を混ぜて売る者が多く，警視庁は東京市内の牛肉店を検査し，科料・拘留など厳しく処分．
- ◆ 腐敗乳，米のとぎ汁入りの不正牛乳の販売が増える．牛乳の鑑別・保存法が新聞・雑誌に掲載される．[48]
- ◆ 牛乳びんが日本で初めて登場．東京牛込の津田牛乳店が採用．
  ＊ソースのびんのように細口で，フタは口に紙を巻いてあるだけだった．[362]
- ◆ 神津邦太郎❖（1865〜1930），群馬県神津牧場でジャージ種の牛乳からバター（当時は乳油といっていた）の商品化に成功．[1]
  ＊販路開拓には苦労し，恩師福沢諭吉の紹介で販売先を見つけたという．
- ◆ 欧米で修業してきた米津恒次郎❖（1867〜1932），本格的なフランス料理を修め，ウェファース，マシュマロ，サブレ，カルルス煎餅など，数々の新技術を持ち帰る．[112]
- ◆ 鈴木商店の創業者鈴木岩治郎，神戸に洋糖商会を設立．香港車糖（中華火車糖局糖と太沽糖房糖）の販売カルテルとして元売捌きの独占を企画．[39]
- ◆ 堺筋仲間の岩崎利兵衛らが中心となり，大阪糖業会社（資本金5万円）を設立し，洋糖を中心に黒糖・和糖を取り扱う．[6]

'88
|
'97

1889年

1890 明治23年

食品業界に初のカルテル

　醬油の原料が5割以上の高騰を示したのを機に，難局を切り抜けようと，6月，関東の1府6県醬油醸造家各組合と東京醬油問屋組合は，1府6県醬油醸造家東京醬油問屋組合（関東連合会）を結成した。生産過剰の下，市価の維持を図るため，1889（明治22）年の実績の半分を出荷することにした。食品業界におけるカルテルの始まりといわれる。

わが国初の水道基本法「水道条例」制定

　当時，猖獗(しょうけつ)をきわめていたコレラを予防するためには，近代的な上下水道の敷設が緊急の課題であった。医師で内務省衛生局長などを務めた長与専斎◆（1838～1902）は，敷設の早期実現を図るべく，わが国初の水道基本法である「水道条例」の制定に尽力し，2月に公布された。これを機に，各地に水道設置の機運が高まった。敷設に当たっては，市町村公営主義が規定された。なお，この年のコレラ患者数は，4万6,019人にのぼり，死亡者は3万5,227人を数え，致命率は76.5％であった。[363]

'88
—
'97

1月	◆	足尾銅山の鉱毒で渡良瀬川の魚類が多数死滅し，問題となる．
	◆	鈴木藤三郎◆（1855～1913），現北海道伊達市の紋鼈製糖会社で4週間にわたって甜菜糖製造の実際を学び，斎藤定篤◆<36>（1854～1937）らから教えを受けたようだ．[55]
		＊帰京した藤三郎は，試験的製糖工場を建設し，6月に完成し，一意実験に従事してついに純白な精製糖の製造に成功した．
		＊斎藤定篤は，後に大日本製糖，台湾製糖，鈴木商店大里製糖所の設計に参画した．[103]
	◆	発酵社，桜田麦酒会社と社名変更．[12]
2月25		日本麦酒醸造会社（サッポロビールの前身），「恵比寿ビール」の名で販売開始．[12]
		＊2010（平成22）年1月，エビス生誕120年を記念して，エビスビールプレゼントキャンペーンを実施．
	◆	国分商店9代目国分勘兵衛◆（1851～1924），「恵比寿ビール商会」設立．[12]
	◆	わが国最初の水道立法である「水道条例」発布．[91]
3月19		札幌麦酒会社（サッポロビールの前身），資本金を7万円から10万

		円に増額．[12]
	春	海軍，藤野辰次郎❖(?～1909)経営の別海缶詰所から缶詰(サケ・マス？)の買上げを始める．[281]
4月	1	～7月31日：第3回内国勧業博覧会，東京上野公園で開催．

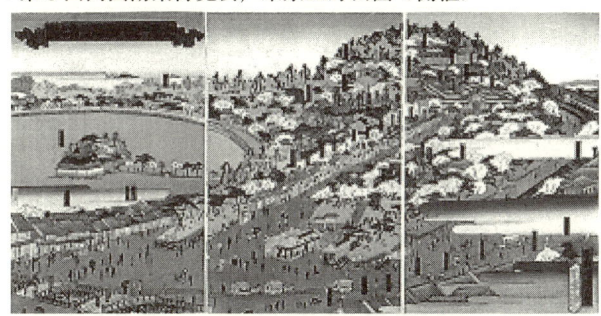

第3回内国勧業博覧会
上野一覧(上)
水産館内の様子(右)
(ともに国立国会図書館提供)

* 水産部が初めて設置される．
* 100に近いビールの出品があったが，「精良なるもの甚少なく…麒麟，恵比寿麦酒の如き最良とす」(「審査報告」).[22] 麒麟，恵比寿，札幌と並んで桜田，浅田ビールも入賞する．[31]
* 中尾久吉郎は喫茶店を設けて成功し，5月に同店を浅草パノラマ館内でダイヤモンド喫茶店として開業．コーヒー3銭(現在価150円)，同牛乳入り5銭(250円)，紅茶3銭．チョコレート5銭．

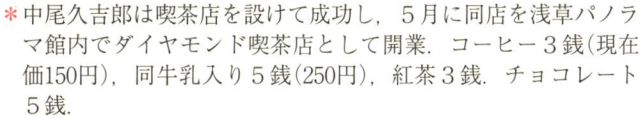

	9	京都市の近代化に大きな役割を果たす琵琶湖疎水の開通式．
	26	商法公布．[16]

* 1891(明治24)年1月1日施行とされたが，延期となり，1893(明治26)年1月1日施行．

◆ 友高猪之助，『洋種林檎之栽培』(勧農叢書)(東京：有隣堂)を著わす．

5月	10	現在の千葉県流山市深井新田・柏市船戸と北の野田市との境を横断する場所に，利根川と江戸川を結ぶ「利根運河会社」施工の利根運河(約8.5km)が開通．関宿経由の40kmが短縮され，醤油などの輸送に銚子から東京へ3日かかっていたのが，1日で着くことが可能になった．

* 運河の開通により利根川・江戸川のルートが短縮され，流山周辺の船運関係の産業は活況を呈するが，明治30年代に入り，鉄

- 道の発達により衰退．
- ◆ 『時事新報』，「東京案内」でビールを商う有名な酒小売店83軒を紹介．[22]
  - ＊価格：キリン・エビス18銭（現在価900円），桜田・浅田17銭（850円），英国バスビール17銭（850円），独国ストック24銭（1,200円），独国チボリ22銭（1,100円）．

6月2 関東の1府6県醤油醸造家各組合と東京醤油問屋組合との連合会，1府6県醤油醸造家東京醤油問屋組合（関東連合会）を結成．[72, 267]

- ◆ 現新潟県上越市北方の川上善兵衛❖<22>（1868～1944），自家の庭園をこわし，果樹栽培の準備を始める．「岩の原葡萄園」と名付ける．[104]

7月 ◆ 水に溶かして飲用する固形ラムネが現れる．[48]

10 有限責任帝国ホテル会社設立．渋沢栄一・大倉喜八郎らが発起人．[35]

8月 ◆ 大阪麦酒（アサヒビールの前身），吹田村醸造所起工．→翌年10月竣工．[92]

9月12 商業会議所条例公布．[26]

11月20 帝国ホテル開業．[16]
  - ＊ルネサンス様式60室の建築で，本格的欧米式ホテル．1泊2円75銭～9円（現在価13,750～45,000円）．朝食は50銭（2,500円），昼食75銭（3,750円），夕食1円（5,000円）．

帝国ホテル（国立国会図書館提供）

- ◆ 一昨年創設の札幌製糖，苗穂工場で製糖を開始．
  - ＊製品の品質は純白で佳良，外国産に譲る所なしとの評判を受ける．
  - ＊苗穂工場はその後，札幌麦酒の工場となり，現在はサッポロビール博物館となっている．

12月15 高野正誠❖<38>（1852～1923），『葡萄三説』（381頁，定価2円50銭）を著わす．→1877（明治10）年
  - ＊第一編　葡萄園開設すべきの説，第二編　葡萄栽培説，第三編　葡萄醸酒説，付録として諸酒類製法（リキュール，麦酒，林檎酒，梅酒など）を記述．[105]

この年

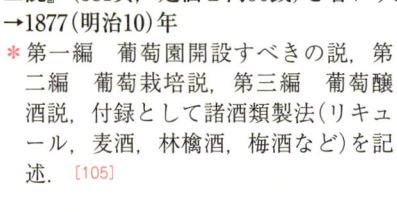

『葡萄三説』掲載の葡萄園

70　◆　1890年

- 東京衛生研究所，市販煉乳を分析，その結果を発表．[1]
- 輸入白砂糖の9割以上が香港産．
  ＊赤糖では中国（台湾を含む）からの輸入が大部分を占めるが，フィリピンからの輸入も少なくない．
- 鹿児島県の大島黒糖（大島本島，徳之島，喜界島など）の産出量，1868（明治1）年以降最高の2,135万1,000斤（1万2,810トン，1斤＝約0.6kg）を記録．[44]
- 岡山の大久保善一郎，岡山市石関町に缶詰工場を開設．[62]
- 京都で村井兄弟商会，初めて紙巻きタバコ「サンライズ」を発売．[35]

1891 明治24年

大阪麦酒吹田村醸造所(アサヒビールの前身)が完成

　1889(明治22)年設立の大阪麦酒(アサヒビールの前身)は，大阪府吹田村(現吹田市)に建設していた吹田村醸造所が10月に完成した．醸造に当たってはドイツ技術者が招かれたが，支配人兼技師長はドイツで本場の醸造技術を学び，日本人初の「ブラウマスター」を取得した生田 秀(いくた ひいず)❖(1857～1906)であった．翌年5月に「アサヒビール」の名で発売，西日本における本格的なビールの誕生となった．なお，東京では前年の2月に日本麦酒醸造会社の「恵比寿ビール」が発売された．

小岩井農場設立

　1月設立の小岩井農場は，現岩手県雫石町・滝沢村にまたがる牧畜中心の大農場で，わが国酪農の先駆的役割を果たす．日本鉄道会社社長の小野義真(1839～1905)，三菱財閥の岩崎弥之助(1851～1908)，子爵井上勝(1843～1910)の3氏によって設立され，3者の頭文字をとって小岩井と名付けられた．現在，小岩井乳業(株)が牛乳乳製品を製造・販売しており，広々とした農場は観光地としても好評を博している．

'88 — '97

1月◆ 青森の『東奥日報』に，初めてリンゴ販売の広告が掲載．[113]

　◆ 大阪府，井上貞次郎(1853～1916)出願の黄燐マッチ製造工場の設立が許可される．

　◆ 小岩井農場設立．

2月◆ 札幌麦酒会社の中川清兵衛❖<43>(1848～1916)，15年余の醸造業務を経て辞職．退職金3,000円(現在価1,500万円)支給されたとの説もある．[41]

3月18 山陽鉄道(三石～岡山間)開通．4月25日岡山～倉敷間，7月14日倉敷～笠岡間が開通．
　　＊山陽鉄道が開通したこの頃から，モモが岡山県特産として全国的に有名になる．[8]

　◆ 尾形昌三，『和洋銘酒醸造秘法』(福岡県行橋町：貴寿堂)を著わす．

4月◆ 鈴木藤三郎❖<35>，完全に近い砂糖精製機械を発明．[55]
　　＊氷砂糖，精製糖製造法の完成には，化学的研究ばかりではなく，機械の研究改良の必要を痛感し，この年の初め，工場隣接地に

「鈴木鉄工部」(職工5名)を設立した.

9月 1
- 九州鉄道,門司駅構内の待合室の一隅に,駅食堂を開設.
- 日本鉄道,盛岡〜青森間開通し,上野〜青森間全線開通.これに伴い,鉄道による青森リンゴの出荷が活発になる. [113]
- 藤野辰次郎❖(?〜1909),軍艦「比叡」に便乗し,南洋諸島で缶詰の耐熱試験を行い,自信を得る.
  ＊缶詰をフランスに輸出.国後島,エトロフ島などにサケ・マスなどの缶詰工場を設立し,全国に販路を広げる. [53,89]
- 日本礼服着用の米国人,グランドホテル食堂より追い出される.
  ＊礼服着用者は,欧米人でも会食を拒絶する規則を設けていた.

10月19 大阪麦酒吹田村醸造所の醸造免許下付.この月,醸造所竣工. [92]

28 岐阜県・愛知県一帯に大地震(濃尾大地震).全壊焼失14万2,000戸,死者7,200人.災害地への援助品を初めて無賃輸送で行う.

- 日本麦酒醸造,経営不振で三井物産会社に再建依頼. [12]

11月
- 米価騰貴が終息し,東京府内に「1椀1銭(現在価50円)」の牛飯屋が急増.パンの売行きは前年の2分の1. [16]
- 精米機械,米搗用水車が流行し,米搗夫の需要は例年の5分の1に激減. [16]

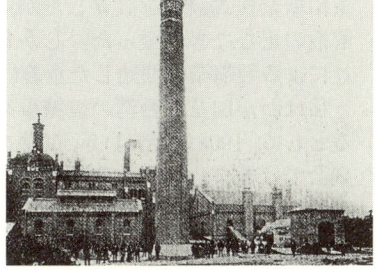

大阪麦酒吹田村醸造所(『大日本麦酒株式会社三十年史』より)

この年
- 牛乳の効用が知られるようになり,需要が増大.
  ＊価格は最安値1合2銭〜最高6銭6厘5毛,平均3銭(現在価150円).
- 第六十銀行破綻のため,紋鼈・札幌の両製糖,苦境に陥る. [2]
- ゆで小豆に砂糖の煮汁をかけて商う露天が増える.1杯5厘(現在価25円).
- 北海道の宇都宮仙太郎❖<25>(1866〜1940),留学先の米国から持ち帰った手回しクリーム分離機でバターの製造を開始.1斤50銭(現在価2,500円)で販売.
- 人工氷(機械製氷)の普及により氷水の価格が下落.1杯1銭8厘.さらに5厘に低落.
- この頃,鈴木商店の金子直吉❖<25>(1866〜1944),外国人商館に出入りするようになり,樟脳取引や薄荷の重要な商品価値,硝化綿法による人絹の出現などを知る. [39]
  ＊鈴木商店での最初の商いは砂糖・鰹節・茶・肥料の国内取引であった.

1892　明治25年

徳島の中川虎之助，沖縄糖業の開発に意欲をみせる

　明治時代に入り，安い輸入糖の増加によって，阿波（徳島）や讃岐（香川）などの和製糖業は衰退の方向をたどる。わが国の糖業振興に強い関心をもっていた糖業家中川虎之助❖<33>（1859〜1926）は，この年，八重山群島の石垣島に渡り，製糖事業の準備に取り掛かった。1895（明治28）年には八重山糖業株式会社を設立したが，1902（明治35）年，資金ぐりが困難になり，解散の止むなきに至った。しかし，内地の和製砂糖業者が石垣島に株式会社による製糖業を開始した意義は大きいとされている。

　彼はわが国及び台湾の製糖事業の不振は糖業政策，特に税制に不備があるとして，1908（明治41）年，50歳のとき第10回総選挙に立候補し，当選した。議会では糖業政策の改変のほか，普通選挙法，鳴門海峡架橋及び潮流利用発電に関する建議案を提出して，奇人と呼ばれた。当時，鳴門の渦の上に橋を架けるという構想を国会で初めて行った人物としても知られる。[73, 94, 106, 295]

　時は流れ，2000（平成12）年，虎之助の出身地上板町（かみいた）と石垣市は「ゆかりのまち」の提携を行った。現在も，上板町では高級和菓子の原料となっている和三盆糖（わさんぼん）がつくられている。

マシュマロ新発売

　7月，東京京橋の米津凮月堂（現東京凮月堂の前身）は，当時，ヨーロッパで流行していたマシュマロ（marshmallow）を，日本で初めて発売した。『読売新聞』に新製菓子「真珠麿」と銘打って広告を出し，真珠麿にマシュマローと振り仮名を付けた。この頃，東京の西洋菓子専門店は凮月堂のほか，開新堂・壺屋・三河屋など数店にすぎなかった。暮れに，東京新橋日吉町の壺屋支店が「クリスマス御菓子」という広告を出し，品目として「飾菓子，ボンボン，フロンケーキ，クラツカース」の4種をあげる。また，この年，米津凮月堂はマロングラッセの発売も始めた。[7]

牛乳に牛糞

牛乳が普及し始めたが，軍医の森林太郎〈鷗外〉❖<30>（1862〜1922）は，「市乳牛乳中の牛糞について」を発表し，「東京の市乳牛乳の衛生水準は劣悪状態だ」と指摘した．牛乳に牛糞が混じったり，米のとぎ汁などを混入した牛乳を配達する悪徳業者が，あとをたたなかったようだ．

2月◆ 東大教授隈川宗雄(1858〜1918)，肉食論を批判し，自ら低蛋白・低脂肪食をとり，蛋白質40g以下で十分と説く．[48]

◆ ブドウが流行中の天然痘の口熱を去るということで，各問屋で品切れになり，価格が1粒2銭5厘(現在価125円)にも達したという．[48]

◆ 宮崎県延岡の日高亀市❖<46>（1845〜1917）・栄三郎父子，「日高式ブリ大謀網」を完成．[83]

春 岡山市天瀬東町に，岡山ラムネ製造所開設．[8]

4月◆ 大阪麦酒(アサヒビールの前身)，大阪府農産物品評会に「自社製麦芽」(ゴールデンメロン種)出品．[92]

◆ 宮崎光太郎❖<28>（1863〜1947），山梨県祝村(現山梨県甲州市勝沼)に大黒葡萄酒株式会社(メルシャンの前身)を創設．[23]

5月12 日本麦酒醸造会社，役員制度変更(社長，取締役，監査役などの制度を廃止し，「委員」制度に)．桂二郎❖社長が退任し，馬越恭平❖<47>（1844〜1933）が委員長に就任．[12]

◆ 大阪府吹田村の大阪麦酒(アサヒビールの前身)，「アサヒビール」発売．[92]

7月◆ この頃，東京のパン売りが，大きな太鼓を前に掛けた上に，ほろを背にした不思議な格好で街を売り歩く．[107]

8月◆ 小林寿郎(1858〜?)，『馬鈴薯』(勧農叢書)(東京：有隣堂)を著わす．

＊この年の馬鈴薯の生産量は，4,049万1,400貫(151,843トン)．[294]

12月23 東京新橋日吉町の壺屋支店，「クリスマス御菓子」の広告に，品目として「飾菓子，ボンボン，フロンケーキ，クラッカース」の4種を挙げる(『読売新聞』)．[107]

この年
◆ 外米の売行きが好調，東京の内地米在庫が増大し，米価下落．

◆ 有限責任日本製粉会社の経営，南條新六郎❖（1850〜1920）・城豊吉へ．[21]

◆ 富岡周蔵❖（1862〜1915），東海道線大船駅に「大船軒」を開業し，駅弁としてはわが国初のサンドイッチを発売．[31]

◆ 東京の芝白金屠牛所で牛疫(リンドルペスト)を発見．東京・神奈川・関西・九州に蔓延．

◆ 安価な清国卵の輸入により，養鶏業に大打撃を与える．[10]

1892年 ◆ 75

- 東京神田の青果問屋，青森リンゴの取扱いを開始．[277]
- 砂糖の輸入，1,000万円を超える．輸入先は主に台湾．
- 鈴木藤三郎❖(1855～1913)の鈴木製糖所，この年から年間50万貫(1,875トン)の製精糖と10万貫(375トン)の氷砂糖を生産するようになる．原料は横浜居留地の清国商人の手を通じて輸入されていたものを使用した．[109]
- 東京の芥川鉄三郎❖，手回し機械でドロップを製造し，販売を始める．[108]

我国精製糖発祥之地碑(現，東京都江東区北砂5丁目)

- 米津凮月堂(東京凮月堂の前身)，マロングラッセを発売．[7, 112]
- 岡山の大久保善一郎❖，陸軍参謀本部の命で携帯食糧の牛肉大和煮缶詰40匁(もんめ)(約150ｇ)を納入．これが長く陸軍の標準缶となる．一方，市販品は東京の国分勘兵衛商店と一手販売を契約．御津郡御津村に缶詰専用の屠殺場を設け，製造能力の増大を図る．[62, 63]　→1890(明治32)年
- 西川貞二郎❖(1858～1924)，小樽でタラバガニ缶詰を初めて製造．[62]
- 灘五郷の一つ今津郷(現兵庫県西宮市)の酒造人21，蔵数45，造石高4万7,757石．[86]
- この頃，アメリカ人ウィリアム・ペインター，王冠栓を発明．[12]
- 岡山で製塩業を営む野崎家，児島郡味野村(現倉敷市)に味野測候所を設立．[8]

1893　明治26年

馬越恭平，日本麦酒を立て直す

　1887(明治20)年創業の日本麦酒醸造会社の「恵比寿ビール」は好評を博していたが，ビールに対する知識が一般に普及していなかったことなどから，1カ年1万石の販売予定に達することは極めて困難であった。1890(明治23)年下期から1万1,000円以上の損失を来たすようになり，解散の瀬戸際に立たされていた。

　そこで，1891(明治24)年10月株主であり，かつ債権者である三井物産の馬越恭平❖<46>(1844～1933)に経営が一任され，減資や種々整理などを行った。その結果，1892(明治25)年下半期には功を奏し，8,000円余の純益を挙げるに至った。社業が著しく回復してきたので，1893年2月，社名を日本麦酒株式会社と改名した。

　また，2月に現アサヒビールの前身である有限責任大阪麦酒会社も，大阪麦酒株式会社に改組し，資本金を25万円に増資した。その後，この両者と12月に株式会社に社名変更した札幌麦酒(サッポロビールの前身)の3麦酒会社の競争が激化し，共倒れになるという危機感から，13年後の1906(明治39)年，合同して大日本麦酒株式会社が設立され，馬越恭平が社長に就任した。

　なお，大日本麦酒は戦後の1948(昭和23)年，財閥解体の一環として施行された過度経済力集中排除法で対象企業に指定され，1949(昭和24)年1月，43年にわたる歴史を閉じ，日本麦酒(サッポロビールの前身)と朝日麦酒(アサヒビールの前身)に分割された。

佐藤弥六，『林檎図解』を編纂

　5月，青森県弘前の佐藤弥六<51>(1842～1923)は，得意の語学力を活かして翻訳的色彩の強い『林檎図解』(東京：恵愛堂版，218頁，定価60銭)を編纂した。リンゴ160品種について，それぞれを図示し，原産地・樹性・果実の形状・熟期を記し，接ぎ木の方法や津軽で栽培されている61品種について説明。弥六は若い時，福沢諭吉に英学を学ぶ。帰郷後，リンゴ・ブドウ栽培に取り組み，リンゴ士族のリーダーとして青森リンゴ産業の発展に貢献した。小説家で俳人の佐藤紅緑(1874～1949)の父，「リンゴの唄」の作詞家で知られる詩人サトウハチロー(1903～73)，作家佐藤愛子(1923～)の祖父。

1月 ◆　東京高等女学校教頭永江正直，母親の責任を重視し，女子の粗食

		の改革を主張. [48]
	◆	有限責任摂津製油会社, 摂津製油株式会社に改組. [118]
2月 4		有限責任日本麦酒醸造会社, 組織変更で日本麦酒株式会社と改称. 馬越恭平❖(1844～1933), 専務取締役(社長空席)に就任. [12]
	◆	有限責任大阪麦酒会社(アサヒビールの前身), 大阪麦酒株式会社に改組, 資本金を25万円に増資. [92]
	6	農商務省, 東京王子西ケ原に農事試験場を創設. 稲作農業の研究・指導を行う. [5]
4月21		酒精営業税法公布.
	◆	ジャパン・ブルワリー・カンパニー(キリンビールの前身), 初めて国産のびんを使用. [49]
	◆	恩田鉄弥❖<28> (1864～1946), 『苹果栽培法』(博文館)を著わす. 苹果はリンゴのこと.
		＊初代園芸試験場長に就任し, 地方で活躍する多くの園芸指導者を育成した.
	◆	高鍋製糖会社, 宮崎県に創立(資本金3,500円). 1897(明治30)年解散.
5月 1		兵庫県, ソーダ水・ラムネ製造販売取締規則施行. [40]
	16	青森県弘前の佐藤弥六<51> (1842～1923), 『林檎図解』を編纂. [110]
6月 ◆		都農製糖会社, 宮崎県に創立(資本金4,000円). 1897(明治30)年解散.
7月 1		「商法」の一部(旧会社編)施行. [26]
		＊この前後に, 社名を株式会社と表示する会社が増加.
	1	三菱会社, 合資会社となる. 社長に岩崎弥太郎(1834～85)の長男岩崎久弥(1865～1955)が就任. [49]
8月 ◆		この頃, 東京日本橋の河岸に出ている鮨屋の握り鮨の値段, 1つ5厘(現在価250円)が相場だったようだ. [107]
9月18		大阪堂島米商会所, 大阪堂島米穀取引所と改称. [26]
	秋	現山形県庄内町の阿部亀治❖<25> (1868～1928), 水田の水口近くに変質の穂を発見し, 系統分離して固定化(後の「亀ノ尾」).
		＊今日, 最も多く栽培されている「コシヒカリ」や「あきたこまち」などの祖先. [31]
10月17		米の売買・取引を目的とした岡山米穀取引所(資本金3万円)設立許可. 12月15日営業開始. [8]
	◆	「アサヒビール」, シカゴ世界博覧会で最優秀賞受賞. [92]
11月 6		白金共同家畜会社と東京家畜市場を合併し, 日本家畜市場株式会社と改称. 東京府内の5屠場を運営し, 屠畜を独占. [17]
	29	村田保❖(1843～1925), 漁業法案を第5帝国議会へ提出. 審議未了に終わる. [53]

		＊村田保は貴族院議員で，水産伝習所（東京海洋大学の前身）の創設など水産業の発展に貢献し，「水産翁」と称された．
	14	東京神田猿楽町の三食堂という店の広告（『読売新聞』）に，「衛生食料サンドイツ，一食分代金4銭5厘（現在価225円）」とあり，「一名軽便弁当」と注記がある．[107]
	◆	大阪麦酒，北区西堀川町で製びんを開始．[92]
12月	25	西宮企業会社（日本盛の前身），西宮企業株式会社に改名．[335]
	27	札幌麦酒会社，札幌麦酒株式会社と社名変更．[12]
	◆	東郷製糖会社，宮崎県に創立（資本金2,500円）．1894（明治27）年1月開業，1897（同30）年解散．
	◆	藤田伝三郎❖（1841〜1912），合名会社藤田組設立．[35] ＊児島湾を干拓し，機械化農業への端緒を開く．
この年		
	◆	ヤマサ醤油店の経営に当たった浜口儀兵衛（後に10代，梧洞(ごどう)）❖<19>（1874〜1962），千葉県銚子で古田家の蔵を買収し，従来の経営規模4,000石から一挙に7,000石に拡大．[141, 142]
	◆	桜田麦酒会社（清水谷商会），桜田麦酒株式会社と改名．[36]
	◆	横山助次郎❖，大阪市北区の小西儀助所有の麦酒工場を借り受け，「日の出ビール」を製造，上海へ輸出し，わが国ビール輸出の先駆けをなす．[111]
	◆	日本麦酒，「恵比寿ビール」の偽商標が現れ，告訴．[12]
	◆	神谷伝兵衛❖（1856〜1922），神谷酒造第二工場を東京本所中ノ郷瓦町に設置．[68]
	◆	日本郵船，初の外国航路としてボンベイ航路を開始．3年後の1896（明治29）年3月には欧州航路，8月には北米航路の運行開始． ＊船内のベーカリーは最も外国人に接するところとなり，後に多くの製菓，調理技術の導入に貢献することとなる．[112]
	◆	イギリスのモリトン社より，ドロップを初めて輸入．[32]

1894　明治27年

日清戦争の勃発で，缶詰やビスケット製造業が盛況

　8月1日，日清戦争が始まったため，兵糧として，牛肉大和煮，サバ・サケ缶詰などの需要が増大した。これを受けて業者数，製造数量が急激な増加を示した。しかし，翌年4月の戦争終結とともに廃業者が相次ぎ，壊滅状態に近い衰退をみせた。その後，軍用缶詰のダンピングが消費者の関心を呼び，缶詰のPRとして意外に功を奏し，缶詰普及のきっかけとなった。牛肉缶詰の場合はいち早く製造高の王座を占めるに至った。

　また，ビスケットについても軍から大量の注文があり，製パン業者や菓子業者は昼夜兼行で操業し，業界は活気づいた。その頃の菓子職人の賃金を1892(明治25)年と比較すると，5割前後増加した。かちどきビスケット，君が代まんじゅう，凱旋ラムネなど，戦時色食品が現れた。

　戦争で物価が高騰した。例えば，牛乳(400g)4銭が10銭，たくわん100樽57円が100円以上(戦前の2〜3倍)となる。

　戦争は日本側の勝利で終わり，台湾の割譲などを内容とした下関条約が結ばれた。この前後に，わが国の第一次産業革命が進行した。台湾の領有は製糖を初めとする産業資本の蓄積に少なからぬ影響を与えた。

神谷伝兵衛，養子をフランスに派遣

　9月24日　蜂印香竄ブドウ酒で知られる神谷伝兵衛❖<38>（1856〜1922）は，養嗣子の神谷伝蔵❖<23>（1870〜1936）を結婚式が済んだ3日後のこの日，ワイン用ブドウの栽培法及びワイン醸造の実際を修得させるため，フランスに派遣。伝蔵は技術を取得し，1897(明治30)年1月，帰国。帰国に際し，ワイン用苗木6,000本，醸造用具，土壌サンプル，多数の参考書など，ワインづくりに必要なものを持ち帰る。これをもとに，現茨城県牛久市に日本初の本格的なワイン醸造場(神谷シャトー)がつくられた。[68]

2月 3　この日発行の『東京経済雑誌』に，「東京市中に於ける各地商業競争中心点」として，「飯屋は浅草と上野との公園に近いところに多い。小料理屋は赤坂田町，御神燈の数が星よりも多い。西洋野菜屋は桜田久保町辺(現港区西新橋1丁目13〜15の東部)，公使館，ホテルなどに近いからである。製造所は本所の南部，市内を懸け隔てて，且つ水運の利のあるところを選んでいる」と記す。
[37, 107]

3月 1 有限責任日本製粉会社の資産・負債を継承し，南條新六郎❖(1850〜1920)と境豊吉が中心となり，東京製粉合資会社(資本金1万2,000円)を設立. [21]

27 鈴木藤三郎❖(1855〜1913)の鈴木製糖所，氷糖業に併せて精製糖業を営み，業績順調に伸びていたが，夜8時，氷糖工場から出火，氷糖，精製糖両工場が全焼．火災直後から，工場の再建に昼夜兼行で取り組み，6月末には，再び両工場の運転を開始. [55]

5月24 札幌麦酒，渋沢栄一(1840〜1931)が取締役会長に(社長空席)，植村澄三郎<31>(1862〜1941)が専務取締役に就任. [12, 292]

◆ 知多湾に面する愛知県幡豆郡一色町に愛知県水産試験場設立．わが国最初の地方水産試験場. [83]

6月15 鈴木商店の先代鈴木岩治郎(1841年生まれ)急逝．享年53歳．
＊この時，よね夫人(1852年生まれ)42歳，経営を兄弟番頭の金子直吉(1866〜1944)と柳田富士松(1867年生まれ)に全面委任し，「女店主よね＝大番頭金子体制」を志向，"新生"鈴木商店再出発する. [39]

7月下 日本麦酒，兵庫・西宮神社(えびす宮総本社)のご分霊を工場内恵比寿神社に奉納. [12]

8月 1 清国に宣戦布告，日清戦争始まる．→翌年4月17日，日清講和条約調印．
＊戦争を機に第一次産業革命が進行したともいわれる．
＊戦時にあって，ビスケット，大いに貢献．
＊この戦争で水産缶詰が恤兵(じゅっぺい)(出征の兵士の苦労をねぎらって物品をおくること)品目となる．

9月24 神谷伝兵衛❖，養嗣子の神谷伝蔵❖をフランスに派遣. [68]

10月17 『時事新報』，東京府下の各缶詰屋大繁盛と報ず．
＊24時間操業で職工は1日に3日分の賃金を稼ぎ，屠牛は1日150頭. [17]

11月 ◆ 灘の酒造家，灘商業銀行設立. [86]

◆ 風月堂の軍用ビスケットの納入量，107万斤にのぼる．

12月12 日本麦酒，「恵比寿黒ビール」発売. [12]

◆ 「囲い物」と称する貯蔵リンゴ，弘前市から青森市へ初出荷. [113]
＊この月，青森〜弘前間の鉄道が開通したので，貨車で出荷されたものとみられる．この頃から，大量のリンゴを抱える栽培者の間で貯蔵法の研究が行われるようになる．

この年
◆ 砂糖消費量は年々増加したが，大部分は輸入糖で充当し，この年，400万ピクル(24万トン)にも及んだ．このため正貨の流出が多額に上り，当時の日本経済にとっては，かなり大きな負担であった. [101]

1894年 ◆ 81

- 札幌製糖，再製糖の製造を始める．
    - ＊甜菜糖製造期間は秋季10月より翌年3月までで，4月から9月の間は社業を中止していたが，機械の効率化を図るため再製糖の製造を始めた．再製糖とは各種の含蜜糖・粗糖・精糖・糖蜜などを原料として煮沸・凝固・粉砕，その他の操作によって色相や結晶を，好みに応じて再製したものの総称で，含蜜糖に属する．[276]
- 福羽逸人❖<38>（1856〜1921），宮内省の新宿御苑温室でマスクメロンを試作．
- 北海道産リンゴ267斤(代価13円)・青森リンゴ113斤(代価6円)，函館から清国(中国)へ初めて輸出．[277]
- 和歌山県有田郡広村(現広川町)の名古屋伝八❖，ミカンの搾り汁を「蜜柑水」として売り出すが，殺菌不十分のため事業に失敗．
- 現長野市の雨宮伝吉❖<34>（1860〜1919），アンズのシロップ漬缶詰に成功し，主として国分商会に納める．[336, 337]
- 王冠栓製造のロンドン・クラウン・コーク会社設立．[49]

1895 明治28年

近代糖業の先駆けを成す，日本精製糖株式会社発足(のちの大日本製糖)

　日清戦争勝利の結果，原料糖の産地である台湾が日本の領土となり，精製糖業の前途に大いに期待がもてるようになった。このような背景のもとで，12月7日，鈴木藤三郎経営の鈴木製糖所が改組されて，わが国初の近代的な精製糖会社である日本精製糖株式会社(資本金30万円，払込15万円)が大量の原材料の粗糖や製品輸送に便利な東京小名木川の南岸(現江東区北砂5-30)に創立された。社長には資金面で協力を得ていた元第三十九銀行東京支店長の長尾三十郎，専務取締役に鈴木藤三郎が就任した。工場は，1年余の後の1897(明治30)年初頭に完成した。

　その後，1906(明治36)年に大阪の日本精糖と合併し，大日本製糖株式会社(大日本明治製糖の前身)と改称され，砂糖業界に君臨した。1940(昭和15)年，当地に「我国精製糖発祥之碑」が建立された。

大阪麦酒(アサヒビールの前身)，躍進

　日清戦争の勝利で，ビールの売行きもよくなった。1月に資本金を40万円に増資した大阪麦酒は，4月1日～7月31日，京都市岡崎公園で開催された第4回内国勧業博覧会で売店を開設し，銘柄「アサヒビール」の宣伝に努めた。また，同博覧会でアサヒビールが有功1等賞を，自家製ガラスびんが有功3等賞を受賞するなど，関西での地歩を固め始める。7月には食品業界では初めてとみられる，10万円の社債を募集した。

'88
|
'97

1月◆ 大阪麦酒(アサヒビールの前身)，資本金を40万円に増資． [92]

2月◆ 紋鼈製糖株式会社，経営不振のため休業を決議．その後，札幌製糖重役浅羽靖の手に渡り，翌年2月，官営紋鼈製糖所の払下げ(1887年)を受けて，わずか9年で解散． [44]

3月30 日清休戦条約調印．

4月1 ～7月31日：第4回内国勧業博覧会，京都市岡崎公園で開催．
　＊大阪麦酒・丸三麦酒，ビール売店開設．
　＊キリンビール・アサヒビール，有功1等賞を受賞．
　＊鈴木製糖所出品の製精糖，香港の温糖に異ならずと称賛され，また，蒸気機械を装置し，一時に大量の製品を生産するに至り，大いに他の当業者の模範とされた． [44]

* 醤油の審査官に関東から野田の初代茂木啓三郎❖<33>（1862～1935），竜野から横山省三❖<46>（1849～1910）が選ばれた。これに対して，野田と対立する銚子の醤油業者が不満を示し，ヤマサ醤油の浜口儀兵衛が博覧会々長前田正名に厳談，銚子のヒゲタ醤油の田中玄蕃を審査員に追加させた。これが契機となって浜口が発起人となり，東京芝の紅葉館で初めて野田と銚子の懇親会が開催された。[72]
* 神奈川県斎藤満平❖及び長崎の片岡伊右衛門❖出品の薫腿，有功3等賞を受賞。片岡は出品解説に，当時，主として艦船用を生産し，日清戦争に当たり軍需増加し，製品欠乏するに至ると記す。また，その他，豕肉缶詰（岡山市），薫腿，薫豚肉（神奈川）などの出品あり。[17]

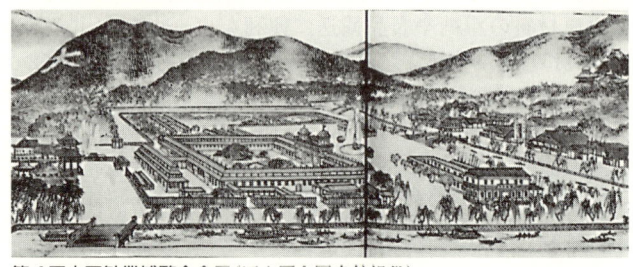

第4回内国勧業博覧会全景（国立国会図書館提供）

博覧会表門正面（左），農林館内（右）（ともに国立国会図書館提供）

17 | 日清講和条約調印。
* 日清戦争の損害は，死者・廃疾者1万7,000人，馬1万1,500頭，軍費2億47万円（現在価1兆円余）。

5月25 | 岡山市天瀬に，岡山市初のラムネ会社，山陽ラムネ合資会社が開業。[8]

6月◆ | 台湾及び澎湖諸島，日本領土となる。

7月◆ | 大阪麦酒，10万円社債募集。[92]

9月◆ | 現新潟県上越市北方の川上善兵衛❖（1868～1944），第1号石蔵で40石余のブドウ酒を醸造。[104]

◆ | 『時事新報』，「麦酒の需要は近年来都鄙ともに増加して僻遠なる片田舎にもエビス，キリン等のビール持ち合わせざる酒店なし」と記す。[22]

10月 6 | 博報堂設立。[26]

◆ | 札幌製粉場，後藤半七の個人経営となり，札幌第一製粉所と改称。

12月 [21]
- ◆ 八重山糖業株式会社創立．1896（明治29）年4月開業，1898（明治31）年8月操業中止，1902（明治35）年4月解散．[44]

この年
- ◆ 戦争後に帰還兵がコレラを持ち帰り，大流行をもたらす．患者数5万5,144人，死亡者数4万154人にのぼる．[363]
- ◆ 各地の米穀取引所，日清戦争の好況により，高配当を行う．
  ＊新潟米穀取引所5割2分，東京・金沢4割，赤間関（下関）3割．
- ◆ 満州大豆の輸入始まる．豆腐，納豆，煮豆の行商と凍豆腐の製造が盛んになる．[48]
  ＊日清戦争勝利を機に中国東北部（旧満州）から大豆が輸入され，国内に製油工場が建てられた．ただし，初めはむしろ肥料にする大豆粕をとるための工場であった．
- ◆ この頃，札幌牛乳搾取業組合（通称，四日会）設立．ビール粕共同購入．[12]
- ◆ 台湾甘蔗の振興策により，北海道の甜菜糖は壊滅的な打撃を受ける．
- ◆ 台湾の領有とともに，大阪の石田商会，台湾に支店を置き，赤糖を買入．翌年，香野商店も着手．[6]
- ◆ 青森リンゴ7,448斤（箱換算187箱），函館港より清国へ輸出．[113]
  ＊当時，リンゴ1本から，米16俵分の収入があったという．[114]
- ◆ 北海道余市産リンゴ2,690斤（箱換算67箱），小樽港よりウラジオストックに輸出．[113]
- ◆ 岡山県赤磐郡可真村（現赤磐市）の小山益太❖（1861〜1924），缶詰向けモモに使われる金桃や六水を作出．[67]
- ◆ 碓永勝三郎❖<41>（1854〜1916），根室に初の缶詰工場を設置し，マス・ホッキ貝・エビ・カニなどの缶詰製造を行う．当時，製造過程での製品の黒変防止は大きな課題であったが，研究を重ね，硫酸紙使用により好成績をおさめたという．[62, 53, 339]
- ◆ 大阪麦酒，京都府下で大麦の契約栽培開始．[92]
- ◆ 東京淀橋で大黒ビール発売．明治31年廃業．[49]
- ◆ 今津郷酒造人22，蔵数49，造石高55,932石．[86]
- ◆ 東京銀座に「煉瓦亭」開業．
  ＊明治30年代に入り，豚肉の背肉，ロース肉を天ぷらのように油で揚げて提供したところ，大好評となる．カツレツ（のちのトンカツ）の始まり．

1896 明治29年

初の本格的な機械製粉会社,日本製粉株式会社設立

群馬県館林出身の銀行家南條新六郎❖<46>(1850〜1920)らが中心となって,民営機械製粉事業の発祥の地,東京深川扇橋の東京製粉会社を継承。この年,株式会社に改組し,社名を日本製粉株式会社(社長南條新六郎)とした。アメリカより最新式のロール製粉機(小麦粉の月産能力440トン)を導入し,大規模な製粉工場への端緒を開いた。→1879(明治12)年

本格的なソースの発売が始まる

2月,京都出身の木村幸次郎❖<19>(1877〜1922)は,大阪市西区阿波座に山城屋(イカリソースの前身)を開店。イギリス人デービスの指導を受け,日本人の舌にあった洋式醤油,つまりソースを「洋醤」名付けて売り出す。それまで,幾つか試みられていたが,普及せず,本格的なソースとしては国産最初といわれる。ソースの普及を図るため,天王寺動物園から象3頭を借り,完成したばかりの御堂筋を歩かせたり,牛に着物を着せ錨ソースの旗を立て,市中を引き回すなど宣伝に努めた。しかし当時,ソースをかけて食べるものは少なく,売行きは今一つであったという。なお,商標の「錨印ソース」の錨は,設立の前年海難事故に遭い,救命ランチの錨綱につかまって九死に一生を得たことから,命の恩人である錨綱を永遠に忘れないように,ブランドとして採用したという。[115]

同社は110年近くに及び関西を中心に商圏を確保してきたが,2005(平成17)年,数年赤字決算が続いたことや,創業家出身の役員が詐欺の疑いで逮捕されたことなどから,会社更生法を申請した。同業のブルドックソースの傘下に入った。

1月15 近代的精製糖業を目指す日本精糖株式会社(資本金150万円),大阪で設立の登記を終了.設立直後に大阪府東成郡都島村に工場敷地1万余坪を購入し,技師2名を採用し,精製糖事業及び関係諸機械製造工場の実情調査のため,ヨーロッパへ派遣.

＊第一銀行頭取で実業界の指導的立場にあった渋沢栄一の尽力で,できた会社である.社長は松本重太郎,常務取締役は佐野常樹,取締役は渋沢栄一,野田吉兵衞,本山彦一.

＊工場建設の着手は1年余の後で,1898(明治31)年6月にようやく操業を開始した.[44]

- ◆ 日本麦酒，ドイツ・アメリカ・国産各大麦の製麦試験開始． [12]
- 2月 ◆ 紋鼈製糖株式会社解散．この頃，札幌製糖も原料の甜菜の入手難などから，操業中止の止むなきに至り，経営が行き詰まる(1901年解散)． [6]
- ◆ 木村幸次郎，大阪市西区阿波座に山城屋(イカリソースの前身)を開店．
- 3月24 製菓業界の不屈の抗議により，ついに菓子税則が廃止になる． [7]
- 26 大日本塩業協会設立．
  - ＊外塩の輸入増大に対応し，わが国の塩業の改善を図るために設置された．
- 27 酒造税法制定．10月1日施行．税率引上げ．
  - ＊清酒・白酒・味醂(1石)7円，濁酒6円，焼酎・酒精(エチルアルコール)8円． [27]
- 4月18 日本勧業銀行法公布．翌年6月7日創立．
  - ＊殖産興業を推進するため，貸付目的を「農業工業ノ改良発展」に限定．
- 20 農工銀行法公布．
  - ＊日本勧業銀行と親子関係にある銀行で，北海道を除く46府県に1行ずつ設立することを定めたもの．翌年11月27日に静岡農工銀行が設立され，1900(明治33)年までに各府県に設立された．
- ◆ 島醤油製造株式会社(資本金7万5,000円〈現在価3億7,500万円〉，同払込高1万8,750円，株主32人)，香川県小豆郡草壁村に設立．
  - ＊香川県における醤油醸造業企業の先駆の一つ． [269]
- 6月28 『風俗画報』臨時増刊沖縄風俗図絵に，「幼老となく一般に豚肉を嗜み，就中老豚の肉を饌備中の最とせり〈中略〉首里那覇の市中毎朝豚を屠ること各百余頭」と記す． [17]
- ◆ 日本精製糖株式会社，資本金を30万円から60万円に増資．
  - ＊7月14日，鈴木藤三郎専務取締役は視察と機械購入のため欧米へ出発，帰国は翌年5月8日．ハワイ→シカゴ，ワシントン，ニューヨークなど→イギリス→フランス→ドイツ→シンガポール→ジャワ島→台湾(台北)を歴訪．この行程約11カ月，地球を一周．イギリスで買付けた主要な機械は，氏が帰国する前後から順次到着した． [55]
- 7月7 岩井勝次郎(1863～1935)，義父文助から資金の貸与を受け，直貿易に進出．岩井産業株式会社(旧日商岩井の前身，現双日)の発端． [35]
- 19 西宮企業株式会社，社名を西宮酒造株式会社と改める． [335]
- ◆ 大阪麦酒(アサヒビールの前身)，資本金を100万円に増資． [92]
- ◆ 大橋又太郎編『西洋料理法』(日用百科全書)(博文館)．
  - ＊ビーフカツレツ，ポークステーキ，フライドハム，ハムサンドウキッチなどの作り方のほか，ランチ，ボイルド，ミート，ラ

1896年

ード，マスタード，フォークなどの料理用語を説明．

9月 6 愛知県半田の盛田善平❖<32>（1864〜1937）の丸三麦酒醸造所（個人経営），中野半左衛門他十余名を発起人として，丸三麦酒株式会社（資本金60万円）に改組設立．[49, 111]
＊同社はその後，日本第一麦酒→加富登麦酒と名称変更．

10 桜田麦酒(株)，東京麦酒株式会社に改組改称（本店，麹町区紀尾井町）．[12]

11 静岡県三島町の花島兵右衛門❖<49>（1846〜1929），煉乳真空釜を考案，煉乳生産を本格化し，煉乳の金鵄印を商標登録．逸見山陽堂と一手販売を特約．[31, 116, 117, 321]
＊時代は下って，1991（平成3）年3月24日〜5月26日まで2カ月間にわたって，三島市郷土館で「名品・金鵄ミルクを生んだ花島兵右衛門」展が開催された．

19 札幌麦酒，資本金を13万円から30万円に増資．[12]

25 日本麦酒，資本金を60万円から130万円に増資．[12]

26 日本製粉株式会社設立総会，東京市日本橋区浜町（日本橋倶楽部）で開催．[21]

28 日本製粉株式会社，社長に南條新六郎，専務取締役に境豊吉就任．[21, 296]

10月 1 酒造税法実施．免許税を廃止し営業税とする．造石税1石につき7円．[86]

26 北海道トラピスト修道院設立．オランダ産乳牛を飼育．[1]

12月 28 日本製粉株式会社，商業登録申請，同月31日をもって会社開業の期日と定め，登録を受ける．[21]

この年

◆ 外国産塩輸入6万7,000円，1897（明治30）年12万1,000円，その後も増加傾向を示す．
＊千葉県野田町（現野田市）の醤油業者は，英国産塩1万5,000俵を共同輸入．この頃から外国塩の輸入始まる．

◆ 砂糖消費税が国会に提出され，糖業関係者の反対運動起こる．[2]

◆ 香川県の高松砂糖会社・讃岐糖業大会社，安い海外糖の輸入増大でともに解散，後者は高松銀行となる．[2]

◆ 札幌の後藤半七，200バーレルの製粉機械を購入し，北五条西7丁目に新工場建設着工（1901〈明治34〉年竣工）．[21]

◆ 長崎製粉所（200バーレル）操業開始（のち長崎製粉株式会社に改組，1908〈明治41〉年焼失）．[21]

◆ 青森県弘前の菊池三郎，函館，東京神田神保町にリンゴ販売の支店を開設．[277]

◆ 現神奈川県川崎市川崎区出来野の当麻辰次郎❖<70>（1826〜1905），病害に強く，美味で豊産の赤ナシの新品種を発見し，家号をとって「長十郎」と命名．

＊1897(明治30)年頃に，全国の梨園に蔓延していた黒斑病に強く，全国に急速に普及．その功績を讃え，1919(大正8)年3月，川崎大師平間寺の境内に「種梨遺功碑」が建立された．
◆ 台湾総督府，外務省を経てハワイ駐在日本領事に委託し，初めてハワイ産甘蔗種苗ラハイナ・ローズバンブーを輸入．[130]
◆ 井村和蔵，三重県飯南郡松阪町(現松阪市)で菓子製造を始める(井村屋製菓の起源)．
　＊1947(昭和22)年4月，株式会社井村屋を設立し，1953(昭和28)年1月，井村屋製菓株式会社に社名変更．[118]
◆ 灘五郷の一つ今津郷(現兵庫県西宮市)の酒造人22，蔵数49，造石高4万5,327石．[86]
◆ 日本麦酒の「恵比寿ビール」とジャパン・ブルワリーの「麒麟ビール」の競争激化．[12]
◆ ビールの輸出2,099石に及ぶ．この年より輸出量の統計あり．[111]
　＊日清戦争の結果，日本人の朝鮮・満州地方に在留する者が多くなってきたため．
◆ 愛知燐寸製造会社創立．1897(明治30)年2月開業，黄燐製輸出燐寸製造．
◆ 関沢明清❖(1843〜97)，米国式巾着網を紹介．[52]
◆ 1896(明治29)年上期　鉱工業資産上位100社のうち食品関係企業は以下の11社，単位1,000円．[167]

　　27位　札幌製糖643（現在価32億1,500万円）
　　37位　大阪麦酒511（25億5,500万円），
　　43位　日本麦酒440（22億円）
　　54位　日本精糖381（19億500万円）
　　72位　摂津製油283（14億1,500万円）
　　79位　東京人造肥料214（10億7,000万円）
　　80位　江井ヶ島酒造213（10億6,500万円）
　　84位　糖業206（10億3,000万円）＊具体的に何処の企業なのか不明
　　88位　日本精製糖185（9億2,500万円）
　　91位　日本摂酒174（8億7,000万円）
　　99位　堺酒造157（7億8,500万円）

1897 明治30年

初めて食品の広告を新聞に掲載した中川嘉兵衛，死去(79)

　中川嘉兵衛(1817.3.1生まれ)は，アメリカの長老派医療宣教師のヘボン(1815〜1911)から衛生や食品に関する示唆に富む話を聞く．1866(慶応2)年，横浜元町に牛肉店を開き，『万国新聞紙』に牛肉の部位別用途を図解するという画期的な広告を出すなど，先駆的な役割を果たし，幕末から明治中期にかけて開化商人の先駆者として活躍した．とりわけ，天然氷(函館氷など)の製造・販売はライフワークとして取り組み，食品の腐敗防止，医療用氷の確保などに貢献した．敬虔なプロテスタントでもあった．

　亡くなる前年には，長男中川佐兵衛を発起人代表とする資本金30万円の機械製氷会社(ニチレイの淵源の一つ)を設立させるまでにこぎつけていた．二男の中川愛咲(1867〜1921)は，仙台医学専門学校(東北大学医学部の前身)の初代細菌学教授．[20]

1月
- ◆ 磯野計❖(1858〜97)，磯野商会設立．[85]
- 4 食肉・製氷事業の先駆者中川嘉兵衛死去(79)．[20]

2月
- 10 『風俗画報』，東京府下の缶詰製造の主な業者は，山陽堂，大野屋，海陸屋，亀屋，中村屋などで，牛肉缶詰，牛肉スープ煮缶詰，鹿肉缶詰，雉，雀，鴨などの缶詰ありと記す．[17]
- ◆ 川上善兵衛❖(1867〜1944)，『葡萄種類説明目録』を著わす．[104]
    - ＊この年，彼はキャンベル・アーリー(Campbell Early)をわが国で初めて輸入．
- ◆ 帝国製糖株式会社設立免許を受けるが，10月解散．[6]
- ◆ 警視庁，着色料取締規則を発令，有色着色料の使用禁止．実際の使用確認が困難なため，取締りは不徹底．[48]

3月
- 1 西宮酒造(日本盛の前身)，「日本盛」の商標を譲受(200円，3月18日登録)．5月6日，「日本盛」印で初出荷．[335]
- 25 農商務省，水産講習所設立(旧東京水産大学の前身→現東京海洋大学)．[5]
- 29 貨幣法公布．10月1日施行．金本位制確立．[26]

4月
- 2 遠洋漁業奨励法公布．1898(明治31)年4月1日施行．[5]
    - ＊大型漁船に奨励金を交付．外国の遠洋漁船に対抗するために，制定された．また，この法律はわが国の資本制漁業の発展に大きな意義をもつといわれる．

	28	葉煙草専売所官制公布．[26]
	◆	神谷伝兵衛❖(1856〜1922)，養嗣子伝蔵❖(1870〜1936)がフランスから持ち帰ったワイン用ブドウ苗木6,000本を東京府豊多摩郡東大久保村(現新宿区大久保)に仮植→翌年4月に茨城県稲敷郡岡田村(現牛久市)に移植．→1894(明治27)年[68]
5月8		日本精製糖の鈴木藤三郎専務取締役，新領土となった台湾を視察した後，帰国．[55]
		＊その数カ月前に4階建ての新工場が完成．輸入の最新鋭機械の据付けは日本人の手で行われた．
	28	神戸市水道起工．[355]
	◆	大阪麦酒，京都府博覧会で「アサヒビール」有功1等金賞受賞．[92]
	◆	陸軍中央糧秣廠(後の陸軍糧秣本廠)創設．缶詰製造が始まり，こんぶ塩味付け，豚水煮，牛肉味付け缶詰などを製造．[80]
	◆	金沢に初めてバナナ入荷．[4]
	◆	日本製油株式会社設立．
		＊この頃，各地で機械製油が導入され，株式会社などの組織による企業続出．[6]
6月7		日本勧業銀行創立(資本金1,000万円)．8月2日開業．[26]
7月20		大阪麦酒(アサヒビールの前身)，大阪中之島大江橋南詰に本格的なビヤホール「アサヒ軒」の第1号店開業．[92]
8月3		東京村井兄弟商会のバージン煙草の誇大広告で群衆，同商会を襲撃．[26]
	◆	前年の凶作で米価高騰し，富山，長野，福島，山形，新潟などで米騒動．
		＊この年，米の輸入量が輸出量を大幅に上回る．以降，輸入超過となる．
9月2		神戸で第2回水産博覧会開催．[52]
10月◆		大阪麦酒の「アサヒビール」，大阪市南区製産物品評会で金賞受賞．[92]
	◆	この月，経済恐慌起こる．[26]
11月27		静岡農工銀行設立．
	◆	伝染病研究所の志賀潔(1870〜1957)，北里柴三郎の指導により，赤痢菌を発見．
		＊この年，赤痢が全国的に流行し，死者2万人を超える．
	◆	恩田鉄弥(1864〜1946)，『実用苹果栽培法』(博文館)を著わす．
12月12		東京南鍋町の米津風月堂からのれん分けされた市川市三，神戸市元町に神戸風月堂を創業．
		＊神戸における本格的な洋菓子の草分け．[119]
	14	キリンビールの一手販売店「明治屋」の磯野計(はかる)❖，死去(39)．[85]

'88—'97

1897年 ◆ 91

この年
- ◆ 戦後反動不況始まる(明治30年恐慌).
- ◆ 日本製粉, 石臼を廃し, 米国ノーダイク・マーモン社製200バーレル・ロール式自動製粉機を装備. [6]
- ◆ 大阪の日本精糖, 外国人技師の指導で工場建設に着手. 前年2月からヨーロッパに派遣された同社の2技師は, 1年または1年半の留学を終える. [6]
- ◆ この頃より, 備前・備中(岡山県)のサトウキビ栽培が漸次衰退. [8]
- ◆ 沖縄・小笠原・奄美大島のバナナ, 市場に出回る.
- ◆ 鉄道網の発達により, サクランボ, 東京に初入荷.
- ◆ 乳牛は雑種牛時代を経て, ホルスタイン種, エアーシャ種の全盛時代を迎える. [1]
- ◆ 樽バター, ロールバター, 米国から輸入.
- ◆ 東京神田にミルクホール開店. これを機に各地に広まる. [112]
- ◆ この頃から, 国産のソースが出回り始める.
- ◆ ビスケット, 各地の大都市から全国に普及.
- ◆ 落花生の砂糖掛けや金平糖などのいわゆる「掛け物」といわれる菓子が全盛を極め, 東京掛菓子製造組合が組織される. [112]
- ◆ アルミニウム, なべ・弁当箱・軍隊の箸などに使用され始める.
- ◆ この頃, 岡山県の備中杜氏組合が組織される. [8]
- ◆ 東京麦酒, 工場を神奈川県保土ヶ谷に移転. [12]
- ◆ この年から翌年にかけて, 日本麦酒の偽商標事件が多発. [12]
- ◆ ラムネの製造業者80戸を数え, 大衆の清涼飲料水として一般に普及.
- ◆ 中部幾次郎❖<31> (1866～1946, 旧大洋漁業の創業者), 明石と淡路島を航行していた小蒸気船淡路丸(約100トン)を鮮魚運搬船の曳船として利用.
    * 汽船を運搬船の曳船に利用したのは, 日本で最初の試みである. 運搬時間が短縮し, 大きな利益を得る. [69, 70]

1898 明治31年

松戸覚之助,「青梨新太白(のちの二十世紀梨)」の育成に成功

　現千葉県松戸市の松戸覚之助❖(1875～1934)は,1888(明治21)年,13歳(小学校高等科2年)のとき,近所の分家石井佐平宅のゴミ捨場の近くに生えているナシの若木(実生のナシ苗木2本)を見つけ,これを移植した。当初は黒斑病などのために,果実はなかなか実らなかったが,苦心して管理していたところ,10年後のこの年の9月に従来の梨とはちがった,色の白い,上品でおいしい味の梨を収穫することができた。

　この新品種のナシは,時の総理大臣大隈重信や田中ビワを育成した田中芳男男爵❖(1838～1916)からも称賛され,1904(同37)年種苗業者渡瀬寅次郎❖(1859～1926)や1906年に東大助教授となった園芸学者の池田伴親❖(1878～1907)らによって,二十世紀時代の品種になるであろうとの意味で「二十世紀梨」と命名され,有名になった。

　各地から苗木の注文が殺到し,全国的に栽培されるようになった。なかでも,鳥取県に移植された「二十世紀梨」は全国一の栽培地に成長した。「二十世紀梨」の血は現在,生産量の最も多い「幸水」や「豊水」「新水」に受け継がれている。

1月 1 葉煙草専売制実施. [26]

◆ 現新潟県上越市北方の川上善兵衛❖(1868～1944),ブドウ酒とブランデーに「菊水」登録. [104]

2月19 千葉県で小見川農商銀行設立(のちに合併して千葉銀行). [26]

19 魚粕圧搾機発明. [52]

26 第4代台湾総督に,児玉源太郎陸軍中将男爵(1852～1906)が就任. [130]

＊3-2　内務省衛生局長後藤新平(1857～1929),台湾総督府民政局長に就任し,児玉総督の下で台湾糖業の振興に努める. [130]

3月 ◆ 台湾糖業税則(1896年3月公布)の戻税制度撤廃. [130]

4月 1 遠洋漁業奨励法施行. [5]

◆ 神谷伝兵衛❖(1856～1922)と養嗣子伝蔵❖(1870～1936),東京府豊多摩郡東大久保村(現新宿区東大久保)に仮植したワイン用ブドウ苗木6,000本を茨城県稲敷郡岡田村(現牛久市)に移植. →1894(明治27)年 [68]

1898年 ◆ 93

5月◆ 田中製びん工場，東京硝子株式会社に改組改称．[12]

6月15 大阪の日本精糖，ようやく操業開始．同年7月から12月までの精製砂糖は9万8,000俵，品質は輸入白糖をしのぐ良品で，製品は大阪で競売に付した．1894(明治32)年には，名古屋にも競売場を設けたという．[44]
＊同社は8年後の1906(明治39)年日本精製糖と合併し，大日本製糖となる．

7月◆ 宮内省大膳職をつとめた石井治兵衛❖，日本料理の百科全書というべき『日本料理法大全』(1553頁)を著わす．
＊普及し始めた「ライスカレー」「カツレツ」「サラダ」なども収録．

8月◆ 中川虎之助❖ら経営の八重山糖業，株主総会で事業整理を可決(1902年解散)．[44]

9月◆ 政府，工場法案を作成し，商業会議所などに諮問．[26]

◆ 現広島県東広島市の三浦仙三郎❖(1847～1908)，種々研究を重ね，軟水でも硬水使用の灘酒に劣らぬ醸造法を考案し，データに裏打ちされた『改醸法実践録』を著わす．[123]

10月24 日本精製糖の鈴木藤三郎❖，「気液速熱缶」の特許取得．[55]
＊経営のかたわら技術の開発に意を注ぎ，生涯の特許取得は精製糖機械をはじめ，塩・醤油・水産部門など多方面にわたり，その総数は159件にのぼり，発明家として知られた．

11月◆ 丸三麦酒，新工場竣工．商標を「カブトビール」と改称登録．[12]

12月◆ この頃，東京の街々を売り歩く商人の声(平出鏗二郎著『東京風俗志』)に下記のものがある．[107]
・「鍋焼うどん，蕎麦ウヤウー」
・「氷ツ，氷ツ，函館名物，氷でござい」(まだ，五稜郭の堀でできた函館氷がもてはやされていたようだ)

◆ 東京麦酒，「東京ビール」発売．[12]

この年
◆ 米価高騰，白米1升17銭(現在価850円)．このため，安い外米が都市の中等以上の家庭や農家にも普及．台湾米の移入で，価格安定が容易になる．[48]

◆ 東京製粉株式会社設立(資本金15万円，200バーレル，数年後に焼失，解散)．[21]

◆ 陸軍糧秣廠，軍用パン研究のためヨーロッパに福岡技師を派遣．

◆ 全国の成牛の屠殺頭数，15万3,717頭(肉量2万3,046トン)．[347]

◆ 東京市民の肉の消費量，1日1人当たり約8.5g，牛乳の消費量(同)約8mℓ．[48]

◆ 物価高騰し，馬肉鍋が流行，1人前(並)3銭(現在価150円)．

◆ 『横浜貿易新聞』に，輸入ハムなどの記事が毎号にあり．輸入先

はロンドン，サンフランシスコ，香港，ハンブルグ（ドイツ北部の都市）などで，品目はハム，ベーコン，塩漬牛豚肉，コーンビーフなどで，1回の輸入量は数函程度．船ごとに入荷，翌年まで続く．[17]

- 福羽逸人（ふくばはやと）❖(1856～1921)，宮内省の新宿御苑でフランスイチゴ「ジュネラリ・シャンジー」と「ドクトル・モーレル」から新品種「福羽イチゴ」を作出．
  ＊このイチゴは，門外不出として皇室用に栽培されていたが，1919（大正8）年に民間栽培が許可された．

- 缶詰，暑中のギフトに普及．[48]

- 各地に牛乳，ラムネ，氷の不良品が横行し，食品取引の全国統一の必要性が高まる．[48]

- 横浜・函館・長崎・大阪についで，広島・東京に上水道が完成．当初の給水量は，1日1人当たり平均110ℓ．[48]

- 藤野辰次郎❖(?～1909)，藤野標津（しべつ）缶詰工場（サケ・マスなど）を焼失後，大規模工場建設．[281]
  ＊この年，出身地の滋賀県から衆議院議員に当選．

- この年度の清酒生産量，421万1,904石（前年447万89石）．
  ＊清酒醸造場は前年度より240場増加．[27]

- 灘五郷の一つ今津郷の酒造人（業者）19，蔵数50，造石高4万6,571石．[86]
  ＊今津郷は灘五郷のうち，最も東にある現西宮市今津．

- 札幌麦酒，「札幌黒ラベル」（樽詰）発売．[12]

- 日本麦酒，ドイツより招聘した醸造技師ウィルヘルム・コブリッツの指導により，酵母の純粋培養を開始．[12]

- 川上善兵衛❖(1868～1944)，新潟県頸城郡高士村（現上越市），菊水ブドウ酒，菊水ブランデーを大量に生産し販売．

- この頃，横浜硝子製造株式会社設立．[12]

- 三井物産合名会社，台北に支店を設置．[130]

1898年

| 1899 | 明治32年 |

サントリー・森永製菓の前身，創業

　2月，20歳になったばかりの鳥井信治郎❖（1879.1.30～1962.2.20）は，大阪市西区靭中通2丁目に，鳥井商店(サントリーの前身)を開業し，ブドウ酒の製造・販売を始める。1907(明治40)年に売り出した日本人向けの甘味ブドウ酒「赤玉ポートワイン」は驚異的な売れ行きを示す。幾多の難事に遭遇するが「やってみなはれ」の精神で，ウイスキー，ビール業界などに進出し，同社発展の基礎を築く。

　6月，米国から帰国した森永太一郎❖<34>（1865.8.8～1937.1.24)は，8月15日に東京都赤坂区溜池町2番地(現港区赤坂1丁目三会堂ビル付近)に2坪(6.6m²)の製菓工場を建て，森永西洋菓子製造所(「森永商店」と称す。森永製菓の前身)の看板を掲げ，キャンデーの製造に着手した。当初は，製品はほとんど売れず，一時は辞めようかと苦悶するが，製品の実物宣伝などが功を奏して，次第に取引が増える。

東京銀座に「恵比寿ビアホール」開店

　8月4日，日本麦酒株式会社(サッポロビールの前身)は，東京で初めて新橋際(銀座8丁目)に恵比寿ビールのビアホールを開店。0.5ℓ入り1杯10銭。0.25ℓ入り1杯5銭。初日は225ℓ販売。2日目は245ℓを売り，3日目は450ℓを売り，1週間目からは1,000ℓにのぼる日もあった。1日平均800人の大繁盛。何時も大入り満員で客止めをしたり，「当日売切申候」の建札をする騒ぎであったという。

　その時，都下の新聞に出した広告は次の通りである。

恵比壽ビールBeer　Hall開店

今般欧州の風に倣ひ，8月4日改正条約実施の吉辰を卜し，京橋区南金六町五番地(新橋際)に於てビール店Beer　Hallを開店し，常に新鮮なる樽ビールを氷室に貯蔵いたし置，最も高尚優美に一杯賣仕候間，大方の諸彦賑々敷御光来恵比壽ビールの真味を御賞玩あらんことを願ふ．

賣価　半リーテル　　金拾銭(現在価330円)
四半リーテル　金五銭(現在価170円)
日本麦酒株式会社

なお，現存する日本最古のビヤホールは「ライオン銀座7丁目店」である。

1月 1 関税定率法施行．
* 国内製粉保護開始．小麦100斤につき15銭3厘，小麦粉46銭5厘の従量税を賦課．[21]

1 酒造税法を改正施行．造石税の増徴．1石当たり清酒・白酒・味醂7円→12円，濁酒6円→12円，焼酎・酒精8円→13円．[27]

1 自家用酒の製造禁止．
* 地主の副業型酒造業に対する保護体制の一環とみられ，また，清酒市場の確保のためでもあった．[27]

2月 1 鳥井信治郎，大阪区西区靱中通2丁目に鳥井商店(サントリーの前身)を開業し，ブドウ酒の製造・販売を始める．[120]

5 古谷辰四郎❖<30> (1868～1930)，札幌市南三条西5丁目に古谷商店創業(後の古谷製菓)．[26, 188]
* 当初の取扱品目は乾物を主とするが，後に「フルヤのミルクキャラメル」で一世を風靡．

5 帝国水産，南洋漁業に進出．[26]

鳥井信治郎(サントリー提供)

3月 2 工業所有権三法(『特許法』『意匠法』『商標法』)公布．7月1日施行．

9 新商法公布．6月16日施行．

14 日本精製糖，資本金を60万円から200万円に増資．[55]
* この年，ラム酒も製造(原料は砂糖を製造する際の副産物の糖蜜)．
* この当時の「陸海軍御用品」ラム酒販売のポスターが110年後の2009(平成21)年4月，3万1,500円で売りに出されていた．このポスターによると，ラムの発売元は日本橋区小舟町(現中央区日本橋小舟町)のラム販売合資会社．

25 『東京経済新報』，東京日本橋瀬戸物町の鰹節商「にんべん」の主人高津伊兵衛は，切手(商品券)で買いに来る客には，特に上等な品を選んで渡すことを心掛けていると記している．[107]
* 6代目高津伊兵衛(1783～1837)は，1831(天保2)年，世界最古といわれる商品券を創案し，普及させた．[297, 298]

◆ 日本精製糖社長鈴木藤三郎<43> (1855～1913)，『日本糖業論』というパンフレットを書き，各方面に配布し，わが国が甘蔗や甜菜による製糖事業や粗糖の輸入による精製糖事業を実施することが非常に有益なことを詳述した．[44, 55]

春 カゴメ創業者蟹江一太郎❖<24> (1875～1971)，名古屋市勧業吏員佐藤杉左衛門より教授を受け，西洋野菜の栽培に着手する．最初のトマトの発芽をみる．[121]

5月 15 藤田伝三郎❖<57> (1841～1912)，岡山県の児島湾干拓事業に着手．[8]

16 日本製粉の株式，東京株式取引所で売買開始．[21]

1899年

25 私鉄山陽鉄道(JR山陽本線の前身)の急行列車,京都～三田尻(山口県)間に初めて食堂車を連結し,1・2等客に洋食を提供.洋食1等70銭(現在価2,330円),2等50銭(1,670円),3等35銭(同1,170円).
＊1899(明治32)年4月～1937(昭和12)年3月,現在価は時価の3,333倍で試算.

◆ アメリカのコロンビア大学を卒業し,1892(明治25)年に帰国した中原孝太❖<29>(1870～1943),鳥取県米子町(現米子市)に日本初の冷蔵会社「日本冷蔵商会」を設立し,鮮魚の冷蔵を始めるが,販売に失敗する.[330]
＊"冷蔵"という語は,"cold storage"を直訳して,彼が初めて用いたという.なお,長男は国立がんセンターの初代総長の中原和郎(1896～1976).

6月 5 札幌麦酒(サッポロビールの前身),資本金を30万円から60万円に増資.[12]

9 農会法公布.[5]

12 台湾銀行設立(9月26日開業).
＊日本政府の国策により設置された台湾の中央銀行で,紙幣発行権を有した特殊銀行.1945(昭和20)年閉鎖.

7月17 改正条約実施(関税自主権・治外法権の回復,新関税の実施,外国人の内地雑居許可など).わが国は開国45年にして,ようやく独立国として体面を保つに至る.
＊築地居留地は廃止され,狭義の居留地は京橋区明石町(現中央区)となる.[43]

20 山口県仙崎に日本遠洋漁業株式会社設立(資本金10万円,1903〈明治36〉年50万円に増資,汽船漁業の初め)
＊わが国初のノルウェー式捕鯨を成功させる.[83]

◆ 日本麦酒,馬越恭平❖<54>(1844～1933),専務取締役から社長に呼称変更.[12]

8月 1 府県農事試験場規程・府県農事講習所規程・府県水産試験場規程・府県水産講習所規程を制定.[5]

4 日本麦酒(サッポロビールの前身),東京で初めて京橋区南金6町5番地新橋際(現銀座8丁目)に,恵比寿ビールのビアホールを開店.[36]

9 『時事新報』,この日から23日まで,西洋食作法「内外交際の心得」を掲載.
＊招待の受け方,食堂に入ってからの態度,個々の料理の食べ方,退席の順序など.

15 森永太一郎❖<34>(1865～1937),東京赤坂溜池の裏通りの2番地に,ささやかな家(家賃2円30銭,現在価7,700円)を見つけ,それに2坪だけ下屋を建て増し,菓子の工場に充てて「森永西洋菓子製造所」の看板を掲げ,「森永商店」と称す.キャンデーの

製造に着手．[122, 315]
　＊当初，製品を見本として携えて菓子屋を訪問するが，「そんなインチキな菓子を売ると信用にかかわる」などといわれて，断られたという．[138]

26　日本麦酒，横浜硝子製造株式会社を系列会社へ．[12]

9月◆　川上善兵衛❖<31>（1868～1944），『葡萄栽培書』（序文品川弥二郎）を著わす．

10月 5　国産初のノルウェー式鋼製捕鯨船「第一長周丸」（東京石川島造船所製造，日本遠洋漁業所属）進水．[52, 299]

15　森永西洋菓子製造所（森永製菓の前身），創業2カ月目に，ようやく京橋，仲の橋の青柳商店から初注文を受け，販路の糸口ができる．[122]
　＊この年の主な発売商品は，マシュマロなどのソフトキャンディー類，キャラメル，チョコレートクリーム．

森永西洋菓子製造所（『森永太一郎伝』より）

12月25　村井兄弟商会，煙草会社を設立．[26]

この年
　◆ 酒税（4,892万円）が租税及び印紙収入総額（1億3,798万円）の35.5％を占め，地租（32.5％）を抜きトップとなり，1903（明治36）年まで続き，特に1902（明治35）年には最高の36.0％を占める．その後も1909（明治42）年から1917（大正6）年まで再び収入総額中トップの座を占める．[262]

　◆ 千葉県銚子のヤマサ醤油の浜口梧洞❖<25>（1874～1962），浜口儀兵衛10代目を継ぐ．他の醸造家に呼びかけて，業界初の研究所「銚子醤油組合試験所」を設立．
　＊内務省衛生試験場長の田原良純薬学博士❖（1855～1935）を顧問に迎える．[31, 142]

　◆ 山越秀太郎，個人経営の山越工場（明治機械の前身）を東京市に創立．[118]
　＊1905（明治38）年，わが国最初の国産ロール式製粉プラントを製作納入．

　◆ 岸田捨次郎❖<41>（1858～1931）ら，ドロップとビスケットを製造する日本洋式製菓合資会社を興すが，半年で解散．日本の菓子業界では初の法人組織とみられる．[112]

　◆ 中国福建省出身の陳平順❖<26>（1873～1939），長崎市で中華菜館「四海楼」を創業．故郷の料理をベースに小エビやカキなどの魚介類や野菜をふんだんに入れた栄養豊富な「支那うどん」を創製．これが「長崎ちゃんぽん」の始まりといわれる．[31]
　＊斎藤茂吉（1882～1953）は，長崎医学専門学校（長崎大学医学部

1899年　◆　99

の前身)教授時代にしばしば「四海楼」に行き,「四海楼に陳玉というおとめをり,よくよく今日も見つつ帰り来」と記している.

- 大阪市吉野町出身(現福島区吉野)の松田栄吉,東京日本橋魚市場に個人商店吉野家を創業(牛丼の吉野家).[354]
    * 2010(平成22)年は創立111年に当たり,「吉野家111周年記念キャンペーン」と銘打ち,さまざまなキャンペーンを実施.その第1弾として,111周年にちなんだ1月11日(月)午前11時より全国の吉野家(一部店舗を除く)で,「牛丼80円引き」を実施.
- この年から翌年にかけて,現鹿児島県薩摩川内市出身の岩谷松平❖(1849〜1920),銀座の店(現在の松坂屋付近)の店頭に天狗面を掲げ,天狗煙草の広告を行い,店の正面に「勿驚(驚くなかれ)税金五十万円(現在価16億7,000万円)」という大看板を掲げ,注目を引く.
- ジャパン・ブルワリーを改組し,ゼ・ジャパン・ブルワリー・コンパニー・リミテッド(The Japan Brewery Company Limited)設立(資本金60万円).[49]
- 愛知県半田の丸三麦酒,加富登ビールを発売.[111]
- 鈴木商店の金子直吉❖<33>(1866〜1944),台湾樟脳専売制の成立(8月)に協力し,樟脳油65%の販売権を取得.初代民政長官後藤新平(1857〜1929)の知遇を得て,同店が大躍進するきっかけをつくる.[39]

1900 明治33年

館林製粉株式会社設立(日清製粉の前身)

　10月27日に館林製粉株式会社設立総会(日清製粉の前身,資本金3万円)が群馬県館林町(現館林市)で開催され,専務取締役に正田貞一郎❖<30>(1870～1961)が就任。翌年4月,館林工場に製粉機械(能力50バーレル)が据え付けられ,5月5日に開業式を行う。この頃,宇都宮,天竜,埼玉,白石などの小麦産地にも,50バーレル前後のロール式製粉工場が続出する。東京進出をねらっていた同社は,設立から8年後の1908(明治41)年に横浜にある日清製粉と合併し,正田貞一郎を中心に業績を伸ばす。[124]

「飲食物其ノ他ノ物品取締ニ関スル法律」(食品衛生法の前身)公布

　2月23日,わが国の食品衛生の主柱である「飲食物其ノ他ノ物品取締ニ関スル法律」が初めてでき上がった。公布の背景には,飲食物の製造・販売状況から全国に通用する飲食物取締の立法の必要性が叫ばれていた。この法律は食品衛生に関する基本法であり,条文はわずか4カ条にすぎない。骨子は,(1)衛生上危害を生ずるおそれのある飲食物の禁止,停止あるいは廃棄措置,(2)立入り検査,(3)罰則の3点である。これに基づき各府県令が公布されたが,東京府の場合,警視庁令(府県令に相当する,1901年6月)では,警察署が施行する事項を,(1)物品を検査すること,(2)試験のため必要な分量に限り物品を収去すること,(3)物品の販売,使用を禁止し,またはその物品を廃棄することなど,(4)衛生上危害を生ずるおそれのない方法で処置を許可すること,と定めている。

'98
―
'07

1月24　日本麦酒,品川線に貨物積卸専用停車場を開設することについて,日本鉄道株式会社と契約締結.
　　　＊現JR山手線恵比寿駅の淵源.[12]

　◆　中川安五郎❖<20>(1879～1963),長崎市にカステラ専門店「文明堂」(文明堂総本店の前身)を開業.[31, 126, 127]
　　　＊長崎県南高来郡土黒村(雲仙市)の大工の3男として生まれる.実弟の宮崎甚左衛門❖(1890～1974)は,兄の支援を得て東京文明堂を創業.

2月23　食品衛生法の前身「飲食物其ノ他ノ物品取締ニ関スル法律」公布.4月1日施行.[40]

1900年　◆　101

3月 7	産業組合法公布．9月1日施行．[5]
◆	岩手県小岩井農場，バターの生産を開始．
◆	札幌麦酒，分工場用地として，東京本所区佐竹邸跡5,333坪を取得．[12]
	＊翌年12月，東京工場(後の吾妻橋工場)建設着工．
4月 1	東洋一の設備能力を誇る東洋製菓株式会社設立(資本金20万円)，軍用乾麺麭を主に初のビスケットの量産体制を整備．
	＊陸海軍が一致して菓子業界に軍用パンの機械化工場の確立を勧告したこともあって，木村屋(東京)や横浜(宇千喜パン)などの当代一流の菓子店が協力して設立した会社．木村屋の木村儀四郎，専務取締役に就任．[13, 125]
7	内務省，牛乳営業取締規則を発令．[40]
	＊各府県で取締規則が制定されていたが，国として統一的に定めたもの．牛乳配達用の容器にガラスびんを使用することや，牛乳の比重，脂肪量を定めた．
11	森永太一郎の西洋菓子製造所(森永製菓の前身)，米国公使館前通りの赤坂区溜池町2番地の表通りに進出，20坪($66m^2$)の工場を設ける．[122]
17	有害性著色料取締規則を制定．[40]
11	～11月3日：第5回パリ万国博覧会開催．
	＊「恵比寿ビール」，金賞受賞．
	＊「アサヒビール」最優秀賞受賞．
	＊カステラをはじめ多くの菓子を出品．
	＊村井兄弟商会の両切りタバコ「ヒーロー」金賞受賞．
◆	神戸市，市営上水道，給水を開始．[355]
◆	土屋龍憲❖<40> (1859～1940)，ブドウ酒の見本を持参し，上海，広州，天津，北京を歴訪するが，内戦の蜂起で販売計画は失敗に終わる．[23]
5月◆	三浦智之著『実用家事経済学』(博文館)．[306]
	＊家事経済学に関する最も古い著書とみられる．
6月 5	内務省，清涼飲料水営業取締規則を制定．
	＊定義：清涼飲料水はラムネ，リモナーデ〈レモネード〉(果実水，薄荷水及び桂皮水の類を含む)，曹達水及びその他炭酸含有の飲料．添加物の禁止：清涼飲料水の製造または貯蔵にタール色素，サッカリン，有害性芳香質または防腐剤を使用してはならない．封緘：製造者の氏名，社名，営業所の所在及び製造年月日を記載した票紙を用いて容器を封緘しなければならない．[40]
13	台湾製糖株式会社の第1回創立発起人会，東京有楽町の三井集会場で開く．設立発起人は三井物産の益田孝，鈴木藤三郎，田島信夫，上田安三郎，ロバート・W・アルウィン，武智直道，長尾三十郎の7名．来賓に台湾総督児玉源太郎(1852～1906)，渋沢

栄一(1840〜1931)，朝吹英二(1850〜1918)らが出席．[44, 130, 131]

8月 **1** 札幌麦酒，製びん所竣工(苗穂村)，ビールびんの吹製開始．[12]

1 陸軍中央糧秣廠，ゴム巻締機械をドイツより輸入，牛肉缶詰の製造を開始．

9月 ◆ 札幌麦酒，札幌ビールの偽商標出現．[12]

10月 **6** 岡山県，産米の評価失墜に対して，米穀調整について農家の自覚を促すため，諭告及び訓令を発する．
＊当県産米は品質良好で，移出米の中では常に上位を占めていたが，この頃，その声価が著しく低下した．[8]

27 館林製粉株式会社設立総会開催．[124]

11月 ◆ 神谷伝兵衛❖(1856〜1922)，人見寧とともに日本酒精製造株式会社設立(本社東京日本橋)．工場を旭川(後の神谷醸造株式会社旭川工場)に開設し，民間初のアルコール製造を開始．
＊原料は北海道産の馬鈴薯やとうもろこし．[71]

◆ 麦酒課税に反対するため，全国麦酒業者同盟会結成．

12月 **10** 台湾製糖株式会社創立総会．鈴木藤三郎❖<44>，日本精製糖株式会社専務取締役のまま，同社社長に就任．
＊資本金は100万円で，大株主は三井家を筆頭に，宮内省，毛利家など華族や富豪，台湾の糖商陳仲和ら．1902(明治35)年1月15日操業開始．
[130, 289]

台湾製糖株式会社本社(国立国会図書館提供)

17 内務省，飲食物用器具取扱規則公布．
＊缶詰用ハンダの鉛配合量に対する規制など．[40]

25 熊本第九銀行，熊本貯蓄銀行支払停止．その後，翌年4月頃まで全国的に銀行の支払停止，休業，取付け相次ぐ．

この年

◆ 埼玉製粉合資会社設立(日東製粉株式会社の前身，資本金3万円，65バーレル)．[6]

◆ 宇都宮製粉株式会社創立(資本金10万円)，下野製粉合資会社を合併(100バーレル)．[6]
＊1907(明治40)年3月創立の大日本製粉に合併され，1910年3月，日清製粉への合併に伴い，同社宇都宮工場となる．

◆ 豪州貿易兼松房治郎商店(兼松の前身)，豪州小麦の輸入に着手．

◆ 自家用醤油税課税．
＊1石(180ℓ)以上の製造見積高の者に対して賦課された．1904(明治37)年以降，1925(大正14)年までは製造高にかかわらず，

すべての自家用醤油製造者に対して課税された．

◆ 千葉県野田町(現野田市)の松本清八，各醸造家の醤油をビールびんに詰め，野田土産として発売，好評を呼ぶ．以後，びん詰醤油が一般化．[48, 108]

◆ 神戸の安井敬七郎❖<45> （1855～1928），輸入ウスターソースと自家製ソースをブレンドし，「日の出ソース」を発売．[85]
　＊現在の会社名は阪神ソース株式会社(神戸市東灘区)．

◆ 明治屋，ウスターソースを初めて輸入．

◆ 東京新宿の現「新宿高野」，果物問屋高野商店の看板を掲げ，果物を本業，繭仲買・古道具を副業とする．
　＊同店は高野吉太郎❖（1859～1919）が1885(明治18)年25歳の時，東京府豊島郡角筈村(現新宿駅ビル駐車場入口辺り)に，繭仲買・古道具を本業，果物を副業とする店を創業したことに始まる．[202]

◆ この頃から，果物を好むのは年少の子女に限り，大人の食べ物ではないという考え方が少しずつ取り除かれる．[48]

◆ この年度の歳入に占める酒税の割合(37.6％)，地租(34.9％)を上回り，首位となる．[132]

◆ この年度の清酒造石量，470万9,478石で，1882(明治15)年度以降の最高を記録．醸造場数は1万4,089で，過去最高の1883(明治16)年度(1万6,546場)の15％減となっている．[27]

◆ 第1回麦酒業者懇談会開催(競争緩和が目的)．[49]
　＊この年度のビール造石高は12万371石で，初めて10万石を超える．酒造造石高(509万4,711石)の2.4％．[27]

◆ 日本麦酒，商標侵害にかかわる告訴，上期3件，下期11件．[12]

◆ 東京麦酒，輸入王冠使用開始．[12]

◆ 米津凬月堂の米津恒次郎❖<33> （1867～1932），再度ヨーロッパに渡り，パリの万国博覧会を視察し，イギリスで最新式のウエハース機械を買い入れる．[7]

◆ 屈辱的な不平等条約改正で，ビスケット関税引上げ．

◆ 木村屋3代目木村儀四郎，ジャムパンを新発売，大評判となる．[13]

◆ 大都市に焼き芋屋が増え，東京府下1,400余軒．[48]

1901 明治34年

増税が相次ぎ，ビールに初めて課税

　麦酒税法が公布され，初めて麦酒に税金がかかるようになった。これは，明治34年度の予算編成に際し，歳入増加の必要性が高まり，その財源を租税に求めたことや，酒造税法の改正による酒税の税率増加に権衡を保つためであるとされている。10月1日から施行され，税率は1石につき7円。
　この年度のビール造石高（23醸造場）は11万3,434石で，酒類造石高（435万8,253石）の2.6％を占め，清酒（412万3,611石）の36分の1となっている。政府が麦酒税を徴収することになったことから，この年度以降，正確な醸造場数なども把握可能となった。[27]

相馬愛蔵，東大赤門前にパン屋「中村屋」開業

　信州から上京した相馬愛蔵❖<31>（1870〜1954）・良〔黒光〕❖<25>（1876〜1955）夫妻は，12月30日，本郷の東大赤門前にパン店「中村屋」を開業。開業に当たり，次のような5カ条の経営方針を掲げた。
　1．営業が相当目鼻がつくまで衣服は新調せぬこと．
　2．食事は主人も店員女子達も同じものを摂ること．
　3．将来どのようなことがあっても，米相場や株には手を出さぬこと．
　4．原料の仕入れは現金取引のこと．
　5．最初の3年間は親子3人の生活費を月50円と定めて，これを別途収入に仰ぐこと．その方法としては，郷里に於ける養蚕を継続し，その収益から支出すること．
　その後，業績はほぼ順調に伸長し，8年後の1909（明治42）年，新宿駅前の現在地に移転した。[133, 134, 135]

東海道線の急行に1，2等客用の食堂車が登場

　12月15日，官設東海道線の新橋〜神戸間急行列車に，1，2等客用の食堂車（定員28名）を連結し，洋食の提供を開始。官設食堂車の始まり。料理は精養軒の洋食（肉類）1皿10〜15銭（現在価330〜500円），ビール1本18銭（600円），駅弁（幕の内）12銭（400円）。「汽車の中に料理屋ができた」と評判になった。食堂車の女給仕の日給は17銭（570円）。[333]

1月 9 日本麦酒本社(目黒)で，全国同業者の会合を催し，「麦酒税法案」反対を決議．[12]

◆ 新渡戸稲造[38]（1862.9.1～1933.10.15），欧米の糖業政策及び施設を調査し，帰途，エジプトの糖業を視察して神戸に帰着．[130]

2月 1 台湾製糖，元紋鼈製糖の斎藤定愨[47]（1854～1937）を製糖技師に任命．[103, 130]

3 食文化の近代化にも貢献した福沢諭吉(1835.1.10生まれ)，脳溢血で死去(66)．

25 日本麦酒の専用出荷駅「恵比寿ビール停車場」開設．[12]
＊現在の「JR恵比寿駅」の始まり．5年後の1906(明治39)年10月30日，旅客の運輸を開始．

3月 1 造石税清酒1石につき15円に改定．

12 正岡子規(1867～1902)，『墨汁一滴』で「不平十ヶ条」を書き，その一つに「米価小売相場の容易に下落せぬ不平」をあげる．

30 砂糖消費税法公布．10月1日施行，煉乳をはじめ関係業者は苦境に陥る．酒税その他の間接税も増税．

30 麦酒税法(以下「ビール税法」)公布．10月1日施行．1石につき7円．

30 酒精及酒精含有飲料税法公布．10月1日施行．
＊酒精は酒造税法に含まれていたが，分離され，酒精分に応じて造石税を納付することになる．

◆ 野口正章[]（1849～1922）の弟富蔵，「三ッ鱗ビール」の醸造を廃業．[12]

◆ 饗庭篁村(1855～1922)，『旅硯』の中で「汽車弁にはサンドウィッチ胃受第一なり，殊に日本弁当は飯の温かみに蒸されてか煮物の臭ひの付くもの多し」と記す．
＊この頃，長野駅の汽車弁35銭(現在価1,170円)，茶7銭(230円)．

4月 1 漁業法公布(1902〈明治35〉年7月1日施行)．[83]
＊幾多の曲折を経て成立した，わが国初の統一的漁業法で旧漁業法と呼ばれる．

◆ 川上善兵衛[]（1867～1903），『葡萄栽培提要』を著わす．[104]

◆ 東京瓦斯会社，調理にガス使用を広告．

5月14 新渡戸稲造，台湾総督府民政部殖産課長(技師)に就任．[130]
＊9月，大規模製糖工場設置や搾汁用洋式小機械の普及などの必要性を強調した『糖業改良意見書』を児玉源太郎総督に提出．「糖業ノ興廃ハ実ニ本島ノ財政否帝国殖民政策ノ成敗ニ関スル重事」と力説し，制度的保障として糖業奨励法や臨時台湾糖務局官制を定めることなどを提案した．[300, 301]

6月 1 館林製粉(日清製粉の前身)，群馬県館林で営業開始．[124]

◆ 東京京橋区宗十郎町(現銀座7丁目のうち)の細中商店，殺菌消毒器具を設置し，安全な牛乳の1杯売りと手軽な洋食を調理販売．

	◆	西洋菓子製造所(森永製菓の前身)，宮内庁への納入始まる． [122]
7月	◆	光永星郎(1866～1945)，日本広告株式会社及び電報通信社設立(電通の前身)． [35]
9月	1	日本製壜合資会社，大阪に設立． [26]
	◆	鳥取県米子市の中原孝太❖<31>(1870～1943)，冷蔵技術を応用し「人工凍豆腐の特許」を取得． [330]
		＊豆腐を製氷冷却器で冷却させるため，天然凍豆腐ではできなかった均質な凍豆腐の通年生産が可能となった．
10月	1	麦酒税法施行．酒精及酒精含有飲料税施行．
	1	砂糖消費税施行．
		＊台湾でも内地と同時に施行され，10年後の1910(明治43)年度には，総監府特別会計の経常歳入4,136万円のうち1,212万円，すなわち歳入額の29％強が砂糖消費税収入で調達さた． [139]
	16	内務省，人工甘味質取締規則を制定．糖業保護のためサッカリンなどの使用を禁止． [40]
11月	11	新渡戸稲造，台湾総督府殖産局長心得に就任． [130]
この年		
	◆	甜菜を原料とする札幌製糖株式会社，解散． [130]
	◆	福井県敦賀の大和田製油場，大豆油の製造に進出，大豆加工業の先駆といわれている． [6]
	◆	蟹江一太郎❖<26>(1875～1971)，愛知県清洲農事試験場の柘植権六技師より，トマトの栽培と加工について教示を受ける． [121]
	◆	藤野辰次郎❖(？～1907)経営の藤野缶詰所，アメリカとカナダより自動式缶詰機械，ドイツよりゴム巻締機械を輸入し，民間で初めて缶詰の量産体制をととのえる． [48]
	◆	岸田捨次郎❖(1858～1931)，岸田地球堂を設立し，ドロップを製造・販売し好評を博する．
		＊のちに，彼はドロップ，ビスケットの菓子型及び機械製造の先駆者として活躍し，飾り菓子の型製作に全力を傾注し，「明治の左甚五郎」と喧伝されたという． [31]
	◆	ミカン栽培の大規模化により，紀州ミカン，温州ミカンの名が全国に知られ，果物への関心が高まる． [48]
	◆	青森リンゴ，大豊作で，前年の3倍となり価格暴落． [277]
	◆	岡山県の園芸家大久保重五郎❖(1867～1941)，上海水蜜桃の血を引くとみられる「白桃」を作出．
		＊のちに，岡山県産モモの大半を占める「大久保桃」も作出． [67]

1902　明治35年

台湾製糖，守備隊に守られ製糖開始

　日清戦争の勝利により，日本は台湾を領有し，台湾経済の中心に置かれたのが製糖業であった．第4代台湾総督児玉源太郎と民政局長後藤新平の主導のもとに，1900（明治33）年に三井物産などの出資で台湾製糖が設立された．台湾で最初の近代的な分蜜糖粗糖（原料糖）工場が，台湾南部の高雄州の橋仔頭に建設され，1902年1月から操業を開始した．

　工場建設では，交通不便のため機械の運搬などに多大の苦心を重ね，さらに一層の困難をもたらしたのは現地人の襲来で，大煙突を大砲とみて，これを倒そうとして襲ってくる有様であった．従業員は銃をもってこれに備え，軍隊からも守備分遣隊一小隊が派遣され，その保護の下に工事や操業が行われた．軍隊は，会社から提供された新築兵舎に駐屯した．

　台湾製糖の設立に続いて，明治製糖設立や大日本製糖の工場などが相次いで竣工された．これに対応して，内地にも台湾産の粗糖を精製する精製糖工場が多数建設され，わが国の砂糖の生産体制が確立し始め，わが国の糖業史に新たな1ページを開いた．この影響を受けて，北海道の甜菜糖業は苦境に陥ることになる．

1月15　台湾製糖橋仔頭工場，本格的に製糖を開始．5月末に最初の製糖を終了．産糖量は1万8,502ピクル（1,110トン，1ピクル＝100斤＝60kg）．[44, 130]

　　30　外相小村寿太郎（1855～1911），ロシアの南下に対処し，日英同盟協約締結，ロンドンで調印．
　　　＊同盟協約の締結により，本場のスコッチウイスキーが大量に輸入され，ウイスキーの普及が始まる．麦芽を乾燥させる際にピート（泥炭）を用いるため，独特の薫臭がある．

2月2　『山陽新報』（岡山市）に，「駅内，和洋料理，生ビールコップ売り，三好野花壇出張」とある．
　　　＊岡山における生ビールの初めとみられる．当時は冷蔵施設が不備であったため，生ビールは氷の張る冬でなければ飲めなかったようだ．[8]

　　11　わが国ビール業の先駆者ウイリアム・コープランド（1834.1.10生まれ），横浜で死去（68）．横浜山手の外国人墓地に埋葬．[19]

　　25　東京瓦斯会社（東京ガスの前身），炊飯用ガスかまどの専売特許を取得．この頃から，ガス灯用から熱用に使用され始める．

3月11　台湾製糖，同社製砂糖3,100余俵を初めて上海及び寧波へ輸出．
　　　[130]

	27	日本興業銀行設立．4月11日開業．
	◆	館林製粉（日清製粉の前身），第2回定時株主総会開催．純利益2,802円（配当年1割）．
		＊1901（明治34）年9月の第1回定時株主総会では，当期欠損379円（無配当）．[124]
	◆	輸入原料糖払戻税法公布．10月施行，1907（明治40）年3月30日まで有効．[6]
		＊輸入原料糖を原料とし，輸入後1年以内に政府の承認を得て，精製糖または氷砂糖を製造する者は，その原料に対して納付した輸入税を政府に要求することができる．これらを契機に砂糖市況は好転し，翌年より精製糖業に新たに進出する企業が誕生した（大里製糖所，横浜精糖など）．
	◆	大阪出身の台湾総督府嘱託岡村庄太郎❖，高雄州鳳山街にわが国初のパイナップル缶詰工場を設立し，製造を開始（後の台湾鳳梨株式会社）．
		＊当初は原料の形状や品質が一定せず，缶詰も良品は得られなかったという．その後，台湾のパイナップル缶詰産業は，第一次世界大戦を契機に相次いで工場が建設され，飛躍的な発展を遂げ，製品はほとんど内地に移出された．[63]
	◆	『麦酒製造論』（佐藤寿衛述，久代茂吉・真家六蔵記）東京税務管理局発行．
4月	21	札幌製粉株式会社設立（資本金10万円．1920〈大正9〉年3月1日，日本製粉に合併）．
		＊後藤半七の死後，その遺族により1899（明治32）年設立の後藤合名会社から製粉事業を継承．[21]
	28	台北丸，台湾製糖産の砂糖1,000俵を搭載し，初めて横浜港に入港．[130]
5月	30	館林製粉（日清製粉の前身），資本金3万円から6万円に増資．[124]
6月	14	台湾糖業奨励規則，施行細則公布．臨時台湾糖務局の設置により，糖業政策が制度化される．
		＊その効果は大きく，1902（明治35）年後半から，次々に新式製糖企業が設立された．[6, 26, 44]
	17	新渡戸稲造❖<39>（1862～1933），台湾総督府臨時台湾糖務局長に就任．[130]
7月	15	台湾に新式製糖企業，維新製糖合股会社設立．資本金2.2万円，圧縮能力1日40トン．[6]
9月	10	台湾製糖，三井物産合名会社と製品一手販売契約を締結．[130]
	11	私鉄讃岐鉄道（JR土讃線の前身），初めて客車喫茶室ウエイトレスとして女性8名を採用．
	19	正岡子規（1867年生まれ）死去（34）．
		＊昨年著わした『墨汁一滴』に「不平十カ条」を書き，その一つ

に「白米小売相場の容易に下落せぬ」をあげる.

11月 1 専売局官制公布.

◆ 神戸の鈴木商店, 組織を資本金50万円(現在価16億6,700万円)の合名会社に改め, 金子直吉❖<36>(1866～1944)が責任社員となる. [39]

＊代表社員鈴木よね(出資額48万円), 金子直吉・柳田富士松(各1万円).

この年

◆ 東北地方大凶作, 青森・岩手・宮城・福島は平年作の50％前後の収量, 翌春にかけて飢饉が起きる.

＊その惨状を記した書籍が翌年に出版される.

◆ 農商務省, 大阪と神戸で貧民部落の食物を調査.

◆ 酒税(6,373万8,000円)の財政に占める割合が36％と過去最高を示すが, その後, 工業生産が次第に発展するにつれて, 低下傾向をたどる. [27, 262]

◆ 東京銀座の資生堂飲料部(資生堂パーラーの前身), 日本で初めてのソーダ水やアイスクリームを発売.

＊福原有信❖<54>(1848～1924)が, アメリカのドラッグ・ストアの形態を模して,「ソーダ・ファウンテン」を開設. ソーダ水はアメリカ製曹達噴水機により製造と宣伝. [143]

◆ 大谷嘉兵衛❖<58>(1844～1933)らの努力により, アメリカの茶関税が廃止され, 輸出が再び伸長.

◆ 小島仲三郎<34>(1868～1923), 食料品卸三沢屋商店(ブルドックソースの前身)を創業. [72, 144]

◆ この頃, 東京の赤堀割烹教場(赤堀料理専門学校の前身)で,〈割烹着〉を考案.

◆ 大阪麦酒, ビール年産4,270kℓ.

＊10年前の1892(明治25)年215kℓの約20倍. [92]

大阪麦酒株式会社(国立国会図書館提供)

1903 明治36年

最後の内国勧業博覧会,大阪で開催

　政府主催の最後の博覧会となる第5回内国勧業博覧会が,大阪天王寺で開催された。3月1日から7月31日までの観覧者数は530万人にのぼり,第4回(1895年)の5倍を突破した。名は内国勧業博覧会であったが,諸外国の出品も多く,実質において万国博覧会の内容を盛っていた。特に,水産関係で米国製の舶用機関,フランス製の石油発動機,英国製の製氷・冷蔵機などが展示され,漁業関係者の注目を集め,水産業の近代化を促進する一契機ともなった。

　森永商店は,特設売店を開設し,大々的に西洋菓子を宣伝し,森永の西洋菓子が全国に知られるきっかけとなる。

村井弦斎,『食道楽』を『報知新聞』に連載

　1月2日,村井弦斎❖<38>(1864～1927)は,この日から12月27日まで,和食・洋食・中華料理をテーマにした家庭小説『食道楽』を『報知新聞』に連載。お登和嬢を主人公に料理の手解きを説くというストーリーで,大評判になり,同年6月には,上記連載をまとめて,『食道楽　正編　春の巻』を著わし,2年足らずの間に38版を数えるベストセラーとなる。翌年3月の『冬の巻』で一応完結するが,好評のため続編,続々編を書く。取り上げた献立は約700種にのぼり,歌舞伎座でも上演された。

　今日,食育の必要性が強調されているが,すでに100年余前に『食道楽』の中で「小児には徳育よりも智育よりも食育が先」と説いている。

　弦斎を記念して2000(平成12)年から毎年秋に,旧居住地の神奈川県平塚市八重咲町の村井弦斎公園で,「村井弦斎祭り」が行われている。

弦斎まつり(左)と村井弦斎公園(右)

1月31 鈴木藤三郎❖(1855〜1913),日本製精糖株式会社社長に就任. [55]

3月 1 〜7月31日：第5回内国勧業博覧会,大阪市天王寺公園・美術館・茶臼山・天王寺動物園・新世界・堺市大浜公園で開催.政府主催最後の内国勧業博覧会.

第5回内国勧業博覧会全景(国立国会図書館提供)

博覧会正門及世界が辻夜景(左),冷蔵庫内部(右)(ともに国立国会図書館提供)

* ビールの『審査報告』,「我邦のラガア麦酒は色沢鮮麗芳香優美内外人の賞讚を博するに足れり」と. [22]
* 札幌ビール,恵比寿ビール,1等賞受賞.札幌麦酒の麦芽,3等賞受賞. [12]
* 各ビール会社,趣向をこらしたビヤホールを出店.
* 森永商店,特設売店を開設し,大々的に西洋菓子を宣伝.森永の西洋菓子が全国に知られるきっかけとなる.銀座亀屋と共同で洋風広告塔(16m)を建てる. [122]
* 台湾製糖の砂糖,1等賞受賞. [130]
* 川上善兵衛のブドウ苗木,1等賞受賞. [23]

1 鈴木藤三郎❖(1855〜1913),第8回総選挙で静岡県選出衆議院議員となる. [55]

1 台湾製糖,台湾総督府から本年度事業補助金5万600円下付. [130]

28 札幌麦酒,隅田川吾妻橋東岸にある自工場内の旧佐竹庭園に欧州風のビアガーデンを開き,生ビールを発売. [12]

112 ◆ 1903年

- 農商務省編『職工事情：鉄工・硝子・セメント・燐寸・煙草・印刷・製綿・組物・電球・燐寸軸木・刷子・花莚・麦稈真田』発刊．
  * 政府が実施した労働者の実態を調査したもので，わが国の第1次産業革命から第2次産業革命への移行期における労働者，特に女工の惨状が示されている．
- 館林製粉，純益4,231円（配当年1割）．その後の純益（配当）：同年9月3,356円（1割），1904(明治37)年3月521円（5分），9月322円（無配当），1905(明治38)年3月3,886円（1割）．[124]
- 斎藤芳風(蠖亭)編『青森県凶作惨状』附録：天明年間凶作大惨事（弘前：近松書店）．
  * 1902(明治35)年の水稲生産量は34万6,479石（前年の57％減）．[294]
- 富山県編『富山県凶作被害状況　明治35年』．
  * 1902(明治35)年の水稲生産量は105万2,568石（前年の33％減）．[294]

4月3日
初めての主婦向けの家庭雑誌『家庭之友（後の主婦の友）』（羽仁吉一・もと子夫妻編集）創刊．
  * 8号では牛肉料理（ビーフシチュー，ステーキ，カツレツなど）と並んで，粉つけ豚，醤油豚，豚そぼろなどの豚肉料理が紹介される．

9　鈴木藤三郎[47]（1855～1913），氷砂糖製造方法及装置の特許取得．この年4件の特許を取得．
  * この年から没年まで，毎年数件あるいは数十件づつ特許を取得し，生涯の特許総数159件にのぼる．[55]

10　台湾に新興製糖株式会社設立．[6]

- 大阪麦酒（アサヒビールの前身），東京に進出し，向島須崎町（現墨田区向島）に出張所開設，ビヤホール開業．[92]
- 神谷伝兵衛❖，「蜂印香竄葡萄酒」発売．甘いというので評判となる．[23]
  * 「蜂印香竄葡萄酒」の販売活動や知名度の向上に力を注いだのは近藤利兵衛（2代，1859～1919）．同ブドウ酒の成功は氏のマーケティング力に帰するところが大きい．全国の50万円以上の資産家として名を成した．[88,351]

5月10日
『割烹新聞』広告に，鎌倉ハム1斤32銭（現在価1,070円），10斤以上は30銭（1,000円）とあり．[17]

6月1日
札幌麦酒東京工場（現墨田区吾妻橋），醸造開始．[12]

1　本多静六設計による日本初の洋風公園の日比谷公園がオープン．最初の本格的洋風レストラン「松本楼」，開業．[35]

- 神戸の鈴木商店，現北九州市門司区大里に1万2,500坪を買収し，大里製糖所（後の大日本製糖大里工場）の建設を始め，製糖業界に進出．
  * わが国最初の臨海工場．番頭の金子直吉❖（1866～1944）は粗

糖の輸入，製品の輸出，燃料の石炭，豊富な水の利点，労賃や市場関係などを考慮し，この地を選んだという．→翌年10月開業[39, 150]

7月15 台湾に南昌製糖株式会社設立．資本金5.7万円，圧縮能力1日60トン．[6]

25 日本麦酒，東京目黒の工場構内(現恵比寿ガーデンプレイス)に，ビヤガーデン「開盛亭」を開設し，ビリヤード室やテニス場も設置．[12]

◆ 蟹江一太郎❖<28> (1875～1971)，トマトソース(現トマトピューレ)の製造に着手．
＊この年の製造量はビールびん4ダース入り56個．[121]

◆ 菊池泰輔編『東北地方凶作惨状実況』(東京：国民新報社)．

9月28 内務省，飲食物防腐剤取締規則を公布．1904(明治37)年10月1日施行．[40]
＊安息香酸，ホルムアルデヒド，サルチル酸など，ほとんどの防腐剤が使用禁止となる．

◆ 神谷伝兵衛(1856～1922)，現茨城県牛久市に牛久醸造場(牛久シャトー，シャトーカミヤの前身：生ブドウ酒・シャンパン)を竣工．[71]
＊この年，イギリスで開催された万国衛生食料品博覧会に出品した「牛久葡萄酒」が名誉金牌を受ける．

◆ 甲斐産葡萄酒会社の宮崎光太郎❖<39> (1863～1947)，甘味ブドウ酒(ブドウ液)の製造を始める．[23]

◆ 東京本郷区の或氷屋の値段表(雑誌『太平洋』9月号)．
＊レモン3銭5厘(現在価120円)，氷蜜柑3銭5厘，氷汁粉5銭(170円)，氷あられ3銭(100円)，雪の花2銭5厘(80円)，氷あづき3銭，ラムネ2銭(70円)，サイホン14銭(470円)，アイスクリーム8銭(270円，以前は5銭)，ミルクセーキ10銭(330円)．[145]

10月27 台湾人経営の蔴荳(まとう)製糖株式会社設立．資本金5万円，圧縮能力1日60トン．[6, 130]
＊1907(明治40)年2月，明治製糖に併合，蔴荳工場となる．[146]

◆ 鈴木藤三郎❖<47> (1855～1913)，日露戦争の準備として陸軍糧秣本廠から醤油エキスの製法の発明を依頼される．→翌年に製法を発明し，特許取得．[55]

11月1 神谷伝兵衛<47> (1856～1922)，神谷酒造合資会社(合同酒精の前身)を設立し，本所工場を神谷第一工場，旭川工場を神谷第二工場とする．従来の浅草花川戸工場及び牛久葡萄園は神谷の個人経営とする．[71]

12月12 台南の大糖商王震農を中心に，塩水港製糖株式会社(現塩水港精糖の起源)，塩水港庁岸内庄(現台南県)に創立(資本金30万円)．1905(明治38)年開業，赤糖の生産を開始．

＊能力350トン，職工数79人(本島人41，内地人38)． [6, 118]
- 陸軍糧秣廠，日露開戦に備え，主要都市のパン工場に軍用焼パンを大量に発注．1905(明治38)年2月までフル操業．

この年
- 砂糖消費税(1901〈明治34〉年施行)，694万2,000円にのぼり，租税及び印紙収入総額(1億7,523万1,000円)の4.0％を占める．
  ＊その後，漸増傾向をたどり，1931(昭和6)年には過去最高の7.8％を占める． [262]
- 水産局，カツオ船に発動機装備の可能性試験． [52]
- 和歌山県太地の前川兼蔵，五連式の小型捕鯨銃を製作．小型捕鯨用として効果をあげる． [83]
- ノルウェー，鯨工船の利用に成功． [83]
- 愛知県水産試験場，イワシ油漬缶詰の本格的生産に着手． [121]
- 名古屋市の清洲商店安生慶之助，わが国で初めて印刷缶を製造． [121]
- 千葉県銚子のヤマサ醤油，原料買入額の38％余りが朝鮮産大豆・小麦及びアメリカ産小麦で占める．
  ＊20世紀に入った頃から，大手業者では外国産の大豆や小麦を使用するようになる． [269]
- 台湾産バナナ7かご，基隆(キールン)のバナナ商都島金次郎が，日本郵船の西京丸で篠竹製の魚かごに詰めて神戸に移出．これが日本における初のバナナの輸入とみられる． [147, 148]
  ＊台湾が日本の領土となったため，正確には「輸入」ではなく「移入」．

1904 明治37年

日露開戦でビスケット業界躍進

　日露開戦に備え，1903（明治36）年12月に陸軍糧秣廠は，主要都市のパン工場に軍用焼パン（重焼パン）を大量に発注し，1905（明治38）年2月まで1年強にわたり，フル操業が行われた．この間における生産量は，販路に行き詰まって，ビスケット業者に起死回生の活路を与えるばかりでなく，近代工業としての企業の基盤を与えたといわれる．また，東洋製菓をはじめ，木村屋，三河屋，凮月堂，蟹屋なども，この日露戦争で数年にわたる販売難から救われて，多忙を極めた．

1月1　森村市左衛門❖<64>（1839〜1919），日本陶器合名会社（ノリタケの前身）設立．[26]
　　＊陶磁器食器などの試作研究に努め，生産を軌道に乗せた．
　◆　時局の切迫により，軍用ビスケットの製造が大繁忙となる．

2月10　ロシアに宣戦布告，日露戦争始まる．

3月13　野田醤油醸造組合，野田醤油醸造試験所（キッコーマン中央研究所の前身）を開設．
　　＊主任技師には，東大で鈴木梅太郎に師事した茂木分家の茂木和三郎が就任．種麹の純粋培養に成功し，品質の安定化に寄与した．[195, 269]

　16　鈴木藤三郎（1855〜1913），醤油エキス製造法の特許を取得し，7月から製造を開始し，盛んに戦地に送る．これが動機となって醤油促成醸造法を発明し，小名木川の邸内に試験工場（年産1,200石）を設け，その研究を始める．[55]

4月1　戦費調達のため，煙草の製造・販売を国の専売とする煙草専売法を公布し，7月1日施行．
　　＊天狗煙草で一世を風靡した薩摩出身の岩谷松平❖<55>（1849〜1920）は，煙草官営後，現東京都渋谷区猿楽町で養豚・養禽事業を始める．養豚ではヨークシャー種を主とし，併せてバークシャー種も飼育．同地には現在でも天狗坂という名称が残っている．畜産振興にも貢献した彼の業績をたたえる掲示板が，同区教育委員会によって立てられている．[149]

　1　非常特別税法公布施行．非常特別税50銭をビール税に加算，1石7円から7円50銭に．[12]
　◆　日本水産会社の片桐寅吉ら，アラスカ海域に日本人として初めて出漁し，サケ20万匹・マス30万匹を捕獲し，横浜に帰港．[83]
　◆　川上善兵衛❖（1868〜1944）の「菊水」印ブドウ酒，日露開戦に

5月 **9** 大蔵省，清酒の醸造技術の研究及び指導機関として，醸造試験所（独立行政法人酒類総合研究所の前身）を，現東京都北区滝野川に設置．
＊酒税確保を確実にするための一環として設置された．

15 本島人資本による台南製糖株式会社（資本金25万円，能力180トン），台湾の台南に設立．[130]

◆ 台湾，塩水港庁令を以て，糖廍(トンボー)取締規則公布．
＊原料採取区域制度の始まり．[130]

◆ 後閑菊野・大山斐瑳磨，『家事経済学』（東京：成美堂，目黒書店）を著わす．
＊東京市内の一教師：月給50円（現在価166,700円）のうち，食費は米9円（30,000円），惣菜5円50銭（1万8,300円），味噌・醤油3円（1万円），薪炭・油3円（1万円）．食費の月給に占める割合は35％．

6月**15** 新渡戸稲造<41>（1862〜1933），台湾総督府臨時台湾糖務局長を辞任．[130]
＊前年の10月には，兼務で京都帝国大学法科大学教授に迎えられ，日本で初めての植民政策の講座を担当．局長退任後，京都帝大教授，旧制第一高等学校校長を歴任し，1907（明治42）年，東京帝国大学に植民政策の講座が新設されると，教授に迎えられた．

19 蟹江一太郎<29>（1875〜1971），召集を受け，陸軍歩兵伍長として日露戦争に出征（〜1905.12.22）．
＊出征期間中，蟹江甚之助ら留守家族の手で，トマトソースの製造事業を継続．[121]

7月**1** 煙草専売法施行．民営タバコは姿を消し，最初の専売タバコ売り出される．紙巻煙草，敷島（20本入り8銭，現在価270円）・朝日（20本6銭，200円），チェリー（10本6銭）．[151]

8 森永商店（森永製菓の前身），『報知新聞』に初めて「中元進物西洋菓子衛生佳品マシュマロ，バナナ」の広告を出す．
＊この年，業界に先駆けて男女従業員の制服を制定．[122]

8月◆ 台湾産バナナ，門司港に初めて輸入され，文旦・パイナップルも入るようなり，この年の輸入額5万円（現在価1億6,665万円）に達する．[150]

9月**22** 台湾製糖，台湾総督府より本年度補助金4万円下付．[130]

◆ 館林製粉，純利益322円（現在価107万3,200円，無配当）．[124]

10月**1** 鈴木商店経営の合資会社大里製糖所，開業（資本金250万円，日産200トン）．
＊日露戦後の悪化した市況の中で，景品

バナナ叩き売り発祥の地（JR門司港駅付近）

1904年 ◆ 117

	付きのダイヤ印砂糖の売出しを積極化した．[140, 150]
1	「飲食物防腐剤取扱規則」施行．→1903年9月28日
24	日本麦酒の恵比寿ビール，米国セントルイス万国博覧会でグランプリ受賞．[12]
27	森永商店(森永製菓の前身)，『報知新聞』にチョコレートクリーム，フレンチメキスト，バターカップ，キャラメル，ピーナッツタフィーの広告を掲載．[35]
26	日本精製糖株式会社，資本金を200万円から400万円に増資．[55]
11月 ◆	本多多助，東京府下荏原郡(現大田区)に「成光舎牛乳店」を開業，牧場を併営(正栄食品工業の前身)．[118]
◆	戦争のため，肉類騰貴し，鶏肉1貫1円40銭〜70銭となる．[17]
12月20	株式会社三越呉服店設立．三井が三井呉服店と直接の関係を断ち，新たに株式会社として独立し，「デパートメントストア宣言」を出す．[35]
25	鳥取県の奥田亀蔵，わが国初トロール木造機帆船の海光丸，大阪堺沖で試運転を行う．[83]
31	非常特別税法中改正法制定． ＊酒造税(清酒1石15円→15円50銭)，酒精及酒精含有飲料税，ビール税など引き上げられる．
31	ビール税法改正，ビールの定義及び麦芽の10分の3以内の米使用の許可．酒造組合法公布・施行．[12]
この年	
◆	牛の屠殺頭数，年間28万7,694頭に激増し，地方により牛不足の事態となる．[17]
◆	各地のパン屋，日露戦争の抑留ロシア兵のため，ロシア兵と共同して黒パンを焼く．
◆	ジャム製造業者が増加し，技術も進歩して果実加工業の基礎ができる．主にイチゴジャム．
◆	進物にかご入り果物が流行．
◆	横浜の秋元巳之助❖(？〜1911)，サイダーに金線の商標を創案し，「金線サイダー」(ふたは王冠栓)の名で売り出す．1899(明治32)年の説もある． ＊サイダーが，本格的に普及し始めるのはこの頃からで，王冠栓のものをサイダー，玉栓びんのものをラムネと呼んで区別するようになった．[9, 159]
◆	小豆島の醬油造石高6万6,600石，業者117名，1業者当たり造石高は約570石，造石高の過半は1,000石以上層と規模拡大の方向にあり．[269]
◆	浜口富三郎❖(？〜1921)，「硫酸銅によるグリーンピースの葉緑素定着法」を開発． ＊加熱により豆の緑が消えるの防ぐ方法．[62, 63]

1905 明治38年

全国缶詰業連合会(大日本缶詰業連合会の前身),設立

　缶詰産業は,日清・日露戦争とともに発展し,獣鳥肉,魚肉を中心に軍用缶詰が作られた。全国に業者が続出し,活況を呈したが,9月に1年8カ月に及ぶ日露戦争が終わると,軍需が急減し,業界は苦境に陥った。そこで,11月,農商務省・大日本水産会・大日本農会の連合主催で,業界の安定的発展や技術向上などを目的とした全国缶詰業連合会(会長村田保❖)が設立された。食品業界の全国団体としては,先駆けをなすものであろう。翌年4月,大日本缶詰業連合会と改称され,大阪で第1回大会が開催された。開催中の大阪戦勝記念博覧会場内に,缶詰館を特設し,全国から多数の缶詰を出品した。

天狗煙草の岩谷松平,養豚場を披露

　煙草民営禁止のため,養豚養禽などの事業を始めた岩谷松平❖(1849～1920)は,昨年,現東京都渋谷区猿楽町に養豚場を開設した。11月,高位高官を招待して同場の披露を行い,養豚の必要性を強調した。しかし,『国民新聞』は,「区劃(くかく)正しく豚小屋を作り,今日は特別に念を入れて掃除をして置いたようだが,其れでも豚は何処までも豚である。其の臭いことと云ったら一通りではない」と記している。

1月 1　砂糖消費税増徴の法律公布,施行.

　　 1　酒造組合法公布.
　　　　＊これにより,酒造業者間の競争の排除と酒造税納入の共同責任体制が確立され,財源確保の基盤が強固なものとなる.

　　 1　塩専売法公布,6月1日施行.
　　　　＊戦費調達のための財源確保と国内塩業の保護.

　　 1　松崎半三郎❖<30>(1874～1961),森永商店入店,支配人に就任.
　　　　[122, 152, 153]

　　 ◆　非常特別税法等改正公布. [6]

2月19　森下南陽堂,森下博薬房と改称.この月,仁丹を発売. [35]

　　 ◆　村井弦斎の『食道楽』,歌舞伎座で上演される.1,2等客には西洋菓子を進呈.

3月16　精糖戻税法施行.

23　鈴木藤三郎❖(49)，台湾製糖の社礎が確立したので，社長を辞任し，平取締役となる．
＊この年，空気乾餾による製塩法を発明し，福島県石城郡小名浜町に40万円を投じて鈴木製塩所（年産3万石＝約4,500トン）を設立し，研究実験を始める．[55]
◆　館林製粉，純利益3,886円（配当年1割）．[124]
◆　下斗米半治❖<35>（1869～1946），『砂糖製造法』（台北：臨時台湾糖務局刊）を著わす．
＊下斗米半治は相馬半治の旧姓で，のちに明治製糖社長や明治製菓社長となり，明治グループの基礎を築く．[154, 155, 156]

4月8日
大倉商店（月桂冠の前身），酒銘「月桂冠」を商標登録．[340]

5月9日
森永商店，エンゼルマークを初めて新聞広告に使用．[122]

10　森永商店，エンゼルマークを商標登録．[122]

6月7日
台湾総督府，製糖場取締規則を公布．
＊製糖業を許可制とし，相隣接して起こる新式製糖場及び改良糖廍（トンポー）相互間の原料争奪戦弊害を防止すべく設けられた．[44, 130, 272]
◆　梅田矯菓，『実験和洋菓子製造法』（東京：大倉書店）を著わす．

7月9日
名古屋市の山田才吉（1852～？）ら，日本缶詰株式会社を設立．

26　大阪麦酒（アサヒビールの前身），資本金を150万円（現在価50億円）に増資，ほかに社債70万円（現在価23億円）を募集．[92]

8月
◆　砂糖製造施設を手掛ける東京月島機械製作所創業．1917（大正6）年組織変更し，月島機械株式会社設立．[118]
◆　甘海道人（梅田）矯菓，『和洋菓子全書』（東京：青木嵩山堂）を著わす．

9月5日
日露講和条約調印（ポーツマス条約）．
＊日本の韓国保護承認，南樺太の獲得，遼東租借権及び長春以南の鉄道と付属炭鉱を獲得した．しかし，賠償金がとれなかったため，国民の不満が爆発し，日比谷焼打ち事件が発生．
＊水産関係では，特に南樺太の獲得とロシア領における漁業権の確保は画期的であった．[83, 157]
◆　館林製粉，純利益3,015円（配当年7分）．[124]

10月1日
四方合名会社（宝酒造の前身），現京都市伏見区に設立（資本金2万円）．[158]
◆　現兵庫県川西市平野に三ツ矢平野鉱泉合資会社（後の帝国鉱泉）を設立し，「三ツ矢印平野水」を発売．[35]
＊後に，この三ツ矢印平野水に炭酸ガスとシロップを加えて，三ツ矢サイダーをつくる．
◆　梅田矯菓，『家庭和洋菓子製法』（東京：大倉書店）を著わす．
◆　奥村繁次郎，『家庭和洋料理法』（大学館）を著わす．

11月
  * ＊豚肉の刺身や山椒焼を紹介．
- 17　日韓条約調印（韓国を保護国とする）．
- 27　全国缶詰業連合会発足．[80]
  * ＊この年の缶詰生産額は825万4,000円（現在価275億円）であったが，次年は312万7,000円（104億円）に急減．[356]
- 23　岩谷松平，高位高官を招待して養豚場の披露を行い，養豚の必要性を強調．[149]

12月
- ◆　林兼商店（後の大洋漁業→マルハ）の創業者中部幾次郎<39>（1866～1946），わが国最初の石油発動機付鮮魚運搬船「新生丸（12トン，8馬力）」建造．暮れに木津川で行われた試運転成功の年は，林兼商店にとって永く記念すべき年とされている．[69, 70, 83]

この年
- ◆　東北地方大凶作，特に宮城・岩手・福島では平年作の1～3割台．
- ◆　軍需用に乾燥牛肉が製造される．
- ◆　グリンピース缶詰（初めフランスより輸入），この頃より京阪地方で研究される．
- ◆　戦勝景気や嗜好の洋風化で，菓子類の輸入額が一躍25万円を超す．それまでの年間輸入額12～13万円．[48]
- ◆　この頃から，大豆粕，魚肥を圧倒して金肥が中心となる．
- ◆　小島仲三郎❖<37>（1868～1923）経営の三沢屋商店（ブルドックソースの前身），東京市京橋区八丁堀でソースの製造・販売を始める．[144]
- ◆　醤油の生産量176万5,694石
  * ＊上位5位県別生産量：①千葉（26万944石，14.8％），②兵庫（11万9,191石，6.8％），③愛知（10万9,550石，6.2％），④香川（9万7,713石，5.5％），⑤福岡（8万2,362石，4.7％）．
- ◆　山越秀太郎個人経営の山越工場（明治機械の前身），わが国最初の国産ロール式製粉プラントを製作納入．
  * ＊1899（明治32）年，東京市本芝3丁目に創立．1925（大正14）年8月，株式会社山越工場と改組．[118]
- ◆　横浜の増田増蔵，安部幸兵衛❖（1847～1919）の両商店，共同で台南に支店を出し，砂糖の現地買付けを開始．[6]

1906 明治39年

日本・札幌・大阪の三大麦酒会社が合併し，大日本麦酒設立

　日露戦争に勝利し，好況を背景にビールの需要も著しく増加したが，各社間の競争は熾烈を極め，業界の前途が憂慮される状態となっていた．そこで，時の農商務大臣清浦奎吾(のちに首相，1850〜1942)の斡旋で，日本・札幌・大阪の三大麦酒会社は局面の展開を図ることになり，大乗的見地から合同が成立し，3月26日，大日本麦酒株式会社(資本金560万円)が設立された．社長には日本麦酒の馬越恭平❖(1844〜1933)，専務取締役には植村澄三郎(1862〜1941)が就任．商標は3会社のものをそのまま使用(エビス，サッポロ，アサヒ)することになった．

南満州鉄道株式会社(満鉄)設立

　11月26日，南満州鉄道株式会社(満鉄，資本金2億円)が設立された．日本政府が資本金の半額を出資し，残りを株式で調達．戦勝気分で出資希望者が多く，公募株9万9,000株に対して，総申込み株数は1億株を超え，「満鉄」ブームが起こった．初代総裁には台湾で砂糖・樟脳事業などで実績を上げた後藤新平[49]（1857.7.24〜1929.4.13）が就任した．

　満鉄の事業は鉄道を中心に，炭鉱，製鉄，港湾など多岐にわたった．農畜産業にも力を注ぎ，特に大豆の生産振興に努めた．わが国へ輸出され，油脂産業や醤油・味噌産業を支えた．また，大豆の試験研究の成果は，わが国の大豆油産業の発展に大きく貢献した．

1月◆ 凶作地福島地方に，餓死・凍死者が続出．1905年，産米は前年の約8割減．

2月◆ 神戸の鈴木商店の(合資)大里製糖所，株式会社(資本金300万円)に改組，第2工場を増設し，生産能力を日産200トンから400トンに倍増→1904(明治37)年10月 [140]

3月9 静岡県水産試験場，石油発動機付漁船「富士丸」を建造．
* カツオの試験操業で成功を収め，わが国の漁船の動力化が始まる．[83]
* 前年の「新生丸」に次ぐ「富士丸」の建造は，わが国の漁業界，造船界に大きな刺激を与え，以後，漁船の動力化が進展．[70, 83]

	26	大阪麦酒，札幌麦酒，日本麦酒が合併し，大日本麦酒(株)設立．本店東京府荏原区目黒村大字三田247．2支店(札幌，大阪)．4工場(札幌，目黒，吾妻橋，吹田)． [36]
	31	鉄道国有法公布． ＊日本鉄道・九州鉄道・山陽鉄道・関西鉄道・北海道炭鉱鉄道など，主要私鉄17社を国有化する法律． ＊日露戦争当時，鉄道網の約3分の2は私鉄であったが，財源確保，国防や国内と朝鮮・満州との一貫輸送体制の整備などが背景にある．翌年10月1日に国有化が完了し，大動脈ができ上がる．80年後の1987(昭和62)年，再び民営化される．
◆		館林製粉，純利益1,013円(無配当)． [124]
◆		農商務省農事試験場(東京府滝野川町)，『東北地方凶作の原因及稲作上将来注意すべき事項：臨時報告』を出版．
◆		農商務省水産講習所，『北米合衆国食料品及薬種取締法：北米合衆国食料品及薬種取締法施行規則』を出版． ＊缶詰などの輸出に当たり，万全を期すためと思われる．
4月27		牛鍋店チェーン「いろは」の木村荘平❖(1841〜1906)，顎のがんで死去(64)． ＊自分が設立した火葬場の，特等竈利用者の第1号(2号とも)であったともいわれる． [61]
◆		新橋〜神戸間の3等急行列車に食堂車を連結．
5月15		三重人造肥料会社設立． [26]
◆		蟹江一太郎❖(1875〜1971)，現愛知県東海市荒尾町の自宅宅地内に，建坪約60坪(198m²)の工場(カゴメの前身)を建設し，トマトソースの本格的生産に入る． ＊原料のトマト栽培は，実家の佐野家など同族に初めて委託．トマトソースの販売は，梅沢岩吉商店が一手に引き受ける． [121]
6月25		ゼ・ジャパン・ブルワリー，資本金120万円に増資． [49]
7月 8		東洋水産株式会社設立． [26]
	10	鈴木藤三郎❖(1855〜1913)，日本精製糖会社と日本製糖会社，大里製糖所との合併問題に関し，社長として支配人磯村音介(1867〜1934)ら有志団体と意見の衝突を来たし，決然と重役一同とともに同社を去る． [55]
◆		福島県第一部，『福島県凶作救済概要　明治38年』を発刊． [306]
8月18		横浜の輸入商ドットウェル社，オーストラリアより羊肉1,100頭分(5万5,253斤)を輸入し，羊肉輸入の先鞭をつける． [17]
	22	砂糖・小麦粉の貿易商安部幸兵衛❖<58>(1847〜1919)，帝国製粉株式会社を東京に設立．資本金50万円．能力600バーレル． ＊安部は，元来，米国粉を輸入販売していたが，内地製粉の勃興によって販路を順次侵略され，日本製粉の販売も取り扱っていたが，思うようにならないことから，同社を設立したといわれ

'98
—
'07

1906年　◆　123

		る．[6, 26]
	31	台湾製糖，資本金を500万円(現在価167億円)に増資．[130]
	31	江戸深川土橋にあった江戸生粋の割烹店「平清(ひらせい)」が廃業． ＊1899(明治32)年の説もある．
	◆	東京隅田川にウナギなど川魚料理の水上料理船が現われる．
9月	1	鳥井商店(サントリーの前身)，店名を「寿屋洋酒店」に変更．「向獅子印甘味葡萄酒」を発売．[120]
	1	タバコの「ゴールデンバット」，前年の中国向け輸出に続き，国内でも販売開始(1箱4銭，現在価133円)．[35]
	10	横浜に横浜精糖株式会社創立．資本金150万円(安部幸兵衛商店55％，増田増蔵商店45％)．[6, 26]
	18	館林製粉，純利益4,171円(配当年8分)．[124]
10月	1	森永商店(森永製菓の前身)，業界に率先して，輸出菓子原料糖戻税法促進のため運動開始．[122]
	7	根津嘉一郎◆<46>（東武鉄道社長，1860〜1940)，丸三麦酒を買収し，日本第一麦酒と改称(資本金300万円)．[49]
	23	東洋漁業株式会社，下関に設立．[26]
	28	鈴木商店系？の東亜製粉株式会社，東京に設立．[6]
	30	旧日本麦酒(現サッポロビール)工場前にある恵比寿ビール積卸専用駅「恵比寿停車場」(1901年開設)，周辺人口の増加に伴い，日本鉄道が旅客営業を開始．[12] ＊商品名がそのまま駅名となった極めて珍しいケース．2006(平成18)年10月，旅客営業開始100周年を記念して，駅と街と企業が一体となって"We Love 恵比寿"をスローガンに，「恵比寿メモリアル2006」が開催された．
	◆	神戸の有力糖商などが中心となって，神戸精糖株式会社を創立．[6, 26]
	◆	南海晒粉会社設立．[26]
11月	14	日本精製糖(株)，大阪の日本精糖(株)を合併して，資本金を1,200万円に増資し，大日本製糖株式会社と改名．[101] ＊社長には両社に適任者がいなかったため，農商務省農務局長の酒匂(さこう)常明(1861〜1909)が就任．→1909(明治42)年7月，日糖事件の責任をとり，ピストル自殺． ＊酒匂氏は農学者で，従来の経験的な稲作法を批判した『改良日本稲作法』(1887)，田区改正に欧風を加えた『土地整理法』を展開し，明治農法の基礎を築いた．
	15	大日本水産会社設立．[26]
	17	大東製糖株式会社設立許可．[130]
	26	南満州鉄道株式会社(満鉄)設立．
	◆	津野慶太郎(？〜1939)，『食肉衛生警察』(上・中・下巻)(長隆舎)

を著わす.
＊当時，食肉や牛乳などの衛生業務は警察が担っていた.

12月 3 名古屋製糖株式会社設立. [26]

8 東京に，満州製粉株式会社設立（資本金100万円）. [6, 26]
＊1935（昭和10）年度現在，公称資本金5,750千円，資本金3,545千円，満鉄持株比率0.5％.
＊1935（昭和10）年8月の調べによると，第一次世界大戦中は異常の好成績を示したが，その後，経営困難となり，操業を中止. しかし，最近，朝鮮工場は運転開始とあり. [303]

満鉄本社

18 ゼ・ジャパン・ブルワリー，事業一切を新会社（後の麒麟麦酒）に売却の決議. [49]

19 館林製粉，臨時株主総会開催. 役員全員辞職. 社長に根津嘉一郎❖<46>（1860～1940），専務取締役に正田貞一郎❖<36>（1870～1961）就任. 12月27日，資本金6万円から60万円に増資. [124]

20 明治製粉株式会社設立（資本金100万円）. [6, 26]

28 大日本製糖株式会社，台湾総督府より台湾での原料糖工場設立を許可される. [101]

29 明治製糖株式会社創立（資本金500万円）. 台湾での製糖を目的とし，台南市に本社を置く. 専務取締役は東京工業学校教授（東京工業大の前身）を辞した相馬半治❖<37>（1869～1946）.
＊同社の設立をきっかけに，内地資本による製糖会社設立の企画が続出した. [44, 155]

◆ 岡崎内蔵松著，森林太郎・大森篤次校閲『家庭実益食養大全：附年中献立及其調理法　宴会の作法及其禁物』（東京：読売新聞社）.

この年

◆ 戦後景気の株で儲け，巨万の富を築いた人を「成金」と呼ぶようになった. 成金とは将棋の歩が敵陣に入ると，金に成ることに由来するという. 第一次世界大戦中にも成金族が出現した.

◆ 軍需減退により，戦時中新設の缶詰工場の約3分の1が閉鎖倒産.

◆ 東京麦酒，東京麦酒新株式会社と社名変更. [36]

◆ ビール業界の再編成ほぼ完了（最盛期の100余社がこの年までに32社に減少）.

◆ 日本製壜合資会社，ドイツより自動製びん機を輸入，わが国機械製びんの初め.

◆ 大町信❖<47>（1859～1933），現東京都新宿区新小川町に大町食品工業所を設立し，ソース（MTソース）を製造・販売. [72, 121]

'98—'07

1906年　◆　125

- ◆ 増田増蔵(1863〜1943)，米国のポートランドのセンテニアル製粉会社と共同で，製粉工場を神戸市に建設．増田増蔵製粉所(増田製粉所の前身)として事業を開始．[118.159]
- ◆ この頃，東京市中の蕎麦屋約600店．1店当たりの売上：種物のよく出る上級店で1日25円(現在価8万3,000円)，中級店で15〜16円(5〜5.3万円)，下級店(夫婦と小僧2人位)で6〜8・9円(2〜3万円)．もり蕎麦1杯3銭(100円)．[331]
- ◆ 明治屋，英国紅茶(リプトン)の輸入を開始．
  ＊2006(平成18)年に，日本初来日100周年を迎えた．
- ◆ 梅田矯菓，『器械不用真正食パン製造法』(小川尚栄堂)を著わす．

1907 明治40年

麒麟麦酒株式会社設立

　2月，明治屋社長米井源次郎❖(1861～1919)らが，横浜にある「ゼ・ジャパン・ブルワリー・カンパニー」を買収し，麒麟麦酒株式会社(資本金250万円)を設立した。経営陣は明治屋，三菱及び日本郵船の3社から出た。当社はビール醸造専門であって，販売面は旧会社当時のまま一手販売店明治屋に委託された。旧会社の銘柄名は「キリンビール」で，この漢字名がそのまま新会社の社名となった。前年3月，日本麦酒，札幌麦酒，大阪麦酒の3社が過当競争を回避するため合併し，大日本麦酒株式会社を設立した。ビール業界は「大日本」「キリン」「その他」に分かれ，全国のビールの生産比率は「大日本」72％，「キリン」20％，「その他」(浅田ビール，カブトビールなど) 8％となった。

　この年度のビール醸造高は20万1,144石と初めて20万石を超え，酒類醸造高(494万3,397石)の4.1％を占める。

1月 3　神奈川県鎌倉郡のハム製造業者，合同して日本ハム製造会社設立．製造主任は同郡川上村柏尾(現横浜市戸塚区)の益田直蔵❖<52>(1855～1921)．[17,30,159]

　15　東京に太平洋漁業会社設立．[26]

　18　帝国水産株式会社設立(捕鯨)．[52]

　21　東京株式市場暴落，日露戦争後の恐慌の端緒となる(明治40年恐慌)．[26]
　　＊大企業の大日本製糖なども急激に経営が悪化．

2月 1　香川県小豆島の醬油醸造業者，苗羽村(のうまむら)(現小豆島町)に合同して丸金醬油株式会社設立(資本金30万円，同払込高7万5,000円，株主人数164人，現ジャパン・フード＆リカー・アライアンス株式会社の子会社，マルキン忠勇の前身)．
　　＊同社は1905(明治28)年設立の県立醬油試験場の新技術を導入し，関東の諸産地に対抗し得る良質な最上醬油の製造に取り組み，ナショナルブランドへ発展．[26,269]
　　＊『日本醬油業界史』によると，創立は1月22日．商標(マルキン)は，讃岐の金刀比羅宮の御紋章を意匠化したもの．[267]
　　＊小豆島で醬油が作られるようになったのは，文禄年間(1592～96)に石材を移入するために島に渡ってきた紀州人から，醸造法を習得したのではないかといわれ，文化・文政年間(1804～30)には大坂に出荷されるようになった．明治末期には約百数十軒の大小醸造家があった．[72]

	2	大日本麦酒,東京麦酒新株式会社(旧桜田麦酒)を買収し,保土ヶ谷工場として引き続き操業. [36]
	10	東洋製糖株式会社(資本金500万円),台湾台南州嘉義に創立. [26]
	23	麒麟麦酒株式会社,横浜に設立.
	23	三ツ矢平野鉱泉を改組し,帝国鉱泉株式会社創立.イギリスから香料を輸入し,「三ツ矢シャンペンサイダー」を発売. [35]
	◆	札幌農学校に水産学科設置. ＊同校は,この年6月に東北帝国大学農科大学となる. [83]
	◆	北海道人造肥料株式会社設立.
	◆	斎藤覚次郎編『料理辞典：飲料食品』(郁文社,吉岡宝文堂). ＊わが国初の料理辞典とみられる.

3月 1 旧日清製粉株式会社設立総会(資本金100万円). [124]

1 森永西洋菓子製造所(森永製菓の前身),『時事新報』25周年記念号に1ページ全面広告掲載,広告料500円(現在価167万円),森永の1日分の売上金に相当.7月には,売上げが一躍1日7,000円(2,333万円)に達した. [35, 125]

2 塩水港製糖株式会社設立総会開催(組織変更).台湾現地人の同商号の旧事業を継承. [130]

5 大東製糖株式会社設立(資本金500万円,この年の5月に台湾製糖に合併).同時に南昌製糖株式会社合併. [26, 130]

7 日清豆粕製造株式会社(資本金300万円,払込資本金75万円,旧日清製油,日清オイリオグループの前身)を創立.東京市に本社,大連に支店及び工場を開設.大豆油及び大豆粕の製造加工並びに貿易を行う.
＊社名を「豆粕製造」としたのは,豆粕は中国東北部の特産品であり,当時,副産物の存在であった大豆油よりも日本での肥料需要が高まり,魚粕にかわって肥料界の王座を占め始めていたからである. [160]
＊2007(平成19)年,創立100周年に当たり,3月31日現在の株主に対し,期末普通配当1株当たり4円に,記念配当2円を加え,計6円の配当を実施.

13 根津嘉一郎(1860〜1940)ら,大日本製粉株式会社設立.資本金100万円. [6, 26]
＊当初,横浜市に工場を建設する予定であったが,既存工場の買収に転換し,宇都宮市所在の宇都宮製粉の資産・営業権を買収,400バーレル工場として増設中であった.

16 帝国冷蔵株式会社設立. [26, 52]

20 〜7月30日：東京府,東京勧業博覧会,上野公園で開催.
＊従来,菓子については,飲食品の中で,「麺麭(パン)・ビスケット・菓子・飴」の部門に属していたが,菓子の地位向上の機運が起り,爾後,「菓子・飴」として独立することになった. [125]

	21	『時事新報』に，ネッスルがコンデンスミルクを広告，「品質世界中最良のものなり，決して他の種類を用いる勿れ」と．
	26	内外水産株式会社設立． [26]
4月	1	三越呉服店，デパートメントストアー方式に進出し，食堂を新設．食事50銭(現在価1,670円)，すし15銭(500円)，和菓子・コーヒー・紅茶各5銭(170円)，洋菓子1皿10銭(330円)． [125, 151]
	1	寿屋洋酒店(サントリーの前身)，酸っぱいブドウ酒を甘味に切り替えた「赤玉ポートワイン」発売． [120] ＊神谷伝兵衛の「蜂印香竄葡萄酒」に対抗するため，原酒はスペインのバルセロナから取り寄せる．
	10	大日本捕鯨株式会社設立． [26]
	17	東京日本橋魚河岸の関係者らが発起人になり，日本冷蔵倉庫株式会社を設立． [26] ＊冷蔵船500トン2隻，1,000トン1隻を建造し，カラフト・長崎から漁獲物を東京に輸送．
	23	東京帝国大学農科大学に水産の講座設置． [83]
	29	農商務省，各府県に窮民対策として農家の養鶏奨励． [16]
5月	1	大日本遠洋漁業株式会社設立． [26]
	3	日本製氷株式会社設立． [26]
	14	台湾製糖，大東製糖合併を許可される． [130]
	29	台湾製糖，橋仔頭工場に隣接し，酒精(アルコール)工場の建設に着手． [130] ＊わが国における糖蜜を原料とするアルコール工場の嚆矢．
6月	10	鈴木藤三郎❖，日本醤油醸造株式会社設立(資本金1,000万円)，社長に就任． ＊特殊な発酵槽と加温によって，早期熟成させる方法を案出．醸造機の特許を取得し，東京小名木川のほとりに工場を建設． [55, 161]
	15	旧日清製粉株式会社，損失418円(現在価139万円)． [124]
	20	鎌倉ハム製造株式会社(資本金30万円)，鶴屋，精養軒などを株主にして横浜根岸町に設立．ハム，ベーコン，ラード，豚肉缶詰などを製造． ＊1月創業の日本ハム製造と激しい競争が始まる． [17]
	◆	合資会社鈴木製薬所(味の素の前身，資本金3万5,000円)設立． [162]
	◆	堤商会(旧ニチロの前身)，「宝寿丸」で北洋漁業へ初出漁． [53, 157]
7月	1	灘五郷の樽工，同盟罷業． [86]
	19	台湾製糖，東京株式取引所で株式売買開始． [130]
	28	日露通商航海条約及び日露漁業協約調印． [26, 83]

＊14カ条からなる日露漁業協約(有効期間12年)では，ロシア沿岸での日本とロシアとの対等の漁業に関する権利を骨子としている．カムチャツカ半島の東西両沿岸やオホーツク海沿岸における日本人によるサケ・マス漁業が公的に認められ，北洋漁業に新たな展開をもたらす．[26, 157]

◆ この頃，岡山市内に初めて「ミルクホール」開店．しかし，3カ月ほどで閉店．[8]

8月10 大日本製糖，神戸の鈴木商店経営の大里製糖所(現北九州市門司区)を650万円(現在価217億円)の巨費を投じて買収．

＊この650万円が鈴木商店飛躍の有力な原資となる．

＊鈴木商店は，投資総額250万円の大里製糖所を650万円で大日本製糖に売却し，同時に北海道・九州・山陽・山陰・朝鮮の一手販売権を取得．[39, 140, 150]

＊正味売却益400万円の取得は，鈴木商店がその後の本格的な多角戦略を展開するきっかけをつくった．

大日本製糖大里工場

15 旧日清製粉株式会社第1回定時株主総会開催．損失418円．[124]

◆ 横浜の貿易商増田増蔵・中村房次郎兄弟が，アメリカのセンテニアルミル社と共同で神戸に設置した増田増蔵製粉所の工場(能力1,000バーレル)，この月から操業開始．

＊翌年，資本金50万円，社長は増田増蔵，重役は増田一族及びセンテニアルミル社のハーシュマンが就任して組織を整えた．技師長をアメリカから招き，独特の品質の製品を生産し，製菓原料として安定した需要を得たという．[6]

◆ 明治製糖，蔴荳(まとう)製糖会社(台湾台南州)を買収，蔴荳工場とし，操業開始．[146]

9月28 『時事新報』に，三越呉服店の広告に「デパートメントストアの元祖」と付記してあると記す．三越がまず百貨店の名乗りをあげる．[145]

10月22 館林製粉株式会社，旧日清製粉株式会社との間に合併仮契約を締結．[124]

11月29 台湾製糖，合併の予定を以って台南製糖株式会社設立(資本金200万円，旧台南製糖の事業継承)．[130]

12月6 津野慶太郎，『牛乳衛生警察』を著わす．

9 樺太漁業に関する諸規則公布．

＊ニシン，サケ・マス漁業に関する規則や漁業以外の漁業に関する規則などが公布される．[83]

30 日本製粉，明治製粉株式会社を合併．新資本金125万円．明治製

粉の工場を小名木川分工場と改称. [163]
- ◆ 人造肥料連合会設立. [26]
- ◆ 中川虎之助❖<48>（1859〜1926）,『糖税建議録』（新渡戸稲造序文）を著わす. [73]

この年
- ◆ 戦勝景気の反動で不況深刻化，新興企業の倒産相次ぐ.
- ◆ 大連港開港. [6]
- ◆ 大阪，愛知などの地方都市に大豆加工工場が続々設立される. [6]
- ◆ 蟹江一太郎❖，佐藤杉左衛門の教示を受け，グリーンピース缶詰の製造を開始. [121]
- ◆ 東京京橋八丁堀でパン屋を営んでいた丸山寅吉❖<23>（1884〜1942），パン粉の将来性に着目し，粉砕機を考案．パン粉の製造にとりかかる.
  ＊その後，小麦粉から一貫してパン粉を製造. [165]
- ◆ 佐久間惣次郎❖<30>（1877〜1924），横浜の有名な菓子店「新杵」の東京日本橋の親父橋分店より独立して，神田八名川町（現千代田区東神田3丁目）に「三港店」を開業し，サクマ式ドロップスを発売. [72, 125]
- ◆ 醤油生産量（内地），207万4,000石と初めて200万石を超える. [356]
- ◆ 醸造協会，第1回清酒品評会（のち全国酒類品評会など名称変更）開催.
- ◆ 岡山県浅口郡里庄町出身の杜氏平野利八，東京で開催の第1回清酒品評会で最優秀賞獲得.
  ＊全国に備中杜氏の技術の優秀さが認められ，県外はもとより，海外への進出の基礎を作ったといわれ，灘や伏見の酒造家に岡山の酒を桶売りする．この年，備中杜氏浅口郡組合が結成される. [8]
- ◆ 冷蔵運搬船「有魚丸」建造（冷蔵運搬船の初め）. [52]
- ◆ 「第一紀州丸」建造（小型漁船用焼玉エンジンの初め）. [52]
- ◆ 堂本誉之進❖<43>（1864〜1940），北米貿易株式会社設立，日本のカニ缶詰を米国に試売し，好評を得る．これ以降，カニ缶詰製造業が急速に発展. [62, 63, 83, 164]
- ◆ 堤清六❖<27>（1880〜1932）・平塚常次郎❖<26>（1881〜1974），新潟県三条町に堤商会設立（旧ニチロの前身）. [157, 166]
- ◆ 従業者数上位200企業にランクされている食品関連企業. [167]
  48位：日本燐寸製造2,103名，58位：大日本麦酒1,792名，72位：瀧川燐寸1,398名，92位：大日本燐寸軸木（株）1,071名，105位：大日本製糖952名.

1908 明治41年

池田菊苗，昆布のうま味成分の抽出に成功．鈴木三郎助，製造法の工業化を引き受ける

　帝国大学理科大学教授池田菊苗❖<43>（1864～1936）は，昆布のうま味を研究した結果，昆布のうま味はグルタミン酸と一致することを発見した。さらにグルタミン酸を溶かして，ナトリウムを加え，濃縮してグルタミン酸ナトリウムを得れば良いという結論に達した。7月25日，「グルタミン酸塩ヲ主要成分トセル調味料製造法」の特許（第14805号）を取得した。これに注目したヨード製造の合資会社鈴木製薬所の2代鈴木三郎助❖<40>（1868～1931）は，9月，池田博士の調味料製造法の工業化を引き受け，特許権の共有者となり，試験的製造に着手。弟の鈴木忠治❖（1875～1950）は，新調味料の研究完成に努める。事業化するため，一家の命運をかけて，製造工場を神奈川県逗子に建設。翌年5月に「味の素」の広告を『東京朝日新聞』に初めて掲載。当初は全く売れなかったという。「味の素」が社名として登場するのは，1932（昭和7）年10月からである。

池田菊苗（味の素社提供）

2代鈴木三郎助（青年時代，味の素社提供）

精製糖，製粉業界で生産や価格協定を締結

　反動不況のもと，台湾からの粗糖の供給増を背景に，国内の精糖工場の生産能力は需要の3倍を超えており，消費も停滞していた。このため，4月，大日本製糖・横浜精糖・神戸精糖は3社間で生産額協定を結び，9月には精糖共同販売を契約成立させた。会社間の生産協定は食品企業では初めてとみられる。また，製粉業界においても，7月には小麦買入価格の競争を回避するため，日本製粉・東亜製粉，大日本製粉・日清製粉・帝国製粉の5大製粉会社は，関西，北海道及び外国産を除き，他は正味37貫500匁をもって1石とし，1円に付1斗1升を最高限度とする協定を締結した。
[6]

1月 ◆ 婦人之友社,『婦人之友』創刊.
　　◆ 東京砂糖貿易商組合,砂糖官営反対を決議.
　　　＊この頃,大日本製糖の重役,砂糖官営化で経営難を乗り切ろうとしていた.[6]
2月7 館林製粉株式会社,旧日清製粉株式会社合併登記,資本金160万円,社名を「日清製粉株式会社」とする.[124]
　10 京都市営水道事業認可(1912〈明治45〉年4月1日給水開始).
3月16 増税法を公布.酒造税法改正(清酒1石17円→20円),ビール税法改正(1石7円→10円).砂糖消費税の恒久化.[27]
　　　＊「ビール税法」改正.①ビール税改定:1石8円→10円(非常特別税廃止),②ビール原料:麦芽の10分の5以内の米,とうもろこし,砂糖の使用認可,③ビール製造基準:年1,000石以上(既存会社は1902〈明治45〉年3月1日から適用).[12]
　　　＊砂糖消費税は日露戦争終了後の1907(明治40)年3月末に廃止される予定であったが,戦後経営・軍備拡張などに巨額の経費を要する状況となったため,事実上,恒久法とする.[139]
　　◆ 千葉県野田の茂木佐平治醸造のキッコーマン印,宮内省大膳寮御用達を拝命.[161]
4月15 台湾製糖,橋仔頭の製糖工場隣接地に,糖蜜(分蜜糖生産に際し副次的に産出)を原料に,酒精(アルコール)を製造する工場を建設し,醸造を開始(能力は94度アルコール日産15石).
　　　＊台湾における最初の酒精工場.[130, 139]
　24 第1回全国酒造家大会,大阪で開催.[86]

橋仔頭酒精工場(国立国会図書館提供)

　　◆ 大日本製糖・横浜精糖・神戸精糖,3社間の生産額協定成立(9月には精糖共同販売契約成立).[6]
5月4 摂津製油・大阪硫曹・大阪アルカリの3社,肥料共同販売協定を締結.[26]
　15 徳島の中川虎之助❖<49>(1859〜1926),わが国及び台湾の製糖事業の不振は糖業政策,特に税制にあるとして,第10回総選挙に立候補し,当選.[73]
　16 灘五郷1,500名の樽工が同盟罷業.[86]
　25 神戸市の増田増蔵製粉所,株式会社組織に改め,株式会社増田製粉所(資本金50万円)として設立.[6, 118]
　　　＊1906(明治39)年,米国センテニアルミル社と共同で,増田増蔵製粉所創立.
　　◆ 栃木県出身の山口八十八❖<33>(1874〜1963),帝国社食品工場(旧帝国臓器製薬の前身)を横浜市南吉田町に新設し,わが国初の

1908年 ◆ 133

　　　　　国産マーガリンの製造を開始．[168]

◆　英国出身の貿易商人グラバー（1838〜1911）の長男倉場富三郎❖<37>（1871〜1945），イギリスよりトロール船「深紅丸」（鋼鉄製，169トン）と漁具を購入し，イギリス人指導のもとで九州・五島方面でトロール漁業を行い，好成績を収める．わが国における本格的なトロール漁業の先駆けとなる．[83]

◆　松本留之介，『シャンピン・サイダー・ラムネ清涼飲料水製造法』（高木書房）を著わす．

6月 **1**　静岡県焼津から京都・大阪へ鮮魚輸送開始．[52]

27　日清製粉，第3回定期株主総会開催．損失2万2,526円にのぼる．[124]

7月**25**　池田菊苗❖<43>（1864〜1936），「グルタミン酸塩ヲ主要成分トスル調味料製造法」の特許（第14805号）を取得．

27　日本第一麦酒，加富登麦酒株式会社と社名変更．[12]

◆　製粉業界不振に際し，小麦買入価格の競争回避のため，日本製粉・東亜製粉・大日本製粉・日清製粉・帝国製粉の5大製粉会社は，関西，北海道及び外国産を除き他は正味37貫500匁をもって1石とし，1円に付1斗1升を最高限度とすることを協定．[6]
＊この頃から，1910（明治43）年にかけて，製粉会社の合併が活発となる．

8月 **6**　根津嘉一郎❖<48>（1860〜1940），日清製粉株式会社社長に就任．[124]

9月 **1**　大日本麦酒，資本金560万円から1,200万円に増資．[12]

2　大日本製糖，横浜・神戸両精糖会社との間に，製造額の協定契約及び精糖協同販売契約締結．[101]

29　鈴木三郎助❖<40>（1868〜1931），池田菊苗博士の特許（第14805号）の権利を博士と共有し，事業化を引き受ける．[99]

12月 **1**　東京米穀・商品両取引所が合併し，東京米穀商品取引所と改称．[26]

1　台湾製糖，阿緱工場始業式を挙行．[130]

1　福岡県でトロール漁業排斥期成同盟結成．[83]

8　丸金醤油（マルキン忠勇の前身），大阪・神戸・京都の市場に初めて新製品を売り出す．[267]

27　日清製粉，第4回及び臨時株主総会開催．横浜工場の稼働の遅れ，合併後の混乱などから，損失が1.3万円となり，資本金を160万円から50万円減資し，110万円とする．[6, 124]

◆　森 矗昶（1884〜1941），房総水産株式会社創立．勝浦海岸のカジメを原料に，ヨード，塩化カリなどを製造．[35]

◆　明治製糖蕭壠工場（台湾台南州）操業開始．[146]

◆　日本窒素肥料，フランク・カローの石灰窒素法特許権取得．[26]

134　◆　1908年

この年
- ◆ 函館ドックの川田龍吉男爵❖<52>（1856～1951），米国からジャガイモの品種（アイリッシュ・コブラー）を輸入．その後，「男爵いも」として北海道に普及．[307]
- ◆ 蟹江一太郎❖(1875～1971)，トマトケチャップ及びウスターソースの製造販売を開始．[121]
- ◆ 神戸の鈴木商店，西川文蔵（東京高商出身，1899〈明治27〉年入店）を支配人として，金子＝西川実務体制を確立．日本食品コークス（室屋家中心に1903〈明治36〉年設立）を改組し，大日本塩業を設立．小栗商店塩業部を引き受け，東洋塩業を設立．[39]
- ◆ 神戸の有力糖商湯浅竹之助，東尻池村に，後の神戸精糖神戸工場設立．[6]
- ◆ 三井物産，初めて満州産大豆の対英輸出を行う．[6]
- ◆ 横浜の平本淳一，クラウンコルク社（ロンドン）と提携し，ジャパンクラウン設立，びん用王冠コルクを国産化．[121]
- ◆ 愛媛県宇和島に日本酒精株式会社設立(1913〈大正2〉年に日本酒精醸造株式会社に社名変更)．[181]
- ◆ 和泉庄蔵❖<55>（1853～1925），缶詰黒変防止法を完成し，自信のある製品の製造に成功．ニューヨークやサンフランシスコへ輸出し，好評を博す．[53,62]
- ◆ 砂糖の年間1人当たり消費量4.98kg（総消費量238,739トン／人口4,796万5,000人）．[311]

＊下表参照

砂糖1人当たりの消費量の推移 (kg)

明治	41	4.98	昭和	2	11.97
	42	3.16		3	12.66
	43	3.18		4	13.01
	44	3.42		5	12.34
	45	3.82		6	12.34
大正	2	5.02		7	12.93
	3	4.90		8	12.40
	4	5.35		9	12.75
	5	6.02		10	14.30
	6	6.56		11	14.72
	7	7.72		12	14.26
	8	8.88		13	15.31
	9	7.21		14	16.28
	10	10.78		15	13.73
	11	11.79		16	10.89
	12	10.93		17	10.20
	13	11.43		18	7.15
	14	11.89		19	2.90
	15	12.66		20	0.64

1909　明治42年

食品製造業などの実態を明らかにする工場統計調査(工業統計調査の前身)が開始される

　これにより，初めて府県別の食品工場数や生産額などが公式に判明。調査結果は1911(明治44)年5月，農商務省が『工産物表　明治42年』として刊行。府県別に，平均1日職工5人以上を使用する工場を対象に，12月31日現在で明治42年中の産額を調査したもの。

- 工場数の多い上位5業種：①和酒製造業(37.7%)　②製茶業(22.3)　③醤油・味噌・酢製造業(9.4)　④菓子製造業(7.9)　⑤精穀・製粉業(7.5)。
- 職工数の多い上位5業種：①和酒製造業(38.6%)　②製茶業(17.4)　③醤油・味噌・酢製造業(10.5)　④精穀・製粉業(8.6)　⑤菓子製造業(5.8)。
- 生産額の多い上位5業種：①和酒製造業(45.7%)　②製糖業(14.9)　③醤油・味噌・酢製造業(12.1)　④精穀・製粉業(9.6)　⑤麦酒製造業(4.9)。
- 1人当たり生産額の多い上位5業種：①製糖業(18,738円)　②麦酒製造業(4,881)　③その他の酒類製造業(4,488)　④畜産食料品(2,528)　⑤和酒製造業(2,443)。

　当初は5年ごとの調査であったが1920(大正9)年からは毎年調査に改められた。[358]

大日本製糖(日糖)疑獄事件発生，藤山雷太が立て直しを図る

　日露戦争後の財源を確保する一環として，砂糖消費税の引上げが問題となった。この時，国会議員を買収して引上げ阻止を図った日糖(大日本製糖)疑獄事件が起こった。4月11日から検挙が始まり，日糖の役員の大部分と国会議員などが摘発された(国会議員24人中23人有罪)。危機に瀕した同社に，渋沢栄一(1840〜1931)の懇請により，4月27日，藤山雷太<45>(1863〜1938)が2代目社長に就任，立直しに成功。財界に頭角を現した。

　以後，日糖を中心に台湾糖業，パルプ業の発展に貢献し，藤山コンツェルンの基礎を築いた。同社は1914(大正3)年に，彼が社長に就任した4月27日を「会社記念日」に制定した。

1月 7 台湾製糖株式会社募集の内地人移民450名，来湾．[130]

10 大日本製糖の酒匂常明社長(1861〜1909)以下全重役，会社の財産紊乱の責任を負い連帯辞任．

◆ 西宮の宮水労働者，賃金値上げを要求して同盟罷業．[86]

2月15 (合資)鈴木製薬所(味の素の前身)，「味の素」を日本醤油醸造株式会社に初出荷．[99]

3月 1 森永西洋菓子製造所(森永製菓の前身)，わが国で初めて板チョコレートを製造販売．[122]

◆ 輸出菓子糖菓原料砂糖戻税法公布．[6]

◆ 衆議院に砂糖官営案提出．[6]

4月 6 汽船トロール漁業取締規則公布(6月1日施行)．[83]

11 大日本製糖の贈賄事件起きる(日糖事件)．国会議員が多数逮捕される．

20 日清製粉株式会社，資本金160万円から110万円へ50万円減資．[124]

22 第1回発明博覧会に「味の素」を出品し，受賞．[99]

27 大日本製糖，臨時株主総会で全役員を改選の結果，藤山雷太❖，社長に就任．[101]

◆ 高峰譲吉❖<54>(1854〜1922)，「タカヂアスターゼ」(消化薬)特許取得．

◆ 大阪洋酒缶詰商同業組合結成．[121]

5月 2 東洋捕鯨(株)設立．東洋漁業・長崎捕鯨・大日本捕鯨・帝国水産の4社合併，本社大阪，資本金700万円．[83]

20 (合資)鈴木製薬所(味の素の前身)，「味の素」を一般に発売開始．[99] この日，味の素株式会社の創業日．[359]

＊販売促進のため，各地の東西屋(チンドンヤの前身)は，自動車を使用．[35]

＊2009(平成21)年，「味の素」発売100周年を記念して，世界的に有名なプロダクトデザイナー，マーク・ニューソンデザインの「味の素マーク瓶」50ｇを，8月24日より全国で発売．[359]

21 台湾に大倉組系の高砂製糖株式会社設立．[130]

26 (合資)鈴木製薬所(味の素の前身)，「味の素」の広告を『東京朝日新聞』に初掲載．[99]

29 台湾に本島人資本の林本源製糖株式会社設立．[130]

チンドン屋による宣伝活動(味の素社提供)

「味の素」発売当時の新聞広告
(味の素社提供)

1909年 ◆ 137

	◆	インテレット・アットステーショナル館編述，岩本震五子譯『實実清涼飲料製造術：附新飲料製法・處方・器械使用法』(高木書房).
6月	10	大日本麦酒，清涼飲料水「シトロン」(1本10銭，現在価330円)を発売．[36]
	24	日本製粉，帝国製粉との合併を決議．[21]
	◆	ロシアパン流行．[32]
7月	2	寿屋洋酒店(サントリーの前身)，「赤玉ポートワイン」の最初の新聞広告を出す．[120]
	11	前大日本製糖社長(初代)の酒匂常明(1861年生まれ)，日糖事件の責任をとり，ピストル自殺(47)．
8月	14	日清製粉横浜工場(400バーレル)運転開始(総能力900バーレル)．[124]
	21	産業組合中央会設立及び事業の勅令公布．
	◆	農商務省，漁業基本調査を開始．[83]
9月	9	文部省，文部省訓令を府県に発して，学生の飲酒取締を命ず(官報)．[32]
	26	台湾製糖，台南製糖を合併．[130]
	30	日本製粉，帝国製粉株式会社を合併．新資本金155万円．帝国製粉工場を砂村分工場(600バーレル)と改称．[163]
	◆	大日本麦酒，ミュンヘン式生ビールを初めて製造．東京の新橋，京橋，吾妻橋のビヤホール，目黒庭園で試飲販売．[32]
10月	21	鯨漁取締規則公布．11月1日施行．
		＊捕鯨業が乱立していたため，とられた対策．捕鯨業は農商務大臣の許可漁業となり，捕鯨汽船数は30隻以内に制限．[83]
	26	伊藤博文(68)，ハルビン駅頭で朝鮮独立運動家安重根に射殺される．
	30	台湾，大倉系の新高製糖株式会社設立(資本金500万円)．
		＊1935(昭和10)年6月，大日本製糖に合併．[101]
11月	◆	鈴木藤三郎❖<53>，日本醤油醸造株式会社がサッカリン使用問題を起こし，破綻に瀕し，責任を負って辞職し，整理のために全財産を提供する．[55]
	22	東京八王子に屠場開設．[17]
12月	13	(社)産業組合中央会設立(会頭平田東助)．
	22	日清製粉株式会社，純利益63,375円(配当年8分)．[124]
	24	(合資)鈴木製薬所(味の素の前身)，「味の素」の文字を商標登録．[99]
	31	この日現在で，初の「工場統計調査」実施される．
この年		

- ◆ 塩水港製糖岸内第一工場で耕地白糖の試製に成功．
  - ＊台湾における耕地白糖の嚆矢．耕地白糖とは耕地において直接製造する白糖のことで，粗糖製造の清浄工程のほかに，脱色操作を加え，精製糖近似の砂糖をいう．[130]
- ◆ 宮崎甚左衛門❖<19>（1890～1974），長崎市で兄中川安五郎❖<31>（1879～1963）が経営する中川文明堂に入店，修業に入る．後の東京文明堂の隆盛は，ここより始まる．
- ◆ 大阪出身の神戸清次郎，東京芝金杉町(現港区芝1～2丁目のうち)でリヤカーを引きながら，「今川焼」にヒントを得て，餡のたっぷり入った「鯛焼き」を考案．1個1銭(現在価33円)．
  - ＊現麻布十番の浪花家総本店の始まり．店名は出身地大阪の旧名「浪花」にちなむ．[108]
- ◆ 東京の土木建設業者小山新助❖(1862～1941)，山梨県内の登美(現甲斐市大垈)の山林150ha（入会地）を入手し，小山開墾事務所を設け，ブドウ栽培を始める．
  - ＊同地は現在サントリーの登美の丘ワイナリーとなっている．[78]
- ◆ ソース製造の三沢屋商店(ブルドックソースの前身)，ソースに「ブルドック」の図形商標登録．[144]
- ◆ 吉沢代五郎・小山八五郎，旅順醤油醸造(株)を関東州旅順に設立．商標は「二〇三印」．
- ◆ 東京，大阪などでビヤホールの開設相次ぐ．[121]
- ◆ 京都伏見の現月桂冠(株)，初めてのびん詰工場を新設．[340]
- ◆ 大阪製菓株式会社倒産．
- ◆ 日本清涼飲料協会設立．
  - ＊この頃，『飲料商報』発刊．[9]
- ◆ 岡山県御津郡馬屋下村(現岡山市)，ウラジオストックへモモ2万箱を輸出．[8]
- ◆ この頃から，朝鮮でリンゴ栽培が盛んになる．後に，日本に輸出され，日本産リンゴの脅威となる．

1910 明治43年

藤井林右衛門,横浜に不二家洋菓子舗(不二家の前身)を創業

　岐阜県から横浜に出てきた藤井林右衛門❖(1885～1968)は,元町の洋酒・食料品店に奉公の後,この年の11月,25歳の時,夫妻で元町2丁目に不二家洋菓子舗(不二家)を創業し,洋菓子製造と販売を始める。デコレーションケーキ,シュークリーム,コーヒー,紅茶各3銭均一(現在価100円)。

　1912(大正1)年には,資金乏しい中に意を決して菓子研究のために渡米し,見聞を広め,洋菓子・喫茶の将来性に自信を得て帰国。折からの第一次世界大戦の景気を背景に店舗を拡大し,同社の基礎を築く。不二家の名の由来は藤井の姓と日本一の山富士山からの連想で,「ふたつとない家」から命名したといわれる。1950(昭和25)年,マスコットにペコちゃんが登場してから,不二家は全国に知られるようになった。

1月7　産業組合中央会設立(大日本産業組合が組織変更). [26]
　10　台湾,苗栗製糖株式会社設立. [26]
　25　大日本麦酒,「ミュンヘンビール」(びん詰)を発売. [12]
　◆　林末子著『馬鈴薯米製造及調理法:食物界大革新』(東京:共同出版).

2月1　～3月2日:農商務省,月寒種畜牧場渋谷分場(東京)で1カ月にわたり,豚肉加工講習会を開催(冷蔵庫応用の技術も伝習). [30]
　23　森永太一郎❖(1865～1937),森永西洋菓子製造所を改組し,株式会社森永商店を設立(資本金30万円,森永製菓の前身). [122]
　◆　陸軍省医務局編『食品及嗜品分析表:兵食養価算定用』(東京:川流堂).

3月16　蟹江一太郎❖(1875～1971),名古屋で開催の第10回関西府県連合共進会にトマトソースを出品し,褒賞状を受ける. [121]
　＊蟹江一太郎が会社(カゴメの前身)を起こすのは,4年後の1914(大正3)年12月.
　23　日清製粉,宇都宮に工場を持つ大日本製粉株式会社と合併仮契約調印. [124]

5月14　～10月29日:ロンドンで日英博覧会開催.森永商店(森永製菓の前身)の洋菓子は名誉大賞.村上開新堂の村上一政作成のデコレーション・ケーキは,金牌を受賞.
　＊村上一政のケーキは名古屋城を模したもので,「世界最高の日

		本の技術洋菓子」と称賛された．製作に50日を要し，経費も1,200円かかったという．[125]
	27	日本醤油醸造尼崎工場から出火し，工場の建物を全焼，同年11月会社解散．[55, 161]
	◆	堤商会(旧ニチロの前身)，サケ缶詰の製造を開始．
6月 **1**		加富登麦酒，7月31日まで3万ダースに限り，カブトビールのコルク1ダースを10銭宛(現在価330円)で買い取る．[32]
	◆	弘報館編『軽便食パン製法：附和洋菓子製法』(三重県桑名町：弘報館)．
7月**26**		台湾商工銀行設立．[26]
	28	東京人造肥料，大阪硫曹を合併し，大日本人造肥料株式会社と改称．[26]
	◆	明治製糖，維新製糖会社(台湾台南州)を買収，維新工場として操業開始．[146]
	◆	河津暹(1875〜1943)，『本邦燐寸論・本邦砂糖論』(最近経済問題：第8巻)(隆文堂)を著わす．
8月**22**		韓国併合条約調印，韓国を「朝鮮」と称す．
	25	台北製糖株式会社設立．[130]
	29	韓国併合宣言発表，朝鮮総督府設置． ＊併合以降，朝鮮大豆が大量に輸入されるようになり，信州味噌は原料をこれに依存し発展をとげる．[275]
9月 **2**		日清製粉，大日本製粉株式会社と合併登記．資本金170万円．[124]
10月 **6**		台湾製糖など台湾の製糖大手5社，カルテル組織「台湾糖業連合会」発足．第1回協議会を台湾製糖東京事務所で開催．[130, 139] ＊5社は台湾製糖・塩水港製糖・明治製糖・東洋製糖・新高製糖．その後，台湾製糖・明治製糖の内地精製糖業への進出と大日本製糖の入会で，精糖業・粗糖業を包括するカルテルへ．
	30	帝国製糖株式会社創立(本社台湾台中，資本金500万円)．[130] ＊1940(昭和15)年，大日本製糖へ合併．[101]
	◆	神戸の鈴木商店経営の(株)大里製粉所設立(資本金60万円，1,600バーレル)→翌年11月3日，操業開始． ＊1920(大正9)年3月，日本製粉へ合併．[21, 150]
11月**15**		帝国農会設立許可．
	16	藤井林右衛門，横浜市中区元町2丁目に不二家洋菓子舗を開店．[169]
	18	日本醤油醸造株式会社，解散．[55]
	◆	明治製糖蒜頭(さんとう)工場(台湾台南州)，操業開始．[146]
12月 **1**		(株)森永商店(森永製菓の前身)，「森永の菓子」の呼称を初めて新聞広告に掲載．[122]

1910年

	13	東大の鈴木梅太郎教授❖<36>（1874～1943），米ぬかの中からオリザニン（ビタミンB）の発見の論文を発表．[170]
		＊論文発表のこの日が，2000（平成12）年から「ビタミンの日」に制定された．
	19	日清製粉，第8回定時株主総会開催．純益5万7,721円（配当年8分）．[124]
	27	台湾，中央製糖株式会社設立．[26]
◆ この年		（株）森永商店（森永製菓の前身），初めて30馬力電動機使用．
	◆	関東・東北・関西・九州に天明以来といわれる大水害が起こり，米の収穫量は699万5,000トンと前年（786万6,000トン）を11％下回る．[347]
	◆	広島県産缶詰のアメリカ輸出対策として県立缶詰検査所を新設．[6]
		＊牛肉缶詰生産を中心とする広島は，日清・日露戦争を経て日本最大の缶詰産地．
	◆	国産バター生産量，初めて輸入量を上回る．[121]
	◆	台湾糖，過剰に直面し，関係糖商，対策を練る．[6]
	◆	岡山県勝北町（現津山市）で，米国仕込みの技術者を雇ったパン屋が開業．製品の大部分は津山連隊に納入．[38]
	◆	京都伏見の現月桂冠（株），鉄道旅客用にコップ付小びん（大倉式猪口付びん）を発売．[340, 357]
	◆	江田鎌治郎<40>（1870～1957），速醸酛を考案．[86]
	◆	灘五郷の造石量，42万石（75,600kℓ）に及ぶ．
		＊免許人員139人，製造場数305．
	◆	日本酒精（株），初の新式焼酎（焼酎甲類）を製造．
		＊芋原料のアルコールに水を加え，粕取焼酎をブレンド．
	◆	横浜税関に勤めていた尾崎貫一<51>（1859～？），東京初の支那そば屋（ラーメン店）「来々軒」を浅草公園に開店．
		＊中国人コックを横浜南京街（現横浜中華街）からスカウトしたという．「来々軒」店名の元祖．[334]
	◆	東京清涼飲料水同業組合設立．
		＊倉島謙，『飲料商報』の担当者となる．[9]

1911 明治44年

工場法公布

　3月29日，労働者保護のため，児童の就業禁止，年少者・婦人の就業時間制限，工場主の労災補償義務などを定めた工場法が公布された．しかし，実施に移されるまでは5カ年の準備期間が置かれ，1916(大正5)年9月1日から施行されることになった．食品関係の工場においても，これに対応すべく，取組みが開始された．

初のカフェー「カフェー・プランタン」オープン

　東京美術学校(東京芸大の前身)出身で，洋画家松山省三❖(1884～1970)は，4月，26歳の時，東京新橋に近い日吉町(現銀座8丁目)の国民新聞社前に，わが国初のカフェー「カフェー・プランタン」をオープンした．コーヒーのほかに，洋酒などにも力を入れる．維持会員には黒田清輝・永井荷風・坪内逍遙・鳩山一郎らが名を連ねた．「女給」という言葉を，募集広告で初めて用いる．青年文士，画家らから「貨幣不足連中の集会所」などとからかわれた．

　続いて，8月には東京銀座尾張町角に「カフェー・ライオン」が開店した．12月には皇国殖民社の水野龍❖<52>(1859～1951)が，ブラジル政府の援助で輸入したコーヒーを，1杯5銭(現在価170円)で提供する「カフェー・パウリスタ」(サンパウロ出身者の意，喫茶店)を東京銀座と横浜に開業した．その後，全国各地に1杯5銭の喫茶店を開店した．同じ「カフェー」の名を用いていても，店の内容は異なっていた．

1月 ◆	大日本製糖，台湾に第2工場の建設に着手．7月落成．[6, 101]	
2月 1	寿屋洋酒店(サントリーの前身)，「ヘルメスウイスキー」発売．	
	＊先に発売した赤玉ポートワインとともに，ネオンサイン広告で大宣伝．[120]	
8	台湾製糖，神戸精糖と同社神戸工場買収の契約締結．[130]	
	＊精糖業も兼営することになり，製糖会社の基礎を堅実にする．	
21	日米修好通商航海条約調印，4月4日公布，7月17日施行．	
	＊関税の自主権回復．以後，年内に各国と同様の改正条約締結．	
◆	河井茂樹❖，札幌酪農園煉乳所開業．[171]	
3月29	工場法公布．5カ年の準備期間を置き，1916(大正5)年9月1日	

- 施行.
- ◆ 神戸の鈴木商店,大里製塩所(資本金2万円)設立.
  * 1919(大正8)年に下関商事が継承. [150]
- ◆ 明治製糖蒜頭(びんとう)酒精工場(台湾台南州),操業開始. [146]
  * 糖蜜を原料にした日産10石のアルコール工場.
- ◆ メチルアルコール取締規則施行. [86]
- ◆ 伊藤佐平,『食パン和洋菓子製法:家庭軽便』(伊藤佐商店)著す.

4月10 全国の菓子業者が一堂に会した第1回帝国菓子飴大品評会,東京赤坂溜池の三会堂で開催.
* 第1回及び第2回は,帝国菓子飴大品評会の名称で,第3回から第9回までは全国菓子飴大品評会の名称で開催され,第10回仙台での開催から全国菓子大博覧会と名称を変更. [122, 310]

- ◆ 広告取締法公布,誇大広告を禁止. [121]
- ◆ 洋画家の松山省三❖(1884～1970),東京新橋に近い日吉町(現銀座8丁目)の国民新聞社前に,わが国初のカフェー「カフェー・プランタン」をオープン. [125, 308]
- ◆ 福岡市で,第6回全国缶詰業者大会開催. [6]

5月14 寿屋洋酒店(サントリーの前身),「赤玉ポートワイン」がどこまでも薬用であること強調する新聞広告を出す.「滋養になる 一番よき 天然甘味 薬用葡萄酒!! 赤玉ポートワイン」. [314]

- ◆ 田村市郎❖(1866～1951),田村汽船漁業部(日本水産の前身)を設立し,下関港を拠点にトロール漁業を開始. [53]

6月19 日清製粉,第9回定時株主総会開催.純益6万561円. [124]
25 日清製粉,館林第2工場(1,000バーレル)運転開始(総能力1,800バーレル).日本製粉株式会社に次ぐ能力を持つに至る. [124]

- ◆ 東京洋酒缶詰問屋同業組合結成. [121]
- ◆ 鈴木豊太郎著,菊池武恒閲『通俗百歳長寿法:食養衛生』(東京:二松堂).
- ◆ 明治製糖,横浜精糖株式会社と合併契約を締結. [146]
  * 翌年1月同社の事業を継承し,川崎工場とする.

7月17 関税法改正.煉乳,小麦粉,精糖,バターなどの輸入関税引上げで,関係業界苦境を脱す.100斤当たり小麦77銭,小麦粉1円85銭. [124]
26 日本製粉小名木川分工場・砂村分工場,津波被害. [21]

- ◆ ～8月:前年の凶作により,米価が連日高騰し,買占めが横行.取引中止命令,外米の緊急輸入,関税の一時引下げ,鉄道運賃割引など,政府は対策に苦慮. [48]
  * 東京では,外米さえも買えず,残飯屋から残飯桶1杯(2～3合入り)を約2銭(現在価70円)で購入する者多数.
- ◆ 大日本製糖,台湾第2工場落成. [101]

144 ◆ 1911年

8月10 築地精養軒(上野精養軒の前身),東京銀座尾張町(現銀座5丁目)の角に「カフェー・ライオン」(銀座ライオンの前身,〈株〉サッポロライオン経営)をオープン.

◆ 倉島謙,『清涼飲料水製造法:最近研究』(丸善)を著わす.
＊日本人による最初の書とみられる.

9月◆ 鈴木藤三郎❖,製糖用の蒸発缶や結晶缶の鈴木式特許装置の製飴への応用と,輸入酸糖化水飴の国産化などの目的から,東京に鈴木澱粉製飴所を開設.アメリカのコンプロ社と同様,コーンスターチ(トウモロコシ澱粉)を原料として塩酸糖化法によるわが国初めての酸糖化水飴の製造を開始する.わが国の澱粉糖の歴史はこの時点から始まる.［271］

10月 3 『九州日日新聞』に,日本勧業銀行総裁の添田寿一(1864〜1929)は,「馬鈴薯を食うのは,人間の食物としては最下級である.此の以下の食物はないのであるから其れまで落ちたらば殆ど亡国であると言ってよい」との記事がみえる.

20 台湾製糖阿緱酒精工場,製造を開始.［130］

◆ 日清・日本・東亜の製粉3社,生産制限,販売価格を協定.［124］

11月 3 (株)大里製粉所(現北九州市),操業開始.

台湾製糖阿緱酒精工場(国立国会図書館提供)

＊日産生産能力は1日1,200バーレルで,当時,国内最大規模の工場.1915(大正4)年の火災で設備の大半を焼失,大正5年には復旧,生産を再開,大正9年日本製粉に合併.［150］

◆ 台湾製糖,7月に設立した怡記製糖(外資系2工場)を合併議決.合併により資本金2,550万円(現在価850億円)となる.［130］

12月◆ 関東3製粉会社(日本・日清・東亜),供給過剰のため製粉連合会を結成.協定により翌年5月まで50%操業短縮(この年,全国機械製粉能力9,280バーレル).［21］

◆ 水野 龍❖(1859〜1951),ブラジル政府から無償で供与されたコーヒーをもとに,東京銀座と横浜に「カフェー・パウリスタ」をオープン.
＊コーヒーの評判は非常に良く,その後,全国各地に店を出し,最盛期には22店を数えたという.［48, 125, 308, 309］

この年

◆ 内地・台湾糖業界全体にわたるカルテル「糖業聯合会」が誕生.鈴木商店は巨大糖商として砂糖流通組織の頂点に立つ.［39］

◆ 大蔵省醸造試験所(後の醸造研究所,現独立行政法人酒類総合研究所),全国新酒鑑評会開催.
＊毎年実施され現在に至る(昭和20年,平成7年は休会)［123］

◆ ドイツ人のハインリッヒ・ハム❖(1883〜1957),ブドウ栽培・

- ブドウ酒醸造を指導するため，山梨の小山開墾事務所(サントリー登美の丘ワイナリーの前身)に招聘される．しかし，第一次世界大戦勃発で日本を離れ，青島(チンタオ)で従軍し捕虜となり，習志野俘虜収容所に入所し，4年余の収容所生活を送り，帰国．[31, 78]
- ◆ 野田醤油醸造組合が，20万円の県債に応じて成立した野田〜柏間の県営軽便鉄道(現東武野田線)が開通．
  - ＊開通により，野田醤油は水(江戸川)と陸の2つの輸送経路をもち，販路拡大に一段の拍車をかけることになる．[161]
- ◆ 愛知県下のトマト加工業者，約20名に達する．[121]
- ◆ 本多次作(のち治作と改名)，水炊き料理屋「新三浦」を博多に開店．1931(昭和6)年に東京築地に進出し，水炊きの「治作」を始める．[31]
- ◆ 京都伏見の現月桂冠(株)，防腐剤なしのびん詰酒を発売．[357]
- ◆ 1911(明治44)年上期，鉱工業資産上位100社のうち食品関係企業は以下の27社，単位1,000円．[167]

順位	社名	金額	順位	社名	金額
3位	大日本製糖	28,440	50位	新高製糖	2,486
5位	台湾製糖	25,935	53位	日本製銅硫酸肥料	2,413
13位	大日本人造肥料	11,355	59位	北港製糖	2,142
15位	塩水港製糖拓殖	10,724	67位	帝国製糖	1,913
16位	大日本麦酒	10,089	68位	大日本塩業	1,904
19位	明治製糖	7,619	73位	日本窒素肥料	1,719
24位	東洋製糖	5,831	78位	東亜製粉	1,496
35位	台湾塩業	3,394	81位	大日本遠洋漁業	1,483
36位	麒麟麦酒	3,273	83位	日本燐寸製造	1,375
39位	東洋捕鯨	3,186	84位	日清豆粕製造	1,337
44位	日本製粉	2,716	89位	中央製糖	1,255
47位	加富登麦酒	2,534	95位	帝国冷蔵	1,111
48位	東亜煙草	2,526	98位	斗六製糖	1,049
49位	日清製粉	2,523			

1912 明治45年・大正1年

明治製糖，台湾製糖に続いて，粗糖→精糖製造の一貫体制を本土に実現

　1911年，台湾製糖(1900年設立)は神戸精糖と同社神戸工場を買収し，本土での精製糖生産を開始した．これに続いて，1906(明治39)年台湾に設立された明治製糖も，この年1月に当社製品一手販売者の横浜糖商増田増蔵及び安部幸兵衛らが設立した横浜精糖を併合し，川崎工場とした．これにより，台湾で製造された粗糖を内地で精糖製造する一貫体制が実現すこととなり，経営基盤が強化されることになった．また，明治製糖は砂糖の消費拡大を図るため，1916(大正5)年には大正菓子株式会社(明治製菓の前身)を設立した．

1月◆　明治製糖，横浜精糖を併合し，川崎工場とする．台湾で製造した粗糖から内地精糖への一貫製造を実現する．[35, 146]

2月◆　横浜市に，日本製菓株式会社設立．[6]

◆　福井市，初めて市営のガス事業を始める．[48]

◆　江田鎌治郎(かまじろう)(1870〜1957)，『最近清酒速醸法』(明文堂)を著わす．

3月12　台湾に，南日本製糖株式会社設立．
　　　＊苗栗製糖株式会社の事業を継承．[130]

15　寿屋洋酒店(サントリーの前身)，大阪市東区住吉町に店舗を移転．この頃，関西地方における販路を確立し，東京に進出．[120]

◆　英国風ビール醸造で知られた「浅田麦酒醸造所」(創業1884年)，競争の激化から廃業の止むなきに至る．[31, 111]

4月1　合資会社鈴木製薬所(味の素の前身)，6万円に増資し，社名を合資会社鈴木商店と改称．[99, 162]

1　日比谷公園の設計者として知られる本多静六東大教授◆<45>(1866〜1952)，「過渡時代の衣食住」と題する論稿(『婦人之友』)で，米価騰貴を調整する最有力な方法としてパン食を奨励．[48]

1　森永商店(森永製菓の前身)，森永共済会(従業員救済・慰安制度)を組織．[122]

9〜18　第2回帝国菓子飴大品評会，金沢兼六公園前田別邸で開催．[310]

10　ブドウ酒醸造で知られる神谷伝兵衛◆<56>(1856〜1922)，浅草花川戸町(現台東区浅草1-1)の「浅草花川戸店」を改装して，日本初の洋式酒場「神谷バー」を開店．[68, 71]
　　　＊「電気ブラン」で有名になる．電気は新時代の到来を表わし，

1912年　◆　147

ブランはブランデーの略.

5月 2 東京喬麦饂飩商組合設立許可.設立の目的は同業者への火災見舞金という共済制度の確立にあった. [331]

15 中川虎之助❖<53>（1859〜1926），第11回衆議院議員選挙で当選.鹿児島糖業組合，小笠原糖業組合などが支援. [73]

25 日本硫安肥料株式会社設立. [26]

28 米及び籾の輸入税率（軽減）に関する勅令公布. [42]
 * 米価高騰のため，白米小売商の倒産続出.5〜6月中の東京市中倒産約160店.倒産寸前約80店.
 * 東京市ヶ谷の日本女子商業学校（嘉悦大学の前身）校長の嘉悦孝子❖<45>（1867〜1949）は，深川外米問屋よりサイゴン米100俵を購入し，1升19銭（正米相場32銭）で原価販売.
 * 米価高騰のため，東京で焼芋屋繁昌.

6月 7 神戸の鈴木商店，現北九州市大里に帝国麦酒株式会社設立（資本金200万円）.金子直吉❖が監査役に就任→翌年4月工場完成し，操業を開始. [12, 39, 150]

旧帝国麦酒株式会社醸造棟　　旧帝国麦酒株式会社本館事務所

 * 同社は後にサッポロビール九州工場となり，大分県日田市に移転したが，現在は残った醸造棟や本館事務所（北九州市門司麦酒煉瓦館）などは，門司赤煉瓦プレイス（国登録有形文化財）となっている.

18 米価暴騰に白米商人の不正枡を使用，多数検挙. [42]

◆ 麒麟麦酒，ビールに王冠栓を初使用. [49]

7月 1 米価暴騰新記録（玄米1石23円買いの高値出現）.大阪堂島市場立会，一時停止.正米相場1升31銭8厘（現在価1,060円）. [42]

30 明治天皇崩御(59).

31 大正と改元.

8月25 日本人造肥料，株式会社に改組. [26]

31 汽船トロール漁業取締規則改正公布. [83]
 * 沿岸漁民との摩擦をなくすため，取締の内容を具体的に規定.

◆ 農商務省の飯田吉英技師❖<35>（1876〜1976），『豚肉加工法：全』（東京：成美堂）を著わす.
 * この年，豚の飼養頭数19万4,000頭で増加基調に入る. [347]

148　◆　1912年

9月26　森永商店(森永製菓の前身)，わが国初の私設仮置場(保税倉庫)の許可を受ける．[122]

◆　全国にコレラ流行．

◆　赤沢仁兵衛❖<74>(1837～1920)，『赤沢仁兵衛　実験甘藷栽培法』を著わす．[31]
　＊関東ローム層の特性を活かした画期的な栽培法(従来の2～数倍の収量)．

10月 4　1862(文久2)年創業の雑貨仲介業「岩井商店」(日商岩井→双日の前身)，株式会社岩井商店を設立．[26, 35]

11月 1　(株)森永商店，森永製菓株式会社と改称．輸出品製造を開始し，外国販売部を設置．[122]

　　　19　帝国麦酒，「サクラビール」の商標登録認可．[12]

12月18　全国米穀取引所連合会，台湾米常時代用反対決議(政府，暴騰時にのみ代用として承認)．[42]

　　　27　森永製菓，エンゼルマークの連合商標登録．[122]

　　　28　獣医学博士津野慶太郎，『牛乳衛生警察　全』(改訂増補第3版)を著わす．正価1円80銭(現在価6,000円)．

　年末　富岡商会の鎌倉ハム，初めて香港に輸出．廉価なため約1万ポンドを販売．[17]

この年

◆　物価・家賃が高騰したため，勢いの良かった官員(公務員)も，月給の腰弁生活で飯もくえん(9円，現在価3万円)といわれた．

◆　栃木県出身の永藤鉄太郎（ながふじ）❖<31>(1881～1952)，東京上野公園前に永藤パン店開業．
　＊木村屋に対抗し，廉売で人気を集め，無償配布したり，端から一つずつ割取って食べる「菓子パン(汽車パン)」などをつくる．東京菓子パン組合の初代理事長を務める．[48, 108, 172, 173]

◆　牛肉価格が高騰したため，馬肉への需要が高まる．東京では，馬肉専門の鍋屋は市中に大小300軒を数えるという．[17]

◆　農商務省種畜牧場渋谷分場(東京)で，スライド・ハム，ロールドスライド・ベーコンなど，豚肉缶詰の試験．[6]

◆　牛乳の生産量27万3,808石(5万1,339トン，1石=187.5kg)と昨年(26万7,080石=5万78トン)に引き続き，5万トン台に乗る．[347]

◆　煉乳生産量216万斤(約1,300トン，1斤=600g)，輸入量800～900万斤(4,800～5,400トン)で，国産・輸入製品の新聞広告が入り乱れる．

◆　鶏卵の生産量8億個，年間1人当たり約16個．[48]

◆　稲の作付面積300万町歩を超え，297万8,000haとなる．[347]

◆　銚子における醤油醸造高6万3,800石．[11]
　＊全国の醤油醸造高は235万2,000石．[356]

◆　神戸の鈴木商店，船舶部の「帝国丸」と「報国丸」を北米小麦の

1912年　　149

積取りに派遣する.
* 「帝国丸」と「報国丸」は日本の不定期船(トランパー)で，最初に大西洋に入った. [39]

- ロシア領で，日本人によるサケ・マス缶詰業が増加. [6]
- 山口県水産試験場，動力式ウインチを装置(ウインチ動力化). [52]
- 富山県の上野八郎右衛門(1877～1939),「上野式ブリ大謀網」を考案. [83]
- 愛媛県宇和島の日本酒精(株)の大宮庫吉❖<26>（1886～1972)，アルコールに水を混和して焼酎を造ることを考案し，さらに改良を重ねて商品化に成功. 同社はこれを「日ノ本焼酎」として売り出す.
  * 従来の酒粕を原料とした焼酎に比べて味も風味も良く，好評を得る. [181]
- 京都の四方合名会社(宝酒造の前身)，愛媛県宇和島の日本酒精(株)製造の新式焼酎「日ノ本焼酎」を「寶焼酎」の商標で東京に売り出す. [158]
- ビール4銘柄(サッポロ，エビス，アサヒ，キリン)で90％を占める.
- 大日本麦酒吾妻橋工場，ビールに王冠を本格使用開始. [12]
- 倉島謙，『炭酸飲料百話』を著わす.
- 宮本政一，個人経営の製菓業(カンロの前身)を，現山口県光市に創始. [118]
  * 1950(昭和25)年5月，宮本製菓株式会社設立. 1960(昭和35)年9月，カンロ株式会社に社名改称.
- 三井合資会社，鈴木梅太郎のビオタミン(オリザニン)の製造権を得て，「オリザニン液」を発売. [35]
- この年までに，全国49都市にガスを設置. [48]

1913 大正2年

浦上靖介,ハウス食品の前身を創業

　10歳で郷里徳島市を離れ,大阪東区の薬種問屋河村伊之助に奉公していた浦上靖介（せいすけ）❖（1892.2.26～1966.2.15）は,11月,21歳の時に独立してカレー原料となる漢方生薬などを取り扱う薬種化学原料店「浦上商店」（ハウス食品の前身）を松屋町筋に創業。鋭い嗅覚の持ち主であった彼は,カレー粉の研究を深め,「即席ハウスカレー」などを生み出す。第二次世界大戦後の1947（昭和22）年6月,（株）浦上糧食工業所を設立し,1960（昭和35）年にハウス食品工業（株）と改称。マイルドなカレーとして,リンゴとハチミツの入った「バーモンドカレー」を発売し,カレーの大衆化に貢献。1973（昭和48）年,東京・大阪・名古屋各証券取引所第1部に株式上場。

1月 ◆ 堀内豊,米価高騰の対策として,トウモロコシで人造米をつくり,「滋養米」と銘打って売り出す。価格は1升13銭（現在価430円）で,白米の約半額。翌年姿を消す。[48]

　　 ◆ 東京上野で内国家禽大会。
　　　 ＊同月,農科大学（現東京大学）構内で農商務省主催第1回養鶏講習会を開催。養鶏の飼育と研究が軌道に乗る。[48]

2月 1 合名会社寿屋洋酒店（サントリーの前身）設立（資本金9,000円）。[120]

　　 6 兼松房治郎死去。その遺志により,兼松合資会社（兼松株式会社の前身）設立。[35]
　　　 ＊1918（大正7）年3月,株式改組。[26]

　　 18 『北海タイムス』,札幌区（市制は1922年）における家内工業のラムネ及びサイダー製造業について記す。「当業者は区内に3戸あり,内専業者1戸兼業者2戸.（中略）本年中通じて需要の量少なく,殊に近年唯一原料たる砂糖は案外高値なるを以て,収支関係上見越し製造することなく,季節に臨み製造する状況なれば生産高比較的の勘少なり,加之内地品は粗製濫造の劣品多きも割安なるを以て需要者多く,為めに当地製造業者は往々事業上の打撃を受くる事あり,今一ヶ年の生産高を挙ぐれば次の如し.
　　　 ○ラムネ,5,119打（ダース）,金1,292円余.
　　　 ○サイダー,大びん4,590打,金4,194円余.
　　　 ○同小びん,4,066打,金1,467円余.」[192]

4月 7 銀座千疋屋,3階建の店舗を新築し,1階を果物売場,2階を「果物食堂フルーツパーラー」と名付けて,食堂部を開設。[174]
　　　 ＊果物食堂は,業界最初の試み。フルーツパーラーの名称を初めて用いる。

	9	朝鮮産出米及び籾移入税廃止の件公布．7月1日施行． [42]
	◆	(合資)鈴木商店(味の素の前身)，川崎工場の建設に着手し，近代的工場へ転換．
		＊この頃から味の素の広告に全国の電車広告を利用． [48]
	◆	現福岡県北九州市門司区大里に設立した帝国麦酒株式会社の工場が完成し，操業を開始(旧サッポロビール九州工場)．8月，同社のビールびん製造のため，大里硝子製造所を開業． [140, 150]
		＊九州・四国地方における初の大規模工場．当初の生産能力は年産1万5,000石(銘柄名サクラビール)であったが，第一次世界大戦後の1920(大正9)年には，20万石まで拡張した．1929(昭和4)年桜麦酒に改称．
		＊同工場は2000(平成12)年，87年間のビール製造に幕を閉じ，大分市日田市に新九州工場を竣工した．
		＊現在，同工場の事務所跡は門司麦酒煉瓦館となっており，帝国麦酒，桜麦酒，大日本麦酒を経て，サッポロビールへと変遷した歴史を展示．
	◆	堤商会(旧ニチロの前身)，米国よりアメリカン・カン・カンパニー製のサニタリー自動缶詰機を輸入し，カムチャツカ工場に設置．「あけぼの印」サケ缶製造を開始． [35, 48]
	◆	ネッスル(ネスレ)・アングロ・スイス煉乳会社，英国ロンドンの極東輸出部の管轄で，日本支店を横浜市に開設．
		＊1922(大正11)年日本支店を神戸市に移転． [312, 313]
		＊Nestleの英語読みはネッスル，仏語読みはネスレ，最近はネスレに統一されている．
5月	2	農商務省，人造バター表示を告示．
	◆	内務省訓令，屠畜検査心得を定める． [48]
	◆	主要輸入品の国産化奨励のため，所得税を免除すべき製造業者指定の勅令公布．
		＊煉乳がまず指定対象となり，生産急増． [48]
6月	3	大日本麦酒，横山助次郎❖から「日の出ビール」の商標を譲り受ける． [36]
		＊アサヒビールの商標と類似のため．
	10	森永製菓，わが国初のミルクキャラメル(アメチョコ)を発売．バラ売り1斤(80粒)40銭，秋から冬にかけて大キャンペーン． [122]
7月	1	台湾製糖，多数の中小製糖会社を合併し，資本の集中が進む．資本金2,750万円となる． [130]
	11	帝国麦酒，「サクラビール」を発売． [12, 150]
	14	大日本麦酒，清涼飲料水の「リボン」の図柄商標登録． [12]
	◆	日本氷糖株式会社設立(資本金50万円)． [6]
	◆	南満州鉄道(満鉄)，ドイツより大豆油の抽出法による製油技術を

導入. [121]

- ◆ 坂田武雄❖<24>（1888〜1984），坂田農園（「サカタのタネ」の前身）を神奈川県城郷村（現横浜市六角橋）に設立. [175]

8月 1 神戸の鈴木商店，ビールびん製造の合資会社大里硝子製造所（資本金2万5,000円）を現北九州市大里に開業.
＊1917（大正6）年株式会社に改組. [150]

9月 4 精製糖業の先駆者鈴木藤三郎❖（1855.12.26生まれ），胃がんの切開手術直後に逝去（57）. [55]

- ◆ 住友総本店内に肥料製造所（現住友化学の発端）設立.
＊別子銅山の硫化鉄鉱石から過燐酸つくるため. [35]

- ◆ 雑誌『生活』，「吾家の家計簿」と題し，知名人家庭の食費を紹介.鳩山家（弁護士，鳩山由紀夫元首相の祖父）は副食費1日70銭（現在価2,300円），川崎家（銀行家）は約80銭（2,700円）のほかに，牛乳代30銭（1,000円）.
＊雑誌『婦人之友』に掲載の中等教員（月収70円，現在価23万円）の副食費は1日20銭（現在価700円），官吏（月収90円，現在価30万円）30銭（現在価1,000円）．都市の若夫婦の標準月収約30円（10万円），うち食費13円（4万3,300円），住居費7円（2万3,300円），衣服費2円（6,700円）. [48]

- ◆ 労働衛生・産業衛生の開拓者石原修（1885〜1947），『国家医学会誌』に「衛生学上よりみたる女工の現状」を発表し，女工の結核に警告. [48]
＊紡績女工の結核多発と帰郷女工による農村への結核の伝播は，当時の大きな社会問題であった.

10月 ◆ 千葉県下に（合資）三原煉乳所創業. [6]

- ◆ 渋谷兼八❖<25>（1888〜1968），帆船沖手操りに動力を付けた機船底曳網を開発. [53, 176]

- ◆ 英国のリバーブラザーズ尼崎工場，漁油を原料とする硬化油の製造開始. [48]

11月11 浦上靖介（せいすけ）❖<21>（1892〜1966），大阪松屋町筋に薬種化学原料店「浦上商店」（ハウス食品の前身）を開業. [177]

- ◆ 煉乳業者，関税引上げなど，国産煉乳業保護を懇請. [6]

12月 ◆ 関東3製粉会社（日本・日清・東亜），国内需要停滞，輸出減退のため，30〜40％の生産制限実施. [21]

- ◆ 神戸の鈴木商店，輸出中心の焼酎醸造の大里酒精製造所（資本金50万円）を現北九州市大里の保税仮倉庫敷地に設立.
＊原料のサツマイモは東南アジアや九州管内から調達し，また，糖蜜，ふすま，酵母な

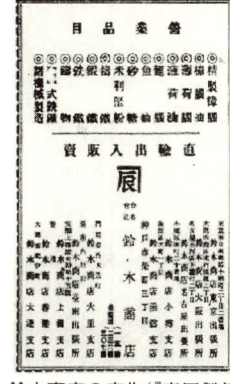

鈴木商店の広告（『帝国製粉業鑑』国立国会図書館提供）

どは，隣接する大日本製糖，大里製粉，帝国麦酒から簡単に調達できた．1917(大正6)年8月，日本酒類醸造に改組．[150]

この年
- 東北・北海道大凶作，青森・北海道では米の収穫量は平年の10～20%．
- 輸入米の中でも質の良い台湾米の炊飯法や混入米の見分け方などが雑誌に掲載される．[48]
- 岡崎桂一郎，『日本米食史：附食米と脚気病との史的関係考』(丸山舎)を著わす．
- 愛知県知多郡のトマト加工業者，50名を超え，競争激化．[121]
- 東京薬学校を出て家業の肥料販売を手伝っていた北海道岩内町の下田喜久三❖<18>(1895～1970)，冷害対策作物の研究を始め，試作地を設け，アスパラガスの栽培に着手．[87, 178]
- 農商務省，北海道の月寒試験場で真空釜による煉乳製造試験を行う．[6]
- 人造バターの輸入増大で，北海道バターの滞貨が急増し，10万斤(60トン)を突破．
- 近藤政治ら，メキシコのLower California州で漁業を始める．[166]
- 養殖業，全国的に勃興し，全国養殖業大会開かれる．[166]
- 東京の土木建設業者小山新助❖<51>(1862～1941)，現山梨県甲斐市大垈所在のブドウ栽培の小山開墾事務所を大日本葡萄酒醸造株式会社と改め，ブドウ酒醸造に着手．
    ＊同社はいくつかの変遷を経て，現在サントリー登美の丘ワイナリーとなっている．[78]
- 大蔵省醸造試験場に醤油部併設．[11]
- 鈴木商店のロンドン支店長高畑誠一<26>(1887～1978)，ロンドンでサイゴン米の「三国間貿易」を開始．[39]
    ＊高畑誠一は，1909(明治42)年神戸高商卒．学校出の第1号として採用される．のちに日商会長(日商岩井→双日の前身)．

1914 大正3年

蟹江一太郎, カゴメの前身を設立

　12月1日, 蟹江一太郎❖<39>（1875.2.7～1971.12.20）は, 早川三郎のすすめで成田源太郎・蟹江友太郎と共同出資し, 愛知トマトソース製造合資会社（カゴメの前身, 資本金3,000円）を設立, 同志・同族の共同で家業の企業化を図る. 兵役時代, 拓殖技師の講義に感銘を受け, トマトの加工に着目. 1903（明治36）年, わが国で初めてトマトソース, ケチャップ, ピューレの試製に成功し, 1906（明治39）年5月から本格的な生産を開始した. わが国のアグリビジネスの先駆をなすといえよう.

1月　1　日本郵船, 宮城県石巻港揚米穀に限り, 東北凶作地無賃輸送開始. [42]

2月　1　合資会社寿屋洋酒店設立（資本金10万円, サントリーの前身）. 代表無限責任社員, 鳥井信治郎❖. [120]

　　◆　雑誌『生活』（2月～4月号）, 玄米食の効能と利点を特集し, 玄米食を奨励. [48]

3月　1　大日本麦酒, 清涼飲料水「リボン・ラズベリー」「リボン・タンサン」を発売. [36]

　　12　田村市郎❖<48>（1866～1951）ら, 函館に北洋におけるサケ・マス漁業を目的として日魯漁業株式会社設立（旧ニチロの前身）.
　　　＊ニチロの前身は, 実質的には1906（明治39）年11月3日設立の堤商会とされている. [83]

　　20　～7月20日：大正天皇即位奉祝, 東京府主催東京大正博覧会, 東京上野公園で開催. 入場者は746万余人にのぼった.
　　　＊森永製菓は特設売店を設け, ポケット用紙サック入りミルクキャラメル（20粒入り1個10銭）を初めて発売. 博覧会みやげとして大人気を呼び, これを機に紙サック入りミルクキャラメルの大量生産に入る. [122]
　　　＊大正天皇行幸のみぎり, 森永出品の各種チョコレート菓子御買上げの栄を賜る. 当時, 皇室より御買上げに浴することは, 実業人にとって光栄この上もないことで, この光栄はチョコレート工業に対する御関心と拝察してよいとしている. [273]
　　　＊1900（明治33）年長崎市にカステラ店舗「文明堂」を開業した中川安五郎❖<35>（1879～1963）は,「東京で一旗あげねば男でない」との持論を実行, 自らカステラ宣伝文字の入った大型の赤いトルコ帽をかぶり「歩く広告塔」を実践し, 会場を歩き回るなど, 人目につく宣伝を行い, 地方の菓子に過ぎなかった長崎のカステラを全国区にした. [126, 127]

'08—'17

1914年　◆　155

- ＊明治屋は，飛行船によるキリンビールの宣伝を行う．
- ＊「味の素」金牌受賞．[99]
- ＊澱粉糖(東京の鈴木澱粉精製)，糯晒飴(高田の高橋孫左衛門)，米晒(徳島の堀江製飴所)が受賞．[271]

25 松本米穀製粉株式会社(資本金30万円)，現埼玉県熊谷市に設立．[26]
- ＊1930(昭和5)年，日東製粉と改名．2006(平成18)年，日東富士製粉と改名．

4月 8 大日本麦酒，清涼飲料水の「リボン」の文字商標登録．[12]

15 内務大臣原敬，社団法人清涼飲料研究所設立を認可．倉島謙・高木六太郎ら，研究所を日比谷交差点角に設立．[9]

◆ 堤商会(旧ニチロの前身)，函館に大製缶工場を建設，自動製缶機をカムチャッカから移設．缶詰製造業として，わが国最高の地位を占める．[48]

5月 ◆ 大日本麦酒，札幌の狸小路に直営のビヤホールを開業．[12]

◆ 大阪洋酒缶詰輸出海産物同業組合，缶詰の検査を実施．

6月 ◆ 水産講習所練習船「雲鷹丸」，カムチャッカ沖の船内で初めてタラバガニ缶詰を製造．
- ＊従来のカニ缶詰製造では大量の真水を必要としたが，海水の使用が可能となり，わが国のカニ工船事業の発展の契機となった．「雲鷹丸」は1929(昭和4)年廃船，復元整備されて，1998(平成10)年10月，国の登録有形文化財(東京海洋大学)に指定．

7月 10 森永製菓，ミルクキャラメルの広告に「煙草代用」のスローガンを初めて使用．[122]
- ＊ただし，この広告は専売局からの抗議でまもなく中止．[48]

28 オーストリア，セルビアに宣戦布告(第一次世界大戦始まる)．

8月 19 大阪の北浜銀行支払停止．大阪株式市場・米穀市場休会．ついで名古屋や京都・東京に波及．[35]

19 古林亀治郎，『東京大正博覧会・出品之精華』(時事通信社)を著わす．
- ＊本書で取り上げた飲食品は，大日本麦酒のエビス・サッポロ・アサヒの3ビール，明治屋販売のキリンビール・ボックエールなど，神谷酒造の香竄葡萄酒・牛久葡萄酒，醤油「亀甲万印(現キッコーマン)」「ヒゲ田印(現ヒゲタ)」「山サ印(現ヤマサ)」，「天晴印味醂」(千葉県流山町)，東洋製糖(本社台湾)・塩水港製糖(同)の砂糖など．

23 日本，ドイツに宣戦布告(第一次世界大戦に参加)．

◆ 千葉県野田の茂木佐平治家(キッコーマンの前身の一つ)，わが国で初めて1升びん(1.8ℓ)を用いて醤油を出荷．[35]
- ＊それまで，醤油は陶器の徳利が用いられていた．

◆ 井上正賀，『玄米食養法：滋養絶大』(大学館)を著わす．

9月

1 (合資)鈴木商店(味の素の前身), 川崎市に川崎工場が落成, 操業開始. [99]
  * 京浜急行大師線の鈴木町駅は鈴木商店の創設者, 鈴木三郎助❖(1868〜1931)に由来.

1 千葉県銚子の醤油醸造元の田中玄蕃家(ヒゲタ印), 浜口吉右衛門家(ジガミサ印), 深井吉兵衛家(カギタイ印)の3家が合同して, 銚子醤油合資会社設立(ヒゲタ醤油株式会社の前身). 出資額42万円.
  * この年の銚子町・本銚子町の醸造戸数14戸, 醸造高5万9,217石. この年の全国の醸造高238万2,000石. [356]
  * 1918(大正7)年株式会社に改組. [11]

27 古谷辰四郎❖<46>(1868〜1930)ら, 札幌に北海道煉乳株式会社設立(資本金25万円, 4分の1払込). 後の大日本乳製品株式会社→明治製菓→明治乳業の前身. [6, 171, 188]
  * 会社設立は, 東北帝大農科大学(現北海道大学農学部)の煉乳製造の先覚者橋本左五郎教授❖<47>(1866〜1952)の技術支援のもとで行われた. なお, 氏は夏目漱石の東大予備門時代の学友で, 漱石の「満韓ところどころ」などに登場.

◆ 兵庫県灘・西宮の酒樽工1,000人, 賃上げで罷業. 警察の説諭で就業. [16]

10月

◆ 天狗煙草で知られた岩谷松平❖<65>(1849〜1920), 養豚宣伝の文書を作成し, 「養豚富国論」を鼓吹. [17]

◆ 大日本製糖, 名古屋精糖株式会社の全財産を譲り受ける. [101]

11月

4 東京に共同漁業株式会社設立(資本金200万円, 日本水産の前身).
  * トロール漁業経営者が苦境を打開するため合同し, 設立した会社. [52, 83]

7 日本軍, 青島を占領.

◆ 青島占領により, 青島牛の輸出は全部日本向けとなる. 本年中3,809頭. [17]

12月

1 蟹江一太郎❖(1875〜1971), 早川三郎のすすめで成田源太郎・蟹江友太郎と共同出資し, 愛知トマトソース製造合資会社を設立(資本金3,000円, カゴメの前身). [121]

29 伊藤本店を伊藤忠合名会社(伊藤忠商事の前身)に改組. [35]

この年

◆ この年から1916(大正5)年にかけて, 米価低落.

◆ 栄養学者佐伯矩❖<38>(1876〜1959), 東京市芝白金に世界初の私立栄養研究所を設立. [211, 212]

◆ 愛知県農業試験場, 北海道興農園支店より大玉トマト種を移入. [121]

◆ 満鉄中央研究所, バッテリー式注出機を備えた大豆油試験工場を建設し, 操業開始. [6]

1914年

- 第一次世界大戦で輸入乳製品が途絶し，国産煉乳が高騰．
- 第一次世界大戦により，缶詰業が活況を呈し，生産増加． [6]
- 野田醤油醸造組合，大正天皇御即位記念事業として，従業員の保健治療に万全を期するため，野田病院を設立． [161]
- 林鉄工所，国産第1号の桑田式自動巻締機を完成． [121]
- 年間漁獲量，200万トンを突破し，英国に次ぐ世界第2位の水産国となる．
- 長崎県水産試験場，トマトサーディン缶詰の量産の研究に着手． [121]
- 1914年下期，鉱工業資産上位100社のうち食品関係企業は26社． [305]

順位	社名	総資産額 (単位：1,000円)	順位	社名	総資産額 (単位：1,000円)
5	台湾製糖	30,152	52	加富登麦酒	3,781
6	大日本製糖	29,263	54	南日本製糖	3,660
13	明治製糖	18,798	57	台湾塩業	3,518
14	大日本人造肥料	16,658	60	日清製粉	3,341
16	塩水港製糖拓殖	14,038	62	東洋捕鯨	3,200
18	大日本麦酒	10,723	66	麒麟麦酒	3,066
27	新高製糖	6,671	72	台北製糖	2,754
30	東洋製糖	5,618	73	沖台拓殖製糖	2,738
31	日本窒素肥料	5,555	74	大日本塩業	2,702
34	帝国製糖	5,381	78	帝国麦酒	2,269
43	北港製糖	4,521	92	東亜製粉	1,846
47	東亜煙草	4,146	96	横浜魚油	1,778
48	日本製粉	4,086	98	台南製糖	1,756

1915 大正4年

小麦粉輸出が急増，製粉工業は活況を取り戻す

　1912〜13年にかけて，小麦粉の国内市場は停滞し，一時は増加していた輸出も再び減少した。ところが，第一次世界大戦が勃発した1914年には，交戦国の備蓄輸入などのために輸出が活発化し始め，1915年には24.7万ピクル（12〜14年平均1.2万ピクル）に急増し，英国への輸出が半数近くを占めた。この傾向は続き，1917年には440万袋（9.8万トン）と，空前の輸出が行われた。明治末年から沈滞に苦しんでいた製粉工業は，ようやく活況を取り戻した．[6]

1月13　森永製菓，芝田町工場で輸出用ビスケットの製造開始．[122]
　　14　畜産組合法公布．[26]
　　25　米価調整に関する勅令公布・施行．
　　　　＊市場の過剰米を買い上げ，米価低落を防止するためのもの．
　　　　　[5,42]
4月◆　鈴木商店（味の素の前身），大阪で初の販売店向け景品付き特売を行う．[99]
　　◆　日本製粉・日清製粉・東亜製粉の関東3社，生産調整のため工場の1カ月半の一部運転休止協定を締結．[21]
　　◆　ロンドン向け製粉輸出成立．[6]
　　◆　鈴木商店（味の素の前身），川崎工場で塩酸法による味の素の生産を開始．[99]
　　◆　明治製糖，川崎工場で初めて角砂糖の国産化に成功．[6,121]
5月17　鈴木商店（味の素の前身），味の素の新聞1ページ大の全面広告を初めて行う．
　　　　＊「世界の発明界を驚嘆せしめたる味の素と其の工場」と中央に大文字で書いた．[35]
6月 1　大日本麦酒，モルトコーヒーを発売．[36]
7月 5　中央畜産会発足．[26]
　　◆　製粉業界，粉価・麦価が暴落して混乱．[6]
　　◆　東洋製糖，社債250万円発行．[6]
　　◆　医師の額田豊❖<37>（1878〜1872），『安価生活法』を著わし，安い食費で栄養を摂取する方法を説き，ベストセラーとなる．
　　26　＊弟の内科医額田晋とともに，帝国女子医学専門学校（東邦大学

'08
—
'17

1915年　◆　159

		の前身)を設立．[179]
8月	1	台湾製糖，神戸第2工場新設に着手．[130]
	◆	大日本麦酒，「シトロン」の類似品が多いため，「リボンシトロン」と改名．[12]
9月	1	森永製菓，全国に特約店制度を設ける．[122]
	10	森永製菓，自動車広告隊・活動写真宣伝隊を組織し，全国的に広告宣伝を行う．[122]
	23	期米大暴落，当限10円80銭(玄米1石)．[42]
	◆	神戸の鈴木商店，満鉄中央試験所大豆油製油所の払下げを受け，引継ぎを完了．鈴木油房を創設，満州における大豆加工業に乗り出す．原料日処理能力を満鉄時代の50トンから100トン(大連工場)に増加．[6, 184]
		＊大豆加工業の本格的発展は，鈴木商店の事業を中心に内地で行われ，その後，豊年製油(J-オイルミルズの前身の一つ)となる．
	◆	大日本製糖藤山雷太社長❖(1863〜1938)，朝鮮・満州・中国の商況視察に出発．
10月	7	米価下落対策のため，米価調節調査官制公布(翌年9月29日廃止)．
		＊米価調節調査会設置．[26, 42]
	◆	アメリカのリグレー，チューインガムを別名「噛み菓子」と称して発売．「世界的煙草代用品」と宣伝．[48]
11月	◆	沖台拓殖製糖会社増資．[6]
	◆	小麦戻税100斤につき1円．[6]
12月	1	東京新宿のパン屋中村屋の相馬愛蔵❖，インド革命の志士ラス・ビハリ・ボース(中村屋のカリーライスの生みの親)を引き受ける．
		＊ボースは愛蔵の長女と結婚．
	14	森永製菓，「森永ミルクキャラメル」「森永キャラメル」を商標登録．[122]
	15	銚子醤油合資会社，出資額を42万円から45万円に変更．[11]
	15	田村市郎❖(1866〜1951)・実弟久原房之助(1869〜1965)，日本汽船株式会社を設立．[53]
	◆	国分商店，合名会社国分商店(資本金50万円)に改組．[35]
	この年	
	◆	第一次世界大戦の影響で，この年の下半期から好景気に転じ，長い不況から脱出．成金族が多数出現．船成金，鉄成金，鉱山成金，株成金など．これらの成金も1920(大正9)年の大戦後の大恐慌で，巨万の富も消える．
	◆	丸十パンの創始者田辺玄平❖<41>(1874〜1933)，国産ドライイースト(乾燥酵母)「玄平種」によるパンの製造に成功し，技術革新の先端を切る．[180]
		＊これまでは，製パン法は秘密とされていたが，ドライイーストの完成により，誰にでもパンができるようになった．

'08
—
'17

160　◆　1915年

- トマトソースの市況は底をつき，ビールびん4ダース入り1箱1円40銭の安値を現出． [121]
- 北海道渡島国上磯郡のトラピスト修道院，煉乳生産開始． [6]
- 田村汽船漁業部，トロール船「鳥海丸」など5隻を購入し，保有トロール船7隻となる． [52]
- 堤商会(旧ニチロの前身)，カムチャツカ据付けの自動製缶機を函館に移転し，一般の需要に応える(後，小樽に移り北海製缶倉庫の工場となる)． [6]
- 帝国製糖神戸工場建設(後に明治製糖が買収し，拡張)．
- 大日本麦酒目黒工場，ビールに王冠を本格使用開始． [12]
- 日本製ビール，第一次世界大戦の影響でアジア市場に拡大． [12]
- 大阪市の浪速醸造，金時印ソースを発売． [121]
- 三共，タカジアスターゼの国内生産開始． [35]
- 倉島謙(清涼飲料研究所)，『清涼飲料水之新研究』を著わす．

1916 大正5年

砂糖の消費増を図るため，明治製菓の前身を設立

　10月に，三井物産系の東京菓子(株)が設立された。12月には台湾に本拠を置き，川崎に精製糖工場を所有する明治製糖(株)〈社長相馬半治(1869〜1946)〉は，砂糖の消費拡大を図るためには製菓事業を経営すべきだとして，大正製菓(株)を設立した。翌年，東京菓子と大正製菓は合併し，社名を東京菓子としたが，経営は全面的に明治製糖が掌握することになった。同社は，翌年6月，東京市外大久保町に工場を開設し，キャンデーやビスケットの製造を開始し，1924(大正13)年に明治製菓(株)と改名した．なお，同社の設立は，東京菓子の設立時となっている。

1月13	輸出飲食物缶詰取締規則公布．[26]
2月◆	東大教授田中宏❖<56>(1859〜1933),『田中式豚肉料理法』(子安学園出版部)を著わす．
	＊1月21日，宮中の大膳厨大野氏の手で，田中式料理による豚肉が初めて大正天皇の食卓に供せられ，その後も引き続き御膳にあがった．[182]
3月20	米麦品種改良奨励規則制定．4月1日施行．[26]
4月2	元開拓使ビール(サッポロビールの前身)の主任技師，わが国ビール醸造の先駆者中川清兵衛❖(1848年生まれ)，食道がんのため死去(68)．[41]
6	農商務省畜産試験場設置．[5]
◆	日本酒精の大宮庫吉❖<30>(1886〜1972)，四方合名会社(宝酒造の前身)にスカウトされて入社，新式蒸留機の製作及び工場に着手．10月1日，新式焼酎の製品完成．[72, 158, 183]
	＊大宮氏は入社と同時に工場長に就任し，月給125円(現在価41万7,000円，社長は50円)，利潤の10分の1を特別賞与とする契約で，技術者として高く評価されていた．[181, 183]
◆	米国チューインガムメーカーのリグレー，日本リグレー株式会社を設立，8月から盛んにチューインガムの宣伝を始める．[48]
	＊国産チューインガムができたのは，1930(昭和5)年．[72]
5月5	愛知トマトソース製造合資会社(カゴメの前身)，愛知県主催第2回国産奨励共進会で，グリンピース缶詰1等賞受賞．[121]
31	台湾製糖，台北製糖を合併．[130]
◆	大日本製糖，資本金を1,800万円に増資．[101]

- ◆ 三島海雲✤<37>（1878～1974），醍醐味合資会社設立（カルピスの前身）．[72]
- ◆ 大連に大連油脂工業株式会社設立．満鉄中央試験場において，研究・完成した硬化油製造法を企業化したもの．[303]
- ◆ 参松合資会社(旧参松工業の前身)，東京市深川区東平井町で酸糖化水飴の製造を始め，翌年からブドウ糖の生産も開始．[271]

6月 7 日本硝子工業株式会社設立（大日本麦酒，麒麟麦酒，関西地元資本との共同出資），オーエンス式自動製びん機を導入．[12]

- ◆ この月から，神戸の鈴木商店，大隈内閣の過剰米対策に協力し，調節米を買い上げ，輸出し，国策的貿易活動の模範を示す．[39]
- ◆ 神戸の鈴木商店，静岡県清水町(現静岡市清水区)に日産300トンの大豆油抽出工場を完成(後の豊年製油清水工場)．[6, 184]
- ◆ 台湾に本拠を置く帝国製糖（薩摩系安部幸），神戸市に精製糖工場（能力100トン）を建設し，操業を開始．[139]
- ◆ 塩水港製糖，打狗(高雄)の同社糖蜜貯蔵所に隣接して日産能力60石のアルコール工場を完成して製造を開始．[139]
  - ＊台湾における工場新設の背景には，内地での工業用アルコール需要の高まりがあり，製糖会社にとっては重要な副業部門であった．

7月 ◆ 明治製糖，福岡県戸畑市(現北九州市)の海岸埋立地に，能力100トンの精製糖工場，戸畑工場を完成．
  - ＊同地に立地したのは，製品の中国方面への輸出，原料糖の移入及び燃料(石炭)の入手に好都合であったからといわれる．[139]

- ◆ 台湾に本拠をおく新高製糖，大阪市西区春出町の安治川沿岸に，精製糖工場を完成．
  - ＊当初は能力120トンの工場を建設する予定であったが，第一次世界大戦の影響で施設・資材などの調達が十分でなく，80トン規模で発足．[139]

8月 ◆ 愛知トマトソース製造合資会社（カゴメの前身），元農商務省技官農学士蟹江虎雄を技術顧問に招き，技術と施設の刷新を図る．[121]

9月 1 工場法施行（12歳未満者の禁止就業など）．
  - ＊公布は1911(明治44)年3月1日，施行までに5年余を要した．

5 千葉県の竹沢太一，房総煉乳株式会社設立（資本金7万5,000円，明治乳業の前身の一つ）．本社は千葉県安房郡大山村金束(現鴨川市)．[185, 186]
  - ＊直径1.3mのブリキの鍋に牛乳と砂糖を入れ，かき混ぜながら煮詰めて煉乳を造り，缶に詰めて出荷．商品名は「鳳凰ミルク」といい，主に海軍に納入された．

11 ～12月26日：京都帝大教授河上肇(1879～1946)，『大阪朝日新聞』に「貧乏物語」を連載．
  - ＊第一次世界大戦中の好景気にひそむ，貧乏問題を追及．

	16	大日本麦酒，中国山東省青島のアングロ・ジャーマン・ブルワリーを買収し，青島工場と命名．[36]
	14	米価調節調査会，米価低落が続き，米価恒久対策を答申．
10月	9	東京菓子株式会社設立(資本金100万円，明治製菓の前身)．社長に三井物産出身の浜口録之助が就任．[154]
	◆	大阪：清酒小売価格1升85～90銭(現在価2,830～3,000円)．大樽(4斗)25～26円50銭(8万3,300～8万8,300円)．
	◆	東大教授田中宏❖(1859～1933)，『田中式豚肉調理法』(東京出版社)を著わす．
12月	1	愛知トマトソース製造合資会社(カゴメの前身)，公称資本金を3,000円から6,000円(現在価2,000万円)に倍増．[121]
	5	大日本麦酒，青島工場醸造開始．[36]
	6	大正製菓株式会社設立(資本金150万円，明治製菓の前身)．社長に相馬半治❖<47>(1869～1946)が就任．[154]
	9	ビフテキも好んだ夏目漱石(1867年生まれ)，胃潰瘍で死去(49)．
	24	日清製粉，純益22万8,000円．配当年1割2分．特別配当3分．[124]
	◆	奉天に，南満州製糖株式会社設立．[6] ＊満鉄は，満州における邦人の土地利用及び殖産奨励のため出資(1935〈昭和10〉年度現在の持株比2.6％)．昭和10年8月現在，解散を決定し，目下清算中．[303]

この年

- ◆ わが国の小麦粉輸出，世界的小麦凶作もあって依然増勢．この年31万5,000ピクルを記録し，翌年には162万8,000ピクルに急増．[6, 124]
    - ＊この頃より，水車製粉衰退(小麦の商品化の進展，農家自家消費の減少)．
    - ＊水車製粉能力本年末推定は2,600バーレル(大戦前推定6,000バーレル)．[124]
- ◆ 東洋製糖，沖縄県大東島で日産500トンの分蜜糖工場建設．[6]
- ◆ 馬鈴薯の生産量，105万トンと初めて100万トンを超える．[347]
- ◆ この頃，京都一乗院で，障子紙を用いた聖護院キュウリの促成栽培を実施．
- ◆ 中島董一郎❖<33>(1883～1973)，イギリスよりママレードの製造法を持ち帰り，朝家万太郎❖<43>(1873～1926)と青旗缶詰(株)を設立し，ママレードの生産を開始．[72, 121, 187]
- ◆ 坂田武雄❖<28>(1888～1984)，坂田農園(「サカタのタネ」の前身)を坂田商会と改称．[175]
- ◆ この頃，岡山の備中杜氏の出稼者，392名．[8]
- ◆ ビールの輸出量，5万5,257石に及ぶ．
    - ＊在留邦人の増加や第一次世界大戦の混乱によるドイツ麦酒の輸

出途絶，青島陥落に伴う青島麦酒の供給不能などが原因．1918（大正7）年には11万2,216石と過去最高を記録したが，その後，大戦終了とともに減少に転じた．[36, 49]
- ◆ 水産講習所(東京海洋大学の前身)，アメリカン・カン・カンパニー製自動製缶機械を備え付け，学生の習得に寄与．[6]

1917 大正6年

野田醤油(キッコーマンの前身)設立

　12月7日, 千葉県北西部に位置する東葛飾郡野田町(現野田市)の茂木・高梨一族8家の醤油醸造家は, 合同して資本金700万円の野田醤油株式会社を設立した. 野田では, 江戸川水運が開けた1640(寛永17)年頃から地の利を得て醤油業が始まった. 野田の醤油業はキノエネなど2, 3を除けば殆ど茂木・高梨の一族による経営で, 互いに姻戚関係にあったが, 永い間には自ずから競争を誘発して摩擦を起こし, 複雑微妙な関係を生じることもあった. このような弊害を除去したいとする内部的な事情と生産過剰, 戦争末期の労働問題などの外部的要因により, 合併することになった. 設立にあたっては, 初代茂木啓三郎❖<55> (1862～1935)や11代茂木七左衛門❖<39> (1878～1951)らが主導的役割を果たした.

　野田の茂木・高梨の一族が個人経営から会社組織へ転換した大きな契機の一つは, 銚子醤油や丸金醤油が会社組織とし, 事業の積極化に取り組み始めたからだといわれる.

　翌年1月1日, 営業開始. 当時, 茂木・高梨・堀切各家の持ち寄った商標は登録されたものだけで二百数十種に及んだが, キッコーマン(亀甲萬)・キハク(木白)・上十・クシガタ・ミナカミ・フジノ一山・ジョウトリ・テンジョウの8印に整理し, キッコーマンに集中主義をとることになった. なお, 江戸時代末期に最上醤油と認められていたのは, 亀甲萬・上十・木白の3印. 設立当時, 輸出醤油ではキッコーマンが絶対的な力をもっていた. [72]

1月18 | 大日本煉乳同盟会発足(乳製品協会の前身). [186, 321]
27 | 旭電化工業株式会社設立. 人造バターを新発売. [121]
◆ | 滋賀県出身の古谷辰四郎❖<48> (1868～1930), 北海道苗稲町に製飴(水飴)工場を設立し, キャンデーを製造・販売.
＊1925(大正14)年, ミルクキャラメルを売り出す. [66, 188]

2月1 | 神戸酒類商組合, びん詰酒売協定(1升), 銘柄物1円, その他85～95銭.
22 | 全国蔬菜缶詰製造協会発足. [121]
◆ | 主婦の友社, 『主婦之友』創刊.

3月3 | 森永製菓, ポケット用フィンガーチョコレート(10銭)を発売.
15 | 日華製油株式会社(資本金200万円, 旧日華油脂の前身)設立. 三菱合資と日本綿花の折半出資. [6, 26]
20 | 東京菓子, 大正製菓(明治製菓の前身)を合併(資本金250万円).

	27	[154] (財)理化学研究所設立．4月，100万円下賜．[26, 189]
	◆	和光堂薬局(和光堂の前身)，国産初の育児用粉ミルク「キノミール」を発売． ＊開発者は大賀 彊二❖(1875～1942)．キノミールはドイツ語の「キンド(子ども)」と英語の「ミール(食べ物)」から命名されたといわれる．[190]
	◆	日本紅茶株式会社設立．[121]
4月	4	愛知トマトソース製造合資会社(カゴメの前身)，カゴメ印を商標登録．[121]
	15	森永製菓，ウエハース(1包20銭，現在価670円)を発売．[122]
	16	房総煉乳(株)，100万円に増資(明治製糖2分の1出資，明治乳業創業の日)． ＊同社は1920(大正9)年12月に東京菓子へ併合された．[186]
5月	1	東洋化学肥料会社，日本硫安肥料会社を合併．[189]
	5	大日本麦酒，「青島ビール」を発売．[12]
	24	米価が上昇に転じ，期米高騰，大阪市場休会．[42]
	◆	明治製糖，川崎氷糖工場操業開始．[146]
6月	1	東京月島機械製作所(1905〈明治38〉年8月創業)，組織を変更して，月島機械株式会社を設立．資本金150万円． ＊製糖・製粉などの食品プラントの先駆け．[26]
	3	田村市郎❖<51>(1866～1951)，株式会社山神組の増資を引き受け，社名を日本水産株式会社に変更． ＊7月10日，日本水産の社章を商標として登録．この年，田村市郎，共同漁業株式会社の株式の大半を取得．[52]
	12	炭酸ガスを液化する日本炭酸瓦斯株式会社，東京市浅草区玉姫町(現台東区清川)に設立． ＊液体炭酸ガスは，サイダーやラムネなどの清涼飲料の原料や製氷の媒介物に使用される．従来は天然から噴出する炭酸ガスをびんに詰めて飲料用に供していた(『時事新報』)．[192]
	17	日清製粉，上期純益23万4,000円(配当1割2分，特別配当3分)．
	17	株式会社鈴木商店(資本金300万円)設立．合資会社鈴木商店(味の素の前身)の営業権を継承．社長鈴木三郎助❖，専務取締役鈴木忠治❖．[99]
	25	小林一三❖<44>(1873～1967)・小野金六・高碕達之助❖<32>(1885～1864)ら，東洋製缶株式会社設立，わが国初の空缶専門業者． ＊缶詰業の発展を図るには，「製缶と缶詰製造の分離」が必要であるとのことから創立．[53, 191]
	◆	国産ドライイーストによるパン製造に取り組んでいた田辺玄平❖<42>(1874～1933)，『最近麺麭製造法』(東京割烹講習会)を著わす．

1917年　　167

7月3 栂野明二郎(とがのめいじろう)❖<35>（1882〜1940）を中心として大橋新太郎・橋本圭三郎ら，速醸醬油を製造する日本醸造工業株式会社（資本金50万円）を設立． [274]

12 東京菓子（株），職工採用（男工86名・日給平均70銭〈現在価2,330円〉，女工210名・同30銭〈1,000円〉）． [154]

26 日清製粉，資本金を170万円から400万円（現在価133億円）に増資． [124]

◆ この月，出航の「藻寄丸」（神戸の鈴木商店所属），昨年来の内地米（調節米）輸出の最終便となる． [39]

◆ 炭鉱でもビールが飲まれるようになり，全九州のビールの売上げは，前年の20万箱から24.5万箱に急増． [22]

8月14 銚子醬油合資会社の出資者12代田中玄蕃，出資額の一部を10代浜口吉右衛門に譲る． [11]

◆ 大日本製糖，朝鮮製糖株式会社設立．社長に大日本製糖社長の藤山雷太就任． [101]

◆ 神戸の鈴木商店，王子製油所（旧日本油脂王子工場→現日油の前身の一つ）設立．人造バターを製造． [9, 17]

◆ 大里酒精製造所（現北九州市大里），日本酒類醸造株式会社に改組．→1913（大正2）年12月 [150]

◆ 赤堀峰吉・赤堀菊子・赤堀みち子，『家庭日本料理法』（大倉書店）を著わす．
  ＊馬鈴薯の生産増を背景に，馬鈴薯料理20種類を紹介．

9月1 大戦景気で投機の対象となる米・鉄・石炭などの買占め，売惜しみを取り締まる「暴利取締令」を公布．即日施行．

1 森永製菓，千葉県下の愛国煉乳合資会社を買収して，日本煉乳株式会社（森永乳業の前身）を設立（資本金30万円）．社長松崎半三郎❖（1874〜1961）． [6, 122, 152, 153]

13 東京菓子（株），製品原料用砂糖は明治製糖より，乳製品は房総煉乳より原料供給を受けることを決定．
  ＊東京府大久保町に大久保工場を開設し，菓子製造を開始（1930〈昭和5〉年2月閉鎖）． [146]

10月13 三島海雲❖<39>（1878〜1974）は，土倉竜治郎・津下紋太郎の協力を得て，ラクトー株式会社設立（資本金25万円，カルピスの前身）． [193, 194]

31 房総煉乳（明治乳業の前身），帝国煉乳株式会社を合併（資本金110万円）． [186]

11月12 中央畜産会，北海道食肉加工講習会(にくなめせい)を開催． [17]

23 東京菓子（株），新嘗祭当日を期し，一部製品（キングキャラメル・モナークキャラメルなど）の試売を開始． [146]

◆ 神戸の鈴木商店，南洋製糖株式会社設立（資本金600万円）． [6]

1917年

12月 **7** 千葉県野田町の茂木・高梨一族 8 家の醸造家が合同し，野田醬油株式会社（資本金700万円，キッコーマンの前身）を設立．初代社長は 6 代茂木七郎右衛門❖<57>（1860 ～ 1929）．翌年 1 月に営業開始．[183, 195]

＊各家の現物出資の醬油工場は，第何工場という数字の呼称に改められ，第 1 工場から第17工場まで制定された．[161]

8 房南煉乳株式会社設立（資本金 4 万5,000円）．

21 三井物産，極東煉乳株式会社設立（資本金150万円，明治乳業の前身），社長に馬越恭平❖（大日本麦酒社長）就任．[186]

21 万_{まんじょう}上味淋株式会社設立（資本金50万円）．[196]

＊1925（大正14）年 4 月 1 日，関東大震災の影響もあり，経営が悪化したため，野田醬油と合併し，同社万上味淋部となる．

26 極東煉乳（明治乳業の前身），静岡県三島市の花島煉乳所と札幌煉乳所（左近彦四郎）を買収し，三島工場，札幌工場を開設．[186]

◆ 明治製糖川崎粉糖工場，操業開始．[146]

この年

◆ 第一次世界大戦景気が最高潮に達し，企業設立ブーム．

◆ この頃から大正デモクラシーが高まる．

◆ 浜田四郎の広告コピー「今日は帝劇，明日は三越」が東京で有名になる．[35]

◆ 三井財閥の統帥益田孝❖<69>（1848 ～ 1938）の長男益田太郎❖<42>（1875 ～ 1953，台湾製糖専務取締役）が，作詞・作曲した「コロッケの歌」が大流行．[197]

＊コロッケは歌の流行とともに一般家庭の料理に取り上げられるようになり，ライスカレー，カツレツとともに大正時代の三大洋食と呼ばれた．

◆ 神戸の鈴木商店の貿易年商，15億4,000万円（現在価 5 兆1,330億円）の巨額に達し，三井物産の年商10億9,500万円（ 3 兆6,500億円）をしのぎ，日本一の商社となる．この年の秋，金子直吉❖はロンドン駐在の高畑誠一宛に，いわゆる「天下三分の宣言書」を発し，「三井三菱を圧倒するか，然らざるも彼等と並んで天下を三分するか，是鈴木商店全員の理想とする所也」と宣言した．[39]

◆ 第一次世界大戦の影響で，小麦粉移輸出量（12万2,000トン）に急増．小麦・小麦粉高騰．[163]

◆ ロシアの政情不安で，トマト，タマネギなど西洋野菜のウラジオストック向け輸出途絶．[121]

◆ この頃から，畜肉加工業者が増加し始め，ソーセージ製造が緒につく．

◆ 海軍，兵食としてハムを採用．[17]

◆ 清涼飲料水の課税問題が起こったが，反対運動が奏功．[9]

＊クリフォード・ウイルキンソン（Clifford-Wilkinson）炭酸鉱泉

(株),「清涼飲料水課税ニ関スル反対陳情書：業界大局ノ説明」を提出.
- 山本為三郎❖<24> (1893 〜 1966),半自動製壜機をアメリカより輸入し,日本製壜会社設立. [216]
- 大日本麦酒,長野県南佐久郡稲積村で,数品種のホップ栽培を開始. [92]
- 横山長次郎(参松工業株式会社創立者),酸糖化法によるブドウ糖生産に成功. [72]
- 大日本人造肥料(株),『創業三十年記念誌』刊行.
  ＊同社は1887(明治20)年10月創立.

1918 大正7年

米騒動で寺内内閣総辞職し，原敬内閣誕生

　この年の前半までは，好況を背景に煉乳や麦酒工場の新設など，食品産業界も活況を呈した。しかし，後半はロシア革命干渉のシベリア出兵，富山県に端を発した米騒動が全国化した。これによって寺内内閣が総辞職し，原内閣(1918.9.29～21.11.13)が誕生した。10月からはスペイン風邪が猛威を振い，11月，第一次世界大戦の休戦成立(11日)による戦後の反動不況などで，生活環境は一変した。米価が高騰したため，新聞に節米の知恵が掲載されたり，東京府では節米と雑穀食を奨励するため「かやく飯」を発表するなど，官民一体となって，主食確保に努めた。米価の高騰につれて，他の食料品も急騰した。

　このようななか，原内閣は，国防の充実，交通通信機関の整備，教育の振興，産業の振興を四大政策に掲げ，積極政策を展開した。

1月◆ 株式会社精養軒(資本金100万円)設立．
　　　＊創業は1872(明治5)年．
　◆ 不二家洋菓子舗(不二家の前身)，横浜市に伊勢崎町店を開店．わが国で初めてシュークリーム，エクレアなどを販売し，好評を得る．[169]
　◆ 加藤時次郎❖<59>(1858～1930)主宰の社会政策実行団，東京芝区烏森町に平民食堂を開設．簡易食堂の初め．[198, 199]

2月11 中島董一郎❖<35>(1883～1973)，中島商店設立(〈株〉中島董商店の前身)．[332]
　　　＊最初の業務は，ギル商会よりのオーストラリア向けピンクサーモン500函．
　15 帝国麦酒，製麦場竣工．[12]
　18 ～28日：千葉県の習志野俘虜収容所のカール・ヤーン❖ら，ドイツ式ソーセージ製造法を農商務省畜産試験場の飯田吉英技官❖<41>(1876～1976)に公開．[31, 200]
　23 尾張トマト加工品製造組合結成，標準価格の決定，製品のラベル貼付などを申し合わせる．[121]

3月2 東京府，物価暴騰のため府庁内に野菜の廉売所を設ける．[4]
　18 兼松合資会社，株式会社兼松商店に改組，改称．[35]
　◆ 房総煉乳(明治乳業の前身)，主基工場(現千葉県鴨川市)を開設．[186]

◆		日清豆粕製造(日清オイリオグループの前身)の3月期の決算，純益40万円(現在価13億3,000万円)に達し，特別2割を含む年3割の配当を行い，創立以来10年余りで社業の基礎が定まる．[160]
4月	1	ビール税，増税(1石10円→12円)．[49]
	15	三菱合資会社の営業部と鉱山部を独立させ，三菱商事株式会社と三井鉱業株式会社を設立．[35]
	15	大阪市，全国最初の公設市場を大阪市谷町・境川・天王寺・福島に開設．[4]
	25	外国米の輸入等に関する件公布・施行(外国米管理令)．農商務省に臨時外米管理部を設置．[42]
		＊神戸の鈴木商店は，三井・湯浅・岩井とともに外米輸入指定商となり，この管理令に率先協力し，外米と朝鮮米を移輸入して，米価値下げ対策に全力を傾注し，国策的貿易活動の模範を示す．[39]
	27	麒麟麦酒，神崎工場竣成届(後の尼崎工場)．6月28日醸造開始．[49]
5月	6	麒麟麦酒，横浜製麦工場竣成届．[49]
	20	日清豆粕製造，社名を業務の拡張に伴い，従来の社名では名実一致しないとの理由から，日清製油株式会社(日清オイリオグループの前身)と改名．[160]
	31	政府，外米奨励のため「外国米の案内書」を全国商工会議所に配布．[48]
7月	5	大日本ビール，東京銀座に直営ビヤホール開業(竹川町事務所跡)．[12]
	23	米騒動始まる．富山県下新川郡魚津町(現魚津市)の大町海岸で，おりからの米価高騰に苦しむ女性数十人が米の県外積出しをやめるように要求し，このため米の移出は中止された．しかし，これを機に，米騒動は1道3府32県に波及．
		＊大町海岸には「米騒動発祥の地」の碑があり，魚津市教育委員会による「魚津の米騒動」の掲示板が建てられている．
	25	日清製油(日清オイリオグループの前身)，横浜市の松下豆粕製造所を合併し，資本金を300万円に増資．
		＊内地にも拠点をおくこととなる．[160]
	31	米価大暴騰，期米市場大混乱．各地取引所8月7日まで立会停止．[42]
◆		大日本製糖，朝鮮製糖を合併，資本金を250万円増額し，総額2,050万円となる．[101]

竣工した神崎工場(キリンホールディングス提供)

8月

2 シベリア出兵宣言.

3 富山県中新川郡西水橋町(現富山市)の漁師の女性約300名がシベリア出兵のために米の買占めが進み,白米の小売価格が高騰したことに抗議し,「我々は餓死するのみ」と騒ぎ出し,米穀店などに押しかける.
* 米騒動以降,パン食が嗜好品から米飯の代替として注目されるようになる.

7 米価さらに暴騰し,東京白米小売相場,遂に1升50銭台(前年の2倍余,現在価1,700円)となる.[42]

10 東京府,朝鮮米の廉売告示(12日実施).

12 神戸の鈴木商店,米価高騰の元凶として焼打ちにあう.[39]

12 名古屋市,各区役所で米の廉売を始める.公設小売市場の始まり.[4]

20 銚子醬油株式会社設立(資本金100万円).
* この日の総会で,銚子醬油合資会社の資産その他一切の権利義務継承買収を決議.8月28日,銚子醬油合資会社解散.[11]
* 3つのマーク(カギタイ印,ジガミサ印,ヒゲタ印)を「ヒゲタ」に統一して「亀甲萬(キッコーマン)」に対抗させることとなる.[72]

27 森永製菓,わが国で初めて原料カカオ豆からチョコレート一貫製造を田町工場で開始.[122]
* 一貫製造の開始は,わが国のチョコレート工業史上で,一大エポックを画する年であった.[273]

◆ 大阪市,前年の米1石代金19円35銭に対し,この月には71円83銭に暴騰,市内の4公設市場で白米の安売りを行う.[4]

◆ この頃の労働者(子供2人の4人家族)の1カ月の家計,収入36円,支出41円93銭5厘(赤字5円93銭5厘).食費22円90銭,うち米代金(1日1人当たり3合弱の3斗5升)14円,副食費(1人1食約2銭)7円,醬油(3升)1円20銭.

◆ 静岡県に志太煉乳株式会社設立.

夏 東洋缶詰株式会社(東京本所林町),米国シカゴのアーマー会社の食肉加工技師カール・レイモン❖<24>(1894〜1987)を雇用.[17]

9月

21 米騒動で寺内内閣が倒れ,原敬内閣発足(9.29〜21.11.13).

23 酒造税法改正により酒税増徴(清酒1石につき23円).[86]

25 京都市,七条・北野・川端公設小売市場を開設.[4]

◆ 農商務省,『時局ニ際シ主要食糧農産物ノ増殖ニ関シ特ニ必要ト認ムル奨励事項』を発刊.

◆ 三宅秀(1848〜1938),『節儉食料並に救荒食物』(開発社)を著わす.

10月

◆ スペイン風邪(スペイン・インフルエンザ)が流行し,翌年にかけて全国の死者15万人にのぼる.[201]

- *ドイツ人捕虜のソーセージ技術公開に尽力した習志野俘虜収容所長西郷寅太郎大佐(52歳, 西郷隆盛の長男)も罹患し, 翌年1月急逝. [200]
- *10月末に罹患した劇作家の島村抱月は11月5日死去. あとを追って「カルメン」出演中の松井須磨子が翌年1月5日自殺.
- *88年後の2006(平成18)年, 人口歴史学者速水融慶應大名誉教授(平成21年文化勲章受章)が, この風邪の実態を明らかにし, 優れた著書『日本を襲ったスペイン・インフルエンザ 人類とウイルスの第一次世界大戦』を著わす.

11月 1 野田醬油醸造組合解散とともに, 同組合管理の野田病院及び醸造試験所, 野田醬油(キッコーマンの前身)に移管される. [195]

11 第一次世界大戦休戦条約調印. 5年の長きにわたる大戦終わる.
- *大戦の終結で海運業, 鉄鋼業など深刻な打撃を受け, 諸物価, 株価暴落. 一挙に不況に突入.

28 日本製壜株式会社設立. [92]

◆ 初の清涼飲料水製造業の全国団体「全国清涼飲料水同業組合」設立(社団法人全国清涼飲料工業会の前身). [9, 48]

◆ スペイン風邪が猖獗を極め, 氷需要は増大するが, 氷不足が深刻化.

12月 1 伊藤忠合名会社, 営業部門を分離2分して, 主として綿布貿易を営む伊藤忠商事株式会社と, 反物呉服を取り扱う株式会社伊藤忠商店(後の丸紅商店)を設立. [35]

この年

◆ 1914(大正3)年を100とした労働者の生計指数174, 実質賃金指数92と米価を初めとする諸物価の高騰に悩まされる. [48]

◆ 会社数3万社突破(3万601社). [35]

◆ 中堅サラリーマンの月給30〜40円(現在価10〜13.3万円). [35]

◆ 原敬内閣, 高い米の代替としてパンの代用食運動を推進.

◆ 田辺玄平◆<44> (1874〜1933), 『脱脂豆飯と玄米麺麭』(精禾堂)を著わす.
- *彼はパン配達用の箱車に,「食糧問題の根本解決はパン食にあり, パン食の普及はパン製造法の改良にあり, パン食に慣れるは国民の義務なり」と大書して, 東京市民の注意を喚起した. 彼は20%玄米飯をパンの生地に混ぜて, コッペパン型に整形して焼上げた「玄米パン」を販売した. [180]

◆ 東京神田に簡易食堂と呼ばれる公設食堂開設. 九段・本所・浅草などにも順次開設. [48]

◆ 小麦粉価格, 前年の春の約2倍, 思惑売買盛んとなり, 製粉業界波乱に終始. [21]

◆ 千葉県銚子のヤマサ醬油店(ヤマサ醬油の前身), 山十醬油を吸収合併し, 翌年工場に新式機械などを導入して能率化を図るなど, 近代的な大量生産方式を採用. [141]

- ◆ 愛知トマトソース製造(合資)(カゴメの前身)，公称資本金を1万2,000円に倍額増資．[121]
- ◆ 京都伏見の四方合名会社(宝酒造の前身)，初のびん詰め焼酎「寶焼酎」(640cc)を発売．[158]
- ◆ 高野吉太郎❖<58>(1859〜1919)，東京府角筈(現本店所在地)の土地290坪(35,000円)を購入し，「新宿高野」の礎を築く．[202]
- ◆ 食用蛙，北アメリカから輸入される．
  ＊カツレツ用として話題を呼ぶ．
- ◆ 神谷伝兵衛❖(1856〜1922)，千葉県稲毛海岸近くの傾斜地(現千葉市稲毛区稲毛1丁目，国道14号線沿いの高台)に別荘を完成．
  ＊2階建のこの建物は，市内に現存する鉄筋コンクリート建築としては最も古く，建築史上からも大変貴重なものといわれ，国登録有形文化財となっている．一般公開されており，JR稲毛駅から徒歩約20分，京成稲毛駅から約10分．

旧神谷伝兵衛稲毛別荘

1918年 ◆ 175

1919 大正8年

ドイツ人捕虜，食文化に貢献

　1914（大正3）年8月23日，第一次世界大戦でドイツに宣戦布告した日本は，中国の山東半島にあるドイツの租借地，青島（チンタオ）要塞を攻撃。11月7日，ドイツ軍は降伏し，日本軍の捕虜（ふりょ）となった。彼らは日本各地の俘虜収容所へ収容されたが，捕虜の中には高い技術をもった民間出身者も含まれていた。

　例えば，千葉県の習志野俘虜収容所にはソーセージ製造を業とする者が5人もいた。その中で，カール・ヤーン❖は最も優れていた。そこで，その技術開示を要請していたが，農商務省の飯田吉英技師❖や西郷寅太郎収容所長らの熱心な説得により，1917（大正7）年2月にはドイツ式ソーセージの製法が公開され，わが国でソーセージが製造されるきっかけとなった。このようなことから，習志野市はわが国のソーセージの発祥の地ともいわれる。

　各地の収容所に収容された彼らは，近隣の人びとに乳牛の飼育やパンの製法などを教え，地域との交流も深めた（例えば，徳島の坂東俘虜収容所〈所長松江豊寿〉，現在でも鳴門市には彼らからパンの製法を習ったパン店「ドイツ軒」がある）。

　大戦終結後，日本に止まってわが国の食文化に影響を与えた人物もいた。食肉加工のヴァン・ホーテン❖，ヘルマン・ウォルシュケ❖，カール・ブッティングハウス❖，アウグスト・ローマイヤ❖，洋菓子のカール・ユーハイム❖，製パンのハインリッヒ・フロインドリーブ❖（敷島製パン），ドイツ料理のヘルムート・ケテル（東京銀座5丁目）などがあげられる。また，大戦前にワイン醸造の専門家として日本に招聘され，習志野で捕虜生活を送ったハインリッヒ・ハム❖も忘れられない人物の一人である。→1911年
[31, 78, 200]

　時は流れて，2008（平成20）年11月，習志野市教育委員会によって，かつて俘虜収容所のあった場所（東習志野4丁目児童遊園内）に「ドイツ捕虜オーケストラの碑」が建立された。また，毎年11月にはスペイン風邪などで望郷の念を抱きながら亡くなった30名の追悼慰霊祭が，慰霊碑のある船橋市習志野霊園で，千葉県日独協会によって開かれている。

ドイツ捕虜オーケストラの碑

1月15 野田醤油(キッコーマンの前身),職工同盟罷業を行う.[195]

◆ 内務省衛生局,『栄養と食糧経済』を発刊,節約を呼びかける.

◆ ビールの需要が増え,雑誌『日本一』に「ビール党」という言葉が登場.[22]

＊ビール生産量は1913(大正2)年に20万石を超え,1919年には67万7,000石と飛躍的に伸びる.

3月10 寿屋洋酒店(サントリーの前身),築港工場を大阪市港区に建設し,「赤玉ポートワイン」びん詰工場とする.[120]

18 ～5月31日:第1回全国畜産工芸博覧会,東京上野で開催.多数のハム,ベーコンが入賞し,宮内省の買上げがあり.また,陸軍省出品説明に,国防上より観たる牛の資源と題し,「一朝国事有事の場合,大動員行はるるとせば1ヵ年を維持すべき缶詰製造に要する生牛は約200万頭,〈中略〉今内地現在の畜牛数を顧みれば僅かに25万頭に過ぎず」と牛の増殖を強調.[17]

＊大木市蔵❖<23>(1896～1974),ハム・ソーセージを出品し,試食サービスで大衆化を図る.[30, 203]

20 ～4月5日:第3回全国菓子飴大品評会,大阪商品陳列所で開催.明治天皇の崩御,第一次世界大戦の勃発などで,前回の開催から7年のブランクがあった.[310]

27 米価調節のため麦類の輸入税減免.

＊小麦無税,小麦粉100斤につき75銭(1920〈大正9〉年10月末日).[21]

◆ 江崎利一❖<36>(1882～1980,江崎グリコ創業者),カキの煮汁からグリコーゲンを採取.[204, 213]

4月1 大日本煉乳同盟第1回会合,東京築地精養軒で開催.1923(大正12)年4月,社団法人大日本製乳協会と改称.[321]

1 大阪のびん詰酒小売価格(1升),1円50銭～1円55銭(現在価5,000～5,170円).[86]

◆ 大日本製糖,『日糖最近10年史』(西原雄次郎編)刊行.食品企業関係では日本で最初の社史とみられる.1906(明治39)年設立.

5月1 日本煉乳(森永乳業の前身),小缶煉乳森永ミルク(390g 50銭)を発売.[118, 112]

◆ 農商務省,畜産物加工練習生に関する規程を制定し,畜産試験場で食肉加工技術者の養成を始める.[17]

6月11 北海道製糖株式会社(日本甜菜糖の前身)設立.資本金1,000万円(払込資本金250万円).[205]

20 日東製氷株式会社設立(後の大日本製氷).[26]

24 日清製粉,株主総会開催.純益41万4,000円(現在価13億8,000万円),配当年1割2分,特別配当1割3分.[124]

28 ベルサイユ平和条約に調印.同条約は批准ののち,翌1920(大正9)年1月10日に公布.この条約の第13編「労働」で,1日8時

間または週48時間および週1回の休日などの原則が定められる．
[35]

- 糧食研究会発足．代用食を総合的に開発する目的などで，貴族院議員伯爵林博太郎(1874～1968)や東京帝大教授稲垣乙丙(1863～1928)の提唱により発足．
  * 10月に機関誌『糧食研究』第1号を発刊．1944(昭和19)年11月の220号まで続く．
  * 原敬首相❖<63>(1856～1921)は，1920(大正9)年発刊の第4号に「米麦混食の奨励」を記している．

7月

7 ラクトー(株)(カルピスの前身)，包装紙のデザインに天の川－銀河の群星を型どった乳酸菌入りの新飲料「カルピス」を発売．
  * 当初は売行き不振であったが，改良を加えるとともに，「初恋の味」(詩人の驪城卓爾＝大阪の旧制今宮中学の厳格な漢文の先生だったという)のキャッチフレーズや包装の「黒ん坊マーク」で有名になり，売上げは急上昇した．[115, 193, 194]

29 『官報』に，米を主食とするのではなく，混食の奨励を掲載．
  * 「国民ヲシテ雑穀甘藷馬鈴薯其ノ他ノモノヲ常用ニ供スル良習慣ヲ養ハネバナラヌ．混食代用食炊事ノ改良養鶏及ビ果樹蔬菜ノ栽培等，？モ学校ニ於テ実行ノ出来ル事柄ハ直ニ実行シ，之ヲ家庭ニ之ヲ社会ニ及ボスコトガ最モ緊要デアル」と政府が食生活に口を挟むようになる．

- 北海道庁，米の代用に用いる馬鈴薯飯やとうもろこし飯，とうもろこし団子などの試食会を開催．

- 代用食研究家林末子が考案の馬鈴薯飯試食会，東京市長田尻稲次郎❖<68>(1850～1923)の後援で丸の内の中央亭で開催．
  * 田尻市長は，折からの米価暴騰の対策として「豆かす飯」を奨励．

8月

1 森永製菓，初めて国産ミルクココアを発売．30匁入り45銭．[122]

9月

1 寿屋洋酒店(サントリーの前身)，「トリスウイスキー」を発売．[120]

5 銚子醤油(ヒゲタ醤油の前身)，従業員に大幅増給．[11]

- 房総煉乳(明治乳業の前身)，日本煉乳の吉尾・田原・勝山の3工場を買収．[186]

10月

10 森永製菓，工場従業員の労働時間を1日8時間制とする．わが国8時間労働の初め．[122]

10 東京菓子(明治製菓の前身)，職工の勤務時間を8時間とする．[146]

17 神谷伝兵衛❖の個人経営部門(浅草・牛久)，神谷醸造株式会社に改組．[71]

30 森永製菓，従業員功労者に対して自社株贈与．11月1日，工場従業員にも月給制度適用．当時の従業者は約1,300人．[35]

11月30 中島董一郎<36>(1883～1973),同志とともに食品工業(株)(キューピーの前身)を現東京都東中野に設立.
* キューピーマヨネーズの発売は,5年後の1925(大正14)年3月.
* 1970(昭和45)年7月22日,東証2部に株式上場. [187, 332]

◆ 醤油の卸売価格(東京),9升1樽10円(現在価3万3,000円).当時としては未曽有の相場を現出.
* 高騰の背景は諸物価の騰貴,消費の増加,思惑買いの増加など. [267]

12月20 東京菓子(明治製菓の前身),東京澱粉精製株式会社(現江東区大島)を合併(資本金220万円),大島工場として開設. [146]

20 日清製粉,株主総会開催.純益66万7,000円(配当1割2分,特別配当1割8分). [124]

31 原首相,自著『米麦混食の奨励』を20万部発行し,「糧食の充実は国家の最大の急務である」として,兵隊の健康は米麦混食などの例示をあげ,自ら節米を唱導した. [302]

◆ 財団法人協調会設立.労働争議などの活発化に対応して,労資協調を図るために設立された.

◆ 日清製粉,東京パン株式会社創立.

◆ 愛知県知多半島出身の盛田善平❖<55>(1864～1937),名古屋市に敷島製パン株式会社設立,本邦初の量産設備建設. [206, 207]

◆ 堤商会,改組されて極東漁業株式会社となる. [35]

◆ 日本製飴,徳島市出来島町で麦芽飴から酸糖化水飴に転向(麦芽飴からの最初に転向した社). [271] 吉田初三郎が描いた見事な『日本製飴会社中心とする徳島及小松島鳥瞰図』がある.

この年

◆ 明治屋社長磯野長蔵❖(1874～1967),政府のすすめにより第一次世界大戦の元ドイツ人捕虜,製菓技術者カール・ユーハイム❖<39>(1880～1945)や食肉加工技術者ヴァン・ホーテン❖を月給350円(現在価117万円)という高給で雇用し,東京銀座にカフェ・ユーロップを開設.ユーハイム製造のドイツ式洋菓子販売を開始.同店の支配人はヴァン・ホーテン.
* ユーハイムは後に神戸ユーハイムを設立し,バウムクーヘンで有名になる. [85]

◆ 櫛引弓人経営のハム会社,千葉県の習志野俘虜収容所収容中のドイツ人ケテル(1893～1961)及びブッティングハウス❖(?～1944)と雇用契約し(月給300円),千葉県都村(現千葉市)及び現四街道市に工場を設け,両人に経営を委託する. [17]
* ケテルは解放後,東京銀座にドイツ料理店「ケテル」を開店.2004(平成16)年閉店.

◆ 陸軍,週1回以上のパン食の採用を決定.

◆ 東京市内の牛乳業者30名の発起人による日本均質牛乳株式会社設立. [1]

- ◆ 日英醸造株式会社(外資系のビール会社),現横浜市鶴見区市場町に設立.翌年,カスケードビールを発売.
  - ＊工場は禁酒法施行に伴い,不要となったアメリカの工場施設を輸入して作られたユニークな工場.[111]
  - ＊1928(昭和3)年,寿屋(サントリーの前身)が買収.
- ◆ 仙台市に東洋醸造株式会社設立.
  - ＊1921(大正10)年10月10日にフジビール発売,大正12年,麒麟麦酒に合併.[49]
- ◆ 大日本麦酒,長野県でホップ「信州早生」の契約栽培開始.[12]
- ◆ 西宮今津郷,酒造人15,蔵数64,造石高7万4,373石.うち大関,蔵数10,造石高1万1,472石.[86]
  - ＊この年度の全国清酒醸造場1万235,造石高618万6,486石.[350]
- ◆ 明治屋,コカコーラを輸入販売.同社機関誌『嗜好』に広告掲載.[85]
- ◆ 葛原猪平❖<40>(1879～1942),米国から2人の冷凍技術者を招聘し,北海道森町と宮城県気仙沼町に産地冷蔵庫(工場)を建設.
  - ＊1969(昭和44)年森町の森ニチレイフーズ敷地内に,猪平が建てた工場の創業50年を記念して「日本冷凍食品事業発祥之地碑」が建立された.[53, 304]
- ◆ 洋菓子工場の職工数(20人以上),農商務省調べによると,全国で43工場,3,059人,1工場平均71人であるが,下記工場以外は50人以下となっている.なお,パン屋に比べ,1工場の人数が多く,機械化も相当進んでいる.[38]
  - ＊森永製菓(1,065人)〔第1工場(468人),第2工場(442),大阪工場(155)〕,東京菓子(365),大竹製菓(164),今村製菓(117),日東製菓(104),札幌古谷第2工場(102),東洋製菓(96),三河屋総本店(75,小林織江),ラクトー(73),中外製菓(66).
- ◆ 東京の木村屋パン,岡山市新西大寺町に岡山支店設立.[208]
- ◆ 従業者数上位200企業にランクされている食品関連企業は9社,純然たる食品会社は大日本麦酒・森永製菓・野田醤油の3社.[167]

順位	社名	人数	順位	社名	人数
11位	大蔵省専売局	26,008人	142位	中央燐寸(株)	1,447人
42位	東洋燐寸(株)	5,498人	163位	帝国燐寸(株)	1,263人
69位	日本窒素肥料(株)	3,523人	188位	森永製菓(株)	1,065人
87位	日本燐寸製造(株)	2,582人	200位	野田醤油(株)	1,009人
120位	大日本麦酒(株)	1,839人			

1920 大正9年

大正9年の恐慌の下，製糖業は活況を呈し，未曾有の高率配当を行う

　第一次世界大戦の戦時好況は，1919年6月のベルサイユ条約締結で，ひとまず終止符を打った．しかし，精製糖業界だけは例外であった．大戦後，ヨーロッパ各地の甜菜糖の減産や消費の増加予想などから，糖価は高騰を続け，大戦前20円台(100斤当たり)であった精糖相場は，1919年末には50円台となった．これを反映し，製糖各社は高率配当(大日本製糖は1920年上半期7割，下半期に4割，明治製糖は上期10割8分，下期6割2分)を行うとともに，大幅な増資を実施した．この好況は長く続かず，この年の後半には国際砂糖市況が暴落したため，砂糖商の老舗増田増蔵商店，阿部幸商店，湯浅商店などが相次いで経営難に陥り，破綻し，整理に入った．

1月◆ 野田醤油(キッコーマンの前身)，商標を「キッコーマン」ほか7印に整理する．[196]
　＊個人時代より引き継いだ商標は，登録されているだけでも211種に及んでいた．この年，輸出用として「醤油1ガロン缶」を発売．

28 大日本麦酒，資本金1,200万円を3,800万円に増資の件を決定．[36]

30 東洋コルク工業株式会社設立．

◆ 原敬首相，米に1〜3割の麦を混ぜるよう国民に呼びかける．

2月1 日清製粉岡山工場(1,000バーレル)完成し，運転開始．総能力5,200バーレルとなる．[124]

24 神谷伝兵衛◆，神谷酒造合資会社(本所・旭川)と大日本旭酒造株式会社を合併し，神谷酒造株式会社設立．[68,71]

3月1 登利寿株式会社，兵庫県尼崎市大物町に設立．代表取締役鳥井信治郎．酒類製造及びびん詰を開始．びん詰ハイボール「ウイスタン」発売．[120]

1 日本製粉，東洋製粉・(株)大里製粉所・札幌製粉を合併(新資本金1,110万円)．各社の工場を兵庫工場(1,200バーレル)，高崎工場(700)，小山工場(600)，大里(1,200，後に門司)工場，札幌工場(300)と改称．[21]
　＊神戸の鈴木商店が日本製粉の原料・製品の大部分を取り扱う．

15 株式大暴落，これを機に商品市場大暴落．成金ブームも終息．戦後の反動恐慌(大正9年恐慌)が発生，5月上旬までに銀行取付け，企業倒産続出．

'18—'27

4月	1	◆ 新高(にいたか)製糖, 資本金500万円を2,800万円に増資. [6]
	1	日本製粉, 東北製粉(宮城県)を合併(新資本金1,155万円). 同社工場を仙台工場(300バーレル)と改称. [21]
	5	小出孝男(こいで)❖<24> (1895～1980), 海苔びん詰を製造販売する桃屋商店(桃屋の前身)を創業. [72, 85]
	15	東洋棉花株式会社(旧トーメンの前身)創立. 三井物産棉花部を継承. [35]
	27	大日本麦酒, 資本金3,800万円を4,000万円に増資の件を決定. [36]
	29	明治製糖, 事業拡張のため資本金1,200万円を3,000万円に増資.
		＊この年の前半期, 普通配当1割2分と同時に創立15周年記念として臨時配当9割6分, 合計10割8分の配当を行う. [146]
	◆	台湾製糖, 資本金2,980万円から6,300万円へ増資, 株主配当年1割2分, 特別配当年3割8分, 創立20年記念臨時株主配当年5割を決定. [130]
	◆	塩水港製糖, 資本金1,475万円を2,500万円へ増資. [6]
	◆	(旧)日本甜菜製糖株式会社設立. 資本金1,000万円(払込資本金250万円). [205]
	◆	日本銀行, 製糖資金3,000万円融資決定. [6]
	◆	鈴木商店(味の素の前身), 「味の素」発売10周年記念の特売及び記念行事を行う. [99]
	◆	静岡県焼津のカツオ漁船「第2大洋丸」(東海遠洋漁業株式会社所属, 57トン)に, ディーゼル機関(100馬力)が備え付けられる. わが国初のディーゼル機関付き漁船. [83]
5月	2	連合紙器株式会社設立(三成社など承継). [26]
	◆	初夏から翌10年初春にかけて, 神戸の鈴木商店, 満州小麦36万トンを買い付け, 満鉄の貨車1万車を全線に走らせ, 1万トン級の貨物船45隻に満載して大連港より輸出. [39]
6月	3	房総煉乳(明治乳業の前身)勝山工場(現千葉県鋸南町(きょなんまち)), 生乳を客車便で東京に輸送開始. [186, 209]
	6	房総煉乳勝山工場, 生乳を発動汽船便で東京に輸送開始. [186]
	17	大正天皇, 極東煉乳三島工場(現静岡県三島市)の煉乳をお買い上げ. [186]
	21	日清製粉, 株主総会. 純益107万4,000円(配当年1割2分, 特別配当1割8分). [124]
	◆	盛田善平❖ (1864～1937), 元ドイツ人捕虜の製パン技師ハインリッヒ・フロインドリーブ❖を敷島製パンの技師長として高給(月額300円, 現在価100万円)で招く. [206, 207]
	◆	仙台税務監督局, 『東北六県酒類密造矯正沿革誌』(747頁)刊行.
		＊密造酒問題がいかに大きな問題であったかがうかがえる.
7月	15	鈴木商店(味の素の前身), 大阪中座で1日を「味の素デー」とし

'18 — '27

182　◆　1920年

		て観劇会を催す．1937(昭和12)年まで継続．[35]
	20	森永製菓，日本煉乳(森永乳業の前身)を合併し(三島工場を承継)，同社畜産部と称する(後に煉乳部となる)．[118, 122]
	29	大日本麦酒，日本硝子工業株式会社を合併．[36]
8月	1	ビール税増税(1石12円→18円)．[12]
	1	ビール税法改正，馬鈴薯でん粉の使用許可．[12]
	24	柴田文次❖<19>(1901〜74)，横浜市中区福富町にコーヒー商「木村商店」(キーコーヒーの前身)創立．コーヒーの焙煎とコーヒー及び食料品の販売．[210]
	◆	塩水港製糖，大阪に精製糖工場完成(東京工場は1925年11月)．[6]
	◆	サクマ式ドロップスの創始者佐久間惣次郎❖<43>(1877〜1924)，東京池袋に佐久間製菓株式会社設立(資本金200万円)．[6]
9月	16	房総煉乳勝山工場，生乳を専用貨車で東京に輸送開始．[186]
	17	佐伯矩❖<44>(1876〜1959)の私立栄養研究所が発展し，国立栄養研究所を設立，初代所長に佐伯矩就任．[211, 212]
	◆	帝国製糖，資本金を倍額増資して3,000万円とする．[6]
10月	1	明治製糖，大和製糖を合併し，渓湖工場として操業開始．資本金3,250万円となる．[146]
	3	台湾糖業連合会，糖業連合会と改称し，組織を拡大．[130]
	10	森永製菓，ミルクチョコレート宣伝のため，全国に活動写真隊を派遣，社長自らが陣頭に立つ．[122]
	23	栂野明二郎❖<38>(1882〜1940)，醤油速醸法を完成し特許取得．
	30	＊従来の醸造法では2カ年を要したが，僅か2カ月以内に短縮された．[274]
	◆	江崎利一❖<37>(1882〜1980)，グリコの名称・商標・キャッチフレーズを考案．[204, 213]
		＊この年，長男誠一の病気の際，カキエキスを投与し，その臨床効果を確認．
	◆	台南製糖，宮古製糖を合併増資．[6]
11月	17	明治製糖，株式会社明治商店設立(資本金50万円)．
		＊明治製糖の一手販売権をもっていた増田増蔵商店が糖価暴落で破綻したため，明治製糖及び東京菓子(明治製菓の前身)の製品を一手に取扱う販売機関として設立．[6, 146]
	17	森永製菓，錦田工場(現静岡県三島市)でドライミルク製造開始．[122]
	28	馬越恭平社長❖<76>(1844〜1933)の寿像除幕式(現恵比寿ガーデンプレイス内「恵比寿麦酒記念館」入口に在置)．[12, 36]
	◆	台湾製糖，神戸製糖所で角砂糖の製造に着手．[130]
12月	1	東京菓子，房総煉乳株式会社を合併し，煉乳部発足．資本金220万円から300万円となる．千葉県安房郡所在の勝山・滝田(現南房

1920年　◆　183

		総市)・主基(現鴨川市)・館山工場として開設．[154]
	25	明治製糖，『創立十五年記念写真帖』(和装)発刊．
	◆	大日本製糖，朝鮮工場で第1回甜菜糖製造開始．[6]
	◆	北海道製糖，帯広工場落成．1日載断能力600米トン(540トン)．[6]
	◆	三菱商事，明治製糖と原料糖輸入及び製品輸出の一手取扱いを提携し，口銭制委託契約を締結． ＊砂糖取引で三菱商事と明治製糖との関係が初めて確立．[214]
この年		
	◆	米価の激動で，パンが主食市場で急伸，パン屋激増．
	◆	国際砂糖市況暴騰のち暴落．増田増蔵商店破綻し，安部幸兵衛商店も整理に入る．食品砂糖商で経営難に陥る者多数．
	◆	愛知県知多郡，愛知郡西部で農家の副業にトマト加工が増え，不良品が続出して市場撹乱状態に陥る．[121]
	◆	神戸の鈴木商店，税制改正のためもあって，資本金の100倍増資を行い5,000万円とする．[39]
	◆	富山県水産講習所の練習船「呉羽丸」，カムチャッカ西岸沖で工船式カニ漁業試験を行う． ＊カニ缶詰の製造には淡水洗浄が必要であったが，海水切り替えに成功した．この成功が，その後の母船式カニ工船漁業の発展の要因となった．[83]
	◆	林兼(旧大洋漁業，マルハニチロホールディングスの前身)，下関を根拠として機船底引網・汽船トロール漁業開始．長崎，朝鮮巨文島を根拠とする機船底引網，瀬戸内海のタイ縛網も直営．[70]
	◆	酒税引上げに伴う清酒の値上りで，焼酎の需要が急増．年間造石高53万石となり，ビールとほぼ匹敵．[121] ＊京都の四方合名会社は，従来よりも品質の優れた焼酎の製造に成功し，「寶焼酎」の売行きが飛躍的に伸びる．その後，不況の影響で，焼酎業者の半数以上が倒産したが，四方合名会社は，業績の悪化を免れる．[181]
	◆	日英醸造株式会社(現横浜市鶴見区)，カスケードビール発売． ＊経営は大手ビール会社の中にあって，ついに隆盛をみず，1928(昭和3)年競売に付された．鳥井信治郎がこれを買収，寿屋横浜ビールとし，「新カスケードビール」を発売．[111]

1921 大正10年

不況克服のため，企業連合の動きが活発化

　第一次世界大戦後の不況の下，需要は減退し，供給は過剰状態となった。特に，若干数の大手企業が市場を支配している場合，その傾向が強く，企業間で価格維持の目的などから，企業連合の動きが活発化した。食品業界では，糖業連合会，製粉会社連合会などがあげられる。

　食費の約半分を占める米については，前半暴落，後半暴騰で，政府はその対応に苦慮する。

　不況の影響を受け，この頃から神戸の鈴木商店の財政は次第に悪化し，台湾銀行の対鈴木貸出残高は1億円（現在価3,330億円）台を突破，鈴木商店は整理時代に入る．[39]

　地方では，小作争議が頻発し，地主との対立を深めた．

1月1　愛知トマトソース製造（合資），半額増資して資本金を3万円とする．[121]

4　定期米大暴落．昨年12月平均価格（東京深川市場玄米1石）53円80銭→1月平均29円20銭．[42]

10　帝国農会，米価低落防止打合会を開催．[42]

23　アメリカン・サーモス・ボットル（株）小倉工場（北九州市），魔法びん製造の操業を開始．
 ＊1924（大正13）年7月23日，東京電気株式会社が買収．[150]

◆　青島（チンタオ）肉の輸入増加と米価下落の影響で，牛肉価格は最高時の半値に下落し，豚肉価格も関東で暴落．[17]
 ＊2月に，警視庁が青島牛肉の和牛肉に混入販売を取り締まる．

◆　葛原猪平（くずはらいへい）❖<41>（1879～1942），初めて東京の日本橋魚市場で冷凍魚を販売．[53]

2月11　東京菓子（明治製菓の前身），元日本煉乳（株）勝山工場をラクトー（カルピスの前身）に売却．[154]

◆　全国農家，米不売デー．[42]

◆　早稲田高等学院学生の中西敬二郎❖<19>（1902～83.8.20），東京新宿の「カフェハウス」で「カツ丼」を考案したといわれる．
 ＊早大史学科卒業後，文楽研究家・早大講師．[215]
 ＊新聞各紙は「カツ丼」の考案者としての氏の死去(81)を報じた．

3月10　森永製菓，塚口工場内（兵庫県尼崎市）に鉄筋コンクリート3階建ビスケット工場落成．[122]

|10| 野田醤油(キッコーマンの前身),直営の製樽工場新設. [195]
* 醤油の容器は,大部分が小樽詰で,従来町内に散在する手工業的な町樽屋に依存していたため,出荷の繁忙期には容器が不足し,販売上で支障をきたしていた.

◆ 日魯漁業(株)・輸出食品(株)及び勘察加(カムチャツカ)(株)の3社が合併し,新しい日魯漁業(株)(旧ニチロの前身)を設立,本社を東京日本橋に置く. [35]

4月1
~15日:第4回全国菓子飴大品評会,広島商品陳列所(現原爆ドーム)で開催.
* 出品人員2,253名,出品点数5,462点で,朝鮮・満州・中国・ハワイなどからも出品があり,この会より試食場・売店などが設けられた. [154, 310]

|3| 江崎利一❖<38> (1882~1980),合名会社江崎商店設立(江崎グリコの前身).資本金6万円.大阪市西区南堀江通(堀江工場の始まり). [204, 213]

|4| 米穀法(即日施行)及び米穀需給調節特別会計法施行. [42]
* 政府が米穀の数量,価格の調節などを行うための初の法律で,原首相が「日本人の食生活永遠の安定」を図るべく取り組んだ旧食糧管理法の素法とも呼ばれるもの. [302]

|7| スタンダード油脂株式会社設立(神戸の鈴木商店製油所王子工場を承継). [26]

|11| 台湾製糖,『台湾製糖株式会社事業沿革之概要』を発刊.

|30| ~5月9日:中央畜産会,東京本所被服廠跡で第1回畜産博覧会を開催.宮内省及び宮家で多くのハム,ソーセージ類をお買い上げになる. [17]

5月7
農商務省,臨時米穀管理部を廃止し,食糧局を設置. [42]

|26| 賀川豊彦・平生釟三郎のすすめで,那須善治が兵庫県武庫郡住吉村(現神戸市東灘区住吉町)に灘購買組合を設立.現在の「生活協同組合コープこうべ」の始まり. [35]

◆ 砂糖暴落,本年度新安値現出.糖業連合会,砂糖救済案決定. [6]

6月20
極東煉乳,アイスクリームを三越呉服店で販売.
* (株)三越呉服店を(株)三越と変更したのは1928(昭和3)年6月.

◆ 製粉会社連合会,海外製粉輸入関税率引上げを陳情.

◆ 野田醤油内に労働組合が結成される.
* 第一次世界大戦後,各国で労働運動が盛んになり,わが国にも波及. [72]

7月27
加富登麦酒(社長根津嘉一郎❖),三ツ矢サイダー製造の帝国鉱泉と日本製壜を合併し,日本麦酒鉱泉株式会社設立.資本金900万円,社長は根津嘉一郎❖,常務は被合併会社を代表して28歳の日本製壜の山本為三郎❖(1893~1966)(大日本麦酒解体後の初代朝日麦酒〈アサヒビールの前身〉社長). [12, 115, 216]
* 会社名は各社から2字ずつとって命名されたという.ブランド

を「加富登ビール」から「ユニオンビール」に変更.[111]

8月 8　台湾製糖,九州製糖所で溶糖を開始.[130]

9　理化学研究所(理研)の鈴木梅太郎❖(1874〜1943)ら,わが国初の合成酒,米を使用しない日本酒「理研酒」を完成し,特許を取得.[217]
* 1923(大正12)年には,工場規模で生産されるようになり,理研の財政を支えた.「利休」「新進」「祖国」という名前で市販.
* 合成酒の開発は食糧問題(コメ不足)の解決が契機となっている.鈴木博士は,わが国の清酒が全部理研の合成酒に代われば,400〜500万石の米が食用に回り,400〜500万人の飯米を賄うことができるとしている.[170]

19　農商務省,暴利小売商取締方を地方長官宛通牒.[42]

◆　大日本製糖,朝鮮工場で精製糖製造を開始.[101]

9月 2　愛知トマトソース製造(合資)(カゴメの前身),トマト耕作組合と初めて価格会議を開き,1921(大正10)年度の価格を「1円で13貫目」と決定.[121]

16　東京府と警視庁,砂糖・牛乳・米・小間物・醤油・呉服業者の暴利を戒告.[151]

22　農商務省,機船底曳網漁業取締規則を公布.11月11日施行.
* 許可制,操業禁止区域設定による取締の統一.[5]

27　期米先限41円1銭(玄米1石)の暴騰.[42]

28　安田財閥の創始者安田善次郎(1838年生まれ),大磯別邸で刺殺される(82).1カ月後に,原首相刺殺される.
* 東大の安田講堂は安田善次郎が寄付したもの.

◆　米価暴騰のため,小麦・小麦粉も暴騰.[124]

◆　合名会社江崎商店(江崎グリコの前身),栄養菓子グリコ試験販売.[204]

◆　この頃,細菌学者東大教授二木謙三❖<48>(1873〜1966),玄米と菜食主義を自ら実践し,奨励するとともに1日2食主義,腹8分目,複式呼吸法,冷水摩擦などを主張.
* 1955(昭和30)年文化勲章.[48,218]

10月 7　東京府,米・酒・牛乳・売肉・洋服の5同業組合に,標準価格撤廃を厳命.[151]

10　仙台市の東洋醸造,「フジビール」のブランドで発売.
* 1919(大正8)年,東北地方の金融産業資本(資本金200万円)により設立された.アメリカの禁酒法施行で不要になったビール工場の設備を輸入して,1920(大正9)年に工場が着工された.1923(大正12)年,麒麟麦酒が買収.[111]

◆　(旧)日本甜菜製糖,清水工場竣工.1日裁断能力600米トン(540トン).11月20日製糖開始.[205]

11月 1　森永製菓,森永ドライミルク(育児用粉乳,1/2ポンド缶50銭)を

1921年　◆　187

発売. [122]

4　原敬首相❖(1856年生まれ), 東京駅で中岡艮一に刺殺される(65).
＊初の本格的な政党出身の首相で, 米価高騰に際して麦飯を奨励し, 自ら実践するなど, 庶民的側面もあった. 後半, 社会運動の弾圧, 普通選挙に反対するなど強硬政策を遂行し, 世論の批判が高まっていた.

22　米及び籾の輸入税免税の勅令公布, 即日施行. [42]

29　サイパンに南洋興発株式会社設立. [26]
＊「海の満鉄」と呼ばれ, 日本の委託統治時代に製糖業を中核にしたミクロネシア最大の企業. 設立者は会津若松出身の新高製糖常務(台湾)を務めた松江春治❖(1876 ～ 1954). [272]
＊松江春治の実兄は松江豊寿陸軍少将❖(1872 ～ 1956). 坂東俘虜収容所所長(現鳴門市)を務め, ドイツ人捕虜に寛容と博愛と仁慈の精神で接し, 徳島県の食文化の向上に貢献した. 2006(平成18)年公開の映画「バルトの楽園」で, 松平健が松江所長の役を演じた. [316, 317]

◆　ミヨシ石鹸工業合資会社(ミヨシ油脂の前身)設立. [26]

12月 1　株式会社寿屋(サントリーの前身)創立(資本金100万円). 代表取締役鳥井信治郎. 同日, 「東京出張所」(東京市麹町区)を開設. [120]

14　岡山県藤田農場で, 藤田組と耕作者側との間で収益配分をめぐって争議発生. 争議は長期化し, 1923(大正12)年1月, 耕作者不利のまま解決. [8]

創立期の寿屋(サントリー提供)

＊岡山県における小作争議は大正10 ～ 12年にピークに達する.

17　国立栄養研究所開所式. 佐伯所長は「栄養研究の必要」と題するパンフレットを配布し, その目的を明らかにした. 標本室に保健献立表と10数種の米代用主食品が陳列される. [48, 212]

25　野田醬油内に日本労働組合野田支部が結成され, 2,400 ～ 2,500人が組合員となる. [72]

26　三沢屋商店(ブルドックソースの前身), 「ブルドックソース」を文字商標登録. [144]

この年
◆　青島ドイツ軍捕虜であったカール・ユーハイム❖<35>(1886 ～ 1945), 日本永住を決め, 横浜市山下町に製菓店を開店.
＊店は繁盛したが, 1923(大正12)年の関東大震災で被害を受けたため, 同じ港町の神戸市に移住し, ユーハイムを設立. [218, 219]

◆　鎌倉ハム富岡商会, 初めて冷蔵庫を設置し, 年間常時ハム製造を

- ◆ 可能とする．[17]
- ◆ 極東煉乳株式会社(明治乳業の前身)，初の工業的アイスクリームを製造．[321]
- ◆ 皇太子(昭和天皇)のヨーロッパ各国訪問の御召艦(香取・鹿島)に，清涼飲料の製造機械一式が整備される．
- ◆ 現徳島県鳴門市里浦町出身の大塚武三郎(1891〜1970)，大塚製薬工場(大塚製薬の前身)を設立し，製塩の副産物苦汁(にがり)を原料として炭酸マグネシウムを製造．
- ◆ 中央製菓，ビスケットにカルシウムを加えた「カルケット」を発売．
- ◆ 醤油生産量(内地)，321万6,000石と初めて300万石を超える．[356]
- ◆ 千葉県銚子のヤマサ醤油店(ヤマサ醤油の前身)，樽工養成所を設置し，製樽技工の育成に努める．[141]
- ◆ 農商務省農事試験場陸羽支場で，人工交配育種による耐冷品種「陸羽132号」を育成．[5]
  - ＊育成者は寺尾博❖(1883〜1961)，仁部富之助❖(1882〜1947)ら．
- ◆ 小作争議が前年の408件から1,680件へ，参加人員14万5,000余名(前年3万4,000余)と急増．
  - ＊例えば岡山県の場合，農家戸数の自小作の割合は小作農(24%)，自小作兼農(50%)，自作農(26%)，田面積の自小作の割合は小作田(52%)，自作田(48%)．
- ◆ 野口雨情(1882〜1945)作詞，中山晋平(1887〜1952)作曲の「船頭小唄」(おれは河原の枯れすすき，同じお前も枯れすすき)発売される．深刻な経済不況を反映して，やるせない民衆の嘆きをうたったものといわれる．

'18 — '27

1921年

1922　大正11年

江崎商店(江崎グリコの前身),大阪・三越デパートでグリコを売り出す

　江崎利一❖(1882～1980)は1921年4月,大阪に合名会社江崎商店(江崎グリコの前身)を設立し,郷里の有明海でとれるカキを原料に「グリコ」の製造発売を始めた。一粒の効用をうたい上げた「一粒300メートル」(岸本水府❖作)のキャッチフレーズは,当時の菓子業界ではヒットであったが,売行きは芳しくなかった。彼は無名の商品の販売方法としては,「下から石を一つずつ積み上げて山頂に達するより,逆に山頂から石を転がした方が勝負は早いかも知れない」と考えた。のれんを誇る大阪の三越デパートに売り込みを始め,断わられても断わられても,三越に頼むのを止めなかったという。2月11日,ついにこれに成功した(この日の感激を忘れることができず,のちに創立記念日とする)。

　しかし,その後も売上げは伸びず,2年ほど経過したが,栄養菓子は必ず世に受けいれられるという強い確信のもとに,販売活動に奮起した結果,1924(大正13)年秋に初めて収支が黒字に転じた。

1月◆ 明治製糖,南投酒精工場操業開始. [146]

2月11 江崎利一❖<39> (1882～1980)の合名会社江崎商店(江崎グリコの前身),栄養菓子「グリコ」の大阪三越への売り込みに成功. [204, 213]

3月 1 期米投機商石井定七破綻のため,高知商業銀行休業.堂島米穀取引所大混乱し,立会停止,東京など各地取引所も立会停止. [26]

1 野田醤油(キッコーマンの前身),醤油業界の常識を覆す規模と設備を備えた第17工場起工(仕込能力約1万6,000kℓ). [195]
＊4年後の1926(大正15)年4月2日落成式.

6 寿屋(サントリーの前身),登利寿(株)を合併(資本金200万円). [120]

＊この年,赤玉楽劇団(オペラ団)を組織し,全国各地を巡業.酒販売店の招待と「赤玉ポートワイン」の宣伝を行う.また,わが国初のセミ・ヌード写真(同劇団のスター松島恵美子)を使用した「赤玉ポートワイン」のポスターを製作,全国の酒販売店に配布し,話題をさらった.この1枚のポスターで競争相手の神谷伝兵衛の「蜂印葡萄酒」を完全に追い抜いたという. [23]

赤玉ポートワインの広告
(サントリー提供)

10	〜7月31日：東京府主催，上野不忍池畔で平和記念東京博覧会を開催．
	＊各地の有名飲食店，醸造メーカー，菓子メーカ（1,320業者）などが出品し，賑わいをみせた．また，樺太館，蒙満館，朝鮮館などのパビリオンのほか，アメリカ，イギリス，フランス，イタリアなどの料理が並び，人気を競った．国立栄養研究所は良い弁当，悪い弁当の実物展示． [48]
15	台湾製糖神戸工場（1911年，台湾製糖が元神戸精糖神戸工場を買収），帝国精糖神戸工場の2工場，不況により休業．大日本製糖工場も5月末まで3分の2が操業短縮． [6,26]
17	文部省，学校給食の実施状況を各県に照会． [102]
	＊例えば，岡山県では川上郡松岡尋常高等小学校（貧困児救済），上川郡増原尋常小学校（栄養増進），赤磐郡軽部尋常高等小学校（貧困児救済，1人1日当たり米1合，梅干2個，約5銭〈現在価170円〉）．
17	『大阪朝日新聞』，曹達関税の引上げは「硝子製造の原料費中曹達灰は8割強を占め，全生産費に対して2割余を占めて居るのである．（中略）最近の例を取ると曹達灰の価格100封度（ポンド）1円（現在価3,333円）の値上りはサイダー壜1本に付き2厘（7円）強の原価騰貴となると言う」と記す．
30	未成年者飲酒禁止法公布．4月1日施行．
	＊未成年者でも，婚礼や薬用に用いる場合は例外とされた．婚礼の酒を禁じると三三九度の盃ができなくなるからという．

4月 3 日本麦酒鉱泉，「ユニオンビール」を発売． [12]
＊同社は1933（昭和8）年7月19日，大日本麦酒と合併したが，ユニオンビールのラベルは引き継がれた．

9	日本農民組合結成．
20	神戸の鈴木商店製油部，独立して豊年製油設立（旧ホーネンコーポレーション→J-オイルミルズの前身の一つ）．
	＊鈴木商店の経営が悪化したため，同店から分離された．大連・鳴尾（兵庫県）・清水・横浜の大豆製油4工場が母体．7月，横浜工場の主要機械を清水工場に移転し，9月横浜工場を廃止． [6,184]
24	ワイン醸造に情熱を傾けた神谷伝兵衛✤（1856年生まれ）死去（66）．
◆	明治製糖，戸畑角糖工場操業開始． [146]
◆	食物教育で有名な東京府立第三高女（都立駒場高校の前身），割烹室に電熱使用の台所を新設．電気かまど，電気七輪，電気天火，

5月 1 電気パン焼器，電気コーヒー沸かしなど．[48]

舟橋甚重<22>（1900～76），名古屋市昭和区長岡町で製パン製菓業「金城軒」（フジパンの前身）を開業．[222]

15 帝国水産会設立．
＊前年の水産会法に基づく水産業者の団体で，道府県の水産会などを会員とし，政府と業者の連絡機関的な役割を果たす．[5, 83]

29 国立栄養研究所，「経済栄養献立」を作成し，この日から毎日発表．各地の新聞に掲載される．翌1923(大正12)年の関東大震災まで1年半近く続く．[48]

6月 ◆ 過剰の輸出用サケ缶詰の国内市場開拓のため，日魯漁業(旧ニチロの前身)の出資で缶詰普及協会を設立(日本缶詰協会の前身)．
＊協会の強力な宣伝で，年間5万缶程度であったサケ缶の消費は，急激に増加して3年後には4倍の20万缶に達し，さらに35万缶まで増加．国内商品として，一般に認められるようになる．[62]

7月 9 焼きいも好きの森鷗外❖(1862年生まれ)，萎縮腎及び肺結核で死去(60)．

23 ～28日：野田醤油(キッコーマンの前身)従業員1,500人，大ストライキ．[26]

8月 1 缶詰普及協会(日本缶詰協会の前身)，『缶詰時報』創刊．[85]

3 「天晴みりん」で知られた千葉県流山町の秋元三左衛門家，秋元合資会社を設立．
＊同社は1940(昭和15)年，帝国清酒株式会社に買収される．その後，東邦酒類，三樂オーシャン，三樂を経て，現在メルシャン流山工場となる．なお，同工場に隣接した秋元本家は一茶双樹記念館(流山市指定記念物)として一般公開されている．

3 味の素，「断じて蛇を原料とせず」と社長声明を各新聞に広告．[99]

◆ 明治屋，ドイツ人ユーハイム❖，ヴァン・ホーテン❖と同様な境遇にあった豚肉加工技術者のヘルマン・ウォルシュケ❖<29>(1893～1963)を雇用して，横浜市神奈川区平沼町に明治食料株式会社(資本金2万5,000円)を設立．ハム，ベーコン，ソーセージの製造を開始し，MS印で販売．[85]

10月 19 野田醤油(キッコーマンの前身)，執務机を座式から椅子に変更．

25 缶詰普及協会，第1回缶詰開缶研究会を開催．この会では市販の「あんず」と「パインアップル」を取り上げた．同研究会は1941(昭和16)年まで169回続き，缶詰の品質向上に寄与した．[62]

11月 2 日清製粉，両毛製粉を合併，資本金468万円となる．[124]

◆ 野田醤油(キッコーマンの前身)，輸出用醤油「5ガロン缶」を発売．[196]

12月15
砂糖連合協議会，砂糖減産協定を締結．1年間精製糖内地供給分の割当生産を行う．

20
日清製粉，株主総会．純益46万4,000円(配当1割2分，特別配当1割)．[124]

この年
- 台湾製糖神戸製糖所，「富士印グラニュ糖」の製造を開始．[130]
- 新聞社，女学校，婦人会などの主催による料理講習会が盛んになる．[48]
- 東京市が学校衛生婦を置き，発育・弁当(食事)調査などを行い，保護者に参考資料を提供．
- 農商務省の大正11年度(11年7月～12年6月)の調査によると，小麦消費の67%を占める小麦粉の用途別割合は，麺類50.3%，菓子・団子類20.7%，パン17.2%で，上位3業種で約9割を占める．
- 極東煉乳(明治乳業の前身)，アメリカ製機械を輸入，アイスクリームを製造．[48]
- ケチャップ市況好調，ビールびん4ダース入り1箱30円の超高値となる．[121]
- 清酒造石税，1億8,000万円を突破し，租税及び印紙収入総額の16.3%を占める．[36, 262]
  - ＊酒税(222,585千円)は租税及び印紙収入総額(1,113,845千円)の20.2%．[262]
- 清酒の寒地醸造法の開発者伊藤忠吉❖<45>(1877～1953)，「出羽鶴」の醸造主伊藤恭之助とともに，秋田銘醸株式会社を組織し，秋田県技師花岡正庸(まさつね)❖<39>(1883～1953)の協力を得て，秋田の銘酒「爛漫」を育て上げる．[338]
- 現大関，酒造蔵に連続蒸米機を導入．[86]
- 青森県産リンゴ，200万箱を突破し，253万箱の大豊作となり，価格は暴落．特に，翌年持越分の下落が甚だしく，1月の神田で紅玉3円(1箱当たり)，国光2円50銭と前年の半値となる．[113]
- 朝鮮で日本市場を目指して，リンゴ栽培が盛況を呈し，栽培ブームが現出．結実樹齢に達した昭和初期以降，輸出が急増し，日本産リンゴを圧迫．[223]
- 明治製糖，『十五年史』を発刊．
  - ＊食品関係では大日本製糖『日糖最近10年史』(1919年)，台湾製糖『台湾製糖株式会社事業沿革之概要』(1921年)に次ぐ古い社史とみられる．

1923 大正12年

関東大震災で食品業界,被害甚大

　9月1日午前11時58分,関東大地震が発生(M7.5).東京府・神奈川・埼玉・千葉県における被害は,死者9万1,000人余,行方不明4万2,000人余,全壊焼失家屋46万にのぼった.

　食品業界も甚大な被害を受けた.東京市では青果市場や魚市場が焼失し,生鮮食料品の流通の機能が麻痺した.大日本麦酒吾妻橋工場はほぼ全壊,同保土ケ谷工場も被害甚大,麒麟麦酒横浜山手工場は壊滅的な被害.また,愛知トマト製造(カゴメの前身)は,東京向けに発送したトマトケチャップ貨車6両分を焼失するなど,流通網にも大混乱が生じた.食品企業の中には,被害を受けながらも,消費者に対して商品の無料提供を行うなど,救援活動にも力を入れた.

1月◆ 大日本製糖,内外製糖を合併.資本金675万円増額し,2,725万円となる.[101]

3月13 農林水産省,工船蟹漁業取締規則公布.[5]
　＊1921(大正10)年に開始された工船式カニ漁業はまたたく間に盛んになり,資源問題や市場統制問題が浮上してきた.このため本規則で,工船カニ漁業は農商務大臣の許可制となった.[83]

20 森永製菓,自社品販売会社森永製品販売株式会社設立.[118,122]

25 〜4月9日(16日間):第5回全国菓子飴大品評会,福岡市「福岡商品陳列所」で開催.出品者1,850名,出品点数は5,620.
　＊この年の全国菓子生産金額,年間約3億円(現在価1兆円).[154,310]

30 中央卸売市場法公布.11月1日より施行.[5]
　＊都市の私設卸売市場乱立と競争激化を回避する.

30 工場法改正
　＊適用範囲が常時15人以上の職工を使用する工場から,常時10人以上の工場となり,その他事業の性質上危険なるもの,または衛生上有害の恐れのあるものなどにも適用.[225]

30 工業労働者最低年齢法公布(1926〈大正15〉年7月1日施行,14歳未満者の就業禁止).

◆ 野田醤油(キッコーマンの前身),1升びんのびん口を「機械口」から「王冠口」に改める.[196]

◆ 岡山市内に,全国に先駆けて,禁酒と社会浄化,衛生思想の普及などを目的に,禁酒会館が設立される.[8]
　＊県下の宗教や社会事業関係者など約1,300人の寄付金で建設.

4月

1 農林水産省，畜産局を設置．[5]

1 愛知トマトソース製造合資会社，愛知トマト製造株式会社(カゴメの前身)と改組改称，資本金を公称50万円(4分の1払込み)とする．[121]

1 中村屋，商号を株式会社中村屋(資本金15万円)に変更．[118, 135]

3 森永製菓，2月20日竣工の丸ビル1階にキャンディーストアー開店(キャンディーストアーの第1号店)．[122]

5 エスビー食品の創業者山崎峯次郎✤<19>（1903～74），カレーの調合に成功し，自家営業に着手(創業日)．[353]→1926年8月

12 杉本隆治✤(?～1938)ら，米国のフライシュマンイースト社の技師オット・マティを招き，圧搾生イーストによる製パンの公開実験を行い，イーストに対する評価を高めた．以降，イーストによる製パン法が主流を占める．[38]

◆ ロシア革命の動乱を避けて神戸にきたマカロフ・ゴンチャロフ，神戸市生田区北野町に菓子店を開く．
＊日本で初めてウイスキーボンボンや純ロシア風の高級チョコレートを作る．1932(昭和7)年生田区中山手通りに合資会社エム・ゴンチャロフ商会を設立．[129, 319]

5月

11 大日本人造肥料，関東酸曹・日本化学肥料両社を合併．[26]

15 水産冷蔵奨励規則公布．即日施行．[4, 83]
＊冷蔵運搬船，冷蔵庫の新設改造などに対して，奨励金を交付．

◆ 八丈島煉乳株式会社設立(資本金10万円，森永系)．[6]

6月

1 明治製糖，旧日本甜菜糖(株)を合併し，清水工場として操業開始．資本金3,750万円となる．[146, 205]

8 麒麟麦酒，仙台の東洋醸造を買収．資本金を公称1,080万円に増資．[49]→1921年10月10日

20 株式会社天龍館(養命酒製造の前身)設立．300年余にわたり信州伊那谷の塩沢家に受け継がれてきた養命酒の事業を継承．
＊1602(慶長7)年養命酒と命名されたという．1951(昭和26)年11月，商号を養命酒製造株式会社に変更．[26, 118]

24 ラクトー（株），社名をカルピス製造株式会社と改称．[26]

◆ 野田醤油(キッコーマンの前身)，町内の自社全工場の用水自給のため，第1号掘り抜き井戸工事完成．続いて8月第2号井戸完成．一部を町内の一般家庭にも配水する直営の水道事業を始める．私企業経営の水道は全国的にも珍しい．[195]

7月

1 寿屋(サントリーの前身)，「赤玉ポートワイン」の開函通知制度を始め，酒販売店サービス及び調査を行う．[120]

25 味の素のグル曹製造の特許，7月24日期限満期(15年)だが，特許期間中に相当の収益を上げることができずとの理由で6年間の延長が認められ，1929(昭和4)年までの特許認可．[6, 99]

'18 — '27

1923年

9月 1

◆ 帝国ホテル新館完成.
 * 9月1日正午に，新築披露式典を予定していた．

関東大地震発生．食品業界も多大の被害をこうむる．主な被害は次の通り．
 * 東京市内の青果市場・魚市場焼失し，生鮮品の流通が麻痺．
 * 京浜間の営業倉庫に保管中の大量の砂糖を焼失． [139]
 * 明治製糖の川崎工場，原料貯蔵倉庫のみを残して，全壊，焼失． [139]
 * 大日本製糖，東京工場倒壊． [101]
 * 大日本・明治・塩水港など各製糖会社の焼失砂糖113万ピクル（約6万7,800トン），約2,100万円(現在価700億円)． [6]
 * 「味の素」の川崎工場，倉庫と事務所・研究室などを残し，全壊． [99]
 * 横浜から銀座に進出した不二家，本支店とも灰燼に帰す．
 * 銀座の木村屋総本店焼失．震災を機に，パンの売上げ急激に伸びる． [13]
 * 大日本麦酒，吾妻橋工場ほぼ全壊，保土ケ谷工場被害甚大，目黒工場被害軽微（被害総額約437万円，現在価146億円)． [12]
 * 麒麟麦酒，横浜山手工場壊滅的な被害．
 * 日英醸造，鶴見工場全壊．
 * 日本葡萄酒(株)山梨醸造の戸塚工場，山梨工場(登美)，一部破損し，経営不振に陥り，日本勧業銀行の管理となる． [23]
 * 日本製粉，砂町工場倉庫倒壊，機械，材料の焼失など，被害総額67万円(現在価22億円)． [21]
 * 日清製油，横浜工場一部崩壊． [160]
 * 現横浜市神奈川区の坂田商会(「サカタのタネ」の前身)社屋焼失．倒産に瀕したが，大倉和親から株を借り，これを担保に銀行から融資を受け，倒産を免れる．シカゴ店を開設したが，地震災害で閉店の止むなきに至る． [175]
 * 愛知トマト製造，東京向けに発送したトマトケチャップ貨車6両分焼失． [121]
 * 精養軒の築地本店が焼失し，拠点を上野公園内の店舗(現上野精養軒)に移す．
 * 岡山県より70輌(850トン)の慰問品を発送．
 * 震災を境に，江戸流の握りずし与兵衛が姿を消す．
 * 震災で失業したすし職人が上方に流れ，鯖ずし，箱ずしの関西へ握りずしが流行．
 * 震災で東京の味噌工場の7割が灰燼に帰したため，これを契機に信州・佐渡・越後・埼玉・栃木などの地方産味噌が東京市場へ進出し，その良さが認識されると同時に，各地方の味噌業者に膨大な消費市場を認識させる結果となった． [72]
 * 震災後，東京市中の焼芋屋が激減．
 * 震災を境に，そば屋・汁粉屋が後退し，支那そば屋(ラーメン店)・洋食店・喫茶店が流行．
 * 震災に伴う乳製品，小麦粉などの輸入関税減免措置で関連業界

		大打撃を受ける．[121]
		＊震災後の東京の物価は騰貴せず，野菜・果実類は低落傾向．[6]
		＊救援に缶詰が使用され，市場開拓に寄与(アメリカからも，コーンビーフなど各種缶詰寄贈)．[6]
		＊震災を機に，鎌倉ハムの業者の中から名古屋に進出するもの出る．[6]
	2	森永製菓，震災被災者の直接救済活動を開始．2～8日の間，東京市の施米配給活動，菓子・ミルクなどの無料提供を行う．被災乳児に煉乳1缶ずつを寄贈．[122]
	3	日清製粉，横浜倉庫の小麦粉約2万袋を横浜市及び付近居住者に寄贈．[124]
	7	暴利取締緊急勅令公布施行(11品目)．[26]
	17	震災減免税の実施に伴い，小麦関税無税となる．
	17	東京魚市場組合，芝浦に私有地2,000坪を借受け，テント張りの臨時魚市場開設．[4]
	21	警視庁発表，東京における工場焼失数1,592，失業者5万6,000人．
	◆	合名会社江崎商店(江崎グリコの前身)，東京出張所を開設．東京市本郷区湯島．
		＊この年，グリコの原料にチョコレート使用．割引券付きチラシ配布．[204]
10月	1	寿屋(サントリーの前身)，国産ウイスキー製造を決定し，淀川の山崎狭隘部にある大阪府三島郡島本村大字山崎(現島本町)の用地を買収，工場建設準備に着手．[120]
	9	明治製糖，帝国製糖より神戸工場(精製糖)を買収．[146]
		＊大震災のため川崎工場崩壊し，精製糖作業が不能となったため．
	19	三重県水産試験場，カツオ魚群の発見に水上飛行機を使用．[83]
12月	1	東京市設臨時東京魚市場を築地に移転，2日より業務開始．[4]
	20	産業組合中央金庫設立(農林中央金庫の前身)．[5]
	20	森永製菓，銀座キャンディーストアー開店．
		＊以後，翌年の横浜市伊勢佐木町をはじめ各地に開店，1939(昭和14)年には海外の売店を含め，45店に及ぶ．[122]
	◆	東京缶詰同業組合設立許可(洋酒との分離実現)．[6]
	◆	東京市社会局，国立栄養研究所長の佐伯矩の指導により，罹災した市立小学校(8校)の給食を始める．その結果，栄養状態が好転し，給食を望む学校が増える．[212]
この年		
	◆	この頃，格式張ったすし店でもマグロを種に握る．
		＊マグロは安政年間(1854～60)の豊漁の折，値段が暴落し，安すし屋で使用された．下魚として震災まで格式のある店では握らなかった．
	◆	極東煉乳株式会社(明治乳業の前身)，東京へ市乳の輸送を開始．

[321]
- 東京新宿で，醤油味スープの中華めん（ラーメン）が売り出される．
- 全国の汽車弁（上弁・並弁・サンドイッチ・その他変わり弁当）の車内販売総数は約1億個にのぼる．
- この頃の大学卒業生の三菱系会社の初任給，帝大・東京商大（一橋大の前身）・早大・慶応大は一律75円（現在価25万円），明大ほかの私大と地方高商は65円（21万7,000円）．

日本橋通りの焼跡

日本橋より魚市場をのぞむ

震災時の大日本麦酒吾妻橋工場（『大日本麦酒株式会社三十年史』より）

倒壊した麒麟麦酒横浜山手工場（キリンホールディングス提供）

1924 大正13年

寿屋(サントリーの前身),日本初のウイスキー工場を完成

　11月,鳥井信治郎❖<45>(1879～1962)の積年の願いがかない,京都に接した大阪の山崎の地に日本初のウイスキー工場が完成した。翌12月から蒸留作業を開始し,1929(昭和4)年,わが国初の本格ウイスキー「サントリー白ラベル」を発売。工場長は1923(大正12)年,信治郎から「どうしても本格ウイスキーをつくりたい,ぜひ」と三顧の礼で招かれた,後のニッカウヰスキー創業者の竹鶴政孝❖<29>(1894～1979)。

1月 ◆ 葛原冷蔵(社長葛原猪平❖〈1879～1942〉),冷凍魚(サケ・マス・タイ・ブリ・タラなど)を,東京日本橋の三越で初めて販売.好評,三越の魚販売は創業以来のこと. [48]

◆ 大日本製乳協会の斡旋で,全国煉乳技術者大会を静岡県森永三島工場で開催. [1,321]

3月 1 大阪缶詰商同業組合結成. [121]

10 東京市神田須田町に,「簡易洋食」ののれんを掲げた大衆食堂「須田町食堂」(聚楽の前身)が開業. [320]

＊「ウマイ・ヤスイ・ハヤイ」をキャッチフレーズに,庶民にとって高値の花であったカツレツ・野菜サラダ各5銭(現在価170円),カレーライス・ハヤシライス,合の子皿各8銭(270円). [108]

◆ 日ソ代表間に漁区料金協定成立. 6月4日,日ソ漁区契約調印. [166]

◆ 輸出カニ缶詰業水産組合設立. [166]

5月10 ～6月1日:中央畜産会,御茶の水の教育博物館で牛乳博覧会を開催.

25 日本製粉,本格的接岸工場横浜工場が竣工(ノーダイク社製Aミル2,000バーレル,Bミル2,000バーレル). [21]

◆ 大日本麦酒保土ケ谷工場(製びん),震災後の修理完了し,操業再開. [12]

◆ 日本蟹缶詰水産業組合連合会発足. [166]

◆ 東洋製缶,広島製缶を合併. [121]

6月 3 カルピス,ドイツ人デザイナーによる〈黒んぼ〉の図案広告を『東京朝日新聞』に初めて掲載.

◆		日本麦酒鉱泉，東京工場（サイダー工場）が竣工（旧サッポロビール埼玉工場）．[12]
7月	1	日本農芸化学会創立，会長鈴木梅太郎❖<50>（1874〜1943）．[16]
	31	奢侈品課税法公布．8月1日施行． ＊ケチャップ類，奢侈品として100％輸入関税賦課される．[121]
8月	10	寿屋（サントリーの前身），事業目的に飲食料品，科学工業品の製造販売を加える．[120]
	14	大日本製乳協会，国産煉乳愛用運動を展開．[1]
9月	1	東京菓子，社名を明治製菓株式会社と改称．[154]
	1	中部幾次郎❖<58>（1866〜1946），事業を個人経営から株式会社組織に変更．株式会社林兼商店（資本金500万円），林兼漁業株式会社（資本金300万円），林兼冷蔵株式会社（資本金200万円）とする．いずれも旧大洋漁業（マルハ・ニチロホールディングスの前身）． ＊この頃，彦島で缶詰工場に関係，缶詰業に着手し始める．昭和の初年には，朝鮮，沿海州をはじめ内地の山口県萩，長崎県佐世保，土井首などに直営の缶詰工場を経営．[70]
	8	四方合名会社（宝酒造の前身），焼酎需要の増大に対応し，群馬県木崎町に木崎工場を完成．[158, 183]
10月	30	神谷酒造（旭川工場）を中心に，北海道内の焼酎製造会社（東洋酒精醸造・北海道酒類・北海酒精）が合併し，旭川市に合同酒精株式会社（資本金111万円，オエノンホールディングスの前身）を設立．[71]
◆		大日本麦酒，保土ヶ谷工場（飲料水），震災後の修理完了し，操業再開．[12]
◆		愛知トマト製造（カゴメの前身），トマト耕作組合と反別栽培，全量出荷の文書による契約を初めて取り交わす．栽培契約文書化の最初．[121]
◆		日魯漁業（旧ニチロの前身），大北漁業を合併し，露領漁業の全缶詰工場を独占．[166]
◆		輸出タラバ蟹缶詰取締規則を制定．
11月	1	震災後，他の百貨店に先駆け営業を開始した白木屋，デパートの食堂に初めて陳列ケースを置き，食券制を導入． ＊これにより売上げが4倍になったという．
	11	寿屋（サントリーの前身），山崎工場が竣工．12月より蒸留作業開始．[120]
	20	北日本製菓株式会社（資本金10万円，ブルボンの前身），現新潟県柏崎市に設立し，ビスケットの製造を開始．[118]
	25	全国畜産家大会開催，乳製品関税引上げを決議．[321]
◆		下田喜久三❖<29>（1895〜1970），北海道岩内町に日本アスパラガス株式会社を設立し，アスパラガス缶詰の本格的生産を開始．

[48]
  ＊同町に「日本のアスパラガス発祥の地」の記念碑がある．
◆ アルミニウムの普及で，アルミニウムの鍋・釜が出現．[48]

12月 4 森永製菓，株式を東京株式取引所（長期取引の部）に上場．[122]

11 野田醤油（キッコーマンの前身），新株式の一部を取引先・店員・町内有志，その他の縁故者に公開することにし，新しく300万円の野田醤油醸造株式会社を設立．[195]

◆ 森永製菓，満州販売株式会社設立（本社大連，資本金30万円）．[6]

この年
◆ この年の後半，世界的小麦不作により，外麦・小麦粉の相場急騰し，製粉業界は思惑売買で熱狂．

◆ 関東大震災で横浜から神戸に移り住んだカール・ユーハイム❖夫妻，元居留地を目の前に見る元生田署前に，洋菓子店「ユーハイム」を開店．[219]

◆ カール・ブッティングハウス（？～1944），信州より東京目黒雅叙園付近に移り，食肉加工場を経営．[17]

◆ 醤油業界，終戦後の好景気を背景に大小の区別なく増産に取り組んだ結果，全国生産量366万1,000石となり，わずか10年間に127万9,000石（5割強）の増加．[267]

◆ 豊年製油の大豆白絞油，ゴマ油・菜種油に代わる食用油として登場．[48]

◆ 牛肉の国内産約6万トンに対して，輸入牛肉1万5,000トンと急増．輸入先は中国青島（チンタオ）産8割，カナダ・豪州産2割．
  ＊東京公設市場価格，国内産ロース100匁（約375g，1匁＝約3.75g）1円60銭（現在価約5,300円），青島産100匁90銭（3,000円）．国産・輸入と肉の取扱いが区別される．

◆ 沖縄県出身の宮城新昌❖（1884～1967），垂下式カキ養殖法を考案．宮城県石巻などで実用化に成功し，カキ養殖の飛躍的な発展に貢献．[31]

◆ ビール生産量88万2,481石（15万8,847kℓ）．[322]
  5大麦酒会社の生産量
    大日本麦酒　58万282石（10万4,451kℓ）〈シェア65.8％〉（銘柄：エビス，アサヒ，サッポロ）
    キリン麦酒　16万7,458石（3万142kℓ）〈19.0％〉（キリン）
    帝国麦酒　7万4,735石（1万3,452kℓ）〈8.5％〉（サクラ）
    日本麦酒鉱泉　4万5,638石（8,215kℓ）〈5.2％〉（ユニオン，カブト）
    日英醸造　1万4,368石（2,586kℓ）〈1.6％〉（カスケード）

◆ 清涼飲料水の生産量66万3,564石（11万9,442kℓ）．内務省調べ．[322]
    内訳：ラムネ　29万6,009石（5万3,282kℓ）〈44.6％〉
    サイダーシトロン　25万1,934石（4万5,348kℓ）〈38.0％〉

果実水　 7万2,841石（1万3,111kℓ）〈11.0%〉
　　　ソーダ水　1万8,194石（3,275kℓ）〈2.7%〉
　　　その他　 2万4,586石（4,425kℓ）〈3.7%〉
* 内務省が，清涼飲料水課税の必要から生産量を調査したもの．従来は信頼に足るべき統計がなかった．
* 清涼飲料の製造工場はほとんど全国の各小都市にまで及んでいるが，多くは小規模のもので，甚だしきは裏長屋や物置の隅などで製造するものさえあったという．
* 代表的な製造会社は日本麦酒鉱泉（三ツ矢サイダー，金線サイダー，三ツ矢平野水など），大日本麦酒（シトロン，ナポリン），明治屋（ダイヤモンドサイダー，ダイヤモンドオレンジ，ダイヤモンドなど），大倉商店（ボルドー），山屋商店（パーム），ゼ・クリフォード・ウイルキンソン会社，布引鉱泉所など．

◆ 日本練炭（株），トマトサーディン缶詰の量産試験工場を長崎に建設．[121]

◆ 大日本人造肥料，ファウザー法特許権を取得して硫安製造に進出．

1925 大正14年

北海道製酪販売組合(雪印乳業の前身)設立

　5月，北海道酪農の父と呼ばれる宇都宮仙太郎❖<59>（1866〜1940）・黒沢酉蔵❖<39>（1885〜1982）・佐藤善七らが結集して，産業組合法によるバター・チーズ加工販売の有限責任北海道製酪販売組合を設立した。組合には，石狩・空知支庁管内及び小樽郡一円の酪農家などが参加した。出資金は，1口金20円で年50口までとした。

　当時，北海道には，すでに北海道煉乳・極東煉乳（明治乳業の前身）・森永煉乳の工場があり，組合結成までには多くの困難を伴った。

　翌年3月に，北海道製酪販売組合連合会（略称，酪連）に組織変えし，本格的な歩みを開始した。会長の宇都宮仙太郎は大分県中津の出身で，同郷の福沢諭吉の影響を受け，酪農経営習得のためにアメリカへ渡る。帰国後，札幌郊外に宇都宮牧場を開設し，酪農経営の先駆をなす。

1月 1 明治製菓，製品販売は明治商店に委託する方法によっていたが，特別な場合を除き，双方協定の一定価格で売り渡すことに契約変更．[154]

1 大日本麦酒，名古屋工場竣工．1月8日醸造開始．[12]

5 日清製粉，神戸工場落成（1,500バーレル），運転開始．[124]

8 大日本麦酒，名古屋工場竣工し，醸造開始．[36]

15 金子倉吉（株式会社製菓実験社），月刊『製菓と図案』（『製菓製パン』の前身）を創刊．[361]

◆ 合名会社江崎商店（江崎グリコの前身），豊崎工場新設．大阪府西成郡豊崎町南浜．
＊堀江工場から移転し，従業員は150名．工場の煙突にグリコの大看板をとりつける．鉄道からよく見えたという．[204, 213]

2月 16 株式会社いとう呉服店，株式会社松坂屋と商号変更．[35]

21 日本麦酒鉱泉，東京工場（ビール工場，現埼玉県川口市）で醸造開始（サッポロビール埼玉工場，2003〈平成15〉年閉鎖）[12]

◆ 蟹缶詰共販売株式会社設立．

◆ 名古屋に（合名）渡辺製菓設立．[6]

3月 15 日本酒類醸造（株）など，九州同業4社合同して，大日本酒類醸造株式会社となる．[71]

20 北大路魯山人❖<42>（1883〜1959），主宰する美食倶楽部の会員

'18
|
'27

1925年　◆　203

制高級料亭「星岡茶寮(ほしがおかさりょう)」を開設.

31　農商務省を廃止し，農林省，商工省を設置.

◆　中島董一郎(とういちろう)❖<41>（1883〜1973）らが設立した食品工業株式会社（キユーピーの前身），国産初のマヨネーズ「キユーピーマヨネーズ」を製造販売.

＊商標のキユーピー（デザイン上のバランスから「ユ」は大文字とされた）は，当時流行のセルロイドのキユーピーに由来し，高碕達之助❖（1885〜1964，東洋製罐創業者，通産相など歴任，日ソ漁業交渉や日中貿易に貢献）の助言によるといわれる．マヨネーズの販売に当たっては，「宣伝は資本である」との信念の下に，当時としては莫大な宣伝費を使い，多くの人の目につく新聞広告を選び，しかも一面の大広告ではなく，人目につきやすい同一個所に，毎日"キユーピーマヨネーズ毎日の食膳に"の30行広告を掲載し続けた．[177, 332]

4月 1　野田醤油株式会社（キッコーマンの前身），創立7年間でついに年業績をあげ，積立金が資本金を超過する状態になる．野田醤油醸造株式会社及び姉妹会社の流山の万上味醂株式会社と朝鮮仁川の日本醤油株式会社を合併．資本金2,500万円となる．[196]

1　野田醤油，朝鮮支店を設置．[195]

11　日清製粉，讃岐・九州両製粉会社合併．資本金1,233万円，総能力1万800バーレルとなる．[124]

29　明治製菓大久保工場火災，全工場の約半分を焼失．[154]

◆　株式会社天龍館（養命酒製造の前身），東京渋谷に東京支店を開設し，養命酒の全国販売を始める．[118]

◆　米価高騰，1升1円(現在価3,330円)を超える．

5月17　北海道の酪農家十数氏が，酪農家629名を糾合して有限責任北海道製酪販売組合(雪印乳業の前身)を設立．

＊宇都宮会長は設立趣意書の中で，わが国の乳製品中，将来において最も前途を有するものはバターであるとする．[227, 323]

◆　日本麦酒鉱泉（後に大日本麦酒と合併），金線サイダーの金線飲料株式会社を合併．資本金1,000万円に増資．[12]

＊金線飲料解散の際，会社側の発表した解雇手当は従業員113名に対して，最低22円(現在価7万3,000円)，最高500余円(170万円)で，総額は1万円(3,330万円)にも満たなかった．しかし，醸造労働組合の運動によって1万5,500余円(5,170万円)に増額された（『時事新報』）．[192]

6月 1　森永製菓，鶴見工場完成．ビスケット製造開始．[122]

◆　税制整理に関連し，ビールの専売制が話題となったが，収益が少ないため流れる．[22]

7月◆　細井和喜蔵(わきぞう)❖（1897〜1925），紡績女工の悲惨な食事事情を詳述した『女工哀史』（改造社）を著わす．[228]

＊発刊直後の8月18日，死去(28)．

8月 **1** 野田醤油(キッコーマンの前身), 資本金3,000万円に増資. [196]

5 野田醤油(キッコーマンの前身), メートル法採用に伴い1升びんを廃止し, 2ℓびん詰を発売. [195]

9月 **6** 四方(よも)合名会社(京都・伏見), 宝酒造株式会社(資本金200万円)に改組.
　＊新式焼酎の開発に貢献した大宮庫吉❖<39> (1886～1972), 常務取締役に就任. [158, 181]

10 明治製菓, 神奈川県川崎に川崎工場を開設. [154]

◆ 中部幾次郎❖, 前年9月設立の3社(林兼商店, 林兼漁業, 林兼冷蔵)を合併し, 株式会社林兼商店(資本金1,000万円)とする. 社長中部幾次郎, 専務中部兼一, 常務中部謙吉❖<29> (1896～1977). [70]

12月 **1** 大阪砂糖取引所開場. [272]

17 株式会社鈴木商店設立(資本金1,100万円)(味の素株式会社の設立日). 従来の合資会社鈴木商店及び株式会社鈴木商店の営業権を継承. [99, 359]

この年

◆ 古谷辰四郎❖<57> (1868～1930)の古谷商店, キャラメル工場と事業を拡大し, 森永・明治などの大手製菓と競い, 全国に「フルヤミルクキャラメル」の名を高めた.
　＊古谷氏は, 8月に北海道煉乳株式会社社長に就任. [66, 188]

◆ 薩摩平太郎❖<24> (1901～45), 大阪道頓堀に麺類の店「美々卯(みみう)」を開き,「うずらそば」などを考案.
　＊ある時, 妻と牛すきを食べた後に, 残り汁にうどんを入れて煮込んだところ, 大変美味であった. これにヒントを得て, 1928 (昭和3)年から翌年にかけて「うどんすき」を創作. [229]

◆ 奢侈品関税改正は, 缶詰の輸入防止となり, 果実の優良缶詰製造業が盛んになる. [6]

◆ 東京にコレラ流行, 安全食として缶詰を宣伝. [6]

1926 大正15年・昭和1年

小麦粉不況，深刻化

　日本製粉（日粉）・日清製粉を頂点とする製粉業は，米の代替食品としての小麦粉需要の増加を背景に，資本投下が進められ，製粉の能力は逐年増加してきた．この結果，小麦粉の生産過剰が顕在化し，経営を圧迫した．これを回避すべく，5月には主要7社による生産制限協定が結ばれた．このような中，特に，積極的な設備投資を行っていた日粉は，拡張のたびごとに利潤率が低下し，外部負債比率も高かった．この時，日粉に対して生産規模は劣るが，資産内容において優れている日清との合併が提案された．

　10月2日，両社間に合併契約が結ばれたが，25日，この契約は日清側から解除された．日粉の打撃は深刻で，倒産寸前までになったが，台湾銀行の800万円の融資で回避された．しかし，親企業である鈴木商店が破綻したため，独力での再建は不可能となった．この窮状の救済に，三井物産が乗り出し，日粉は破綻をまぬがれ，両者間に製品の一手販売契約が結ばれ，ようやく1928（昭和3）年より利益が出るようになった．

1月11　東京の洋酒・麦酒・調味料・清涼飲料水・食用油脂の大手卸業者，東京洋酒食料品商組合結成．[48, 121]

2月20　日清製粉，鶴見工場落成，運転開始．[124]

◆　全国の澱粉業者，関税の引上げによる国内澱粉業の安定を図る目的で，甘藷澱粉製造業組合連合会を結成．
　＊全国規模の中央交渉団機関としては，全国初の団体で，1934（昭和9）年まで存続．[271]

3月11　北海道煉乳，大日本乳製品株式会社と改称．[227]

　　16　糖業界の先覚者中川虎之助❖（1859～1926），死去（67）．[73]

　　17　糖業連合会，精糖作業4カ月間休止を決定．[6]

　　20　大阪で電気大博覧会開幕．
　　　　＊火起こしに手間がかからない電熱器の実演に，「特許万能七輪のように便利」と黒山の人だかりができる．

　　27　酒税法改正，清酒1石40円．

◆　大日本麦酒，3社（札幌・日本・大阪）合同の20周年を迎える．
　＊国内ビール生産量の約6割を占める．[36]

◆　佐伯栄養学校第1期生（15名）卒業．
　＊栄養士の草分けとして官庁・病院・事務所などで活躍．[48]

4月1　ビール税増税（1石18円→25円）．清涼飲料税新設，「玉ラムネ壜詰」1石7円，「その他の壜詰」10円．[12]

	1	乳製品関税引上げ，煉乳容器とも8円40銭，粉乳13円40銭(100斤当たり)．[227]
	1	1885(明治18)年から徴収された醬油造石税廃止．醬油の管轄は，大蔵省より商工省に代わる．[11, 195, 267]
	2	野田醬油(キッコーマンの前身)，新鋭の設備を備えた大型工場「第17工場」落成．[195]
		＊これに刺激を受け，銚子のヤマサやヒゲタも新鋭工場の建設に取りかかるようになる．[269]

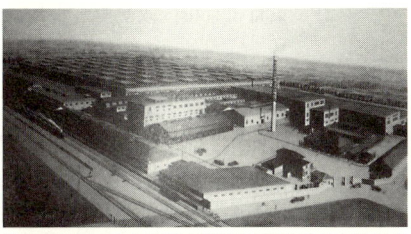

野田醬油第十七工場全景(『野田醬油株式会社案内〈昭和4年〉』より)

	15	第6回全国菓子飴大品評会，京城の朝鮮総督府商品陳列店で開催．[154]
	17	麒麟麦酒，横浜工場が完成し，ビール醸造開始．6月13日，びん詰開始．[49]
5月	25	明治製菓川崎工場，チョコレートの本格的稼働開始．[154]
	26	小麦粉不況，深刻化．日清・日本・松本米穀・名古屋・増田・大阪・日本精米の製粉7社間，向こう2年間の生産制限協定成立．[21, 124]
6月	5	保証責任北海道製酪販売組合連合会設立許可(以後，酪連と略記，雪印乳業の前身)．12月，商標を「雪印」と決定．[227]
7月	1	工業労働者最低年齢法施行(女子の深夜作業・未成年者の就労の禁止)．
	1	健康保険法実施．
		＊12月に，森永製菓芝田町工場などの健康保険組合の設立が許可される．
	26	(株)明治商店，鎌倉由比ヶ浜に最初のキャンプストアーを開設．[186]
	◆	寿屋(サントリーの前身)，喫煙家用半練り歯磨「スモカ」を発売．[120]
	◆	日本麦酒鉱泉，資本金2,000万円に増資．この年，西宮工場を設立．[49]
8月	◆	山崎峯次郎❖<23>(1903～74)，浅草七軒町(現元浅草1丁目)にカレー粉製造のための「日賀志屋」(エスビー食品の前身)を設立．[31]
		＊1923(大正12)年にカレーの調合に成功し，自家営業に着手．
		＊「日賀志屋」は，日に日に賀(よろこ)び，志をたてて商売にいそしみ，励むとして命名したという．
	◆	井関邦三郎❖<27>(1899～1970)，愛媛県松山市に井関農具商会

'18 — '27

1926年 ◆ 207

9月16 | （井関農機の前身）創立．自動籾すり選別機の製造開始．[118]
| 明治製菓，「驚異に値する明治ミルクチョコレート生まる」の見出しで，初のチョコレート広告を『東京朝日新聞』紙上に掲載．[154]
21 | 東京市京橋区永島町5番地に，ブルドックソース食品株式会社設立．[144]
| ＊1902（明治35）年，小島仲三郎❖（1868～1923）が食料品卸商「三沢屋商店」を開業．1905（明治38）年ソースの製造・販売開始．
◆ | 内閣統計部，全国主要都市で初の家計調査（1926〈大正15〉年9月～1927〈昭和2〉年8月）実施．

10月2 | 日本製粉と日清製粉，合併仮契約を結ぶ．[21,124]
25 | 日本製粉と日清製粉，合併契約解除．[21,124]
25 | 野田醤油（キッコーマンの前身）・ヤマサ醤油・銚子醤油（ヒゲタ醤油の前身）の関東3社，販売協定（三蔵協定）を結ぶとともに，東京問屋委託販売制度を値決め取引制度に改める．[195]
| ＊各社の関東市場における販売比率を野田5割5分，ヤマサ3割2分，銚子1割3分（過去3ヵ年間出荷実績の平均を基に算出）と決定．[72,267]

11月17 | 宝酒造，帝国酒造（資本金300万円）を合併．18日，資本金を500万円に変更．[158]
19 | 全国醤油醸造組合連合会発足．理事長は野田醤油（キッコーマンの前身）の初代茂木啓三郎❖<64>（1862～1935）．
| ＊4月に醤油税が廃止され，税務当局の統制下から外れ，完全な自由競争となったため，業者間の連絡，共栄共存の方策などの必要性が高まった．[72,267]
29 | 野田醤油，野田醤油第一・第二健康保険組合を設立．[195]
◆ | 森永製菓，三井物産支店内にボンベイ出張所を開設．[6]
◆ | 日本製粉，台湾銀行から救済資金800万円の融資を受ける．[21]
| ＊生産規模拡大が裏目に出たことや，市況が予想に反して反落したことなどから資金繰りが困難となった．

12月1 | 益田孝❖<78>（1848～1938）の提唱による食養研究所，北里柴三郎や財界人の井上準之助・団琢磨・根津嘉一郎・藤原銀次郎らの協力をえて，慶応大学医学部内に設立．[212]
6 | 明治製菓，マレー・ジャワなどにおける乳製品の販路開拓のため，シンガポールに駐在員を派遣．[154]
20 | 日清製粉，定時株主総会，純益64万2,000円（前年同期92万8,000円），配当年1割2分（同），特別配当4分（8分）．[124]
22 | 森永製菓東京（芝田町）・鶴見両工場，健康保険組合設立許可．同25日，塚口及び福崎（乳製品）両工場も認可される．[122]
25 | 大正天皇崩御（47）．大正を昭和と改元．
この年

'18
―
'27

208 ◆ 1926年

- 庶民の生活は相変わらず厳しく，次の短歌がこれを象徴(中村孝助の『土の歌』所収)
  「たった一年の　作はづれでも　19年育てあげたる　娘売るのか」
- 中川文明堂(長崎市)創業者中川安五郎❖(1879～1963)の実弟宮崎甚左衛門❖<36>（1890～1974)，東京麻布に文明堂開く．[125, 128]
- ロシア革命でロシアを去り，各地を経て神戸市にきたモロゾフ❖<46>（1880～1971)，F・モロゾフ洋菓子店を開く．[230,129]
- 浦上商店(ハウス食品の前身)，「ホームカレー」の稲田商店を吸収し，布施市(現東大阪市)御厨の工場で，即席カレー（ホームカレー)の製造を始める．
  ＊1928(昭和3)年，「ホームカレー」を「ハウスカレー」と改称．[360]
- この頃から，カレーライスが一般庶民の食べ物として定着．
- カール・レイモン❖<32>（1894～1987)，函館にハム・ソーセージ会社を設立．[231, 232]
- 1924(大正13)年に東京出荷を始めた佐渡のマルダイ味噌合資会社，東京南千住に出張所を設置．
  ＊1929(昭和4)年頃までに，東京・横浜の販売網を確立．[72]
- 神戸酒類商，5大銘柄(大関・菊正宗・桜正宗・富久娘・白鷹)の売価協定(1升びん詰1円80銭，現在価6,000円)．[86]
- 今津郷酒造人18，蔵数60，造石高6万1,987石，うち現大関，蔵数11，造石高1万2,353石．[86]
  ＊この年度の全国の清酒造石高は516万5,629石．[350]
- この年，大正蔵を取得した現大関，技師として速醸酛の考案者江田鎌治郎(1873～1957)を招聘．[86]
- 東京酒類商協同組合標準小売価格，特等：2円，1等：1円90銭（現在価6,330円)，2等：1円80銭(6,000円)，3等：1円60銭(5,330円)．[86]
- 帝国麦酒，1,000万円に増資．[12]
- 理化学研究所で，鈴木梅太郎に師事した高橋克己(1892～1925)，鱈(たら)の肝油から分離・抽出に成功したビタミンAを，「理研ビタミン」の名で商品化．
  ＊肺結核の特効薬との噂もあって，売行きは抜群で，理研が抱えていた赤字の大半を帳消しにするほどの利益を得たという．
- 猪野々正治，『清涼飲料税法釈義』(大阪財務協会)を著わす．

'18 — '27

1927 昭和2年

神戸の鈴木商店破綻，食品業界に大打撃

　第一次世界大戦開戦後，鈴木商店の大番頭金子直吉❖(1866～1944)は，貿易部門の拡充に努め，同商店を短期間のうちに三井・三菱に匹敵する一大商社に成長させた．しかし，不況の下，主要取引銀行の台湾銀行に取付け騒ぎが起こり，資金繰りが困難となり，倒産を余儀なくされた．

　同商店が直接・間接に支配していた食品関係の会社は，多数にのぼっていたが，これを機に同商店経営の帝国麦酒の無配転落，系列会社の日本製粉が破綻寸前に陥るなど，食品業界に大きな打撃を与えた．

1月 1　麒麟麦酒，(株)明治屋との一手販売契約を解約し，自ら販売を行う．[49]

2月18　糖業連合会の産糖調節協定成立，砂糖業界カルテル時代に入る．

　　28　(株)鈴木商店(味の素の前身)，大連市にグル曹製造企業の昭和工業(株)を設立．資本金30万円．[99]

　　◆　東京の江東方面の小学生，不況のため弁当も体裁だけで，空のものが多くなる．

　　◆　野田醤油(キッコーマンの前身)，東京市場への商標を「キッコーマン」に統一する．[196]

　　◆　日本海員組合と海員協会，工船蟹漁業水産組合(後の漁船式蟹漁業水産組合)と労働協約を締結．[166]

3月14　片岡直温<68>(1859～1934)大蔵大臣，予算総会で東京の渡辺銀行の窮状に言及．このため，翌日，渡辺銀行・あかぢ貯蓄銀行休業．金融恐慌が起こり，深刻な不況に入る．

　　15　社団法人日本缶詰協会設立．缶詰普及協会が発展的に解消したもの．[121]

　　22　東京市の村井銀行・中澤銀行・八十四銀行，横浜市の左右田銀行，休業し金融パニックが進行．[217]

　　26　台湾銀行，神戸の鈴木商店への新規貸出打切りを通知．鈴木商店苦境に陥る．[21]

　　30　農林省，養鶏奨励規則公布．4月1日施行．[5]

4月 1　神戸の鈴木商店，手詰まり伝わり，東京株式暴落．[26]

　　11　(株)鈴木商店(味の素の前身)の「味の素」，宮内庁御用達となる．[99]

| | 18 | 政府銀行の台湾銀行に取付け騒ぎが起こり，銀行の倒産が相次ぐ．
| | | ＊この結果，中小の銀行が整理され，三井，三菱，住友，第一，安田の五大銀行の制覇が決定的となり，金融独占資本が確立される．
| | 22 | 株価暴落，恐慌状態で3週間の支払猶予(モラトリアム)の緊急勅令公布・施行．
| | | ＊金融恐慌最高潮．
| | 23 | 〜25日：東京牛乳畜産組合，東京牛乳商業組合共催で「牛乳デー」を開き，牛乳の宣伝を行う． [1]
| | 28 | 神戸の鈴木商店破綻，店員500人を解雇． [26]
| | | ＊この影響で，帝国麦酒無配に転落．
| | ◆ | 農林省，鶏卵増殖10ヵ年計画を策定． [5]
| | ◆ | 徳島撫養塩田労働組合，待遇改善を要求し，労働争議が起こり，闘争期間150日に及び，徳島県初の大争議となる． [233]
| | ◆ | 大日本麦酒，「特大びん詰ビール」発売． [12]
| 5月 | 14 | 日本製粉，神戸の鈴木商店との関係を解消し，三井物産と商品一手販売に関する契約を締結． [163]
| | 17 | 製粉連合会，製粉6割減産協定成立． [6]
| | 17 | 全国ビスケット協会発足．
| | ◆ | 日本製粉，整理更生案決定．資本金1,230万円を307万5,000円に減資し，7月，800万円(鈴木商店債権を出資に振替え)を増資して，整理更生を図る．新資本金1,107万5,000円． [6, 163]
| | ◆ | 東京渋谷で国産製菓博覧会開催． [72]
| 6月 | 1 | 極東煉乳，安房工場を(株)和光堂に売却，勝山を安房工場と改称． [186]
| | 3 | 麒麟麦酒，社債300万円募集払込完了． [49]
| | ◆ | 大日本製糖，台湾の新高製糖を傘下に収める． [101]
| | ◆ | 製粉連合会，6割操業短縮を決定． [6]
| | ◆ | 東京市の不正牛乳事件発生，不正牛乳の取締り強化．牛乳商，恐慌をきたす． [6]
| | ◆ | 牛乳低温殺菌機を導入した和田牛乳店を主体とする(株)東京第一ミルクプラント設立． [6]
| 8月 | 15 | 愛知トマト製造(カゴメの前身)，原料トマト不作で，本年度のトマトソース生産をこの日で打ち切る． [121]
| | 31 | 麒麟麦酒横浜工場，清涼飲料製造許可． [49]
| 9月 | 13 | 寿屋(サントリーの前身)，社長を「主人」または「大将」と呼ぶように社内に通達． [120]
| | 15 | 森永煉乳株式会社設立(森永乳業の前身)．資本金150万円．
| | | ＊森永製菓の煉乳部から分離独立． [122]
| | 16 | 野田醤油(キッコーマンの前身)，労働組合(日本労働総同盟所属)

の待遇改善などの要求を否認し，争議が始まる．26日から1,300人余りの工員がストライキに突入し，翌年4月19日まで続く．第二次世界大戦前の最長の大争議．協調会の斡旋で，解決をみる．[26, 195, 196]

25 北海道煉乳(株)，大日本乳製品株式会社と商号変更．[186]

30 明治製糖，9月に東洋製糖の2工場を買収して設立した新明治製糖を合併し，資本金4,800万円とする．[146]

10月28 台湾製糖，塩水港製糖の旗尾・恒春両工場の買収仮契約締結．[130]

- 日本麦酒鉱泉，大阪工場竣工(現アサヒビール西宮工場)．[12]
- 製粉協定値，4円15銭(1袋＝22kg)に引上げ．この頃から，小麦粉の輸出が本格化．[6]
- 5月より病牛・不良牛乳問題化，警視庁は牛乳の低温殺菌を命ず．

11月11 牛乳営業取締規則改正，ミルクプラント施設を奨励．[1]

- 蟹工船業界集約化，三菱系は昭和工船漁業株式会社(15日)，日本水産系は日本工船漁業株式会社(17日)設立．

12月11 わが国初の京都市中央卸売市場開場(青果部を除いた他の部，一斉に開市)．[4]

- 大日本製糖，東洋製糖を合併．資本金2,416万6,600円を増額し，総額5,141万6,600円となる．[101]
  ＊この合併で，大日本製糖は台湾糖業での地位を確立する．[6]

この年
- 出生人口，産児制限や不況などで大幅に減少(前年比4万5,041人減)．
- 栄養技手誕生，各府県の栄養改善事業始まる．
- 東京新宿の中村屋，カレーとライスを別の容器に入れた高級カレーライスを売り出す．値段は大衆食堂の4〜5倍の50銭(現在価1,700円)．[108]
- トマトソースの製造盛んとなり，全国で売上高100万円を超える．[6]
- パイナップル缶詰，5割方増産となり30万缶といわれる．[6]
- 埼玉県の石戸トマトクリーム販売組合，エバポレーターによるトマトペースト製造を開始．[121]

1928 昭和3年

製粉業界，生産調整

　下落傾向の小麦粉価格に歯止めをかけるため，日清製粉・日本製粉などは小麦粉減産協定を締結していたが，自然消滅し，各社の販売競争は以前にも増して激化した．これを打開すべく，三菱商事系の日清製粉正田貞一郎社長❖と三井物産系の日本製粉安川雄之助社長との間に紳士協定が結ばれた（「正田・安井紳士協定」とよばれる）．内容は(1)販売価格協約，(2)販売地盤現状維持，(3)無謀の競争排除，(4)対外輸出についての協力などであった．両社の製粉能力は，全国製粉能力の8割強を占めていたことから，他社もこの協定に追随するものが多く，市場は安定に向かう．ビール業界でも価格競争が熾烈で，価格協定に踏み込む．

1月 1 東京府豊多摩郡渋谷町大字下渋谷字伊達跡などが，恵比寿通1・2丁目となり，恵比寿が地名に初めて使用される．
＊1901（明治34）年，恵比寿ビール（日本麦酒）の貨物積卸専用「恵比寿停車場」（JR山手線恵比寿駅の前身）が開設された．[12, 37]

28 大日本麦酒，資本金4,000万円を8,000万円（現在価2,700億円弱）に増資決定．5月24日増資完了．[36]

28 砂糖販売カルテル「水曜会」，精糖及び耕地白糖の売値を協定（3月，対立激化で決裂）．[6, 26]

◆ 島根県松江市のメーカー，圧力釜の一種「煮沸調節器」を発売．

2月 1 砂糖「水曜会」，精糖の協定値厳守申合せ．[26]

8 日商株式会社（日商岩井→双日の前身）創立．倒産した神戸の鈴木商店直属の貿易会社日本商業株式会社を母体とした．[35]

27 麒麟麦酒，横浜工場内に清涼飲料工場竣工．3月11日に製造開始．[49]

3月 7 豊作により米価が下落，対策として外米輸入制限の勅命を公布．[5]
＊米穀の輸入許可制，1931（昭和6）年12月31日まで実施．

15 日本製粉，資本金を約3分の1の393万7,500円に減資．三井物産の系列会社となり，従来の役員の大半が退き，三井物産の第一線にいた人びとが取締役に就く．会長には三井物産常務の安川雄之助が就任．[21]
＊この頃，日清製粉は三菱商事との関係が密接となる．

16 麒麟麦酒，キリンレモン発売．[49]

◆ 伊藤伝三❖<19>（1908～81），個人経営の食品工業（伊藤ハムの前身）を大阪市北区に創業．[234]

| 春 | コーヒー商「木村商店」，店名を「木村コーヒー（キーコーヒーの前身）」と改め，国内外に支店を広げるとともに，コーヒー農園の経営も手がける．[210] |

4月 10　日本商工会議所設立（5月24日認可）．[26]

20　野田醤油(キッコーマンの前身)の労働争議，218日で解決．[196]

21　大日本麦酒，「御大典記念ビール」（白びん＝無色透明びん）発売．[12]

30　明治製菓，明治コナミルク発売(90銭，1円70銭，現在価3,000円，5,670円)．[154]

◆　九州の清涼飲料水組合，ラムネの小売価格を1本6銭(現在価200円)以下に統一することを決定．

5月 ◆　小麦粉減産協定は自然消滅し，各社の販売競争激化．[6]

6月 1　三越呉服店，(株)三越と改称．大丸呉服店，(株)大丸と改称．
　　＊三越は，この年から1933(昭和8)年にかけて，新宿・銀座・高松・仙台・札幌の各地に支店を開設．

1　東京ミルクプラント創立．[321]

30　ビールの生産量及び販売価格について，大日本・麒麟・日本麦酒鉱泉(カブトビール)3社間の協定成立．翌年2月，桜麦酒も加入．[49]

◆　大日本乳製品(株)，ネッスル・アンド・アングロスイス煉乳会社(ネッスル社)と提携の仮契約締結．[6]

7月 1　中野長兵衛，村上商店，中井半三郎，高梨仁三郎❖<24>（1904～93），高崎徳之助，合併して合名会社小網商店設立．[72]
　　＊高梨仁三郎は，日本におけるコカ・コーラの製造販売の先駆けとして活躍した．[235]

23　

◆　北海道の酪連(雪印乳業の前身)，チーズを試作．翌年出荷するが，返品が多く約1年で製造を中止．

8月 9　スイスのネッスル社と大日本乳製品(株)との合同仮契約で，業界騒然，反対運動が起こる．[1]

9月 15　日清製粉鶴見工場，二期工事完了(7,000バーレル)，東洋一の設備となる．

15　第7回全国菓子飴大品評会，開催(岐阜)．[154]

◆　日東製氷，大日本製氷(ニチレイの前身)と改称．社長は和合英太郎❖<59>（1869～1939）．[35]

10月 1　明治製菓両国工場，特約店にびん詰明治牛乳の卸売を開始．明治牛乳の誕生．[154]

6　晒粉連合会，販売協定価格引上げを決定．[26]

9　砂糖火曜会，精糖22円50銭(100斤当たり)以下の売止めを申合せる．[26]

22　昭和肥料株式会社創立(昭和電工の前身，資本金1,000万円)．森

		蠢昶<44>(のぶてる)(1884〜1941)が余剰電力を利用して化学肥料の製造を企画し，東信電気と東京電灯の共同出資．社長に味の素創業者鈴木三郎助❖(2代目，1868〜1931)が就任．[35, 162, 236]
	25	東京砂糖取引所設立，12月1日開業．[72, 272]
	◆	安井(日本製粉)・正田(日清製粉)紳士協定締結(販売価格協定，販売地盤現状維持，無謀競争排除，輸出協力)．[21, 124]
11月	1	大日本製乳協会，大日本乳製品(株)を除名(ネッスル社問題)．[6]
	29	千葉県銚子町(現銚子市)のヤマサ醤油店，ヤマサ醤油株式会社に改組．[237]
		＊1645(正保2)年紀州藩有田郡広村出身の浜口儀兵衛❖が創業．
	◆	製粉3社協定により2等粉3円70銭(1袋＝22kg)に粉価引上げ．[6]
12月	1	寿屋(サントリーの前身)，横浜市鶴見区市場町の日英醸造株式会社の麦酒工場を買収し，横浜工場とする．[111, 120]
		＊日英醸造は1919(大正8)年設立の外資系ビール会社でカスケードビールを発売．関東大震災を境に経営が悪化し，競売に付された．
	20	政府，大日本製乳協会の乳製品販売拡張事業に補助金交付．
	22	寿屋(サントリーの前身)，会社の事業目的にウイスキー，麦酒の製造販売を加える．[120]
	◆	砂糖連合会会員会社のうち精糖及び耕地白糖(甜菜を含む)を製造する会社をもって砂糖供給組合結成1930(昭和5)年より統一マークで販売)．[6]
この年		
	◆	愛知トマト製造(カゴメの前身)，グリーンピース，たけのこなどの農産物加工を開始．関西市場の開拓に乗り出す．[6]
	◆	東京の中島商会の中島董一郎❖(キユーピーの創設者，1883〜1973)，広島の加島缶詰所製のミカン缶詰を1月ロンドン，6月オーストラリア・アメリカ，7月大連・アメリカに計17函を見本として送る．これが実を結びミカン缶詰輸出の端緒を開く．[6]
		＊加島缶詰所の加島正人❖は温州ミカンの産地豊田郡大長村(おおちょう)(現呉市)で本格的な剥皮ミカン缶詰を初めて製造．[63, 324]
	◆	帝国通信社，同編『日本産業史(上・下)』を発刊．下巻7編で食料品工業(製糖業，製粉業，醸造業〈麦酒，清酒，醤油，清涼飲料水〉，缶詰製造業)について記述．畜産食品製造業，製油業，製パン・製菓業は登場していない．[225]
		＊本書は1999(平成11)年『明治大正産業史』のタイトルでクレス出版から復刻された．

1929 昭和4年

不況のさなか，わが国初の本格ウイスキーが発売される

　4月，小津安二郎監督(1903〜63)の作品「大学は出たけれど」が封切られ，流行語となる。大学や専門学校を卒業しても，就職がなかなかできない不況のさなかにあったが，わが国初の本格ウイスキーの発売，初の本格的なターミナルデパートでのカレーライスの発売など，話題を集めた年でもあった。パン用イーストの生産が開始され，パン製造が容易になった。浜口雄幸内閣による緊縮財政が実施され，産業合理化，金輸出解禁などを掲げ，国民に消費節約，貯蓄奨励，国産品愛用を訴えた。

　10月24日(暗黒の木曜日)にはニューヨーク株式市場が大暴落し，世界大恐慌が始まり，その影響はわが国にも直ちにあらわれ，国際商品の生糸相場が暴落し始め，農業不況の引き金となった。

1月18　大日本麦酒，目黒工場内にエビオス工場開設．[12]

23　帝国麦酒株式会社，400万円に減資し，桜麦酒株式会社と改称．[12, 49]

　＊帝国麦酒株式会社は，福岡県企救郡大里町(現北九州市)に工場のある旧鈴木商店系の会社．銘柄名は桜ビール．醸造開始は1913(大正2)年4月で，1943(昭和18)年まで続いたが，同年，大日本麦酒に合併された．

◆　北海道酪連(雪印乳業の前身)，人造バター取締りに関し，内務・農林両省に対して，一見して天然バターと区別できる表記を請願．

◆　小麦粉輸出好調で，製粉値上げ3社(日清製粉・三井物産・松本製粉)協定成立(2等粉3円70銭→3円85銭〈1袋22kg〉)．

　＊三井物産は，日本製粉．[6]

2月11　合名会社江崎商店，株式会社江崎(江崎グリコの前身，資本金100万円)に組織変更(会社設立日)．[204]

18　桜麦酒，ビールの生産量・販売価格に関する前年の3社協定(大日本・麒麟・日本麦酒鉱泉〈カブトビール〉)に参加し，4社協定となる．[49]

◆　製粉三社，3社協定を改定し，3円85銭を4円に引き上げる．

3月◆　東京中央放送局で畜産講座が始まり，畜産食品の知識を広める．

◆　大学卒業者の就職難，深刻化．東京帝国大学卒の就職率約30％(4月，映画「大学は出たけれど」上映)．

　＊「大学は出たけれど」が流行語となる．[238]

4月

1 寿屋(サントリーの前身),わが国初の本格ウイスキー「サントリーウイスキー白札」(4円50銭,現在価15,000円)を発売.[120]

1 小林元次,粉わさび専門店(金印わさびの前身)を創業.[72]

15 大阪梅田にわが国初の本格的なターミナルデパート阪急百貨店がオープンし,食堂のカレーライスが目玉となる.
*発案者は小林一三❖(1873〜1967).

19 糖業連合会,過剰糖の処分法決定.[26]

27 北島敏三,麦芽根利用のパン用酵母開発,特許取得.[72]
*6月30日,これを企業化してオリエント酵母工業株式会社設立.

◆ 寿屋(サントリーの前身),新カスケードビールを発売.[120]
*およそ1年間,約2万石生産,翌年「オラガビール」の発売とともに消滅した.[111]

5月

1 酒造組合中央会設立.[71]

1 森永製菓,森永果汁飲料発売.[122]

31 ネッスル社と大日本乳製品(株)の提携決裂.[6]

◆ 小林多喜二(1903〜33),「蟹工船」を『戦旗』(〜6月)に発表.[228]
*同年11月「不在地主」を『中央公論』に発表後,勤務先の北海道拓殖銀行小樽支店を解雇される.

6月

1 ミルクプラント協会設立.
*1932(昭和7)年7月,大東京ミルクプラント同業組合と改称.[186]

3 宝酒造,大正製酒を合併.資本金590万円となる.[158, 181]

17 日清製粉,第45回株主総会開催.純益90万3,000円(配当年1割4分).[124]

30 現東京都板橋区に,オリエンタル酵母工業株式会社設立(資本金2万円).わが国初のパン用イースト製造会社.[6, 118]
*発起人は大日本麦酒常務取締役植村澄三郎,日清製粉社長正田貞一郎❖ら.

◆ 千葉県銚子のヤマサ醤油庶務部,「現下の醤油界の問題とヤマサ醤油」と題するパンフレットを出し,「醤油業界の大問題は産業組合造醸自家用醤油の台頭と並に景品付売出禁止の問題である」としている.
*1926(大正15)年醤油税廃止後,産業組合の醸造と自家用醸造が「雨後の筍の如く」増加した.また,関西を中心に大醸造家の景品付売出が行われるようになり,中小業者が最も影響を受け

「サントリーウイスキー白札」発売当時の広告(サントリー提供)

るとしている．[28]

7月 1 工場法改正(婦人及び少年の深夜就業廃止)．[26]
◆ (株)鈴木商店(味の素の前身)の「味の素」，特許の延長期間満了．[99]

8月 1 (株)鈴木商店(味の素の前身)「味の素」，約10％の値下げ実施．[99]
21 明治製乳株式会社設立(資本金20万円，岩手県下閉伊郡岩泉町)．[186]
◆ ツェッペリン伯の飛行船が世界一周の途中，日本に立ち寄った際，補強食糧として大量のチョコレートを携行していることが判り，日本人のチョコレートに対する関心，特に栄養価に対する認識を深めるのに役立ったという．[273]

9月15 明治製菓，明治製糖の製乳部門を統一経営することになり，同社の清水工場を引き継ぎ，製造を開始．[154]
27 宝酒造，株式会社鞆保命酒屋を合併．資本金619万8,000円となる．[158, 181]

10月 7 (株)鈴木商店(味の素の前身)，「味の素」発売20周年記念祝賀会を東京会館で開催．次いで，大阪，名古屋，その他各地で祝賀会開催．[99]
15 閣議，全国官吏の俸給1割減案を決定．16日，この影響を受けて米相場暴落．直ちに減俸反対運動が起こり，22日，政府は同案を撤回．
19 大日本製乳協会，煉乳共同輸出を決定．[186]
24 ニューヨーク株式市場大暴落，世界大恐慌始まる．「暗黒の木曜日」と呼ばれる．これを受けて，生糸相場が暴落に転じ，農村にも不況をもたらす．
◆ (株)江崎(江崎グリコの前身)，オマケの小箱創案．[204]

11月19 鉄道省，「全国の駅弁を年内に35銭から30銭(現在価1,000円)に引き下げる」と発表．[151]
21 大蔵省，金解禁に関する省令を公布．翌年1月11日施行．
21 内閣に産業合理化審議会を設置．[16]
◆ 全国の失業者約30万人(内務省)．
◆ 東京駅待合室に簡易食堂が開業．

12月 8 鈴木与平❖<46> (1883〜1940)，清水食品株式会社を静岡県清水市(現静岡市清水区)に設立．静岡県水産試験場技師村上芳雄❖<31> (1898〜1981)が開発したマグロ油漬缶詰を，日本で初めて企業化．[239, 240]
＊この年，村上芳雄，安値のトンボマグロに付加価値をつけたマグロ油漬缶詰の開発に成功．[247, 342]
10 京浜電鉄大師線，路線変更．(株)鈴木商店の川崎工場前に停留所

13		商工審議会,産業合理化に関する答申を決定. [16]
20		日清製粉,第46回株主総会開催.純益87万1,000円(配当年1割4分). [124]
25		森永製菓鶴見工場,キャラメルの自動包装装置完成. [122]
この年	◆	森永煉乳(森永乳業の前身),森永牛乳を発売.
	◆	東北地方冷害,借金のカタに都会に売られる娘たちが激増.遊廓は農村の子女であふれたといわれる. [217]
	◆	物価,昨年より約1割低落(1922〈大正11〉年来の最低価格).
	◆	東京市衛生試験所に栄養調査部を新設. [212]
	◆	この頃から,パン用粉の強力粉への移行が目立つ.
	◆	この頃,島田信二郎(もと宮内省大膳職)がつくったポークカツが,初めて「とんかつ」と呼ばれたという.
	◆	神戸市のパン製造業者27軒,このうち株式会社組織は西村食糧品店(創業1920〈大正9〉年)と神戸パン(1929〈昭和4〉年)の2社.合資会社は寒川商店(1902〈明治35〉年)の1社で,他は小規模な個人経営であったが,外国人経営によるベーカリーが多い神戸は,西日本のパン製造技術の修業場所であったという. [129]
	◆	この頃,岡山歩兵第十連隊酒保では,18銭(現在価600円)のビールがよく飲まれたという. [22]
	*	『岡山連隊写真集』(国書刊行会)に,「岡山連隊酒保風景」の写真あり.
	◆	日本麦酒鉱泉,台湾で「ユニオンビール」を懸賞付きで販売. [12]
	◆	この頃,カフェー全盛,警視庁の調査によると,東京市内のカフェー6,187店,バー1,345店.
	◆	東京銀座千疋屋の齋藤義政❖<32>(1897～1977),アメリカからリンゴのスターキングデリシャスの苗木を持ち帰り,青森県弘前市の対馬竹五郎❖<45>(1884～1971)に育成を依頼. [241, 242]
	◆	1929(昭和4)年下期 鉱工業資産上位100社のうち,食品関係企業. ( )は1914(大正3)年下期に対する倍率. [305]

順位	社名	総資産額 (単位:1,000円)	順位	社名	総資産額 (単位:1,000円)
10	台湾製糖	109,539(3.6)	45	日本製粉	35,343(8.6)
11	大日本製糖	107,141(3.7)	52	帝国製糖	32,773(6.1)
14	明治製糖	90,974(4.8)	5	日本麦酒鉱泉 (加富登麦酒)	29,984(7.9)
15	日本窒素肥料	90,271(16.2)	72	豊年製油	22,520

17	塩水港製糖	89,302(6.4)	73	麒麟麦酒	22,080(7.2)
19	大日本麦酒	83,795(7.8)	76	新高製糖	21,332(3.2)
21	**朝鮮窒素肥料**	81,333	**78**	**共同漁業**	20,855
22	大日本人造肥料	77,902(4.7)	79	台南製糖	20,747(11.8)
24	**日魯漁業**	64,362	**80**	**森永製菓**	20,650
31	**大日本製氷**	44,175	**89**	**鈴木商店（味の素）**	17,003
40	日清製粉	36,553(10.9)			

(注)ゴチックの7社は，上位100社に新たに登場した企業．
1914(大正3)年の上位100社から消えた企業は，東洋製糖，北港製糖，南日本製糖，台湾塩業，台北製糖，沖台拓殖製糖，東亜製粉(以上は合併により退場)，東洋捕鯨，大日本塩業，帝国麦酒，横浜魚油．

1930 昭和5年

不況が深刻化し，大手食品会社でも人員整理を実施

　この年は昭和恐慌が本格化し，財政経済最悪の年ともいわれる。1月11日，浜口内閣は為替相場を安定させて輸出を振興するため，金解禁（金輸出禁止の解除）の実施に踏み切った。世界恐慌の影響を受け，かえって輸出は減退し，不況が一段と深刻化した。食品業界もその例外ではなく，製粉カルテルの誕生や，ビスケット会社などの転廃業が進む。ビール業界の大手大日本麦酒では，従業員約4,500人中，この年だけで約1,000人，さらに翌年約450人，翌々年230人の人員整理が行われた。

　一方，農村では米が有史以来の大豊作となり，米価が暴落し，娘の身売りが行われるようになるなど，農業不況も深刻化した。

1月 ◆ 日本麦酒鉱泉，4社協定から脱退．[12]

2月 1 酪連（雪印乳業の前身），札幌工場で脱脂乳利用のため，脱脂煉乳製造を開始（7月より全脂煉乳製造も開始）．[227]

3月 1 野田・ヤマサ・銚子の醤油3社及び東京醤油問屋組合，出荷協定・建値制度及び手形制度を実施．
　　＊小売業者との取引で手形支払を取り入れたのは，わが国食品業界では初めてという．[195, 267]

　　3 不二家洋菓子舗，合名会社不二家と改組改称．[26, 169]

　　11 日清製粉，日本製粉及び三井物産の3社，製粉販売組合結成契約締結（製粉カルテル）．[21, 124]

　　◆ 4社協定から脱退した日本麦酒鉱泉，「ユニオンビール」を乱売．10月30日まで王冠1個3銭で買上げなど，キャンペーン実施．[12]

　　◆ 銚子醤油醸造組合の37の小醸造家，大手の銚子醤油（ヒゲタ）とヤマサ醤油に対し，地域市場（組合地域）へ景品付販売及び廉売での参入中止を陳情．
　　＊近隣地回りへの両大手の進出は，小醸造家にとって死活問題であった．

4月 1 日本製粉，日清製粉，日本製粉の製品販売権を有する三井物産の3社，他の業界に先駆けて，強力な販売統制機関である製粉販売組合を発足させ，価格維持，販売競争の根絶，販売経費の節減を図る．[21]

　　30 大日本麦酒，純粋麦酒酵母剤「エビオス」を発売．

* 開発指導者は「東洋のビール王」と呼ばれた馬越恭平の次男で，同社常務の薬学博士馬越幸次郎❖<56>(1873〜1935)．監製者は，農学博士橋谷義孝(1888〜1975)．[36, 245, 292]

◆ (株)江崎(江崎グリコの前身)，キャラメルの真空釜・冷風冷却装置開発．[204]

◆ 化学技術者・浜口文二❖<39>(1890〜1948)ら，横浜に四ッ菱食品(株)を設立し，県下で初めてミカン缶詰製造を開始．[63, 243, 244]

5月1 寿屋(サントリーの前身)，オラガビール発売．[120]

* 当時，「おらが大将」として人気を博していた前首相田中義一大将(1864〜1929)にちなんだという．「出た　オラガビール　飲めオラガビール！！」と宣伝し，価格も大手麦酒会社の間で協定のあった1本33銭(現在価1,100円)を下回る27銭(900円)で売り出して，大向こうの喝采を博したという．しかし，売行きは予想以上に悪かった．

1 寿屋，「サントリーウイスキー赤札」を発売．[120]

27 米国で禁酒法成立．

◆ (株)鈴木商店(味の素の前身)，「含糖アミノ酸液」の製造に関する最初の特許を取得．[99]

* アミノ酸液は，味の素を製造する際に生じる副産物．これを当初は肥料として販売していたが，脱臭脱鉄法が案出され，1933(昭和8)年になってアミノ酸液(「味液」)を発売．アミノ酸液を使うと，醸造醤油より非常に安い醤油ができることが醤油業者に浸透し，中小醤油業者を中心に，アミノ酸液を盛んに利用するようになる．[72]

6月3 国産品愛用運動を通達．

7月◆ 東京市内のうどん，そば(もり・かけ)が10銭(現在価330円)から8銭(270円)に値下げ．[217]

8月9 森永・明治などの大手製菓と競い，「フルヤミルクキャラメル」の名を高めた古谷辰四郎(初代)❖(1868年生まれ)，胃がんで死去(62)．[66, 188]

9月1 森永煉乳野付牛工場，牛乳の受入制限を発表．[195]

30 伊勢丹呉服店を改組し，株式会社伊勢丹創立(資本金5万円)．[35]

◆ 東京，米価暴落，1俵5円(現在価1万6,700円)台に，1917(大正6)年以来の安値．[217]

10月1 第3回国勢調査実施(内地人口6,445万人，東京市207万529人)．失業者調査も実施(全国32万2,527人，東京市6万2,957人)．[16]

3 大豊作発表で米価暴落，東京・大阪の取引所立会停止．[26, 35]

22 新潟市購買組合，新米1升16銭5厘(現在価550円)で売り出し，県下で米1升に対し，タバコ敷島1個(18銭，現在価600円)を基準とする物々交換が流行．[42]

11月 1 木村屋総本店，株式会社に改組．[13]

21 缶詰協会主催の全国缶詰関係団体協議会で，缶詰内容の標準量と缶型規格の統一を決議．[121]

12月 1 株式会社高島屋呉服店，株式会社高島屋と改称．[35]

10 松本米穀製粉(資本金200万円)，名古屋製粉(資本金65万円)・新田製粉(資本金20万円)を合併し，日東製粉株式会社(資本金235万円)と改称．[26]

この年

◆ 倒産企業823社，減資311社を数え，大企業30％操業短縮．失業者は30万人．[35]

◆ 不況と販売競争激化で，ビスケット会社の転廃業相次ぐ．

◆ 寿屋(現サントリー)の不景気を表した，赤玉ポートワインの広告コピー「飲んでない！ そうだろう！」が，流行語となる．
＊片岡敏郎❖<48>(1882～1945)作の「不景気か？ 不景気だ！赤玉ポートワインを飲んでるかネ？」の後に続く言葉．[238]

◆ 米大豊作，水陸稲生産量，1,003万1,000トンと初めて1,000万トンを突破し，豊作飢饉という言葉が日常語となる．

◆ 農畜産物価格が暴落，農業恐慌は深刻化．乳製品関税引上げ運動が活発化．
＊野菜は「キャベツ50束で敷島(タバコ)１つ，カブラは100束でバットが１つ」といわれるほどに下落．敷島は18銭(現在価600円)，バットは７銭(230円)．

◆ 代田稔❖<31>(1899～1982)，乳酸桿菌(ラクトバチルス カゼイ シロタ株〈略称：ヤクルト菌〉)を発見．[325]

◆ 三共(株)，パン用ドライイーストを発売．[6]

◆ 宮内省，初めて国産ハムを採用．[17]

◆ 札幌に北海道畜産工業株式会社創立．出資者は学者官吏などが主体となり，ハム・ソーセージ・缶詰製造を開始．1933(昭和8)年に，北海道酪連が食肉加工業を開始したので，これに譲渡．
＊社長は煉乳製造の権威者橋本左五郎❖(1866～1952)の長男橋本直也．[17]

◆ 静岡県清水市(現静岡市清水区)の清水食品，県下で初めてミカン缶詰製造を開始．

◆ 東芝，日本初の電気冷蔵庫を売り出す．定価800円(現在価266万6,000円，公務員高等官の初任給75円，現在価25万円)．[246]

◆ 野田醤油(キッコーマンの前身)，千葉県野田町にびん詰専門工場を設立．これ以降，醤油容器が樽から次第にびん詰めに移行．[161]

◆ 冷凍食品(野菜・果実・畜肉)の製造・発売が始まる．[35]

◆ 日賀志屋(エスビー食品の前身)，「ヒドリ印」カレーを発売．[118]

1930年

1931 昭和6年

カルテル化が進行するなか，満州事変が勃発

　カルテルなどに参加しない企業間では，熾烈な競争が展開されていたが，不況を背景に，産業合理化の一環として，重要産業のカルテル化を促進するための重要産業統制法が公布されることになった。また，協調的な業界団体が組織化され，製粉・煉乳・醤油業界などで販売協定が締結されるなど，食品企業のカルテル化が一段と進む。しかし，業績は好転せず，食品業界でも人員整理が行われ，例えば大日本麦酒では，前年に続き約450人が解雇された。野田醤油のように，たとえ，給料が半減しても，解雇されるよりはましだと，従業員から自発的に減給を申し出るところも出た。

　1927(昭和2)年以来の不況を切り抜けるために，満州進出によって局面を打開しようとする動きが現れているなか，満州事変が勃発し，1945(昭和20)年に至る15年戦争に突入した。

1月12　イギリスの経済学者ケインズ(1886～1946)，ラジオ放送で「倹約することが不景気の原因である」と述べる．「皆さんが5シリングの貯金をすると，1人の人が失業する結果となり，1人失業すれば，それだけ購買力が減少するから，さらに失業者を出す結果となり，不景気はますます深刻になる」．[151]

◆　日本麦酒鉱泉(ユニオンビール)と寿屋(オラガビール)の乱売合戦が激化．[12]

◆　株式会社養命酒本舗設立．[26]

◆　東京ソース製造業者協会発足．[121]

2月5　銀座風月堂，合名会社に改組(12月に株式会社に改組)．[72]

　21　農林省，農村の負債は推定40～50億円(現在価13～17兆円)と発表．[26]

　21　全国蔬菜缶詰製造協会委員会設立．[6, 121]

　26　過リン酸肥料の共販機関成立．[26]

◆　九州の桜麦酒，4社協定(生産制限，販売条件)から脱退．[12]

3月1　醤油業界未曾有の不況に対処し，野田醤油，ヤマサ・銚子醤油両社と生産・販売協定を結ぶ．[195]→安定をみたので，1933(昭和8)年7月27日協定解消．

　29　味の素創業者鈴木三郎助(2代目)❖(1868.1.21〈慶応3.12.27〉生まれ)，食道狭さく症に肺炎を併発し，死去(63)．[162]

	* 4月20日，鈴木三郎助の弟鈴木忠治❖<56>（1875～1950），社長就任．
13	日本蟹罐詰共同販売株式会社設立．[121]
31	米穀法改正公布．米穀輸出入を許可制とし，政府の買入れ，売渡しの最高・最低価格を決定．7月1日より施行． *この年，農林省，米穀生産費調査開始．[5]
◆	東京市内の尋常小学校卒業生のうち，約6,000人は人身売買に近い契約で，芸者屋・丁稚小僧などで就職．
◆	新潟県農業試験場，「水稲農林1号」を育成，奨励品種に指定される（指定試験地制度による最初の組織的人工交配育種の成果）．[5]
◆	酪連（雪印乳業の前身），上海でバター試売会（道庁主催）．上海・香港市場に5万ポンドのバター輸出．[227]
◆	合名会社不二家，東京銀座西7丁目に銀座工場が完成．[169]
◆	神戸市内の公設小売市場数12，私設小売市場数75を数える．[4]

4月

1	重要産業統制法を公布し，カルテル結成を助成．8月11日より施行． *食品業界では，硬化油・小麦粉・精糖・麦酒・晒粉の各製造業が指定された．
10	～24日：第8回全国菓子飴大品評会，愛媛県松山市商品陳列所で開催．[310]
23	現長野市の塚田豊明❖<29>（1902～89），アンモニア気化ガス利用による凍豆腐製造法を発明し，特許を取得．[330]
25	全国米穀販売購買組合連合会設立．[5]
27	前年4月にできた製粉販売組合（日本製粉・日清製粉・三井物産）に日東製粉を加えて，東部製粉共販組合創立（関西の増田製粉所・大阪製粉は不参加）．[21] *全国製粉業界の生産能力の約88％を包括するカルテルができあがった．
◆	缶詰・びん詰食料品，工業組合法の重要工業品に指定される．[6]

5月

1	野田醤油（キッコーマンの前身）の社員，業界未曾有の不況のため，自発的に減給を申し出る．[195]
1	後藤磯吉❖<34>（1897～1946），後藤缶詰所（はごろもフーズの前身）を静岡県清水市（現静岡市清水区）に設立し，マグロ油漬缶詰の対米輸出を開始．[247, 248]
22	日清製粉鶴見工場全焼．総能力1万2,200バーレルに減少．[124]
23	煉乳の価格協定締結（明治製菓・大日本乳製品・極東煉乳・森永煉乳の4社）．[186]
◆	トロール船に，船内急速冷凍装置が装備される． *漁獲物の鮮度が飛躍的に上昇するとともに，トロール船の遠距

離出漁が可能となる．[83]

6月 1 官吏減俸実施（月額100円以上，0.5～20％減）．[26]

17 商工大臣，東京市中央卸売市場築地本場の開設を認可．[4]

18 ～20日：『国民新聞』に，「需要期に直面して麦酒界の乱闘協定が出来ない訳」と題し，現下の不況時代を切り抜けるために，各業界は共同販売，決議操短，限産，売値協調・地盤協定，さらには合同など種々の対策を講じているが，「麦酒界は協定も無ければ限産もなく，共販はおろか売値の協調さえも行われていない，全くの無統制自由競争で血みどろな戦いを戦いつづけている処は，皮肉を抜きにして見ても実に感歎に値するものがある」と記している．[192]

＊桜麦酒の新発売のスピードビール（大びん１本）27銭（現在価900円），寿屋のオラガビール25銭（830円），キリン・エビスもつれ安30銭（1,000円）に，1917（大正６）年以来の安値となる．[22]

＊１本25銭に値下げしたオラガビールは，「蓋し麦酒原料の時価よりすれば，本来麦酒の時価之を以て至当と認む」という新聞広告を出す．[151]

30 森永製菓，キャラメルの飛行機セール実施，「森永号」全国80都市を空から訪問し，紙製模型飛行機300万個配布（飛行距離１万5,000km，10月12日に終了）．[122]

◆ 酪連（雪印乳業の前身）とネッスル社との資本提携問題で，再び大混乱．北海道農民，ネッスル進出大反対運動を展開．[1]

◆ 大日本麦酒，名古屋工場内に直営ビヤホール「浩養園」開業．[12]

◆ ネッスル社，北海道進出を申請，農林省はこれを拒否．

7月 1 明治製菓・大日本乳製品・極東煉乳・森永煉乳の４社，煉乳組合結成．[186]

6 農林省，有畜農業奨励規則即日施行（1942〈昭和17〉年６月10日廃止）．[5]

19 大日本乳製品（株），札幌酪農組合に原料乳受入れ制限を発表．

31 北海道昆布輸出組合設立．

◆ 神戸モロゾフ製菓株式会社（モロゾフの前身），神戸市に創立（８月８日，設立登記）．
＊1936（昭和11）年８月，モロゾフ製菓株式会社に商号変更．[118]

◆ ７月～８月：有沢広巳（1896～1988），『カルテル・トラスト・コンツエルン 上巻』，美濃部亮吉（1904～84），『同 下巻』（改造社）を著わす．

8月20 日本栄養食品株式会社（資本金15万円，日本農産工業の前身）を横浜市に設立し，配合飼料の製造を開始．[118]

25 日本鮭鱒缶詰業水産組合結成．[121]

30 大日本麦酒，東京尾張町角（現銀座）のカフェーライオンを直営とし，「ライオン・エビスビヤホール」を開業．[12]

	◆	大日本ビスケット協会発足．[6]
	◆	札幌畜牛畜産組合主催の畜牛家大会，ネッスル社進出反対を決議．一方，石狩空知酪農家有志，ネッスル社進出賛成者大会開催．[6]
9月 1		竹岸政則❖<21>（1910～74），総勢5名の竹岸ハム商会（プリマハムの前身）を金沢市田丸町に開設．[249, 250]
18		満州事変発生(柳条湖事件)．
29		野田醤油（キッコーマンの前身），兵庫県加古郡荒井村（現高砂市）に3年半の日時を費やし「第17工場」を上回る関西工場を完成，関西地方への進出の橋頭保を築く．10月23日，落成式挙行．[195]
	◆	小豆島の丸金醤油（マルキン忠勇の前身），関東に進出．[237]
		＊進出時期については，1930（昭和5）年との説もあるが，進出理由は関東三印（キッコーマン・ヤマサ・ヒゲタ），東京醤油問屋組合に対して反感を持つ小売商が中心となり，丸金に呼びかけたもの．[72]
10月 ◆		東部製粉共販組合，売価3銭の値上げを決定
11月 11		大阪市中央卸売市場開場，業務開始．[4]
11		大日本麦酒・大日本製糖・台湾製糖など，多くの企業の誕生にかかわった渋沢栄一(92)死去．
27		日本柑橘輸出組合設立．[5]
12月 1		『中外商業新報』，「神奈川県の調査によると，外国観光客が好む県内の著名な産品として，大船の鎌倉ハム，ベーコン，サンドウィッチをあげている」と記す．[192]
5		製粉業，重要産業統制法を適用．[21, 124]
5		寿屋（サントリーの前身），会社事業目的に清酒その他の日本酒類の製造販売を加える．
		＊この年，大阪工場に「紅茶部」を設け，台湾紅茶を原料として「トリス紅茶」を発売．[120]
10		大日本乳製品八雲工場，牛乳の受入れを5割制限．[186]
10		東京市の調査で，3,000人の欠食児童判明．[217]
17		内務省社会局，9月現在の全国失業者総数42万5,000人以上と発表．[217]
20		森永製菓，『森永航空宣伝史』発刊．[122]
	◆	乾パン，「重要工産品」に指定される．[38]
この年	◆	東北・北海道地方の冷害，凶作により農村の不況が深刻化，栄養不良児続出．[16]
		＊山形県最上郡のある村では娘457人中50人が身売り，各地で家族離散の悲劇が起こる．
		＊水陸稲生産量828万2,000トンで，昨年1,003万1,000トンの17.4％減．[347]

- 青森県，稲作の半作に対しリンゴは豊作となり，このため農家のリンゴ栽培熱が高まる．
- 沖縄，砂糖の価格が暴落するとともに，昨年の暴風と今年の干ばつで主要作物の甘藷が不作となる．
  *砂糖は沖縄唯一の換金農作物．国頭郡では農民は毒を含むソテツを食用とし，ソテツ中毒者が続出する．[100]
- 家計調査(都市家計)によると，月収50円未満層ではエンゲル係数44.1%，60円未満層で40.3%．
  *エンゲル係数は，消費支出総額中に占める食料費支出の割合．
- 鉄道省，活魚輸送を行う活魚車を運行．[83]
- 岡山市の林原一郎❖<23>(1908〜61，林原グループの基礎を築く)，酸素(麦)二段糖化法を発明．[8]

1932 昭和7年

軍部の力が強まるなか，食品企業の協調体制強まる

　1月，上海で日中両軍が衝突する上海事件が起こる．2月に前蔵相井上準之助，3月には三井合名理事長団琢磨が一人一殺を掲げる血盟団によって暗殺された．5月には「話せばわかる」「問答無用」と犬養毅首相（政党政治の最後の組閣者）が軍事政権をねらった青年将校に殺害されるテロ事件（5.15事件）が発生した．不況のなか，さらに重苦しい時代となった．

　このような背景のもと，政党政治は中絶し，軍部の勢力が強まり，軍事工業が好況を呈し始める．

　3月1日，関東軍が主導する満州国が成立した．満州へは「王道楽土」を目指して，日本から10月に第一次移民団416名が出発した．満州国建国を機に，食品業界でも満州へ進出する企業が一部出始めた．食品業界では，乳業，水産業などの企業で協調体制が強まった．

1月10　大日本乳製品，酪連（雪印乳業の前身）と原料乳統制，製造分業契約締結，同時にクローバー印商標権を譲渡．[186]
　28　上海事変発生
　◆　拓務省，満州移民計画大綱を決定．内地から農業移民を20カ年間に，約100万戸（500万人）送出を計画．[5]
2月11　酪連（雪印乳業の前身），大日本乳製品との製造分業協定に基づき木古内・八雲両工場（バター製造）操業開始．[227]
　21　東京麦酒協調会設立（乱売防止に努力）．[12, 49]
　◆　理化学研究所，初めて無塩醤油を製造．[195]
3月1　満州国建国宣言．
　　　＊満州国の誕生は，中国東北部を日本の小麦粉輸出市場として確立させた．[163]
　31　大日本乳製品，厚床工場を酪連（雪印乳業の前身）に譲渡．[186]
　◆　日本窒素肥料の水俣工場で，アセトアルデヒドの製造開始．[26]
4月2　日本輸出鰯缶詰業水産組合結成．[121]
　15　日本工船漁業，昭和工船漁業と東工船を合併，日本合同工船株式会社と改称．
　　　＊蟹工船の大合同が成り，カニ漁業を独占．[166]
　17　日本最初の菓子祭を東京日比谷で開催．[154]
　30　大日本乳製品，当別工場を財団法人トラピスト修道院に譲渡．[186]

	◆	朝日アスパラガス缶詰株式会社(クレードル興農の前身)に設立. [121]
5月	9	煉乳各社と酪連(雪印乳業の前身)，原料乳統制について合同協議会を開催．12項目にわたる協定案が成立．[186]
	15	5.15事件発生．犬養首相暗殺され，政党政治の終末.
	28	酪農業の不振並びに無統制に対する改善を目的として，極東煉乳・(合資)新田帯革製造所(ニッタの前身)・森永煉乳・酪連・明治製菓の5社で協約を締結．6月1日，日本バター組合設立．[154]
6月	1	寿屋(サントリーの前身)，横浜工場で濃縮リンゴジュース「コーリン」製造・販売．[120]
	8	明治製菓，東京市目黒の安倍孝吉経営の合資会社富士ミルクプラント(1928〈昭和3〉年7月設立，資本金5万円)の組織を，株式会社に変更して当社の経営に移す．[154, 186]
	13	『大阪時事新報』，従来アサヒとキリンビールの地盤であった京阪神地方にオラガビールの進出で異状が生じていると報ず．
	＊	小売価格(1本)：アサヒビールとキリンビール32〜33銭(現在価約1,100円)に対し，オラガビール26〜27銭(約900円)．安い理由は古びんや桟箱に古箱を使用，レッテルに2度刷か3度刷の簡単なものにして，経費を節約していると記す．[192]
	15	乳製品関税引上げ(容器とも100斤に付き煉乳15円70銭，粉乳25円，バター50円).
	25	寿屋(サントリーの前身)，台北放送より「赤玉ポートワイン」の広告放送を3日間実施．日本最初の広告放送．[120]
	◆	明治製菓，東京市荏原町戸越の細貝虎七経営の(株)平和ミルクプラント(1927〈昭和2〉年10月設立，資本金7万円)の過半数株を引受け，同社の経営を引き受ける．[154, 186]
	◆	明治製菓・大日本乳製品・極東煉乳・森永煉乳の4社，乳業組合を設立し，各社協調機運をかもす．[154]
	◆	酪連(雪印乳業の前身)，森永煉乳との間に原料乳統制並びに製造分業の契約締結．[227]
7月	21	明治製菓，大日本乳製品株式会社の臨時総会に出席し，同社の経営を執行することになる．社長有島健助．[154, 186]
	27	農林省，小麦増殖奨励規則施行．5カ年間で300万石の増産計画．
	27	文部省，農山漁村で弁当を持たずに登校する欠食児童が20万人を超えると発表．農業恐慌は深刻を極め，「欠食児童」が流行語.
	◆	漁村救済全国水産大会開催．[166]
8月	1	日本バター協会結成(旧日本バター組合は発展的に解消)．[186]
	1	明治製菓，東京府南葛飾郡松江町(現江戸川区)の帝国ミルクプラント工場(1928〈昭和3〉年8月設立，資本金5万円)を買収，製乳部に所属として直営．[154]

	1	製粉販売組合，製粉共販組合に改称．[21]
	24	森永製菓，臨時株主総会で半額減資を決定(12月20日，資本金690万円となる)．[122]
	◆	米よこせ闘争，東京を中心に激化．[217]
	◆	敷島製パン，日本初の電気運行パン焼き窯設置．[207]
9月	7	文部大臣鳩山一郎(1883〜1959，後に首相)，学校給食実施の趣旨徹底を図るため，「学校給食臨時施設方法」を発令．学校給食制度の発足となった．[102]
		＊欠食児童が増大したため，国庫から約67万円(現在価約22億円)を出し，国が直接学校給食の援助を開始．
	8	米穀法改正．米価を米穀生産費調査によるとし，また外地米移入量調整のため，政府に買入れ・売渡しの権限を認める．10月4日施行．[5]
	27	農林省，一層深刻化する農業恐慌に対処するため，経済更生部を設置．
		＊農山漁村の経済更生計画，産業組合などの業務を所管．[5]
10月	1	寿屋(サントリーの前身)，10年貯蔵「サントリーウイスキー特角」発売．[120]
	5	農林省，農山漁村経済更生助成規則を制定．
	11	株式会社鈴木商店，商号を「味の素本舗株式会社鈴木商店」に改称．社長は鈴木三郎助(2代，1868〜1931)の弟鈴木忠治❖<57>(1875〜1950)．[99]
		＊この年，アミノ酸液の試験製造開始．
	◆	福岡市に木徳製粉株式会社設立(東福製粉の前身)．[118]
11月	18	乳業統制会設立(初代会長古谷清一)．[18]
	◆	精糖製造業，重要産業統制法の指定を受ける．[101]
12月	1	麒麟麦酒，キリンスタウトを発売開始．[49]
	1	明治製菓，酪連(雪印乳業の前身)と原料乳統制，製造分業契約を締結．[154]
	20	森永製菓，半額減資し，690万円となる．[122]
	24	極東煉乳，酪連(雪印乳業の前身)と原料乳統制，製造分業契約締結．[186]
		＊森永煉乳は6月，(合資)新田帯革(ニッタの前身)は1933(昭和8)年1月14日契約締結．
	◆	商工省，清涼飲料水を重要工産品に指定．
	◆	株式会社旗道園(本社東京都，アオハタの前身)，株式会社中島董商店(経営者中島董一郎❖)の全額出資により設立．翌1933(昭和8)年2月，広島県豊田郡忠海町(現竹原市忠海中町)に工場を建設し，蜜柑缶詰，ジャム類の製造を開始．[118]
	◆	(株)江崎(江崎グリコの前身)，現中国大連市に大連工場新設．

1932年 ◆ 231

- ◆ (株)味の素本舗(株)鈴木商店，大阪の中華料理「味の素会」を結成．[99]

この年
- ◆ 大日本麦酒，人員整理，約230人．[12]
- ◆ 文部省，農村パン(内麦パン)の普及を奨励．
- ◆ 豚価暴落などの畜産物下落により，畜産恐慌起こる．ただし，役肉牛は馬の徴発のため，満州事変以来好況を保つ．[17]
- ◆ アメリカのカーネーション社(ミルク)，兵庫・静岡に進出を索す．乳業界・酪農界あげて反対運動を起こす．[1]
- ◆ 富岡商会(神奈川県)，わが国初のソーセージ缶詰を製造．[30]
- ◆ この年のマグロ油漬缶詰の輸出量が20万箱となり，輸出の基礎が確立．主な輸出先はアメリカ．[6]
- ◆ この頃の食料品価格，外米1升7銭(現在価230円)，牛めし5銭(170円)，ミルクホールの紅茶・コーヒー5銭(170円)，大福餅2銭(70円)，新宿のウイスキー，ブランデー1杯「10銭スタンド(330円)」．
  ＊省線(現JR)，最短区間の初乗りは5銭．[151]

1933 昭和8年

食品企業，満州に進出．一方，ネッスル(ネスレ)社が日本に攻勢をかける

満州国成立に伴い，昭和8年から9年にかけて食品企業の満州(中国東北部)への進出が始まる．また，朝鮮へも進出し，麦酒会社などが設立される．麦酒や煉乳業界では，販売競争・価格下落の防止などのため，共同販売株式会社や共同輸出組合が設立され，カルテル化が一段と進む．一方，わが国の乳業界への進出に意欲をみせていたネッスル社が，ネッスル日本社を設立して，攻勢を強め，日本の乳業資本にとって大きな脅威となった．これに対抗して，大手乳業3社(明治製菓・森永煉乳・極東煉乳)が共同出資して，共同国産煉乳株式会社(資本金25万円)を設立した．

1月 ◆ 警視庁，バー，カフェー，喫茶店などの特殊飲食店営業取締規則を公布．
 ◆ (株)江崎(江崎グリコの前身)，大連工場でグリコ生産開始．[204]
2月18 罹災した日清製粉鶴見工場，操業を開始．[124]
 20 小林多喜二(31)，築地警察署で虐殺される．死体解剖で死因を確かめようとしたが，東大・慶応大・慈恵大は拒否．通夜会葬者も検挙．[217]
 ◆ (株)江崎(江崎グリコの前身)，酵母菓子ビスコを創製し，製造販売を始める．[204]
3月27 日本，国際連盟を脱退，日本軍の満州撤退勧告を不満とする．
 29 米穀統制法公布．米穀法を廃止し，公定価格による無制限買入・売渡制を採用．11月1日施行．[5]
4月 1 寿屋(サントリーの前身)，台湾出張所開設．[120]
 11 明治製菓，山陽煉乳株式会社(1923〈大正12〉年7月31日設立，資本金25万円)を買収．[154]
 18 味の素本舗(株)鈴木商店，資本金を1,500万円に増資．[99]
 20 「東洋のビール王」といわれた大日本麦酒の馬越恭平社長❖死去(88)．
 ＊同年1月25日，レントゲン検査で肺がんが発見されていた．[251]
 21 大日本麦酒，ビタミンビール発売．[101]
5月 1 森永牛乳株式会社設立(資本金20万円)．
 ＊森永煉乳(株)から牛乳販売部門が分離独立．[1]

	1	(株)森永キャンデーストアー，森永製菓から分離独立．資本金75万円．[122]
	3	広島蜜柑缶詰工業組合設立．[6]
	4	酪連(雪印乳業の前身)，カール・レイモン❖<39>（1894〜1987)の函館工場(ソーセージなどの畜肉加工)の買収を決定．[227]
	12	粟輸入税増加公布(100斤につき1円)．5月18日施行．[42]
	◆	全国食肉業組合連合会，伊勢神宮で発会式挙行．[261]
	◆	第9回全国菓子飴大品評会，新潟市商工奨励館で開催． ＊会場に初めて演芸場や遊技場ができ，華やかなものとなる．[310]
6月	2	明治製菓，阪川牛乳店所有の東京第一ミルクプラント(1927〈昭和2〉年4月設立，資本金5万円)の半数株を引受け，統制下に置く．[154]
	3	明治製菓，「明治牛乳」の商標を確保する目的で，明治牛乳株式会社(資本金5万円)を設立．[154]
	5	ネッスル日本株式会社設立．100％外資，資本金45万円．[26, 35]
	30	糖業連合会，昭和8年度産糖供給調節協定成立．[26]
	◆	東京玉川水道，市内18万戸に有害濁水を供給．原因は腐敗木製給水管．23日，謝罪として料金5割引き，7月1日より市の玉川水道応援給水始まる．[217]
	◆	酪連(雪印乳業の前身)，森永煉乳との間に原料乳統制並びに製造分業の契約締結．[227]
7月	1	台湾で「ビール専売法」施行．[36]
	1	大日本乳製品・極東煉乳・(合資)新田帯革(ニッタの前身)・森永煉乳・明治製菓の5社，国産煉乳共同輸出組合を組織．[154]
	16	味の素本舗(株)鈴木商店，ハルビン事務所を開設．[99]
	18	大日本乳業協会発足．[121]
	18	ネッスル社，兵庫県三原郡広田村(現南あわじ市)の藤井煉乳株式会社と提携．[1]
	19	大日本麦酒，日本麦酒鉱泉を合併．資本金8,000万円から9,400万円に増資． ＊日本麦酒鉱泉の山本為三郎❖<40>（1893〜1966，後に戦後初の朝日麦酒社長)，取締役(1934〈昭和9〉年3月22日，常務取締役)に就任．[36]
	20	香川県養豚購販利用組合の豚肉加工場，高松市に完成し，落成式を挙行．[17]

心斎橋の森永キャンデーストアー（国立国会図書館提供）

'28
｜
'37

234　◆　1933年

24	銚子醬油（ヒゲタ醬油の前身），1926（大正15）年以来，8年有余継続した3社（野田・ヤマサ・ヒゲタ）間の生産販売協定から脱退し，三蔵協定解消．[11, 267]
26	大日本乳製品・極東煉乳・（合資）新田帯革（ニッタの前身），森永煉乳・明治製菓の5社，乳製品共販組合を組織し，各社は製品を組合に引き渡し，組合が一般市場に販売することになる．8月に国産煉乳共同販売組合を設立． ＊新田帯革は社内の事情により脱落，4社となる． ＊乳製品工業における最初の明確なカルテルの形成として注目される．[6, 154]
8月 9	大日本麦酒，朝鮮麦酒株式会社設立（資本金600万円，地元資本と折半出資）．[36]
12	大日本麦酒と麒麟麦酒，折半出資し，麦酒共同販売株式会社設立（資本金600万円）．両者の製品は，すべてこの会社を通して販売．乱売戦が終結し，ビール値上りに向かう．（1942〈昭和17〉年まで存続）．[36]
◆	愛知トマト製造（カゴメの前身），トマトジュースを発売．[328]
9月13	帝国麦酒輸出組合設立（海外で乱売防止，価格・数量統制）．[36]
21	宮沢賢治❖（1896.8.27生まれ），急性肺炎のため急逝(37)．
◆	森永煉乳（森永乳業の前身），森永チーズを発売．[263]
◆	ネッスル社，藤井煉乳と提携してワシ印ミルクを販売．反対運動が起こる．
◆	大日本製糖，砂糖供給組合の統制を脱し，溶糖開始を決定．[6]
秋	醬油の販売競争が激化し，景品付醬油が出回り始め，翌年には景品のつかない醬油はないという極端な様相を呈す．[267] ＊当時のポスターによると，ヤマサ醬油18立樽詰　1樽ごとに「花王石鹸2個」，2立びん詰　1本ごとに「優美ふきん1枚」，野田醬油18立樽詰　1樽ごとに「白キャラコ福助足袋1足及び福引抽選券1枚」など．
10月 4	母船式鮭鱒漁業水産組合設立．[5]
6	丸十パンの開祖，田辺玄平❖（1874年生まれ）死去(58)． ＊第二次世界大戦後，丸十パン系統の有志により，丸十パン親睦会がつくられた．[180]
13	外米の輸入許可に関する勅令（輸入制限令）公布．10月20日施行．[42]
18	明治製菓経営下の5ミルクプラント（富士・平和・山陽・東京第一・衛生牧場）が合併．朝日牛乳株式会社として発足（資本金27万円）．[154]
25	ネッスル社，藤井乳製品(株)との提携により，淡路煉乳株式会社設立（資本金25万円）． ＊日本における煉乳生産に進出．[6, 121]

1933年 ◆ 235

11月 5　大日本製乳協会，藤井乳製品株式会社を除名．[186]
12月 1　明治製菓，1932(昭和7)年7月以降，同社の統制下にあった大日本乳製品を合併(新資本金600万円)，札幌・八雲・木古内工場として開設．
＊これにより，乳製品業界における現有勢力は明治製乳・山陽煉乳を加え，全国生産高の4割3分強を占める．[154]

5　明治製菓・森永煉乳・極東煉乳の3社，共同出資により共同国産煉乳株式会社を設立(資本金25万円)．淡路工場を建設し，淡路煉乳の集乳を妨害．[6]

5　アメリカ，「全国禁酒法」廃止により，酒類解禁．[12]

8　麒麟麦酒，朝鮮の京城府郊外に，昭和麒麟麦酒株式会社(資本金200万円)設立．[49]

13　東京市中央卸売市場築地本場，ほとんど完成し竣工式を挙行．[4]

14　東京の足立・深川・下谷・荒川酒類商業組合の各設立を認可．[217]

26　東京城北パン菓子小売協同組合・東京醤油問屋組合設立を認可．[217]

30　味の素本舗(株)鈴木商店，奉天事務所を開設．[99]

◆　文部省，高等小学校地理教科書改訂に着手し，満州国を独立国に改めることを決定．[217]

◆　1927(昭和2)年頃，ミカン缶詰の前途に期待なし難きことを中島董一郎❖に極言した東洋製缶常務高碕達之助❖は，予想に反して生産量が10万函を超えたのに対して，中島董一郎に兜を脱ぎ，金兜を贈呈し，誓約を履行したという．[62]
＊この年のミカン缶詰の生産量15万箱に達し，輸出11万箱．[6]

この年
◆　米大豊作，水陸稲生産量1,062万4,000トン(水稲1043万9,000トン，陸稲18万4,900トン)と過去最高を記録．[347]

◆　小麦増殖5カ年計画，初年度109万7,000トンとなり成功．
＊801万3,431石(原麦1石=136.875kg)．[294]

◆　畜肉加工業，陸産缶詰業など，農村工業の対象に取り上げられる．

◆　徳島県の半田そうめん，製造・販売の自主的統制を開始．[233]

◆　ブラジル政府，日本を中心にブラジルコーヒーの宣伝を開始．

◆　上島忠雄❖<23>(1910～93)，神戸に珈琲豆焙煎(原料豆の加工)業の上島忠雄商店(UCC上島珈琲の前身)を創業．[190]

◆　鳥取県の二十世紀ナシ，現在の中国，韓国，台湾に合計3,361箱(44トン)を初めて輸出．

◆　香川綾❖<34>(1899～1997)，夫の昇三❖<38>(1895～1945)とともに家庭食養研究会(女子栄養大学の淵源)を開設．[252]
＊1937年，同研究会を「家庭と料理学園」に，1940年，同学園を「女子栄養学園」に名称変更．

1934 昭和9年

竹鶴政孝ら，大日本果汁株式会社（ニッカウヰスキーの前身）を設立

　対外では，日満製粉・満州麦酒の設立，森永製菓の大連工場，明治製菓の奉天工場の開設など，食品企業の大陸への進出が本格化した．一方，国内では，7月に，竹鶴政孝・加賀正太郎らが，東京市大森区新井宿に大日本果汁株式会社（ニッカウヰスキーの前身，資本金10万円）を設立した．ビール醸造業が，カルテル化を促進する重要産業統制法の指定業種にされた．

1月 ◆ 味の素本舗(株)鈴木商店，「味の素」の製造原料として脱脂大豆の使用開始．[99]

20　大日本麦酒，「オラガビール」を生産していた寿屋（サントリーの前身）の鶴見工場を買収し，東京麦酒株式会社を設立(資本金150万円)．[12]

23　明治製菓，全国各駅構内での明治チョコレート牛乳発売が許可される．[154]

25　(株)江崎（江崎グリコの前身），社名をグリコ株式会社に変更．[204]

26　東京丸ノ内の帝国農会講堂で，ネッスル社進出反対の全国酪農民大会開催．[321]

◆　神戸市営屠場開設．[17]

2月 ◆ 北日本製菓株式会社（ブルボンの前身），米菓の製造を開始．[118]

3月 1　満州国，帝政実施（皇帝溥儀）．

17　明治製菓，菓子類の海外輸出をすべて三菱商事に委託．[154]

20　昭和煉乳株式会社設立（極東煉乳と森永煉乳は両者の三島工場の合理化のため両工場を併合し，共同出資，資本金60万円）．[186]

◆　砂糖供給組合，残務整理を完了し，解散．[6]

4月 1　森永煉乳三島工場，昭和煉乳へ現物出資のため廃止，極東煉乳三島工場へ機械移設．[186]

◆　大日本製糖，『日糖最近二十五年史』（西原雄次郎編）発刊．

16　奉天市（現瀋陽市）に満州麦酒株式会社設立(資本金200万円，麦酒共同販売株式会社の子会社)．
　　＊麒麟麦酒と大日本麦酒の共同経営であるが，工場は両社がそれぞれ独自の技術で運営し，製品はそれぞれの販売網を通じて出荷．[12, 49]

	20	朝鮮麦酒，出荷開始．[12]
	◆	朝鮮の昭和麒麟麦酒，内地と同様，キリンビールの名で売り出す．[49]
5月	7	日本捕鯨株式会社設立(日本水産の前身)． ＊12月，ノルウェーから購入した捕鯨母船(9,800トン)がわが国初の南氷洋漁業を行う．219頭(主にシロナガス鯨)の捕獲実績をあげる．[83]
	15	商工省，ビール醸造業を重要産業統制法による重要産業に指定． ＊販売価格は政府の監督下に置かれることになる．[12]
	◆	米穀統制法売渡米に小農・小作農は換金急ぎから飯米まで手放す． ＊このため，これらの農家は政府の安い古米の払下げを受ける．払下げ米代金の未納農家がふえる．
6月	1	明治製菓，機構改革(営業，製菓，製乳の3部とする)．[154]
	1	味の素本舗(株)鈴木商店川崎工場，コーングルテンを「味の素」の原料として使用開始．[99]
	21	二十世紀ナシの発見者松戸覚之助❖(1875.5.24生まれ)死去(59)．[253] ＊47年後の1981(昭和56)年，千葉県松戸市は二十世紀ナシ発祥の地に「二十世紀が丘梨元町」の町名を付け，付近一帯にも「二十世紀が丘」の地名を付けた(全部で7カ所)．発祥の地に，果物の品種名が付けられているのは極めて珍しい． ＊二十世紀ナシの血は，現在最も生産量の多い「幸水」や「豊水」などに受け継がれている．
	25	日満製粉株式会社設立(資本金200万円，3,000万バーレル)．[21] ＊満州国の小麦粉自給率の向上を図るため，関東軍の斡旋により創立．内地の製粉会社などが出資(日本製粉は設立に際し，3,000株を引き受ける)．
	◆	森永製菓，大連工場を開設，中国大陸への工場進出を開始．[6]
	◆	川上善兵衛❖<66>(1868～1944)の岩の原葡萄園，寿屋(サントリーの前身)と共同出資で株式会社寿葡萄園を設立． ＊1936(昭和11)年に株式会社岩の原葡萄園と改称．[104,120]
7月	2	竹鶴政孝❖<40>(1894～1979)・加賀正太郎(1888～1954)ら，東京市大森区新井宿に大日本果汁株式会社(資本金10万円，ニッカウキスキーの前身)を設立．[254,255,256]
	25	農林省，母船式漁業取締規則公布．8月1日施行． ＊カニ・サケ・マス・クジラなど，母船式漁業を許可制とする．工船式蟹漁業取締規則，母船式鮭鱒漁業取締規則は廃止．[5]
	◆	大日本麦酒，東京麦酒(株)を麦酒共同販売(株)に譲渡．[12]
	◆	大連に，満州大豆工業株式会社設立．資本金150万円．満鉄持株比率53.3％． ＊満鉄中央試験所において，研究完成した大豆油アルコール抽出

8月22　日本製粉,第3回社債500万円発行. [163]
9月　1　明治製菓,奉天工場を開設,11月15日操業開始. [154]
　　　1　味の素本舗(株)鈴木商店,川崎工場で「味液(アミノ酸液)」製造開始. [99]
　　　3　大日本柑橘生産販売組合連合会設立. [5]
　　　21　室戸台風,関西地方を襲う.死者約4,000人,全壊流失4万戸,室戸で気圧912Mb(hPa)の新記録,秒速45m(校舎の倒壊で教師・生徒の死者750人に及び,問題化).水産関係では高知・兵庫・大阪・和歌山を主として3府20県に及び,被害額1,000万円(現在価330億円)にのぼる. [16, 83]
　　　28　明治製菓,大阪ミルクプラント(大阪市住吉区山王町,大阪牛乳販売購買組合経営)を買収,10月1日から大阪製乳工場として開設. [154]
10月15　極東煉乳江別工場,森永煉乳へ譲渡のため廃止.
　　　15　寿屋(サントリーの前身),道明寺工場(大阪府南河内郡道明寺村,現藤井寺市)を建築し,ブドウ酒・果汁の製造開始. [120]
　　　19　農林省,輸出柑橘取締規則公布.10月20日施行. [5]
　　　21　青森県で45両編成の初のリンゴ列車を運行. [277]
11月◆　東京横浜電鉄(東京急行電鉄の前身)のターミナル百貨店が,渋谷駅頭に開店,わが国初の名店街を設ける. [35]
12月4　味の素本舗(株)鈴木商店,合成清酒醸造の昭和酒造株式会社(資本金200万円,メルシャンの前身)設立.社長鈴木忠治❖<59>(1875～1950). [99]
　　　10　「凶作地ニ対スル政府所有米穀ノ臨時交付ニ関スル件」公布.12月21日施行. [5]
　　◆　個人経営の吉原定次郎商店,組織を変更し,油脂・肥料・飼料・化粧品の製造加工売買を目的とした株式会社吉原定次郎商店(J-オイルミルズの前身)を設立. [118]
　　◆　協調會農村課編『副業を中心に觀たる農村工業化の話』協調會発行.
　　◆　日本捕鯨株式会社,わが国初の南氷洋捕鯨を行う.→5月7日 [83]

この年
　　◆　東北地方の冷害・大凶作で,秋から冬にかけて,借金累積,娘の身売り,欠食児童,生き倒れ,自殺,厳寒など惨状を極める. [16] 青森県の身売り婦女子は5,125名を数えたという.
　　◆　東北地方の冷害,西日本の旱害,関西の風水害(室戸台風)のため,水陸稲生産量は777万6,000トン(水稲763万4,000トン,陸稲14万1,800トン)と1914(大正3)年以降の最低を示す.特に,青森の反収は135kgで前年の57%減. [294, 347]

- 国内小麦生産量は，1932（昭和7）年7月の小麦増殖奨励規則の公布の成果が現れ，昭和8年から急増し，昭和9年には早くも945万石（129万トン）と，300万石（41万トン）増産目標を達成した．これにより，ほぼ小麦の自給体制は確立した．[21]
- トマト加工品需要増加の波に乗り，各地にメーカー乱立．生産過剰気味となり，市価崩落．[121]
- 砂糖業界，減産と過剰糖対策が奏功し，好調に向かう．政府の米穀政策に応じ，水田 蔗(さとうきびさく)作を奨励した結果，蔗作面積増加．[6]
- 東京銀座千疋屋主人齋藤義政❖が，青森県弘前市の対馬竹五郎に栽培を依頼したスターキングデリシャス，まとまった量でくるようになり，リンゴの枝にスターキングを結び付けてショーウインドウに飾り，1個1円（現在価3330円）の札を付ける．
  ＊当時，リンゴ1個5〜10銭（170〜330円），米1俵10円であった．[241]
- 浦上靖介❖，浦上商店を合名会社浦上靖介商店（ハウス食品の前身）に改組．[177]

1935 昭和10年

農村経済更生政策で，農村の工業化を振興

　政府は吹き荒れる農村恐慌の嵐に対処し，更生運動の一環として，缶詰・びん詰などの農村工業を推進した．この結果，公益法人団体などの助成を受けて，産業組合を経営主体とする工場が各地に設立された．当時の農村工業は農家の副業的な考え方が強く，農産物の生産過剰対策的色彩も強く打ち出されていたといわれる．

　現在，盛業中のJA高崎ハム株式会社（群馬県高崎市）は，農村工業から発展した代表的な企業の1つである．

1月	1	酒造組合法改正（低利資金貸付け）．
	22	東京小麦粉販売組合，建値5銭方引上げ．[217]
2月	8	東京国技館で，米穀自治管理法案に反対する米屋大会開催．
	11	東京市中央卸売市場開場．築地本場青果部，鳥卵部，魚類部淡水魚のみ業務開始．[4]
	11	東洋曹達株式会社設立．[26]
	15	東北地方の冷害による食糧難深刻化．宮城県石巻市の上釜・下釜の農民，政府米交付基準改正を要求し，米貸せ運動を開始．[217]
	25	日魯漁業傘下の太平洋漁業株式会社，母船式サケ・マス漁業を独占．[83]
	25	関東菓子業者大会，砂糖関税撤廃及び糖業トラスト打破を決議．[217]
	◆	木徳製粉（東福製粉の前身），愛知県岡崎市の愛知製粉（株）を買収し，岡崎工場とする．[118]
	◆	愛知県以西の2府14県（広島・山口除く）で，中央蜜柑缶詰工業組合創立．西部蜜柑工業組合設立．[6]
3月	5	味の素本舗（株）鈴木商店，天津に天津工業株式会社設立．資本金30万円．社長は3代目鈴木三郎助❖<44>（1890～1973）． ＊川崎工場の中間製品（粗製グルタミン酸ソーダ）をいったんここに送り，これを精製して中国各地に移出する方策を採用した．[99]
	23	味の素本舗（株）鈴木商店，宝製油株式会社設立．資本金50万円．社長は3代目鈴木三郎助．[99]
	31	（株）野崎商店設立（旧野崎産業の前身）．個人創業は1893（明治26）

年.
　　　＊第二次世界大戦後，「ノザキのコンビーフ」で著名になる．
　　　　［26, 257］

◆　グリコ（江崎グリコの前身）大阪工場，陸軍管理工場に指定される．
　　［204］

◆　佐藤富治（1893～　），『農村工業讀本』（明文堂）を著わす．

4月21　大日本麦酒，アサヒスタウトを発売．［36］

30　森永製菓の森永太一郎社長❖退任し，松崎半三郎❖<60>（1874～1961）第2代社長に就任．［122］

◆　全国醤油醸造組合連合会の代議員総会，「商圏擁護運動強化に関する件」で，反産業組合運動を目指す．
　　＊「地方庁に於て県費を以てする自家用醤油醸造の積極的奨励は営業者の蒙むる脅威益甚しく産業を圧迫するものなるに付之が対策運動継続実行要望の件」が理事長一任となった．［267］

5月7　桜麦酒と麦酒共同販売（株）の折半出資により，桜麦酒販売株式会社創立（資本金50万円）．
　　＊業界の販売統制が一元化され，ビール販売カルテル成立．6月1日，業務開始．［12］

11　第10回全国菓子大博覧会，仙台市商工奨励館で開催（全国菓子飴大品評会を改称）．
　　＊「博覧会」の名称となった最初の大会．［154, 310］

17　味の素本舗（株）鈴木商店の川崎工場，「味の素」新包装工場落成．
　　［99］

30　「サッポロビール」，ドイツへ初輸出．［12］

◆　大日本果汁（ニッカウキスキーの前身），ニッカアップルジュース（1本30銭，現在価1,000円）を発売．［254］

◆　淡路島でネッスル日本（株）と阪神各地の製乳工場の原乳買付け競争激化．［227］

6月15　台湾合同鳳梨（パイナップル）株式会社設立．［6, 80］

15　明治製菓大阪工場，「明菓低温殺菌牛乳」を発売．［186］

24　酪連（雪印乳業の前身），肉製品販売開始．［227］

◆　大日本製糖，台湾の新高(にいたか)製糖を合併（資本金を6,197万円に増資）．
　　［101］
　　＊この年，新高製糖，『新高略史』（西原雄次郎編）発刊．設立は1909（明治42）年10月30日．

7月18　製粉共販組合及び東部製粉共販組合解散．［124］

◆　（株）吉原定次郎商店，吉原製油（株）を吸収合併し，社名を吉原製油（株）（J-オイルミルズの前身）と改称．［118］—

◆　明治製糖，王子製紙と共同出資して樺太(からふと)製糖株式会社設立．資本金500万円．経営は明治製糖が行い，甜菜截断能力1日600トンの

'28―'37

242　◆　1935年

8月		豊原工場建設に着手．[154, 205]
	9	農林省，農村工業奨励規則公布，即日施行．[5]
	◆	農林省，農村経済更生特別助成施設要綱を定め，昭和11年度より特別助成村の指定を開始．[5]
9月	5	日本鮭鱒缶詰共同販売株式会社設立．[121]
	5	商工省，かまぼこ類・わさび製品・フィッシュミール・梅の実製品・金属箔・石粉を重要工産品に指定．[26]
	7	産業組合中央金庫特別融資損失補償法公布・施行．[121]
	25	大日本製乳協会，1カ月にわたり，朝鮮主要都市で乳製品の宣伝を実施．[154]
	◆	産業組合中央会，産業組合中央会編『農村工業經營事例』刊行．
10月	10	明治製糖，神津牧場(こうづ)(群馬県北甘楽郡西牧村(きたかんら)(さいもく)，現下仁田町(しもにた))を譲り受ける．12月24日，明治製菓が経営を引き受ける．[154]
	15	日本製粉仁川(じんせん)工場(朝鮮)竣工．[21]
	◆	共同漁業(株)のトロール船湊丸(664トン)，メキシコでの合弁事業でカリフォルニア湾を中心にエビの捕獲を行う．[83]
		＊この頃より，日本のトロール船が太平洋全域に出漁開始．[217]
11月	21	大日本人造バター工業組合設立．[154]
	30	愛知トマト製造(カゴメの前身)，売上高100万円(現在価33億3,000万円)を突破．[121]
	◆	佐久間製菓，大阪工場操業開始．[154]
	◆	九州の特別大演習に当たり，宮崎県都城市は行幸の天皇に日向ハムを献上することになり，豚舎を新築．豚3頭を厳選し，修祓式を行い，従業員は斎戒沐浴して製造に従事したという．[17]
12月	1	東京魚市場全員，中央卸売市場築地本場店舗へ移転．[4]
	2	東京築地本場魚類部仲買人売場，一斉に開業．[4]
	10	台湾製糖，満35周年の記念日を迎える．
		＊1900(明治33)年設立．これを記念して社史の編纂に着手，1939(昭和14)年に完成．
	12	〜17日：中央畜産会，創立20周年を記念して，当時東洋一を誇った東京市家畜市場(芝浦屠場)で，全国肉用畜産博覧会を開催．肉畜及び肉製品の改良発達と食肉に関する知識の普及を図る．なお，出品の優良牛肉を天皇に献上し，また農林大臣官邸でジンギス汗鍋の試食会を開く．[4, 17]
	20	日清製粉，純益82万9,000円，配当年8分，特別配当2分．取締役に正田英三郎❖<32>(1903〜99)就任(美智子皇后の厳父)．[124]
	23	東京魚市場，解散式を挙行．[4]
	24	株式会社鳥越商店(鳥越製粉の前身)，福岡県吉井町(現うきは市)に設立．米，雑穀の売買及び問屋業，精米業などを行う．[118]

1935年 ◆ 243

25	中央蜜柑缶詰工業組合結成. [121]
28	日清製粉, 北海道野付牛町(現北見市)に工場用地買収. [124]

この年
- ◆ 小作争議件数, 全国6,824件と過去最高を記録. [5]
- ◆ 代田保護菌研究所(ヤクルト本社の前身), 福岡市に発足. [118]
  * 1938(昭和13)年「ヤクルト」の商標を登録, 1940(昭和15)年, 販売専門の「代田保護菌普及会」が各地に誕生. [326]
- ◆ この頃から, 北海道のニシン漁業衰退. [35]
- ◆ 戦前のバー全盛時代, 銀座で500軒に達する.
- ◆ この頃, 喫茶店が流行期に入り, 東京の喫茶店数は1万5,000店を数えるほどに繁盛. このうち, 純喫茶が3,000あったという. [346]
- ◆ この頃, 味の素の類似品が23種にのぼる. [35]
- ◆ 台南を中心に林兼食品工業(株)など数社, トマトケチャップ・トマトピューレ・トマトペーストの生産を開始. [121]
- ◆ この頃から, 農林省園芸試験場, わが国の風土に適した缶詰加工用のモモ「缶桃」の育種に着手.
- ◆ ブドウの生産量, 6万9,400トンと戦前期の最高を記録. [347]
  * 戦後, この生産量を超えるのは20年後の1955(昭和30)年(7万1,800トン).
- ◆ 静岡県のミカン生産量10万2,500トン(全国の23%)と10万トンを達成し, 和歌山県(10万6,300トン)に肉薄. [347]
- ◆ 野田醤油, 機関誌『キッコーマン』創刊. [35]
- ◆ 平均寿命, 男44.8歳, 女46.5歳. [35]

1936 昭和11年

「準戦時経済」強まるなか,日本船による南氷洋捕鯨初出漁

　1月15日,ロンドン海軍軍縮会議の脱退,2月26日,青年将校による高橋是清蔵相(81)・斎藤実内相(77)らの殺害(2・26事件)などで,軍の勢力が一段と高まり,軍部独裁体制確立の契機となり,軍備拡張の準戦時経済に突入した。

　このようななか,水産業界では南氷洋捕鯨という新局面が開かれた。従来の近海捕鯨とは比較にならない,日本船による大がかりな南氷洋捕鯨に最初に取り組んだのは林兼商店(旧マルハの前身)傘下の大洋捕鯨株式会社。10月,母船日進丸と8隻のキャッチャーボートからなる船団(472名)は,南氷洋に出漁した。4カ月間の操業で,捕鯨頭数1,116頭,製油量1万5,280トン,鯨肉187万トンの好成績を収め,世界の捕鯨界の注目を集めた。これに続き,翌年には日本水産や極洋捕鯨も出漁し,1941(昭和16)年の太平洋戦争勃発まで続いた。

2月18 昭和産業株式会社設立(資本金250万円).肥料・小麦粉・植物油脂・飼料・水飴・精麦・大豆蛋白繊維などを製造販売.本店を登記上,宮城県宮城郡に設置,実際の業務は東京営業所(京橋区)にて開始.5月鶴見工場建設.8月赤塚(後に水戸と改称)工場建設.[118]

5 明治製菓,千葉県勝山町(現鋸南町)所在の極東煉乳安房工場を買収.[154]

26 2・26事件発生.
＊陸軍内の皇道派青年将校が高橋是清大蔵大臣らを殺害,反乱軍として鎮圧.その後,東条英機らの統制派が軍の実権を握り,内閣を組閣.

3月26 大日本麦酒,『大日本麦酒株式会社三十年史』(浜田徳太郎編)発刊.
＊1906(明治39)年3月,日本麦酒・札幌麦酒・朝日麦酒が合併.

31 味の素本舗(株)鈴木商店,資本金を2,250万円(現在価750億円)に増資.[99]

4月1 明治製菓,同系会社の明治製乳(岩手県岩泉町)・山陽煉乳(岡山県今井村,現笠岡市)及び函館製菓を合併.製乳部は岩泉・笠岡を加えて15工場,製菓部は函館を加えて3工場となる.資本金1,000万円(現在価330億円)に増資.[154]
＊この頃の岡山県下の乳製品製造業者,明治製菓笠岡工場,製造

能力(22石). 淡路煉乳岡山工場(邑久郡豊村, 55石). [258]

1　明治製菓, 創立20周年を記念して『明治製菓株式会社二十年史』発刊.
　　＊1916(大正5)年10月9日, 東京菓子株式会社として設立.

1　明治製糖,『明治製糖株式会社三十年史』(東京事務所編)発刊.
　　＊1906(明治39)年12月29日, 台湾に設立.

◆　井関農機株式会社設立(資本金50万円). ヰセキ式籾すり機及び自動選別機の製造開始. [118]

5月 1　台湾製糖, 森永製菓と折半出資し, 森永食品工業株式会社設立(資本金200万円). 社長松崎半三郎❖, 安芸出張所(後の安芸工場)開設. [122, 130]

3　「味の素」の生みの親池田菊苗(1864.10.8〈元治1.9.8〉生まれ)死去(71).

9　～17日：大東京蕎麦商組合主催,「そば博覧会」を三越新宿で開催.
　　＊会期一杯の9日間,「蕎麦音頭」のレコードが声高らかに流れる中, 連日押すな押すなの客を集め, 新宿支店始まって以来の盛況だったという. [331]

28　米穀自治管理法公布. 9月20日施行.
　　＊内地・朝鮮・台湾を通ずる過剰米対策. [5]

29　重要肥料業統制法公布. 11月15日施行.
　　＊化学肥料の保護と統制. [16]

◆　大日本麦酒,「びん詰生ビール」(青色びん)発売. [12]

6月 9　林兼商店(旧大洋漁業, マルハニチロホールディングスの前身), 大洋捕鯨株式会社設立.
　　＊南氷洋捕鯨に乗り出すために設立した会社で, この年の秋に捕鯨母船「日新丸」が第1回の出漁を行う. [83]

13　明治製菓, 千葉県勝山町(現鋸南町)所在の勝山煉乳工場で, ビワ缶詰の製造を開始. [154]

23　農林省, 農山漁村経済更生特別助成規則公布, 即日施行. [5]

◆　日満一体, 生産力拡充, 国際収支の適合, 物資の需給調整の総合的産業5カ年計画樹立を閣議決定.

7月 1　大日本麦酒札幌工場, 創業60周年ビール展を開催. [12]
　　＊1876(明治9)年9月8日, 開拓使麦酒醸造所落成, 23日開業式.
　　＊この年,『サッポロビール沿革史』(札幌支店編)発刊.

21　大日本麦酒, 3社合同30周年ビール展を開催(札幌, 東京, 8月12日から大阪). [21]

21　極東煉乳, (合資)新田帯革製造所(ニッタの前身)の止若(現幕別町)・釧路両工場を買収. [186]

◆　大阪で, アイスキャンデーに対するズルチン使用者が検挙される.

246　◆　1936年

8月 **1** 初の国産捕鯨母船「日新丸」(16,801トン),進水.
＊同船は大洋捕鯨(旧大洋漁業,マルハニチロホールディングスの前身)の所有で,神戸の川崎造船所で建造された. [83]

1 日清製粉,朝鮮製粉株式会社を京城府南大門通に設立,資本金200万円.社長は正田貞一郎❖. [124]

6 寿屋(サントリーの前身),濃縮ジュース「トリスグレープジュース」「トリスオレンジジュース」発売. [120]

13 野田醤油(キッコーマンの前身),満州国奉天に野田醤油股份有限公司を設立.
＊1938(昭和13)年3月11日,満州野田醤油株式会社と社名変更. [195]

13 極東煉乳,昭和煉乳の持株を森永煉乳へ譲渡. [186]

◆ 神戸モロゾフ製菓株式会社,商号をモロゾフ製菓株式会社に変更. [118]

9月 ◆ 柑橘組合連合会,輸出販売の統制を決定(三井物産を代理に). [6]

28 伊豆畜産販売購買利用組合とカーネーション社との提携により,東洋製乳株式会社設立(資本金20万円).

10月 **1** 森永煉乳,昭和煉乳(株)を買収.

7 「日新丸」,捕鯨船8隻を伴い,南氷洋に向け神戸港を出発. [70]

11 寿屋(サントリーの前身),事業目的に原野の開拓,果樹・蔬菜の栽培並びに果汁・蔬菜の販売を加える. [120]

11 寿屋(サントリーの前身),日本葡萄酒株式会社所有の山梨県北巨摩郡登美村(現甲斐市大垈)のブドウ園(登美農園)150haを買収して「山梨農場」(サントリー登美の丘ワイナリーの前身)とし,ブドウ栽培とブドウ酒の醸造を開始. [23, 120]

15 明治製糖士別工場(甜菜糖)完工.1日截断能力600トン(最大能力1,000トン).21日,第1期製糖開始. [205]

25 スマトラ拓殖(株)社長山地土佐太郎❖<57>(1878～1958),南氷洋捕鯨事業の創業を決意し,農林大臣へ事業許可申請.
＊南氷洋捕鯨が林兼(旧マルハの前身),日本水産に独占されることに不満を抱いていた.事業は許可され,翌年9月,極洋捕鯨(極洋の前身)を設立. [53, 259]

◆ 日本蜜柑缶詰工業組合連合会設立. [6]

◆ 大阪豊中市立屠場開設. [17]

11月 **2** 東京府八王子市営八王子屠場開業(1935〈昭和10〉年8月23日設立許可). [17]

3 ～9日:甲州園(山梨県相興村＝現笛吹市)の降矢虎馬之甫<58>(1878～1942),東京日本橋,白木屋屋上で海軍連合艦隊歓迎のブドウ酒無料サービスを実施.山梨産ブドウ酒の宣伝に努める.奉仕した石数は約40石(約7.2kℓ). [23]

1936年 ◆ 247

	16	日本硝子株式会社設立(大日本麦酒の製びん部門独立，資本金1,500万円)．[12]
	18	全国醤油醸造組合連合会，景品付醤油の全廃を全会一致で決議，3年有余にわたる景品戦にようやく終止符を打つ．[237, 267]
	20	商工省，ビール・洋紙製造業を重要産業統制法による，初のトラスト規定適用産業に指定．[16]
	20	明治製菓，明治製糖戸畑工場の隣接地に戸畑工場を開設し，キャラメル・ビスケット・乾パンの製造を開始．翌年，キャラメル増産のため増設．
	27	日清製粉，満州進出を決定．[124]
	◆	大日本人造肥料，『大日本人造肥料株式会社五十年史』を発刊．
12月	1	東京市内に散在する屠場を一本化し，東京市設芝浦屠場並びに東京市常設家畜市場開設．[4, 17]
	1	北海道製糖(日本甜菜製糖の前身)，磯分内(いそぶんない)工場開設．甜菜裁断能力1日540トン．[205]
	15	硫安肥料製造組合設立(重要肥料業統制法による)．[26]
	15	石灰窒素製造組合設立(重要肥料業統制法による)．[26]
	24	日本蜜柑缶詰輸出組合結成．[121]
	◆	三井物産，5割増資して1億5,000万円(現在価5,000億円)となる．
この年	◆	東京清涼飲料水組合，ラムネの空びん紛失防止のため，空びんの買取り制を実施．
	◆	奉天(現瀋陽)に亜細亜麦酒株式会設立． ＊1938(昭和13)年12月，麒麟麦酒が同社の経営を決定し，翌年2月1日，奉天支店設置．[49]
	◆	満州麦酒，奉天(現瀋陽)に第1工場竣工．[12]
	◆	原料トマトの不作で，トマト加工品の生産，一般的に低調．[121]
	◆	イワシの漁獲量，163万トン(総漁獲量の38％)と統計史上最高を記録．[83]
	◆	農繁期の共同炊事，全国的に始まる．
	◆	アルマイト弁当箱が普及．[16]

1937 昭和12年

日中戦争勃発で，食糧に対する国家統制が始まる

　ビールや製菓メーカーに遅れて，日本・日清の2大製粉会社が満州への進出を本格化させた．日中戦争勃発で，軍需食糧の確保を主目的とした「米穀ノ応急措置ニ関スル法律」が成立し，主食に対する国家統制が始まった．
　一方，米の需給ひっ迫で，国内の小麦需要は増大したものの，為替管理強化の結果，輸入量の減少から小麦の供給が困難になった．このため，小麦・小麦粉の需給に対する国家の関与が始まった．

1月18 　株式会社湯浅商店（ユアサ・フナショクの前身），現千葉県船橋市に設立．肥料・米・雑穀・小麦粉・各種飼料の卸販売．
　　＊1970（昭和45）年，商号を湯浅株式会社，72（昭和47）年ユアサ・フナショクに変更．[118]

24 　森永製菓創業者森永太一郎，（1865.8.8〈慶応1.6.17〉生まれ）死去（71）．

◆ 　「準戦時」という言葉が使われ始める．

◆ 　大日本麦酒，フィリピン，三井物産ほかと共同出資し，バリンタワク麦酒醸造株式会社を設立．[12]

2月17 　昭和製糖，資本金700万円を1,000万円（現在価333億円）に増額．[130]

18 　日清製粉，満州に康徳製粉股份有限公司を設立．資本金200万円（現在価50億円）．1938（昭和13）年5月から康徳製粉株式会社と改称．[124]
　　＊股份有限公司とは，中国語で株式会社，股份は株式の意．

27 　東洋製粉股份有限公司設立．資本金（満州国幣）200万円，日本製粉3万9,000株引受け．1938（昭和13）年8月1日，東洋製粉株式会社と改称．[21]

◆ 　グリコ（江崎グリコの前身），東京工場落成，東京へ進出．[204]

◆ 　ミヨシ石鹸工業合資会社，ミヨシ科学工業株式会社（ミヨシ油脂の前身）に改組．

◆ 　丸金醤油（マルキン忠勇の前身），会社創設以来，無配を続行していたが，初めて2分の現金配当を行う．[267]

3月30 　臨時租税増徴法公布．清酒石当たり5円増税，ビール税，1石25円から35円に引上げ．

	30	水産業の発展に貢献した伊谷以知二郎✤(1864年生まれ)死去(72).
		＊水産講習所で，缶詰など水産製造学を専攻．この間，高碕達之助・中島董一郎ら多くの人材を育てる．その後，大日本水産会会長・日本水産学会会長などを務める．[53]
	31	共同漁業株式会社，日本食料工業株式会社を合併し，社名を日本水産株式会社と改称．[52]
	31	アルコール専売法公布．4月1日施行．
		＊甘藷・馬鈴薯を原料とするアルコールを専売とする．[5]
	◆	味の素本舗(株)鈴木商店,「味の素」月産10万貫(375トン).[99]
	◆	塩水港製糖，日本砂糖工業(株)(資本金100万円)設立．[6]
4月	30	明治製菓，第40期(11年後期)決算諸表を承認可決．
		＊売上高が1,096万9,000円と初めて1,000万円(現在価250億円)を突破し，当期利益金も過去最高．配当率8分．株主数645人，役員数11人，従業員数2,506人．[154]
	◆	東京のうどん，そば(もり・かけ)の値段，8銭(現在価200円)から10銭(250円)に値上り．[151]
		＊この月から1944(昭和19)年3月まで，現在価は時価の2,500倍で試算．
5月	2	銚子醬油(ヒゲタ醬油の前身)，業界難局打開のため，総株数の約80％を野田醬油(キッコーマンの前身)に譲り，野田と銚子の提携成立．[11, 72, 195]
	11	グリコ(江崎グリコの前身)，資本金200万円(現在価50億円)に増資．[204]
	18	明治製菓，千葉県館山市所在の房南煉乳株式会社(大正6年12月8日創立，資本金4万5,000円)を買収．同社の館山工場となる．
		＊房南煉乳は軍扇印の煉乳を製造し，安房製乳界に活躍した．[154, 185]
	◆	乾パン工業組合，アウトサイダー統制開始．[38]
	◆	昭和酒造株式会社(メルシャンの前身)，熊本県八代市に八代工場を設置．[118]
6月	1	合同油脂(資本金1,000万円)，日本油脂(資本金700万円)を合併，6月25日，日本油脂(株)と改称．[26]
	7	屠畜法改正．簡易屠場の設置が認められる．[17]
	9	東京数寄屋橋際のビヤホール「ニュートーキョー」開業．[12]
	15	南洋興発，資本金2,000万円を4,000万円(現在価1,000億円)に増額決定．[130]
	29	日清製粉，資本金2,500万円(現在価625億円)．増加資本金1,267万円．
		＊6月26日の株主総会で，配当年8分に加え特別配当2分を決定．純益(85万円，現在価21億2,500万円)は，前年同期(73万9,000円)の15％増．[124]

	◆	グリコ，軍用乾パンの委託生産を受ける．[204]
	◆	日本醸造工業の栂野明二郎❖<55>（1882～1940）を中心とするアミノ酸専業者，アミノ酸製造工業組合を設立． ＊醤油業者でもアミノ酸を製造する者が多くなる．[72]
7月	7	北京郊外の盧溝橋で日中両軍衝突（日中戦争の発端）． ＊戦争が拡大し，応召者が相次ぎ，戦時色が強まる．
	20	森永製菓，軍用型乾パン（100g入り10銭，現在価250円）を発売．[122]
	◆	森永煉乳（森永乳業の前身），森永ヨーグルトを発売．
8月	2	明治製菓，宮内省御用達称標掲示を許可される．[154]
	24	閣議，国民精神総動員実施要領を決定．
	◆	味の素本舗(株)鈴木商店，川崎工場内に含糖アミノ酸液工場建設着手．[99] ＊含糖アミノ酸液は，アミノ酸醤油の原料．
9月	3	極洋捕鯨株式会社設立総会（極洋の前身，資本金2,000万円）．社長に山地土佐太郎❖（1878～1958）就任． ＊スマトラ拓殖より，捕鯨事業実施に関する一切の権利義務を譲り受ける．9月9日，設立登記完了．[259]→1936（昭和11）年10月25日
	10	臨時資金調整法公布．27日施行． ＊優先的に軍事産業へ資金を貸し付ける法律で，あらゆる企業は甲，乙，丙の3種類に分けられた．軍事産業は甲，民需の不急不要産業は丙（菓子製造・紡績・石鹸化粧など），甲と丙に該当しない産業を乙とした．[151]
	10	「輸出入品等ニ関スル臨時措置ニ関スル法律」（輸出入品等臨時措置法），軍需工業動員法の適用に関する法律を公布． ＊この法律の施行により，貿易関係に深刻な影響を与える．例えば，チョコレートの主原料のカカオ豆は輸入に依存しているが，当初の輸入制限は月額2万円以内であった．それが月額1,000円，年末には100円と厳しく圧縮され，自由輸入は事実上不可能となった．[273]
	10	「米穀ノ応急措置ニ関スル法律」公布．12月1日施行．[5] ＊政府の米穀買入・売渡機能を拡大．
	15	森永製菓，森永ベルトラインストアーで皇軍慰問袋を発売．[122]
	18	「臨時馬の移動制限令」施行．日中戦争により軍馬が不足したため，馬の移動は当該市町村長の許可制となる．
	26	日本水産の第二図南丸船団，初めて南氷洋捕鯨に出漁．[52]
	◆	昭和製糖，500万円増資して1,500万円となる．[6]
10月	1	鋼板の統制実施により，王冠配給制となる．[121]
	5	全国蜜柑缶詰工業組合連合会発足，共同販売を開始．[121]

'28
―
'37

	26	硫安販売株式会社設立．[25]
	26	塩水港製糖，資本金2,925万円を6,000万円に増資決定．[130]
	28	台湾製糖第58回定時株主総会，東京で開催．株主配当年1割2分を決定．[130]
	◆	群馬畜産加工組合設立(JA高崎ハム株式会社の前身)．[318]
	◆	昭和産業，関西工場を建設．[118]
	◆	オリエンタル酵母工業，大阪工場を建設．[118]
	◆	日東食品株式会社(日東ベストの前身)，現神奈川県横浜市保土ケ谷区に，農産缶詰の製造を目的として創業．[118]
12月	1	明治製菓，ハルビン市の岩田ミルクプラントを買収し，ハルビン工場として操業開始．[154]
	1	明治製糖，明治農産工業株式会社を合併，資本金5,800万円となる．[146]
	15	東洋製粉股份有限公司，奉天工場竣工(1,000バーレル)．[21]
	18	東洋製粉股份有限公司，(満州)四平街工場竣工(1,000バーレル)．[21]
	24	日清製粉，株主総会で愛国製粉合併の件を可決．[124]
	◆	日本蜜柑缶詰輸出組合設立許可．[6]
	＊	この年，激増していたミカン缶詰の生産量が122万個，輸出が89万個となる．
	◆	昭和産業，上尾工場建設．[118]
	◆	時局対策缶詰業団体協議会開催．
	◆	缶詰協会主催で古ブリキ回収運動が起こる．ブリキは統制品．
この年		
	◆	物価騰貴が顕著，東京卸売物価指数，前年より約21％上昇(日銀調べ)．[217]
	◆	日中戦争の影響で，軍需用肉類増加のため，乳牛より肉牛に重点が置かれ，また軍部の緬羊，兎の増産で羊肉，兎肉も増加．[17]
	◆	対中国戦争拡大で，小麦粉輸出の活況が続く．
	◆	消費材生産の軍需工場への切り替え．[38]
	◆	無水アルコール工場建設(5工場)，その後も増加．[6]
	＊	無水アルコールとは，水を含まないエチルアルコールのこと．
	◆	国産イースト100万ポンド突破．[38]
	◆	東京菓子パン組合設立．[38]
	◆	日東製粉(日東富士製粉の前身)，新京に日東製粉股份有限公司(200万円，1,200バーレル)を設立．
	◆	日満製粉，能力1万バーレル，資本金1,000万円に増額．
	◆	プラスチック什器登場．[16]

1938 昭和13年

国家総動員法公布，統制経済体制が強化される

　4月，日中戦争に勝利するため，国家総動員法が公布された。「国家総動員」を，事変を含む戦時に際し，国防目的のため国の全力を最も有効に発揮できるよう，人的，物的資源を統制し，運用することであると定義した。同法の公布により，議会の審議を経ることなく国家動員上必要と認められる事柄について，広範な統制が行われるようになった。

　当然，食料品の生産・流通・消費などについても，統制経済体制ができ上がった。これに関連して，この年，大手企業による中小企業を吸収・合併するなどの動きが，一部みえ始めた。また，各業界内の連携をさらに強化するため，各種の協会や連合会が結成され，企業間の競争は軟化した。戦費調達のため，物品税・酒税・砂糖消費税などが増税され，企業経営を圧迫し，生産資材の調達が困難となった。

1月11　厚生省(厚生労働省の前身)発足．
　　15　臨時肥料配給統制令，公布・施行．[26]
　　17　軍需工業動員法発動，軍需工場の一部管理実施．[26]
　　31　保証責任北海道製酪販売組合連合会(酪連，雪印乳業の前身)，保証責任北海道酪農販売組合連合会(以降も酪連と略称)と改称．[227]
　◆　小麦等輸入統制協会を設立．[38]
　◆　日本油脂，北海道油脂工業を合併．[26]
2月 1　野田醤油(キッコーマンの前身)，町樽屋に対し請負制度を買入制度に改正．[195]
　　 3　日清製粉，臨時株主総会で常盤製粉合併の件を可決．[124]
　　12　台湾製糖，橋仔頭無水酒精設備完了．[130]
　　23　農林省，農村工業指導所を設置．[5]
3月 1　昭和産業，同一資本系の昭和製粉(資本金750万円)，日本加里工業(同100万円)，日本肥料の3社を吸収・合併し，藤沢・横浜・船橋・太田・大島の5工場が加わる．資本金750万円から1,620万円に増額．[6,118]
　　 1　麒麟麦酒，広島工場竣工．3月14日，醸造開始．[49]
　　 1　野田醤油(キッコーマンの前身)，創立20周年記念として，従業員に愛国国債または貯蓄債権を支給．[195]

1938年　◆　253

	上旬	北海道糖業，磯分内酵母工場完成し，操業開始．製造能力生酵母月産6万5,000ポンド(29トン)．3月17日，製品を初産出．[205]
	30	飼料配給統制法公布．10月15日施行．[26]
	◆	アウトサイダーであった東京製糖，糖業連合会加盟により統制力強化．[6]
4月	1	国家総動員法公布(5月5日，一部施行)．
	1	酒税法，麦酒税法改正．酒類販売業が免許制となる．[12]
	1	日中戦争特別税法．ビール1石につき物品税5円(ビール税，物品税計，石40円)．[12]
	1	硫酸アンモニア増産及び配給統制法公布．7月11日施行．[26]
	2	臨時農村負債処理法公布．6月20日施行．[26]
	5	商法改正法・有限会社法公布．翌年1月1日，施行．[26]
	18	飼料配給株式会社設立．[26]
	22	物価委員会令公布・施行．本格的な物価統制始まる．
	22	過燐酸・石灰窒素配合肥料，化学肥料，加里塩などの輸出許可規制制定(事実上の輸出禁止)．[26]
	◆	砂糖消費税引上げ実施(日中戦争のための特別税)．[6, 101]
	◆	高碕達之助❖<53>（東洋製罐設立者，1885〜1964），（財）東洋缶詰専修学校(東洋食品工業短期大学の前身)を創設．
		＊1936(昭和11)年7月下旬に，米国で発生した日本製アサリ缶詰事故が設立のきっかけになったという．
5月	1	極東煉乳，帯広市の北海道農産加工株式会社のアスパラガス缶詰工場を買収．[186]
	4	工場事業場管理令公布・施行(総動員法第13条発動)．[26]
	9	商工省，臨時物資調整局設置．
	10	寿屋(サントリーの前身)，直営のサントリーバー(大阪市梅田)開店，洋酒製品のPRを行う．[120]
	◆	全販連，本年度小麦販売統制目標を100万俵増の550万俵と決定．
6月	22	東京ソース工業組合結成．[121]
	24	日本，国際捕鯨会議に正式加入．[83]
	27	物資総動員計画基本原則発表．
	30	横浜市中区伊勢佐木町に(株)第二不二家設立(資本金20万円)．[169]
	◆	日東製粉(日東富士製粉の前身)，埼玉県深谷市の埼玉興業を合併し，深谷工場と称す．8月，東京証券取引所に上場．[118]
	◆	酪連(雪印乳業の前身)，上海工場開設．7月23日，活素(乳酸飲料)の製造開始．[227]
	◆	東京酒類商業組合連合会結成．[72]

7月	1	農林省, 牛資源確保のため, 仔牛の屠殺抑制措置等につき屠畜業者に自粛を促す. [17]
	9	物品販売価格取締規則公布・施行. 公定価格制度の確立. ＊この規則は, 直接取締の対象となる物品を条文上に明示していない. 商工大臣の指定, 指定によっていくらでも増やせる仕組み. [12, 260]
	9	日清製粉, 愛国・常盤両製粉株式会社を合併登記. 資本金2,580万円(現在価645億円), 総能力21,100バーレル. [124]
	14	暴利取締令を拡充強化. 7月18日より価格表示強制実施. [16, 26]
	◆	東京市産業局, 生鮮食料品を毎日, その他の食品の小売価格を週の一定日にラジオ・新聞で公表することを決定. [217]
	◆	東京市産業局, 東京府・神奈川県の食パン量目統一を決定. 9月1日より実施. [217]
	◆	日本鮑(あわび)缶詰業水産組合設立.
	◆	昭和産業, 一の宮工場建設. [118]
	◆	厚生省, 物資総動員計画による失業者39万人と発表. [35]
8月	◆	非常時局下の国民栄養食と体位向上を目指して, 国民精神総動員中央連盟を中心に, 白米食廃止運動が全国的に広まる.
9月	1	(株)第二不二家, 合名会社不二家を合併(資本金60万円). [169]
	15	鉄道省の指示に基づき, 日本食堂株式会社設立(資本金150万円, (株)日本レストランエンタプライズの前身). 10月1日営業開始. ＊従来, 営業の許可を受けていた, みかど・精養軒・東洋軒・東松軒・共進亭及び伯養軒の6社の土地・建物・什器・施設・在庫材料・営業権の一切を買収. [270]
	15	国策代用品普及協会設立. ＊代用品の例：米→麦, 麦→アワ・ヒエ, 醤油醸造用大豆・小麦→蚕のさなぎ(アミノ酸醤油). [217]
	27	東京食パン製造工業組合設立. [38]
	◆	大日本果汁(ニッカウヰスキーの前身), 甘味林檎酒「ニッカアップルワイン」発売. [254]
10月	4	日本缶詰工業組合連合会発足. [121]
	5	鶏卵価格引上げ禁止. ＊生鮮食料品の価格統制の初め. [4]
	11	極洋捕鯨の南氷洋捕鯨母船「極洋丸」(1万7,548トン), 神戸港より初出漁. 12日, 高知沖に到着し, レセプションを行う. [259]
	24	森永製菓, ブリキ使用禁止につき容器を紙袋に改める. [122]
	27	前年設立された全国漁業協会を吸収し, 全国漁業組合連合会(全漁連)設立. ＊事業内容は, 販売・購買事業, 教育指導事業など. [83]
	◆	原料確保を目的として日本麦酒原料協会設立. [12]

1938年 ◆ 255

- ◆ 缶詰用空缶の配給実施．切符制となる．
  * 日本缶詰協会が業務担当． [121]
- ◆ 群馬畜産加工組合(JA高崎ハム株式会社の前身)，「高崎ハム」ブランド決定．高崎市末広町に工場完成，操業及び発売開始． [318]

11月

- 1 奉天(現瀋陽)に満州明治牛乳株式会社設立(資本金100万円)． [154]
- 2 農林省，米価高騰抑制策として最高価格の据置き，最低価格の引上げ，補充買上げの中止の方針を決定． [42]
- 4 肥料割当制実施．
- 10 社団法人大日本バター協会設立(極東煉乳・樺太製糖・森永煉乳・酪連・明治製菓の5社加盟)． [154]
- 16 商工省，零細工業者の転業促進のため，共同作業場における一貫作業助成を通牒．
- 18 国家総動員法による会社利益処分制限，1割まで増配自由，1割以上は抑制と決定． [26]
- 19 味の素本舗(株)鈴木商店，「味の素」約4％値上げ実施． [99]
- 20 牛乳・バター，重要物産に指定される． [186, 329]
- 22 精米取扱規則公布．翌年1月1日施行． [26]
  * 混砂搗米厳禁．
- 22 大日本麦酒，大倉土木ほかと共同出資し，北京麦酒株式会社設立(資本金150万円)． [12]
- ◆ (株)山越工場(明治機械の前身)，明治製糖の資本と経営の参加を得る．
  * その後，山越機械(株)(1943〈昭和18〉年改称)を経て，1948(昭和23)年，明治機械(株)と改称． [118]

味の素改正定価表(味の素社提供)

12月

- 1 明治製菓，ハルビン工場を満州明治牛乳株式会社に譲渡． [154]
- 2 商工省，殷賑工業者より中小工業者への下請作業分配を通牒．
- 12 ココア豆加工業会設立(後に日本ココア加工業会と改組)．
  * 森永製菓・明治製菓を除いた中小チョコレートメーカー（カカオ豆の第1次生産者）の集まりで，わが国初のチョコレート業者団体．これにより，カカオ豆の共同輸入並びに自主的配給統制が初めて実施されることになった． [273]
- 14 株式会社第二不二家，商号を株式会社不二家と改称． [169]
- 19 大日本製糖第2代社長藤山雷太❖(1863.9.13〈文久3.8.1〉生まれ)死去(75)．
- 24 燐酸肥料配給株式会社設立． [26]
- 27 日本曹達工業組合連合会設立． [26]

	28	食養研究家で三井財閥創業時の大番頭益田孝❖(1848.11.12〈嘉永1.10.17〉生まれ)死去(90)．茶人としても知られた．大正期に流行した「コロッケの歌」作詞・作曲の益田太郎❖(1875〜1953)の父．[131]
	30	森永製菓，ハルビンキャンデーストアー開店． ＊以降，1941(昭和16)年までに台湾・朝鮮・中国大陸各地に開店．[122]
この年	◆	大日本洋酒食料品商組合創立(会長国分勘兵衛)．[72]
	◆	(財)理化学研究所(1917〈大正6〉年設立)の研究成果を工業化するため，理研栄養薬品株式会社設立(理研ビタミンの前身)． ＊1949(昭和24)年，同社のビタミン部門関係者が分離独立し，ビタミン油(肝油)を製造販売する目的で，理研ビタミン油株式会社を設立．[118]
	◆	日中戦争特別税法により，ラムネの税金が7円から8円50銭に増税．
	◆	台湾糖業，天候不順で減産．
	◆	東京ガス需要家100万軒に．
	◆	リプトン，ブルックボンド紅茶の輸入禁止，国産に限る．
	◆	1938(昭和13)年度の日本内地大豆消費量推定総量は，総量135万5,500トン，満州大豆輸入量85万5,500トン(63.1％)，内地生産量30万トン(22.1％)，北海道及び朝鮮移入量15万トン(11.1％)．[348] ＊満州大豆の輸出の大部分は，大連港より出港．満州大豆はすべて帝国油糧統制株式会社経由で輸入され，用途に応じて各方面に組織的に配分された．
	◆	横浜の牛肉卸小売店，牛鍋店を網羅した横浜食肉商業組合結成．[17]
	◆	東京銀座に，ホットドック立ち食いの屋台店が現れる．[17]
	◆	青森県のリンゴ，この年から1942(昭和17)年にかけて，生産者にとって1875(明治8)年栽培開始以降，初めて好況が続く．[349] ＊昭和12年3,206万貫，13年4,048万貫，17年5,768万貫，18年4,466万貫．[294]

1939 昭和14年

ほとんどの食料品が価格統制令の対象となる

　物価高騰に対処し，前年7月，物品販売価格取締規則が公布され，8月17日木炭，10月5日鶏卵，本年に入ってから主要な食料品もその対象となった。1月31日醬油，2月6日味噌，3月4日砂糖・珈琲・清涼飲料・清酒・麦酒が指定され，価格の統制が始まった。さらに，これを強化するため，9月には価格等統制令が公布され，すべての物価は9月18日をもって釘付けとされた。いわゆる9・18価格の停止令である。

　物価高騰を阻止する非常措置だが，物価は騰貴し，9・18価格を超えて販売されたものに対して，闇価格という名称が生まれ，警察の取締りは厳重になった。違反業者は，超過額計算のため警察に呼び出された。

1月24　宝酒造，日本酒造を合併．資本総額664万8,000円となる．[158]
2月 6　野田醬油（キッコーマンの前身），商工省告示物品販売価格取締規則により，2月1日付け醬油の値上げを取り消す．[195]
　　 9　閣議，国民精神総動員強化方策決定．[201]
3月 7　商工省告示で，清酒販売価格を指定，統制価格となる．[86]
　　 7　ビール販売価格の統制開始．[92]
　　18　東京中央卸売市場の鮮魚及び青果，4月10日より仲買人対小売商の相対取引を解消し，公定値段表示売買を決定．[217]
　　23　日本麦酒原料協会，自主統制団体の麦酒協会に改組改称．[12]
　　24　酪農業調整法公布，8月25日施行．
　　30　商工省中央物価委員会，砂糖・清酒・ビール・清涼飲料・木炭などの公定価格（小売）を決定．[217]
　　31　野田醬油（キッコーマンの前身）第4工場内に，宮内省御用醬油醸造所が完成．白亜城風の御用蔵は，野田名所の一つとなる．[196]
　　31　従業員雇入制限令・賃金制限令・工場就業時間制限令公布．[201]
4月 1　砂糖公定価格実施．[154]
　　 1　支那事変特別税法改正，ビールの物品税1石5円から10円に，ビール税・物品税計1石45円となる．[12]
　　＊ビールの㊥価格（大びん1本），全国一律40銭5厘（現在価1,010円）となる（商工省告示第70号）．[22]
　　 1　清涼飲料税改定，1石10円（現在価2万5,000円）から15円（3万7,500円）に増額．[12]

	5	大日本麦酒，目黒工場に少年養成工教習所開設(昭和16年3月末まで)．[12]
	11	日本チョコレート協会設立． ＊前年12月設立の第１次生産者のココア豆加工業界に呼応して，原料確保のためチョコレートの第２次加工業者の全国団体．[273]
	12	米穀配給統制法公布．4月20日より逐次施行．[5]
	19	配当統制令発動．会社経理の統制を強化．[26]
	◆	第11回全国菓子大博覧会「支那事変」臨時改名「全国菓子品評会」，大分市の特設会場で開催． ＊戦前期最後の博覧会となった．再開は13年後の1952(昭和27)年．[310]
5月	11	ノモンハン事件． ＊蒙満国境のノモンハンで起こった日本軍とソ連軍の衝突．3ヵ月の激戦の後，ソ連の優秀な機械化部隊のため，日本軍第23師団は壊滅的打撃を受ける．
	13	全国輸出缶詰業水産組合連合会設立．[121]
	26	ビールに公定価格制実施(東京から)．大びん１本40銭(現在価1,000円)．[12] ＊公定価格制は，戦後の1960(昭和35)年9月30日まで継続．
7月	8	国民徴用令公布．
	15	大日本・麒麟・桜麦酒共同で，台湾の高砂麦酒(株)の経営権取得．[12]
	25	米穀統制法による米穀配給の国策会社日本米穀株式会社を設立．資本金3,000万円，うち半額政府出資．[327]
8月	1	明治製菓，明治製乳・朝日牛乳・明治食品・大島煉乳・共同国産煉乳・明治牛乳の６社を合併，淡路・藤枝・金沢・柏原・姫路・元村の各製乳工場発足．資本金1,100万円となる．[154]
	5	原料(アルコール)甘藷配給統制規則公布．20日施行．[26]
	25	米価高騰抑制のため米穀配給統制法第４条を発動し，最高販売価格(１石38円，現在価９万5,000円)を公定．8月25日より実施．[4, 16, 42]
	◆	大日本麦酒，上海工場(清涼飲料水工場)完成．[12]
	◆	醤油業界，醤油びんの容量を１升から２ℓに切り替え．
	◆	鹿児島市立工業研究所，大豆の代用に蘇鉄の実の味噌を製造販売．
	◆	東京府，ビール(大びん１本)の㊙価格40銭(現在価1,000円)と告示(東京府告示822号)．[22]
9月	1	初の興亜奉公日(毎月１日実施)，待合，バー，料理屋など酒不売でほとんど休業，ネオン消える．[217]
	16	第１次清酒減産命令(23％減石)．[86]

1939年 ◆ 259

18	千葉県醤油醸造組合，改組して千葉県醤油工業組合結成．[11]
19	閣議，9・18停止価格決定(価格，運輸，賃金などにつき，1939〈昭和14〉年9月18日の水準)を超える引上げを禁止．9・18ストップ令といわれる．
	*米価は国家総動員法第17条の規定により，価格統制令から除外され，独自の立場から決定．
	*青果物については，需給調節が困難であるとして除外された．このような情勢のもとで，果樹栽培は肥料，農薬，労力などの不足による生産上の問題があったが，一般の農産物に比べて有利に販売されていた．
21	酪連(雪印乳業の前身)，雪印マーガリン(混成バター)を全国一斉に発売．[227]
28	鉄鋼配給統制規則公布．
28	マグロ・イワシ・サケ・マス・カニ各缶詰共販，合同して水産缶詰販売株式会社設立．[121]
◆	台湾製糖東京出張所，『台湾製糖株式会社史』(伊藤重郎編)発刊．
	*1935(昭和10)年12月10日に満35周年の記念日を迎えるのを機に，編纂に着手したもの．
	*社史発刊時の会社規模：資本金6,300万円．諸積立金5,964万円．台湾所在製糖工場13工場．内地所在精糖工場2工場．所有土地面積約49,300甲(47,817ha，1甲=0.978町=0.96992ha，石川県の2008(平成20)年の耕地面積(43,700ha)を上回る．東京ドームの1万倍強，東京ドーム4.6755ha)・社有専用鉄道約600マイル(約965km，東京〜広島間の距離に相当，1マイル=約1,609m)．[130]

10月12 明治製菓，川崎・戸畑・両国・八木・旭川の各工場に産業報国会を結成．[154]

16	価格統制令公布により酒価公定価格決定．[86]
18	価格等統制令・賃金臨時措置令・地代家賃統制令公布．
	*9月18日の水準で価格などを釘付け．[201]
18	醤油の価格，価格等統制令により，9月18日の価格に停止される．[195]

11月6 農林省，米穀配給統制応急措置令公布・施行．
* 米穀強制買上制，米配給制を実施．全国民が米を摂取するようになる．最高標準米価(玄米1石)38円より43円に引上げ．白米これに準じる．[42]

9	大蔵次官，酒造米200万石節約を言明．玄米換算30万トン．[42]
17	第2次清酒減産命令(48％減石)．[86]
21	閣議，白米禁止令決定．25日，米穀搗精等制限令公布(農林省令で7分搗以上を禁止)，12月1日施行．栄養確保のため7分搗を強制．[42]

260 ◆ 1939年

	30	野田醤油(キッコーマンの前身),昭和醤油株式会社を買収. [195]
	◆	現大関,奉天に酒類販売店,長谷洋行を設立. [86]
12月	9	農林省,米穀搗精等制限令に基づき,小麦及び小麦粉の対円域輸出調整を行う.小麦粉は農林省によって統制されることになり,日本小麦粉輸出組合設立総会を開催(『神戸新聞』). [192]
	11	ビールびんのリンク制実施(大阪,12日から東京). [12]
	15	日本カゼイン統制株式会社設立. [329]
	16	政府,米・味噌・醤油・塩・マッチ・生鮮食料品などの生活食料品の価格抑制に全力傾注策を決定.
	18	有機肥料配給株式会社設立. [26]
	18	鴨川ニッケル工業株式会社(フードケミファの前身)創業. [118]
	19	野田醤油(キッコーマンの前身),上菱合資会社を買収. [195]
	19	木炭配給統制規則公布.25日施行. [5]
	30	野田醤油(キッコーマンの前身),銚子醤油(ヒゲタ醤油の前身)のヒゲタ印醤油の地方販売を受託. [195]
	◆	商工省中央物価委員会,小麦・小麦粉の最高価格決定. [6]
	◆	(株)不二家,東京銀座2丁目店開店. [169]
この年		
	◆	ビールの生産量(暦年),173万4,438石(前年比17.5%増)と過去最高を記録.このうち,麒麟麦酒46万1,097石(シェア26.6%). [49] ＊その後の経過をみると,昭和15年度151万石,16年度141万石,17年度117万石と減少傾向をたどり,18年度には大幅に減少し87万石,19年度は55万石とピーク時の3分の1以下となる. [350]
	◆	ミカン缶詰の生産量274万箱,輸出154万箱といずれも戦前期の最高を記録するが,戦時体制の強化で,その後は減少に転じる. [6]
	◆	現在,最も生産量の多いリンゴの「ふじ」(1962〈昭和37〉年命名),農林省園芸試験場東北支場(青森県藤崎町)で「国光」に「デリシャス」を交配して育成した実生の中から選抜される.
	◆	日本茶輸出,5,488万9,000ポンドと好調.ニューヨーク博覧会で日本茶を積極的に宣伝. [18]

1940　昭和15年

公定価格の表示が義務付けられるなど，食品企業の自由度なくなる

　紀元2600年のこの年，わが国を取り巻く情勢は，一段と緊迫の度を加えた．企業間の競争ができるような状況ではなくなってきた．各業界では価格統制を遂行するための組合が設立され，公定価格の表示(公)が義務付けられた．砂糖・小麦・青果物・ビール・マッチなどに，配給制度が導入された．米・味噌・醤油・塩・砂糖・卵・マッチ・木炭など10品目の生活必需物資については，切符制が採用された．砂糖・製粉などにいては，配給株式会社が設立された．

1月 5　広島県豊田郡吉名村(現竹原市)，米の自主的消費規制開始．1日1人3合平均配給の通帳制実施．[42]

　　10　全国醤油工業協同組合連合会，創立委員会開催．2月26日設立許可．創立に参加した組合は37組合，うち24組合は府県を地区とする工業組合．[267]

　　26　戦時低物価政策発表．
　　　＊重要物資増産供給，やみ取引絶滅，通貨回収，物価統制機構改組など．[186]

　　31　小麦最高販売価格の指定，実需者渡し3等12円74銭．8社の小麦粉製品につき最高販売価格の指定，最高1袋7円46銭．各社の銘柄は11銘柄に制限．[21]

　　31　大日本製酪業組合設立．乳製品配給の自主的統制機関となる．[6, 186]

　　◆　電力調整令により，ネオン広告禁止．

　　◆　木徳製粉株式会社，商号を東福製粉株式会社に変更．[118]

2月 5　商工省，マッチの製造及び配給に関する省令公布．10日施行．マッチの統制始まる．[217]

　　12　飲用牛乳最終販売価格指示．びん入り1合10銭(現在価250円)以内．[186]

　　13　米穀配給統制規則公布・施行．[42]

　　14　東京府下の牛乳価格，1合9銭5厘(現在価238円)に公定．[217]

　　14　全国製粉工業組合設立．
　　　＊小麦輸入協会の業務を継承，大手15社参加．[21]

　　23　日本菓子販売統制組合創立．[154]

	◆	砂糖新公定価格指定（4月改正）．[6]
3月	4	日本水産缶詰製造業水産組合結成．[121]
	15	日本農産缶詰共販株式会社設立．[121]
	19	中央物価委員会総会，大豆油・浸出大豆油粕・満州混保大豆・塩鮭・塩鱒・乾海苔・焼海苔・鶏卵などの最高販売価格決定．[217]
	19	練粉乳・バターの最終卸売価格と小売価格指示．[186]
	19	砂糖配給統制要綱発表．[154]
	20	明治製菓，新京特別区の三宅浜治と提携し，満州乳業株式会社設立（資本金150万円）．[154]
	25	酒1升（上等）2円70銭（現在価6,750円）（40銭値上げ），砂糖1斤28銭5厘（現在価713円）の新公定価格決定．[217]
4月	1	酒税法改定し，ビール税法廃止．①造石税と物品税の併課から庫出税に一本化，②ビール税改定（1石45円→59円30銭），③ビール製造免許，年1万石以上に，④ビール副原料としてコウリャン，その他政府の指定するもの．[12]
	5	日賀志屋（エスビー食品の前身），株式会社日賀志屋に改組（会社設立日）．[353]
	5	日清製粉，敷島屋製粉所合併登記，資本金2,593万円となる．[124]
	10	農林省，米穀強制出荷命令発動．[5]
	11	練粉乳・バターの生産者最高価格指示．[186]
	22	価格形成中央委員会，米・味噌・醤油・塩・砂糖・卵・マッチ・木炭など，10品目の生活必需物資に切符制採用を決定．[217]
	27	全国飼料配給株式会社設立．[26]
	27	東京府物価統制課，氷の公定価格決定発表．[217]
	30	東京府，ソース協定価格認可．[121]
	◆	小麦粉実需者相談所設置．[6]
	◆	日本雑缶詰輸出振興株式会社設立．[6]
	◆	東京府，ビール（大びん1本）の㊜価格45銭（現在価1,125円）と告示（東京府告示392号）．[22]
	◆	日満製粉，『創立5周年誌』発刊． ＊1934（昭和9）年6月25日設立．
5月	8	農器具配給株式会社設立．[6]
	20	大阪府，ソース協定価格認可．[121]
	28	東京府，ビール配給の公平を期し，6月1日より家庭用ビール売出しを業者と協議決定．[217]
	30	東京米穀商品取引所解散．[42]
	30	日本砂糖配給株式会社設立（初代社長藤山愛一郎）．[154] ＊設立と同時に全国の元売・卸売・小売商はすべて商業組合に改組され，国内砂糖の一元的な配給の機構が整備される．切符制

'38―'45

1940年　◆　263

		による砂糖の配給数量：6月以降　6大都市，1人当たり1カ月0.6斤(360g)，16年以降　6大都市，0.6斤(360g)，一般都市，0.5斤(300g)，市町村0.4斤(240g)．[271]
	31	商工省，砂糖購入制限令施行．越境買い禁止(自分の住む市・郡のみに限る)．[217]
	◆	商工省の要請により，チョコレート業界，工業組合法による日本チョコレート菓子工業会(初めての法人組織)設立．チョコレートに対する砂糖受配の態勢をととのえる．
		＊当組合は，1944(昭和19)年5月25日解散総会まで続いた．[273]
6月	1	横浜・名古屋・京都・神戸で，砂糖・マッチの切符制実施(東京，大阪は同月5日から)．[186]
	1	家庭用ビールの配給制実施(京浜地区から)．[12]
	10	麦類配給統制規則公布．6月15日施行．1941(昭和16)年6月9日廃止．[5]
	18	全国製粉協会設立(大手15社参加)．[21]
	24	商工省・農林省，暴利行為等取締規則改正公布．価格表示の明確化，7月8日から㊰，㊵，㊿(業界で協定した価格)などの表示が始まる．[217]
	25	食料品缶詰用空缶配給統制規則公布(7月実施)．[6]
	◆	砂糖の配給制，6大都市で実施．基準量は1人1カ月当たり0.6斤(360g，1斤=600g)．
		＊11月から全国的に割当配給制となり，大都市で1人当たり0.6斤，その他の地域では0.5斤(300g)．[100]
	◆	日本菓子工業組合連合会設立．[6]
7月	1	森永製菓，鶴見・福岡・塚口(兵庫県尼崎市)の3工場，陸軍省糧秣廠(食糧管理部門)監督工場に指定される．[122]
	6	奢侈品等製造販売制限規則公布(7日施行，いわゆる7・7禁令)．[16]
	9	農林省，食肉加工品の卸売協定価格を認可．
		＊工場渡100匁につきロースハム1円50銭(現在価3,750円)，ベーコン1円(2,500円)，ウインナーソーセージ1円5銭(2,625円)など．[17]
	10	青果物配給統制規則公布・施行(イモ類を含む)．昭和16年8月8日廃止．[5]
	15	小麦配給統制規則公布，20日施行．昭和16年6月9日廃止．[5]
	24	農林省，缶詰企業合同方針を省議で決定．[121]
	25	日本輸出農産物株式会社設立．[26]
	25	清涼飲料水，公定価格制に移行．[12]
	◆	味の素本舗(株)鈴木商店，川崎工場内にアミノ酸液工場完成．操業開始．[99]

'38-'45

8月 1 食糧品工業(菓子・乳製品・食品・缶詰)に賃金統制令を適用. [154]

6 農林省・商工省, 肉類(牛肉・豚肉・鶏肉)の販売価格を告示.
＊販売価格は指定されたが, 闇価格はその時すでに指定価格を上回っていた. せっかくの告示も証文の出し遅れとなり, 相変わらず違反者が続出した. [261]

8 小麦粉等配給統制規則公布. 20日施行.
＊製粉設備の新設・増設の許可制. [5]

9 工業組合法により日本精麦工業組合連合会設立. 資本金64万5,000円. [327]

14 澱粉類配給統制規則公布. 20日施行. [5]

15 魚の目方売り実施. [217]

15 岡山県, 岡山県砂糖配給強制暫定要綱を公布し, 全国に先駆けて砂糖の切符による配給制を実施. 全国一斉実施は11月1日から. [8]

16 商工省,「生鮮食料品の配給及び価格の統制に関する件」を発表(いわゆる8・16統制).
＊生鮮食料品類に公定価格制(卸売業者及び小売業者の最高販売価格など)採用. [4, 5]

16 全菓子品種800余種, 19種に規格統一し, 菓子公定価格を実施. [122]

17 商工省, 醤油販売価格並びに規格を公示. 9月1日施行.
＊各段階(製造者・卸売業者・小売業者)の価格を告示. [267]

17 味噌の規格と公定価格を告示.
＊地方の特色を示す味噌は許されず, 米味噌・麦味噌・豆味噌の各上に限定, 生産者・問屋卸・小売の3段階の価格決定. 江戸の甘味噌の製造が禁止されたのもこの時からで, 以来10年間続く. [72, 275]

19 魚油配給統制規則公布. [5]

20 臨時米穀配給統制規則公布, 9月10日施行.
＊米穀流通組織の一元化. [5]

22 青果類の小売最高価格制により, 八百屋も新体制が始まり, 目方売りとなる. [217]

27 生鮮魚介類の100匁(約375g)2円(現在価5,000円)を超えるもの, 販売禁止命令. [217]

◆ パンの公定価格が実施されて以来, 採算がとれずにバターロール・黒パンが店頭から消える. [217]

9月 1 砂糖配給制実施. 製菓業・清涼飲料水業・食料品缶詰業に対しては, 工業組合を結成して, これを通して砂糖を一括配給することになる. [154]

1 会席料理朝食1円(現在価2,500円)・昼食2円50銭(6,250円)・晩餐

	5円(1万2,500円), 1品料理1円・寿司1個10銭(250円), 天ぷら1個20銭(500円), 洋食類(会席料理に準ず)等最高価格告示. [217]
11	食肉加工品公定価格を告示.
	＊11品目につき, 工場渡価格・卸売価格・小売価格, 上・並の価格を公表. [17]
21	生鮮魚介類の公定価格(卸売業者及び小売業者の最高販売価格)を告示. [83]
25	全国製粉配給株式会社設立. 資本金1,500万円. [6, 26, 327]
27	日清製粉, 航空研究資金として陸海軍へ各50万円ずつ合計100万円(現在価25億円)を寄付. [124]
◆	丸金醤油(マルキン忠勇の前身), 満州遼陽市に満州醤油株式会社設立(資本金200万円). 醤油年産10万石の工場建設に着手. [267]
◆	東京市内のうどん・そばもりかけの価格, 10銭(現在価250円)と公定. 同時にうどん65匁(約244g), そば55匁(206g)入りと規定.
	＊1匁＝約3.75g. [217]
◆	農林省, 食肉業配給統制要綱を制定. [6]
10月 1	王冠・コルクに配給制実施. [121]
1	愛知トマト製造(カゴメの前身), 販売部門を分離し, 関係会社の販売部門を統合して愛知商事株式会社設立. [121]
3	馬肉・食鳥類などの販売価格告示. [17]
8	ビール価格, 2段階制(生産・小売)から3段階制(生産・卸・小売)へ移行. [12]
10	牛乳及び乳製品配給統制規則を公布. 優先配給牛乳は即日施行. 育児用乳製品切符制(妊産婦・病人は診断書提出により優遇)は, 11月1日より施行. [6]
14	商工省, 砂糖・マッチ配給統制規則公布. 11月1日より切符制を全国に実施.
15	マヨネーズソースに公定価格制実施. [121]
19	価格等統制令の改正(9・18停止令の期間延長).
19	会社経理統制令, 銀行等資金運用令, 賃金統制令, 地代家賃統制令公布.
24	米穀管理規則公布. 11月1日施行. 生産者・地主に供出数量を割り当て, 米穀の国家管理を実施. [5]
24	東京, 節電のため28日より工場の1週1回休業方通達. [217]
25	鶏卵配給統制規則公布・施行. [5]
29	大豆及び大豆油等配給統制規則公布. 11月5日施行. [26]
29	明治製菓, 第47期(昭和15年前期)決算諸表を承認可決. 売上高は過去最高の1,706万5,000円. 配当率年8分, 記念配当1分. 従業員数3,154人(過去最高は13年後期の3,883人). [154]

	29	ブルドックソース食品，ブルドック食品株式会社と改称．[144]
	◆	日本大豆統制株式会社，大豆製品共販株式会社設立．[6]
	◆	大日本果汁(ニッカウヰスキーの前身)，「ニッカウヰスキー」「ニッカブランデー」発売．[254]
	◆	ヤマサ醤油，新京に満州ヤマサ醤油株式会社設立(資本金10万円，4分の1払込)．[237]
	◆	野田醤油(キッコーマンの前身)，『野田醤油株式会社二十年史』発刊．
	◆	(株)鳥越商店(鳥越製粉の前身)，米穀配給統制令施行に伴い，製粉・精麦業に転換．[118]
	◆	商工省，ビール(大びん1本)の㊙価格，都市47銭(1,175円)，地方48銭(1,200円)と告示．[22]
11月14		雑穀配給統制規則公布．15日施行．[5]
	15	寿屋(サントリーの前身)，「サントリーウイスキーオールド」を製造するが，物価統制法により発売を見合わせる． ＊発売は戦後の1950(昭和25)年4月．[120]
	22	大日本製糖，帝国製糖を吸収合併，資本金2,175万円を増額し，総額9,617万円となる．同日，帝国製糖系の北海道製糖，中央製糖の経営を引き継ぐ．[101]
	23	大日本産業報国会創設．[201]
	◆	植物油脂及び植物油脂原料種実配給規則施行．[6]
12月 1		乳製品配給制度実施．[154]
	10	明治製糖，35周年を記念して『伸び行く明治：明治製糖三十五周年記念』を刊行．1906(明治39)年12月29日，台湾に設立．
	21	味の素本舗(株)鈴木商店，社名を鈴木食料工業株式会社と改称．[99] ＊この年より翌年にかけて，いっさいの広告宣伝を禁止．
	27	極東煉乳，商号を明治乳業株式会社と改称，翌日から明治製菓の乳業部門の経営を受託．会長相馬半治❖(1869〜1946)．[154]
	28	森永煉乳，森永牛乳・東洋製乳との合併契約締結．[263]
	28	ウスターソースに公定価格制実施．[121]
	◆	水産缶詰内地配給会設立．[6]
この年		
	◆	南氷洋捕鯨，鯨肉生産が本格化する．[83]
	◆	日中戦争の激化にともない，岡山県内の杜氏出身者の中からも応召者が多くなり，杜氏組合は活動できず．自然消滅を余儀なくされる．[264]
	◆	各県でソース工業組合結成．[121]
	◆	愛知トマト製造(カゴメの前身)，静岡県浜名郡和田村(現浜松市東区)の農村工業を委託工場とする．[121]

1940年 ◆ 267

1941 昭和16年

生活必需物資統制令公布，配給制度が強化されるなか，太平洋戦争に突入

「最低の生活，最高の名誉」のスローガンの下，東京・大阪・横浜などの6大都市で，食料品で最初の米穀配給通帳制，外食券制が開始された．諸類・食パン・鮮魚介・青果物・食肉・食用油・家庭用木炭など，食に関するあらゆる物資に，配給統制制度が導入された．このようななかで，12月8日，米国に対して宣戦布告し，太平洋戦争に突入した．

企業の整備が始まり，統制会社（食パン・食肉・アミノ酸・醤油など）が設立された．

1月 1　全国購買販売組合連合会設立．
　　　＊全国購買組合連合会，全国米穀販売組合連合会，大日本柑橘販売組合連合会の3団体の合併．[5]

　　15　企業整備により，山口県下の缶詰製造業者が合同出資して，山口県合同缶詰株式会社（林兼産業の前身）を設立．
　　　＊社名を1947(昭和22)年山口県缶詰株式会社に，1950(昭和25)年日新缶詰株式会社に，1955(昭和30)年林兼産業株式会社に変更．[118]

　　21　農林省，食糧管理局官制を公布．食糧管理局，食糧事務所を設置．[5]

　　22　菓子部門行政管轄，商工省から農林省に移管．[154]

　　◆　「味の素」の包装容器用ブリキが入手困難なため，ボール紙缶を採用．[99]
　　　＊2月，「味の素」は統制品に指定され，この年切符制配給となる．

　　◆　グリコ（江崎グリコの前身），資本金250万円に増資．[204]

2月20　グルタミン酸ソーダの規格及び公定価格が指示される．[99]

3月 1　野田醤油（キッコーマンの前身），北京東郊黄木廠に醤油味噌工場を建設し，北京工場と呼称．
　　　＊軍需及び民需に対して果たした役割は大きかったという．[195]

　　15　明治製菓，北海道興農公社（雪印乳業の前身）に，乳製品6工場の現物出資並びに財産を給付．[154]

　　15　明治乳業，清水・帯広・釧路の3工場を，北海道興農公社（雪印乳業の前身）に現物出資．[186]

　　17　北海道製酪販売組合連合会（雪印乳業の前身），有限責任北海道興農公社に改組（資本金1,200万円）．9月2日，株式会社北海道興

農公社に改組．
* 1947（昭和22）年1月，北海道酪農協同株式会社に社名変更，1950（昭和25）年6月，過度経済力集中排除法の適用により，雪印乳業株式会社と北海道バター株式会社に分割．[118, 227]

27　明治製菓，東京帝国大学農学部（現東大）に，食品学及び畜産製造学に関する講座新設に要する基金として40万円（現在価約10億円）を寄付．同大学では，12月13日，畜産製造学講座，新設．[154]

◆　植物油卸商業組合，植物油小売商組合発足．

4月 1　生活必需物資統制令公布・施行．
* この統制令に基づき，各食品の配給統制規則が順次公布される．[16]

1　東京・大阪・名古屋・京都・神戸・横浜の6大都市で，米穀配給通帳制，外食券制を実施．配給基準1人1日当たり2合3勺（約330g）．この配給量は，青年が中等程度の労働を行う消費量の1日当たり3〜3.5合（約430〜500g）に比べ，2割以上少なかった．[100]

1　農林省，鮮魚介配給統制規則公布・施行．1944（昭和19）年11月1日廃止．[5]

1　森永煉乳，空知・野付牛・胆振・江別の4工場を，北海道興農公社（雪印乳業の前身）に現物出資（167万円）．[122]

1　森永煉乳，森永牛乳・東洋製乳を合併．[263]

15　明治製菓，両国工場を現物出資するなど，東京市乳業者12社が合同し，東京合同市乳株式会社を設立．明治乳業が経営に当たる．[154]

16　山内義人の遺著『北海道煉乳製造史』，大日本製酪組合によって編纂される．
* 山内氏は1938（昭和13）年5月長逝．宮内庁新冠御料牧場長として畜産界に貢献．晩年は北海道庁嘱託として，主として『畜産雑誌』の編纂に従事し，記録文献なき部分の材料蒐集に努めた．

30　明治乳業，1940（昭和15）年度下期（15.10〜16.3）定時株主総会，売上高331万5,000円，利益金23万5,000円，配当8分，株主56人，従業員918人．[186]

◆　東京府食パン販売統制株式会社設立．[38]

5月 1　家庭用木炭配給に通帳制を実施．

1　森永煉乳，社名を森永乳業株式会社と改称．[263]

7　全国ソース工業組合連合会設立．[121]

8　東京で初の肉なし日（毎月2回）始まる．[217]
* 肉資源が少なくなってきたため，肉屋での肉販売，料理店や食堂での肉ものの販売が禁止となる．しかし，初日は事前に肉の買溜めをし，焼飯を売ったため，警視庁から注意を受けた店もあった．

	13	明治製菓川崎工場，1941(昭和16)年度の軍需工場事業場検査令適用工場に指定される．[154]
	19	東京市，夏の40日間に各家庭にビール8本ずつの配給を決定．
	◆	東京市，酒購入券配布．25歳以上の男子(175万人)は，近くの臨時家庭用酒共同配給所(1,113軒)で，臨時家庭用酒購入券(4合)と引換えに清酒か合成酒を購入．[22]
6月	3	鈴木食料工業(味の素の前身)，銚子醤油と共同で，宝醤油工業株式会社(資本金80万円)を設立．[11, 99]
	9	農林省，麦類配給統制規則公布・施行． ＊生活必需物資統制令に基づく，販売麦の政府管理を実施．[26, 42]
	10	農林省，菓子配給統制要綱発表．菓子の配給統制開始．[122]
	◆	東京在住のビール購入希望男子世帯に，家庭用麦酒購入票を配布．[22]
	◆	ミヨシ化学興業(ミヨシ油脂の前身)，マーガリンの製造を開始，食品分野に進出．[118]
	◆	家庭用食用油の切符制を開始．
	◆	明治乳業，東京牛乳運輸株式会社を設立．[118]
7月	1	小麦粉等製造配給統制規則公布．15日施行．[21]
	2	農林省，改訂蔬菜及果実最高販売価格表を告示．
	2	水飴配給統制要綱による自主的配給を行うため，水飴配給統制協議会が発足．[271]
	15	工業組合法により，日本製麺工業組合連合会設立．資本金33万5,000円．[327]
	29	東洋製缶，7社を合併して新東洋製缶株式会社を設立．[26]
	◆	台湾製糖，新興製糖を合併．[6]
8月	1	中央畜産会を解散し，帝国畜産会創立． ＊肉畜集荷の中央団体の役目を果たすことになる．[17]
	8	農林省，青果物配給統制規則公布・施行．[5]
	20	農林省，諸類配給統制規則公布．9月1日施行．[5]
	20	日本甘藷馬鈴薯株式会社設立．[271]
	20	大日本麦酒，奉天(現瀋陽)に満州支店新設．[12]
	30	重要産業団体令公布(総動員法第18条発動)．9月1日施行．[26]
	30	金属類回収令公布．
9月	1	東京市，砂糖，マッチ，小麦粉，食用油の集成配給切符制を実施．[217]
	10	香辛料，配給制となる． ＊大日本豚肉加工協会は，大日本香辛料配給組合より一括配給を受け，会員に分配することになる．[17]

	17	洋菓子規格制定. [154]
	20	食糧配給統制規則公布. 10月20日施行. [26]
	20	農林省,生活必需物資統制令に基づき,食肉配給統制規則を公布. 10月20日施行. ＊施行と同時に,農林省は価格等統制令第7条の規定に基づき,肉類の最高販売価格を告示した.統制機関として,日本食肉統制株式会社が発足. [261]
	24	大日本酒類販売株式会社設立. [86]
	26	「緊急食糧対策に関する件」を閣議決定. ＊桑・煙草・茶などの麦・馬鈴薯などへの作付転換,イモ類などによる合成酒の製造,小麦の代用としてアミノ酸醤油の製造,小麦粉のなかに甘藷・馬鈴薯でん粉を混入使用することなどを指示.
	◆	愛知県内の漬物業10社,東海漬物製造株式会社設立. [121]
10月	8	東京食肉配給株式会社,設立総会(資本金75万円,株主は府内食肉団体など). [17]
	16	農林省,農地作付統制規則公布. 10月25日施行. [5]
	18	東条英機内閣成立(東条陸相が現役のまま内閣を組織). [16]
	27	全国醤油統制株式会社創立. [195] ＊つづいて府県ごとに地方統制会社が設立されたが,野田・ヤマサ・ヒゲタ・丸金の4会社は,指定会社として地方統制会社の枠外として取り扱われた. [72]
	◆	横浜食肉配給統制組合及び横浜食肉小売統制組合が発足. [4]
	◆	農林省,缶・びん詰企業を1道府県1企業会社に統合推進. ＊この頃,農村において,缶・びん詰の小工場が続出. ＊1941(昭和16)年度の空缶割当は,1939(昭和14)年度の3分の1に削減される. [6]
	◆	森永製菓,台南工場(台湾)落成,ビスケット・キャンデー類製造. [122]
	◆	日菓工連,「菓子工業整理統合要綱」を作成し,業者を自治的に整理統合.第一次企業整備実施. [154]
	◆	北京に大関酒造(合資)設立.北支軍の軍用酒を委託醸造(造石高450石). [86]
11月	1	大日本酒類販売株式会社,道府県に酒類販売株式会社設立. [86]
	1	明治製菓,軍需品として携行食糧・大型パン・潜水艦専用甘味品・耐熱耐寒キャラメル・艦艇用糧食・福神漬,また官需品として農林省防衛食乾パンなどを製造納入. [154]
	10	日本アミノ酸統制株式会社設立(資本金150万円).社長3代目鈴木三郎助◆<51>(1890～1973). [99]
	24	菓子小売商業組合結成. [154]

1941年 ◆ 271

29 塩の通帳制配給の要綱を発表.

◆ 昭和酒造(メルシャンの前身), 社名を昭和農産化工株式会社と改称. [118]

◆ 酒税等の増徴等に関する法律の制定.

◆ 森永製菓, 新京工場(満州の首都)落成, 翌年1月から製造開始. [122]

◆ 菓子公定価格品種, 半分以下に削減. [154]

12月 1 ビール税増額改定, 1石59円30銭→87円80銭. [12]

1 清涼飲料税増額改定, 1石20円→30円. [12]

5 農林省, 米穀生産奨励金交付規則公布・施行.
＊生産者供出米に奨励金を交付, 地主米価と生産者米価との差別開始. [5]

8 日本軍, 真珠湾攻撃, 米・英に宣戦, 太平洋戦争の開始.

8 宮内省御用菓子納入組合設立. [154]

11 企業許可令公布・施行(総動員法第16条発動).
＊企業の新増設が不可能となる. [271]

17 千葉醤油統制株式会社創立. [195]

27 農業生産統制令公布. 1942(昭和17)年1月10日施行. [5]
＊農作物の作付, 農業労働の組織・生産手段・離農について, 農会に統制の機能を与える.
＊ミカン, カキ, ナシなどは不急の作物とされ, 強制的に麦畑やいも畑に転換.

◆ 物資統制令公布・施行(総動員法第8条発動).

◆ 北海道製糖, 磯分内酵母工場の設備を拡張し, 生酵母月産6万5,000ポンド(29トン)より13万ポンド(59トン)に能力を増強. [205]

◆ 東京府下の妊婦の診察結果で, 半数は病気や障害がみられる. 原因は栄養食品の入手困難. [217]

◆ オリエンタル酵母工業, 気球印ベーキングパウダーの製造販売開始. [118]

◆ 農林・大蔵省, ビール(大びん1本)(公)価格, 都市57銭(現在価1,425円), 地方58銭(1,450円)と告示. [22]

◆ 年末の東京で, 生鮮食料品の闇売りが増大し, 一般配給の不足が激しくなる.

この年

◆ 公定価格の導入などで, 卸売市場はほとんど機能しなくなる.

1942 昭和17年

企業整備令の施行で，企業の統廃合が進み，統制機関が設立される

　従業員の徴兵による労働力不足や電力消費量の節減などのため，企業整備令（5月）の施行により，食品企業もその対象となる．例えば，香川県の場合，県内に複数あった缶詰会社は統合されて香川県缶詰合同株式会社となり，市町村内に酒造場が複数ある場合，一つを残して他は休廃業，または軍需産業への転換を余儀なくされるなど，戦時体制が一段と強まった．また，乏しい食料を国民に平等に配給するため，前年に引き続き，統制会社や統制機関が設立された．

　このようななか，3月5日，東京に初めて空爆の警戒警報が出され，4月18日には，ついに日本本土が初空襲を受ける．この日から終戦の1945（昭和20）年8月15日までの3年4カ月（1,216日）にわたり，空襲の脅威にさらされた．前線の兵士にビールを供給するため，大日本麦酒は軍の要請を受けて，フィリピン・シンガポールなどで，ビール工場の管理をまかされた．

1月7日 水産物配給統制規則公布・施行．[5]

10日 東京・大阪など6大府県に味噌・醤油の通帳割当制実施．[217]

17日 味噌醤油等配給統制規則公布．2月1日施行．[11, 26]

27日 日本貿易統制会設立．重要産業団体令発動．[357]

31日 菓子工業整理統合要綱に基づき，菓子製造業者の整理統合を実施．[154]

◆ 食塩の通帳配給制実施．家庭用塩1カ月1人当たり200g．[26]

2月6日 日本缶詰統制株式会社設立．サケ・マス・カニを除く全缶詰の統制とびん詰集荷を行う．半年後に中央食糧営団の傘下となる．[6]

21日 食糧管理法公布．7月1日施行．
＊従来の統制法の総括と拡充．この法律でパンが主要食糧となる．[5]

◆ ぶどう糖配給統制協議会発足し，水飴と同様に自主的配分を行う．[271]

◆ 全国主要市域の家庭に対し，1世帯2本のシンガポール陥落祝賀ビール特配．[22]

3月1日 国家総動員法改正，政府に統制団体設立命令権を与える．

5日 東京に初めて空襲警報発令．[217]

10日 閣議，中小商工業者の整理統合及び職業転換促進を決定．[16]

	20	明治製菓,台北市に台北工場を開設. [154]
	◆	臨時缶詰配給統制会結成. [6]
	◆	日本栄養食品株式会社,商号を日本農産工業株式会社に変更. [118]
	◆	大社義規(1915～2005),徳島食肉加工場(延べ約30坪,日本ハムの前身)を,徳島市寺島本町に創設. ＊香川県出身の大社氏が徳島市に工場を設けたのは,1県1業1社の経済統制がとられていたため,ハム工場のない隣の徳島市に設置した. [177, 265]
4月	8	愛知トマト製造(カゴメの前身),創立20周年記念挙行. [121]
	11	明治製菓,農水産缶詰工場が各府県別の1会社に統合され,笠岡(岡山)・上ノ山(山形)・神足(京都)・三津浜(愛媛)・藤枝(静岡)及び勝山(千葉)の各工場をそれぞれに参加決定. [154]
	18	米軍空母発進のB25爆撃機16機,日本本土初空襲(東京・名古屋・神奈川・神戸など). ＊東京には12時過ぎ来襲,荒川・王子・小石川・牛込などの各地で被害. [16, 217]
	27	日清製粉,定時株主総会開催.昭和16年後期の純益182万4,000円(前年同期287万4,000円),配当年1割. [124]
	27	明治製菓,定時株主総会.昭和16年後期の当期利益金155万1,000円(前年同期139万円),従業員2,137人(同2,307人),配当8分. [154]
	◆	東京府,パン類切符制を実施. [327]
	◆	東京府,この月以降,月々2本のビールを家庭に配給. [22]
	◆	日華製油(J-オイルミルズの前身の一つ),日華化学工業を合併し,日華油脂と改称.資本金419万円. [355]
	◆	全国グルタミン酸ソーダ配給統制協議会成立. [6]
	◆	丸金醤油(マルキン忠勇の前身),朝鮮の馬山に朝鮮丸金醤油株式会社設立(資本金100万円). [267]
	◆	信夫信三郎(1909～92),『近代日本産業史序説』(日本評論社)を著わす.
5月	7	全国カレー工業組合連合会設立. [72]
	13	企業整備令公布(総動員法第16条発動),15日施行. ＊中小商工業の整理が行われる.
	20	水産統制令公布・施行. ＊海洋漁業とこれに伴う販売・製氷・冷凍冷蔵業の全面的統制.これに基づいて,帝国水産統制株式会社(12月24日)と日本海洋漁業統制株式会社(1943〈昭和18〉年3月)などが設立された. [5, 83]
	27	澱粉混入小麦粉の最高販売価格を指定,小麦粉銘柄整理(2種製

- 造）．[124]
- ◆ 軍部，対潜水艦・対魚雷の位置をいち早くキャッチする「水中聴音器」の素材として，ブドウ酒・ブランデーの容器に付着する「白い結晶体(酒石)」の採取が急務となり，軍事兵器として全国のブドウ酒醸造業者に生産強化を呼びかける．[23]
- ◆ 丸金醤油(マルキン忠勇の前身)，小豆島内の醸造業者15工場を買収統合．[267]

6月1 森永製菓，南方占領地へ要員派遣を開始，ジャワ・タイ・ビルマ・香港の各地で食糧製造事業の経営に着手．[122]

6 麦酒協会，日本麦酒協会に改組・改称(業界の自主統制)．[12]

7月1 山梨県，観光ブドウ園の廃止を通告．[23]

3 満州愛知トマト製造株式会社設立．本社新京市，工場奉天市．[121]

17 明治製菓，笠岡食品工場を岡山県合同食品株式会社に現物出資．[154]
  * 前年10月7日の農林省通達により，全国の農水産缶詰工場は各府県別の1会社に統合されたため．

23 明治製菓，上ノ山食品工場を，山形県合同食品株式会社(資本金50万円)に現物出資．同社は23日創立．[154]

- ◆ 大日本麦酒，麦類国家管理となり，ビール麦契約栽培中止．[92]
- ◆ グリコ(江崎グリコの前身)，物資の統制が強化され，グリコの生産を中止．[204]
- ◆ 日華油脂(J-オイルミルズの前身の一つ)，ビルマ8工場の委任経営に当たる．[355]

8月24 木炭増産のため，相当量の清酒を全国の製炭夫に配分する増配給特配要領を発表．[217]

26 帝国油糧統制株式会社設立(社長周東英雄)．日本油料統制，大豆統制，魚油配給統制及び日本コプラ統制の合併．

- ◆ 6大都市でグルタミン酸ソーダの家庭配給実施．[99]
- ◆ ハム・ソーセージなどの家庭配給実施が困難となる．[6]
- ◆ グリコ(江崎グリコの前身)，配給グリコ，産報玉(糖衣菓子)を生産．[204]

9月1 中央食糧営団設立．
  * 食糧管理法に基づき，日本米穀(株)，全国製粉配給(株)など，5団体を吸収．10～12月，各府県に地方食糧営団設立．[327]

5 大日本麦酒，軍当局からサンミゲルビール会社(フィリピン)の管理受託．[12]

8 水産統制令により，統制会社の設立命令出る．
  * 帝国水産統制・北太平洋漁業統制・日本海洋漁業統制・北太平

		洋漁業統制・日蘇漁業統制の各株式会社の設立が命令される. [83]
	10	中央麦酒販売株式会社設立. ＊麦酒共同販売(株)と桜麦酒販売(株)の業務を引継ぎ，統制強化．業界の生産・輸送調整，卸・配給指導を行う. [12]
	10	森永製菓，満州森永食糧工業株式会社設立(資本金100万円，本社新京). [122]
	14	鈴木食料工業(味の素の前身)，日本石油と共同出資で日本特殊油株式会社設立(資本金500万円). [99]
	17	日本小麦粉輸出組合解散. [124]
	21	地方麦酒販売株式会社設立(全国7地区に). [12]
	◆	全国ソース工業組合連合会，ソース品種の自主統制を実施，ウスターソース，トマトソース以外の製造は認めない方針を決定，マヨネーズソースの製造は禁止となる. [121]
10月	1	森永製菓，天津工場(北部中国)落成．軍用乾パンなど製造. [122]
	1	森永製菓，森永乳業・森永食品工業・東海製菓・森永関西乳業を合併．資本金1,375万円となる. [122]
	1	森永製菓，華北森永食糧工業株式会社設立(資本金150万円，本社天津)．軍用パンなどを製造. [122]
	1	明治製菓，時局の緊迫により，ミルクチョコレート生産中止．クリームチョコレートのみの生産となる. [154]
	15	カゼイン統制実施. [186]
	18	理化学研究所，醸造免許の交付を受け，甲府市内で海軍御用達「理研ぶどう酒」の醸造を開始．同酒は，南方の海軍航空基地へ送る良質なブドウ酒. [23]
	23	農林省，菓子工業整理統合要綱発表. [154]
	26	東京乳業株式会社設立．資本金600万円. [186]
	◆	日東食品(日東ベストの前身)，企業整備令により横浜工場は神奈川県合同食品(株)へ，寒河江工場は山形県合同食品(株)へ合併・合同される. [118]
11月	1	大日本麦酒，軍当局からアーキペラゴビール会社昭南工場(シンガポール)の管理受託. [12]
	1	徳島県の糖業家岡田広一，阿波糖業史の全容を明らかにした『阿波和三盆糖考』を著わす. [233] ＊岡田家は，現在も伝統の手法で和三盆糖を製造・販売している.
	2	鈴木食料工業(味の素の前身)，海軍省へアセトン，ブタノールの製造許可を申請(佐賀工場). [99]
	10	寿屋(サントリーの前身)，寿産業を設立．カレー，コショウなどの香辛調味料・金粉・珈琲を製造販売. [120]
	16	東京で家庭用蔬菜登録制販売を実施.

'38
―
'45

276 ◆ 1942年

	＊隣組一括購入4割，世帯別購入6割．[217]
24	政府，玄米の積極的な普及運動の展開実施を正式に決定．[217]
27	朝鮮中央麦酒販売株式会社設立．[12]

12月11 坂田種苗株式会社(資本金19万5,000円，「(株)サカタのタネ」の前身)が設立(会社設立日)．
  ＊坂田商会(「(株)サカタのタネ」の前身)，アタリヤ農園，藤田善兵衛商店，榎本徳次郎商店及び養本社が企業合同したもの．[118]

24 帝国水産統制株式会社(資本金5,000万円，ニチレイの前身)が設立(会社設立日)．
  ＊水産統制令に基づき，海洋漁業に伴う水産物の販売，製氷・冷蔵業などの中央統制機関として，水産会社を中心に18社などの出資による．[118]

25 東京蕎麦商業組合・東京蕎麦商業報国会，11月中に組合全員の店舗で銀銅貨回収収納運動を行い，回収した補助貨幣を陸海軍省に献納．[331]

31 大本営，ガダルカナル島撤退を決定．

◆ 東京府，戦勝の迎春を前に，酒・ビール・もち米・ミカン・牛豚肉・鰹節・黒豆などを特配．[22]

この年

◆ この頃から，食糧不足の人体への影響が出始める．

◆ 経済統制強化の下，物資のヤミ取引が横行．中央物価統制協力会議の「生活必需物資実態調査」によると，食料品の総購入回数のうち，生魚介類49％，乾物類48％，蔬菜類45％，穀類36％と約半数がヤミ価格で購入．[100]

◆ 乾燥鶏卵，乾燥バナナが配給される．[217]

◆ 会社数が10万社を突破(10万1,939社)．

◆ 南方占領地(ジャワ，フィリピン)における糖業を，大日本製糖，明治製糖，塩水港製糖，南洋興発などで行う．[6]

◆ 砂糖からブタノールを製造する技術がほぼ確立．[6]

◆ 現大関，北支軍の軍用酒を委託醸造(造石高700石)．[86]

◆ 日本飼料統制株式会社設立．飼料製造(株)と飼料配給(株)の合併．

◆ リンゴの生産量，28万3,200トンと過去最高を記録し，初めてカキの生産量(26万1,700トン)を上回る．[347]

'38―'45

1942年 ◆ 277

1943 昭和18年

多くの食品工場が軍事関係の製造場へ転用される

2月9日，日本軍のガダルカナル島からの撤退，4月18日，連合艦隊司令長官山本五十六(59)の戦死など，戦局はさらに悪化の一途をたどった．戦力増強企業整備要綱が出され，多くの食品工場が飛行機の部品や燃料生産など，軍事関係の製造場への転用が始まる．業務内容の変更により，主な食品会社が社名を変更した(味の素本舗鈴木商店→鈴木食料工業→大日本化学工業，森永製菓→森永食糧工業，明治製菓→明治産業)．企業整備令により，操業停止の会社も相次いだ．

ブドウ酒醸造業者の酒石生産が本格化

果物は，戦時下で不要不急の作物に指定されたが，ブドウだけは軍事用の酒石酸が採取できることから，例外とされたようだ．主産県の山梨県では，昭和17年320万貫，18年325万貫，19年378万貫と増え続け，同県下のほとんどのブドウ醸造工場で，酒石生産が行われたようである．一方，海軍の要請により，良質の「理研印」ブドウ酒醸造も行われた．

1月 1　明治製糖，神戸工場を閉鎖． [154]

15　東京府食糧営団，玄米配給を開始(家庭用は希望，業務用は強制)． [327]

18　清酒33％減石命令． [86]

23　酒税法施行規則改正．清酒生産量を増量のため，原材料の中にアルコール添加を認める． [86]

◆　麒麟麦酒，麒麟科学研究所を開設． [49]

◆　甲府市のサドヤ醸造場(ブドウ酒)，海軍軍需工場の東芝研究所から酒石酸加里ソーダ(酒石)の採取を依頼される． [23]

2月 1　明治製菓，川崎工場を閉鎖． [164]

1　野田醤油(キッコーマンの前身)，当局の要請により味噌醤油及びソースを製造する昭南工場(シンガポール)，メダン工場(スマトラ島)を開設． [195]

4　明治製菓，明治乳業に経営委託中の乳業部門の譲渡を決定． [164]

	6	兼松商店，兼松株式会社と改称．[26]
	13	グリコ，奉天工場を日満合弁の満州製菓株式会社に改組．[204]
	15	グリコ，江崎グリコ株式会社と社名変更．[204]
	◆	株式会社旗道園(アヲハタの前身)，企業整備令に基づき，広島県合同缶詰株式会社(1947〈昭和22〉年4月，広島県缶詰〈株〉に改称)に統合され，同忠海工場として存続． ＊1948(昭和23)年10月，広島県缶詰株式会社は解散し，12月に青旗缶詰株式会社を設立．[118]
	◆	株式会社天龍舘(養命酒製造の前身)，株式会社養命酒本舗天龍舘を吸収・合併．[118]
3月	1	日本砂糖配給株式会社，日本砂糖統制株式会社と改称． ＊従来の委託共販制を廃止し，買取り共販制を採用．[205]
	1	中央麦酒販売(株)及び7地域の地方麦酒販売(株)，業務開始(ビール銘柄商標廃止)．[12]
	1	明治製菓，京都缶詰興業株式会社(資本金10万円)に対し，神足工場(現長岡京市)を現物出資．[154]
	18	東亜化学興業(株)設立(協和醗酵の前身)．東洋紡・合同酒精・大日本麦酒・宝酒造・日本酒類・第一生命保険の共同出資．[35]
	31	(株)林兼商店，水産統制令により，内地水産部門を分離．これに大洋捕鯨(株)及び遠洋捕鯨(株)と合併し，西大洋漁業統制株式会社(資本金6,000万円)を下関市に創立．社長中部幾次郎❖．[70]
4月	1	ビール業界，農林省所管から大蔵省所管に変更．[12]
	1	酒税法，庫出税(製造場から出荷される時に課税)に，等級差など課税制度を採用．
	1	酒類業団体法公布・施行．[12]
	1	ビール税改定(1石87円80銭→177円80銭)．ただし，軍需産業従事者用は据え置いて，価格特配酒設定．[12]
	1	大蔵省，ビール公定価格(大びん1本)，全国統一最高販売価格90銭(現在価2,250円)と告示．[12, 22]
	1	清涼飲料税改定(1石30円→65円)．[12]
	27	森永製菓，大場工場で高級燃料アセトン・ブタノールの中間工業化試験を実施．[122]
	28	日本麦酒酒造組合設立(原材料，生産，配給統制の強化)．[12]
	◆	大日本麦酒の北京麦酒に，麒麟麦酒と三菱商事が資本参加．[12]
	◆	大日本麦酒，クリフォード・ウヰルキンソン・タンサン鉱泉(株)を買収．5月31日，大日本炭酸鉱泉株式会社と社名変更．[12]
	◆	菓子公定価格の上・中・下の製品規格が廃止され，製品規格は一段と単純化．[154]
	◆	東京市内1,000軒の喫茶店，空襲警戒発令と同時に営業を停止し，

1943年

5月	20	救護所とする．[217]
	20	鈴木食料工業(味の素の前身)，社名を大日本化学工業株式会社と改称(登記5月24日)．[99]
	21	閣議，戦時食糧増産対策決定．[217]
	24	森永製菓，森永太一郎寿像献納．[122]
	31	麒麟麦酒，麦酒配給制度の実施により，横浜・福岡・名古屋・仙台・札幌の5支店を廃止．[49]
	◆	ビールが配給制となり，各社の全商標(キリン，エビス，アサヒなど)の名が消え，統一商標「麦酒」使用開始．[12]
	◆	全国のブドウ酒醸造業者，いっせいに酒石の結晶体の採取を始め，甲府市のサドヤ醸造場に収集され，精製される．[23]
	◆	理化学研究所，海軍御用達「理研印」の良質なブドウ酒を初出荷．[23]

配給制時代のラベル(キリンホールディングス提供)

6月	1	戦力増強企業整備要綱発表(軍需工業超重点生産主義)．[217]
	1	明治製菓，三津浜工場を愛媛県合同缶詰株式会社(資本金80万円)に現物出資．[154]
	1	寿屋(サントリーの前身)，沖縄工場を竣工し，航空燃料ブチルアルコール・エチルアルコールの製造開始．[120]
	4	閣議，第1次食糧増産応急対策要綱決定． ＊不耕地解消・雑穀増産・いも類増産・労力補給など．[5, 26]
	11	工場法の戦時特例制定．工場就業時間制限令廃止．
	19	森永製菓，台湾製糖から荒木工場(福岡県)を譲り受け，23日からアルコールを製造(後の久留米工場)．[122]
	24	日本麦酒原料株式会社設立． ＊休業中の麦酒共同販売を改組改称，原料の一元的管理．[12]
	28	酒税法改正．初めて清酒に等級を設定(第1級～第4級)．[86]
	28	農林省，米代用の馬鈴薯を配給．[217]
	◆	日魯漁業(旧ニチロの前身)，樺太の大同缶詰を合併．[26]
7月	1	東京都制施行．
	15	(株)野崎商店，野崎産業株式会社と改称．[26, 257]
	◆	イモは大切な主食と全国に大増産運動．[217]
	◆	日魯漁業(旧ニチロの前身)，北千島鱈漁を合併．[26]
8月	17	閣議，第2次食糧増産応急対策要綱決定． ＊土地改良事業の急速拡充，土地利用の強化．[26, 42]
	27	そば・うどんに新公定価格，もり・かけは13銭(現在価325円)．
	◆	北日本製菓株式会社(ブルボンの前身)，商号を北日本産業株式会

9月 1 社に変更．[118]

9月 1 森永製菓，関東州森永食糧工業株式会社設立(資本金100万円，現在価25億円，本社大連)．[122]

1 明治製糖，台東製糖を合併．資本金6,100万円になる．[146]

10 清酒にアルコール添加容認．中央原料酒精会社設立．[86]

15 産業組合中央金庫，農林中央金庫と改称．[5]

◆ 明治乳業，明治製菓の乳製品部門の経営を全面譲受．[118]

10月 1 江崎グリコ，大阪工場で飛行機部品生産．[204]

3 軍需会社法公布．12月17日施行．
＊政府が，軍需生産企業を直接統制管理できるようになる．

15 国家総動員法を発動し，統制会社令公布．18日施行．[26]
＊商・鉱・工業部門における各種統制会社の総合的統制運営を行うため，系統的統制機構の整備を目途とする．[192]

18 統制会社令により，日本諸類など11食糧統制会社設立．[327]

28 野田醤油(キッコーマンの前身)，新式醤油製造法を公表．[195]

◆ 麒麟麦酒，企業整備のため富田製壜工場を閉鎖．[49]

11月 1 政府，農林省と商工省を再編して，農商省と軍需省を設置．[5]

1 大日本麦酒，企業整備令により桜麦酒を合併，門司工場と改称．資本金を9,400万円から9,775万円に増資．[12]

13 森永製菓，社名を森永食糧工業株式会社と改称．[122]

25 菓子製造業企業整備要綱を発表，第2次企業整備実施．[154]

12月 1 大日本化学工業(味の素の前身)，「味の素」原料用小麦の入荷途絶．[99]

1 日本連続抽出株式会社，山梨県祝村下岩崎(現甲州市勝沼)に設立し，軍事用酒石酸を生産．[23]

15 明治製菓，社名を明治産業株式会社と改称．[154]

22 日清製粉，鶴見工場構内に「鶴見航機工場」を設置．[124]

31 日清製粉の佐野(栃木)・幸手(埼玉)・名古屋・神戸・高崎(群馬)各工場，企業整備令により操業停止．[124]

◆ 企業整備令により，大日本麦酒半田工場，東京麦酒鶴見工場閉鎖．[49]

◆ 陸軍主計将校阿久津正蔵<43>(1900〜88)，浩瀚な『パン科学』(1233頁)を著わす．[31]
＊自動製パン機のもとになる電極式パン焼き機を発明した．

この年
◆ 寿屋(サントリーの前身)，海軍用「サントリーウイスキー(イカリ印)」を特製納入．[120]

◆ 寿屋(サントリーの前身)，山梨工場で酒石生産を始める．[23]

1944 昭和19年

原材料輸入途絶，労働力不足などで食品産業の存立基盤，弱体化

　サイパン島の玉砕，米国の大型爆撃機B29の本土への来襲が相次ぐなど，戦局は一段と悪化した。石油や鉄鋼などをはじめ，小麦・砂糖などの輸入は激減し，戦時経済は末期的様相を呈してきた（表参照）。原材料がなくなった食品工場は，廃業や食品以外の軍需品製造工場へ転換されるなど，食品産業の存立基盤は奪われていった。食品工場は，航空機部品・航空燃料・特殊潤滑油・航空機用硬化木材などの製造工場に変容した。

1月 1 森永食糧工業（森永製菓の前身），岡崎工場を航空機部品工場に転換．[122]

　　　4 寿屋（サントリーの前身），海軍省の命により，ジャワ島スラバヤ市にジャワ工場を建設し，航空燃料を製造．[120]

　　17 大日本化学工業（味の素の前身），軍需会社法により，軍需会社に指定される．
　　　　＊アルミナ・苛性ソーダ・塩化物を製造．[99]

　　21 明治産業（明治製菓の前身），神戸工場で特殊潤滑油製造のための工事に着工．[154]

　　　◆ 丸金醤油（マルキン忠勇の前身），倍額増資を決定，資本金1,120万円となる．[267]

　　　◆ 女世帯に対する酒の配給，取り止めになる．[22]

2月12 明治産業（明治製菓の前身），戸畑工場隣接の明治製糖（株）戸畑工場閉鎖に伴い，その工場・附属建物倉庫などを譲り受けて，工場構内に移築．[154]
　　　　＊工場閉鎖は，原料糖の輸入がストップしたためとみられる．

　　14 東京麦酒鶴見工場，企業整備令により沖電気（株）へ売却．[12]

　　15 日清製粉，高崎工場を転用し，航空機用硬化木材工場設置（高崎硬化材工場）．[124]

　　16 コーヒーの物品税，60％に引上げ．バター・チーズ，40％賦課．[1]

　　27 かつて神戸の鈴木商店を三井・三菱に匹敵する商社に築き上げた金子直吉❖（1866〈慶応2〉年生まれ），死去（77）．
　　　　＊某財界人が「金子という奴は実に偉い奴であった．あれに学問をさせたら，わが国財界を代表する世界的実業家になったであろう」と語ったという．なお，彼の次男は哲学者で，わが国の

ヘーゲル哲学の水準を高めたといわれる東京大学文学部長を務めた金子武蔵(1905〜87).

28 明治製糖,大日本製糖より同社所有の北海道製糖(日本甜菜製糖の前身)の株式を譲り受け,北海道製糖の経営にあたる(北海道製糖は明治製糖の傘下に入る).
*9月15日,北海道製糖は北海道興農工業株式会社に社名を変更. [205]

3月 5 警視庁,高級料理店,待合芸妓屋,バーなどの閉鎖を指令.雑炊食堂に転業するものが増える.

13 昭和炭酸株式会社設立.
*帝国水産統制株式会社(ニチレイの前身)と昭和電工株式会社の折半出資. [118]

14 従来の全国醤油統制株式会社,統制会社令による統制会社に移行.
*全国醤油醸造組合連合会は解散し,その業務は統制会社に移行. [237, 267]

17 軍需省,(株)北海道興農公社(雪印乳業の前身)に,カゼイン増産を通牒. [227]

18 日清航空工業株式会社設立. [124]

19 日清製粉,鶴見工場構内に鶴見化成工場設置. [124]

20 日本バター配給株式会社設立.4月1日設立. [6]

22 大日本麦酒,本社事務所(銀座)を目黒工場内に移転(疎開). [12]

30 大日本麦酒,半田工場を企業整備令により,中島飛行機へ売却(5月13日閉鎖).

◆ 従来の全国味噌統制株式会社,統制会社令による新統制会社に改組.
*全国味噌工業組合連合会は解散.生産と配給という二本立ての機構は,すべて新統制会社の事業に一本化される. [275]

4月 1 酒税法施行規則改正.造石税が廃止され,庫出税一本となる. [86, 335]

1 ビール税改定(1石177円80銭→280円). [12]

1 清涼飲料税改定(1石65円→160円). [12]

1 戦力増強,重要物資重点物資輸送のため,国鉄全線における列車食堂連結中止. [270]

25 寿屋(サントリーの前身),海軍省より軍需会社に指定され,大阪工場が軍需指定工場となる. [120]

◆ 日本缶詰統制株式会社,統制会社令による会社に移行.びん詰も統制(日本壜詰工業組合解散).検査事業も行う(日本缶詰検査協会,2年で解散). [6]

◆ 酒とビールの生産減の結果,酒は農村に厚く,ビールは都市中心の配給になる.

		＊この年度のビール生産量55万3,835石(前年の36.1％減). [22, 350]
	◆	帝国水産統制株式会社(ニチレイの前身), 水産物の買入・販売並びに製氷・冷蔵・凍結事業を開始. [118]
5月	20	大日本製酪業組合, カゼインを統制. [1]
	21	ブドウ栽培やワイン醸造の発展に多大な貢献をした川上善兵衛❖(1868〈慶応4〉年生まれ), 死去(76). [104]
	23	農商省, 戦時食糧増産推進本部を設置. [5]
	23	文部省, 食料増産隊幹部学徒動員要領を発表. 帝大農学部・農業専門学校の学生を, 各都府県食料増産隊に配属. [217]
	27	大日本化学工業(味の素の前身), 塩酸法アルミナ製造の原料として, 岐阜県中津川の粘土採掘に着手. [99]
	29	内田農相, 製粉会社に製粉歩留りを93％以上に引き上げるよう要請. [6, 21]
	31	大日本化学工業(味の素の前身), 宝製油を合併し, これを横浜工場として開設. [99]
	◆	政府, 青果物及び魚類配給統制会社設立を命令. [6]
	◆	グルタミン酸ソーダの販売が統制され, 日本アミノ酸統制(株)が行うことになる. [6]
	◆	山梨県内の桶屋職人が動員され, 各ブドウ酒醸造場を回って, 酒樽から酒石を採取. [23]
	◆	高級料飲店の営業閉鎖に伴い, 東京に国民酒場が誕生. 以後, 大阪に勤労酒場, 名古屋に日の丸酒場など, 各地に同類の酒場ができる. [22]
	◆	東京での4月分家庭用ビールの配給, 空びん事情でこの月にずれ込み, 以降は遅配慢性化. [22]
6月	12	大日本化学工業(味の素の前身), 川崎工場で塩酸法アルミナ製造工場試運転を開始. [99]
	15	森永食糧工業(森永製菓の前身), 鶴見・塚口(兵庫県尼崎市)・福岡の3工場, 陸海軍共同管理工場に指定される. [122]
	30	大都市の疎開令. 大都市の学童集団疎開決定.
	◆	江崎グリコ, 東京工場を江崎航空機に改組. [204]
	◆	合同氷糖株式会社(新光製糖の前身), 大阪市城東区鴫野町に設立し, 氷砂糖の製造を開始. [118]
7月	1	統制会社令に基づき, 東京水産物統制株式会社設立. [4]
	1	統制会社令に基づき, 東京青果物統制株式会社設立. [4]
	1	統制会社令に基づき, 京都青果物統制株式会社設立. [4]
	1	統制会社令に基づき, 京都魚類統制株式会社設立. [4]
	12	大日本化学工業(味の素の前身), 佐賀工場を海軍省の指示により, アルコール製造に転換. [99]

	15	中央麦酒販売(株)と7地域の地方麦酒販売(株)を合併し，麦酒配給統制株式会社設立． ＊配給機構の簡素化・強力化をはかる．[12]
	18	東条内閣総辞職．
◆		大日本麦酒，北京麦酒，工場竣工．[12]
◆		豊年製油(J-オイルミルズの前身の一つ)，『豊年製油株式会社二十年史』を刊行． ＊1922(大正11)年4月，神戸の鈴木商店製油部の4工場と，その営業権の一切を継承して設立．
8月 1		砂糖の家庭用配給を停止．[122]
	20	日本食堂(〈株〉日本レストランエンタプライズの前身)，東京都神田区所在の製パン工場設備を買収し，鉄道パンの製造開始． ＊食堂車連結中止のため，長距離乗客の食事を確保する必要があった．[270]
◆		日清製油，軍当局の命令により山梨酒石酸工場建設に着手．[160]
◆		国民総武装方針決定．戦争の敗北決，定的となる．[6]
◆		ビール大びん容量，3.51合(約633㎖)が標準になる．
9月 5		明治製糖，士別工場を北海道製糖に現物出資の件承認．[205]
	16	北海道製糖，社名を北海道興農工業株式会社に変更登記．[205]
10月 1		(株)北海道興農公社(雪印乳業の前身)，資本金1,300万円増資し，3,000万円となる．[227]
	21	株式会社山二航空機製作所(ユタカフーズの前身)，航空機部品の製作に転換． ＊1952(昭和27)年5月 豊産業株式会社に商号変更し，味噌醤油の醸造業に転換．[118]
	23	松根油緊急増産対策措置要綱を決定． ＊ガソリン代用品増産のため．[5]
11月 1		明治産業(明治製菓の前身)，鴨宮工場(小田原工場の前身)で軍納の乾燥味噌及び乾燥野菜の製造施設を併設．[154]
	21	森永食糧工業(森永製菓の前身)，三島工場(食品)でペニシリンの生産研究を開始． ＊12月10日，液体抽出に成功，わが国初の大量生産によるペニシリン「碧素1号」を完成．[122]
	24	サイパン基地を発進した大型爆撃機B29，80機が，東京に初の大空襲．[217]
	29	マリアナ基地を発進したB29約20機，初めて東京を夜間空襲．[217]
	30	明治製糖，清水工場(北海道十勝支庁清水町)の工場建物機械などを産業整備営団に譲渡．同時にブタノール製糖設備工事に着手．[205]

この年
- ◆ 食料品などのヤミ価格が高騰(表参照).
  本年度空き缶用ブリキ板割当が激減し，2,000トン(ほかに軍需用2,000トン)となる．[6]
- ◆ 東京都缶詰配給組合設立．
  ＊缶詰の一般配給はほとんどなし．

輸入量の推移

(単位：トン)

	米及びモミ	小麦	大豆	落花生	小麦粉	ゴマ	砂糖
昭和9年	6,936	489,304	547,699	14,690	1,007	20,473	86,548
10	39,306	445,038	522,138	11,468	2,077	23,055	120,162
11	55,394	310,268	554,105	11,660	22,511	23,733	163,616
12	33,457	186,846	601,504	9,157	9,081	20,899	137,134
13	22,697	66,245	669,998	46,937	418	13,913	2,841
14	43,767	32,347	675,904	21,080	2,719	17,551	108
15	1,248,931	192,639	401,823	22,670	6,820	25,025	0
16	1,440,893	83,338	462,451	10,944	457	21,998	19,381
17	1,382,057	0	597,226	26,121	30	14,258	0
18	746,169	…	252,232	21,671	0	9,275	0
19	73,833	…	…	3,349	…	…	…
20	150	…	…	695	…	…	…

(出所)『現代日本産業発達史 18 食品』(原資料 大蔵省『日本外国貿易年表』)
注：砂糖は色相標本22号未満．…印は不明または該当なし．0印は単位未満．

食料品などの公定対ヤミ市場価格の推移

(単位：円)

品 目 (単位)	公定価格 43年12月-45年7月	ヤミ市場価格							
		43.12	44.3	44.6	44.9	44.11	45.3	45.6	45.7
米(1升)	0.5	3.0	7.0	14.0	18.0	22.0	25.0	28.0	35.0
大豆(1升)	0.4	3.4	5.0	5.5	5.5	7.0	10.0	11.0	12.0
甘藷(1貫)	0.4	4.0	5.0	6.0	6.0	8.0	8.0	8.5	9.0
ビール(1本)	0.9	2.0	4.0	7.5	9.0	9.5	10.0	11.0	15.0
砂糖(1貫)	2.2	50.0	100.0	200.0	260.0	300.0	390.0	450.0	530.0
鰹節(1貫)	14.6	70.0	84.0	250.0	200.0	220.0	250.0	350.0	520.0
マッチ(1函)	0.4	1.0	1.2	6.0	18.0	30.0	45.0	60.0	80.0

(出所)通商産業省『商工政策史 第14巻』(原資料『戦時戦後の日本経済 下』)

1945 昭和20年

相次ぐ大空襲で,食品工場の大多数焼失

　工業地帯や主要な都市への相次ぐB29爆撃機の襲来で,工場は破壊され,物資の輸送も大混乱し,全産業の活動は麻痺状態に陥った.戦争を継続する国力はもはやなく,8月10日の御前会議で降伏を決定.14日,ポツダム宣言受諾を中立国を通じて申し入れた.

2月 8 富士製薬株式会社(名糖産業の前身),名古屋市西区に設立.全国農業会へ納入の家庭薬を製造. [118]

3月10 東京大空襲,B29約130機,江東地区に焼夷弾投下,9万3,000人死傷.116万人罹災. [217]

◆ 3〜5月にかけて京浜地区大爆撃される.食品関係工業多数が焼失.この頃,全国的空爆の被害が増大. [6, 217]

4月 1 森永食糧工業(森永製菓の前身),久留米工場落成.陸軍航空燃料用アルコール製造開始. [122]

15 B29,約200機の空襲により,京浜工業地帯は壊滅. [217]

15 江崎グリコ東京工場,空襲で全焼. [204]

15 森永食糧工業(森永製菓の前身)の鶴見工場(キャラメル・チョコレート),空襲で全焼.
  ＊この前後に,全国主要各地支店・売店は大半焼失. [122]

15 明治産業(明治製菓の前身)の川崎工場,空襲で全焼. [154]

◆ 森永食糧工業久留米工場竣工し,陸軍航空燃料用アルコール製造開始. [122]

◆ アメリカ軍,沖縄に上陸.沖縄糖業荒廃. [6]

5月 ◆ 石井毅一,個人経営の不二電器研究所を継承した石井電気工業株式会社(資本金18万円,石井食品の前身)設立. [118]

◆ 日清製油(日清オイリオグループの前身),戦災により横浜工場を焼失. [160]

6月 5 明治産業(明治製菓の前身)の神戸工場,空襲で全焼. [154]

15 江崎グリコの大阪工場,空襲で全焼. [204]

18 沖縄で師範学校女子部・第一高女のひめゆり部隊,23日にかけて多数自決. [217]

23 沖縄守備軍全滅. [217]

7月11 食糧配給1割減を実施. [72]

12	日清製粉の宇都宮工場，戦災全焼．8月12日に鳥栖工場，戦災全焼．[124]
28	森永食糧工業（森永製菓の前身）の青森工場，空襲で全焼．[122]
31	日本バター株式会社営業停止（10月15日解散）．
◆	(株)鳥越商店（鳥越製粉の前身），政府の委託加工工場の指定を受ける．[118]

8月 6　アメリカ軍，広島市に原爆投下．9日，長崎市に原爆投下．
　　15　正午，天皇「終戦の詔勅」を放送．太平洋戦争終結．

典拠文献

1 『日本乳業史　第2巻』日本乳製品協会　1978
2 『日本糖業史』樋口弘　内外経済社　1956
3 『公文書に見る明治期の生活風俗展図録』国立公文書館　1987
4 『卸売市場制度五十年史第6巻』同編さん委員会編　食品需給研究センター　1978
5 『農林水産省百年史　別巻』同編纂委員会　同刊行会　1981
6 『現代日本産業発達史　食品』中島常雄編　現代日本産業発達史研究会　1967
7 『東京鳳月堂社史』『東京鳳月堂社史』編纂委員会編　東京鳳月堂　2005
8 『岡山の食文化史年表』西秋良雄　筑波書房　1990
9 『日本清涼飲料史』東京清涼飲料協会　東京清涼飲料協会　1975
10 『明治文化史　第12巻　生活』渋沢栄一編　原書房　1979
11 『社史(銚子醤油)』銚子醤油株式会社銚子醤油　1972
12 『サッポロビール120年史』サッポロビール株式会社広報部社史編纂室／編集　サッポロビール　1996
13 『木村屋総本店百二十年史』木村屋総本店　1989
14 『虎屋の五世紀：伝統と革新の経営　通史編』虎屋　2003
15 『明治事物起原　明治文化全集　別巻』石井研堂著　日本文化研究会編　日本評論社　1984
16 『近代日本総合年表　第3版』岩波書店編集部編　岩波書店　1991
17 『日本食肉史年表』川辺長次郎編　食肉通信社　1980
18 『年表茶の世界史』松崎芳郎編　八坂書房　1985
19 『ビールと文明開化の横浜コープランド生誕150年記念』キリンビール株式会社　1984
20 『中川嘉兵衛伝：その資料と研究』香取国臣編〔香取国臣〕1982
21 『日本製粉社史：近代製粉120年の軌跡』日本製粉　2001
22 『ビールと日本人：明治・大正・昭和ビール普及史』麒麟麦酒株式会社編　三省堂　1984
23 『ぶどう酒物語』山梨日日新聞社　1978
24 『洋菓子の世界史』吉田菊次郎　製菓実験社　1986
25 『新聞に見る人物大事典戦前編　第5巻』大空社　1994
26 『日本経済経営史年表』土屋喬雄・山口和雄編　日本経済新聞社　1968
27 『日本酒税法史　上』夏目文雄　創土社　2000
28 『醤油醸造業史の研究』林玲子　吉川弘文館　1990
29 『日本酒なるほど物語(NHK知るを楽しむ　歴史に好奇心)』小泉武夫　日本放送出版協会　2006
30 『食肉加工百年史』日本食肉加工協会編　日本ハム・ソーセージ工業協同組合　1970
31 『日本食文化人物事典：人物で読む日本食文化史』西東秋男編　筑波書房　2005
32 『明治世相編年辞典』朝倉治彦・稲村徹元編　東京堂出版　1995
33 『神戸財界開拓者伝』赤松啓介　太陽出版　1980
34 『長崎の西洋料理：洋食のあけぼの』越中哲也　第一法規出版　1982
35 『日本経営史年表』野田信夫　ダイヤモンド社　1981
36 『大日本麦酒株式会社三十年史』浜田徳太郎編　大日本麦酒　1936
37 『角川地名大辞典』同編纂委員会編　竹内理三編　角川書店　1978
38 『パンの明治百年史』安達巌編　パンの明治百年刊行会　1970
39 『幻の総合商社鈴木商店：創造的経営者の栄光と挫折』桂芳男　社会思想社　1989
40 『日本食品衛生史　明治編』山本俊一　中央法規出版社　1980
41 『中川清兵衛伝：ビールづくりの先人』菊池武男・柳井佐喜　札幌麦酒　1980
42 『米価政策年表』国立国会図書館調査立法考査局国立国会図書館調査立法考査局　1949
43 『築地外国人居留地：明治時代の東京にあった「外国」』川崎晴朗　雄松堂出版　2002
44 『近代日本糖業史　上巻』糖業協会編　勁草書房　1962
45 『荷衣伯連氏法農業三事』津田仙著　出版社青山清吉〔ほか〕1874
46 『津田梅子』山崎孝子　吉川弘文館　1988
47 『日本のホテル小史』村岡実　中央公論社　1981
48 『日本酒を醸した女(昭和女子大学食物学研究室〔編〕近代文化研究所　1971
49 『麒麟麦酒株式会社五十年史』麒麟麦酒株式会社五十年史編集委員会編　麒麟麦酒　1957
50 『黒田清隆とホーレス・ケプロン：北海道開拓の二大恩人　その生涯とその事蹟』逢坂信彦　北海タイムス社　1962
51 『農産缶詰の沿革と展望』徳安健太郎　日本缶詰協会　1963
52 『日本水産の70年』日本水産　1981
53 『水産人物百年史』岡本信男水産社　1978
54 『鮭と鰻と日本人：関沢明清の生涯』和田顕太　成山堂書店　1994
55 『黎明日本の一開拓者：父鈴木藤三郎の一生』鈴木五郎　実業之日本社　1939
56 『茶業開化：明治発展史と多田元吉』川口国昭・多田節子　全貌社　1989
57 『前田正名』祖田修　吉川弘文館　1987
58 『富浦枇杷の歴史』福原和雄　千葉県富浦町農業委員会　1879
59 『千葉県果樹のあゆみ』大野敏朗編　千葉県果樹園芸組合連合会　1979
60 『岩手りんご百年のあゆみ』岩手りんご百年祭記念事業会編　岩手りんご百年祭記念事業会　1971
61 『いろはの人びと』土荻三郎　文化出版局　1978
62 『日本缶詰史　第2巻』山中四郎　日本缶詰協会　1962
63 『目で見る日本缶詰史』日本缶詰協会編　日本缶詰協会　1987
64 『明治缶詰人列伝-1-人間味ゆたか牛缶の鈴木清』(『日本缶詰協会発行『缶詰時報』1985.10)　真杉高之
65 『絵で見る明治食品便覧第1巻』ゆまに書房　1987
66 『札幌人名事典』札幌市教育委員会文化資料室編　札幌市　1979
67 『岡山の果樹園芸史』三宅忠一　岡山県園芸農業協同組合連合会　1988
68 『神谷伝兵衛：牛久シャトーの創設者』鈴木光太　筑波書林　1988
69 『中部幾次郎』大仏次郎編　中部幾次郎翁伝記編纂刊行会　1958
70 『大洋漁業80年史』大洋漁業80年史編纂委員会編　大洋漁業　1960
71 『合同酒精社史』合同酒精社史編纂委員会編　合同酒精　1977
72 『味百年：食品産業の歩み』日本食糧新聞社　1967
73 『劔岳中川甫之助年譜』(和綴じ本)中川新作　1942
74 『ビジネスの生成：清涼飲料の日本化』河野昭三　文眞堂　2002
75 『明治缶詰人列伝-4-大和煮の前田は発明屋さん』(『缶詰時報』1986.3)　真杉高之
76 『食べることは生きること』赤堀千恵美　東京新聞出版局　2002
77 『葡萄栽培新書：全』桂二郎　玉井治整刊　1882
78 『日本ワイン文化の源流：ライン、ボルドーをめざす夢』上野рав則　サントリー　1982
79 『高木兼寛伝』東京慈恵会医科大学創立八十五年記念事業委員会編　同会出版　1965
80 『日本缶詰史　第1巻』山中四郎　日本缶詰協会　1962
81 『明治缶詰人列伝-2-ジュリーと奇縁の松田雅典』(『缶詰時報』1985.12)　真杉高之
82 『明治缶詰人列伝-15-日本初の製缶機も売った釘万』(『缶詰時報』1987.3)　真杉高之
83 『解説日本近代漁業年表．戦前編』松本巖雄著　水産社　1980
84 『石川勝三の生涯：皮革産業の先覚者』井野辺茂雄〔原編〕佐藤栄孝編　西村翁伝記編纂会　1962
85 『明治屋百年史明治屋創業一〇〇年史編集委員会編纂明治屋　1987
86 『大関二百八十年史』大関株式会社編　大関　1996
87 『さくもつ紳士録』青木恵一郎　中央公論社　1974
88 『事典　近代日本の先駆者』富田仁編　日外アソシエーツ　1995
89 『藤野辰次郎明治缶詰人列伝-14-☆印で鳴らした藤野辰次郎』(『缶詰時報』1987.2)真杉高之
90 『祖父バーマー』横浜・近代水道の創設者』樋口次郎有隣堂　1998
91 『近代水道百人』近代水道百人選考委員会編　日本水道新聞社　1988
92 『Asahi 100』アサヒビール株式会社史資料室編　アサヒビール　1990
93 『Matazaemon：七人の又左衛門：200th anniversary of founding』ミツカングループ創業二〇〇周年記念誌編纂委員会編　ミツカングループ本社　2004
94 『南の島を開拓した人々』宮本常一　さ・え・ら書房　1976
95 『青森県りんご発達史　第6巻　明治期りんご園経営

	史』青森県りんご課 1966	共に』カゴメ 1978	編 明治製糖 1936	1914
96	『物見山神津牧場沿革記(明治農書全集 第8巻)』神津邦太郎 農山漁村文化協会 1985	122 『森永製菓100年史：はばたくエンゼル、一世紀』森永製菓編集 森永製菓 2000	147 『バナナと日本人：フィリピン農園と食卓のあいだ』鶴見良行 岩波書店 1982	173 『パンの百科』締木信太郎 中央公論社 1980
		123 『吟醸酒を創った男：『百試千改』の記録』池田明子著；秋山裕一監修 時事通信社2001	148 『バナナ輸入沿革史』高木一也 日本バナナ輸入組合 1967	174 『くだもの百科』斉藤義政 婦人画報社 1964
97	『日本最初の喫茶店：『可否茶館』の歴史』星田宏司 いなほ書房 2008			175 『種子に生きる』坂田武雄追想録』坂田正之編 坂田種苗 1985
98	『秋山定輔は語る』村松梢風 大日本雄弁会講談社 1938	124 『日清製粉株式会社七十年史』日清製粉 1970	149 『日本食文化史講-2-天狗煙草の岩谷松平と養豚事業』(『農林統計調査』1985.2)伊津野忠男	176 『日本漁民伝 下巻』宮城康太郎 いさな書房 1964
99	『味の素株式会社社史 1』編纂：味の素株式会社社史編纂室 味の素 1971	125 『日本洋菓子史』池田文痴菴編著 日本洋菓子協会 1960	150 『北九州市産業史』北九州市産業史・公害対策史・土木史編集委員会編 北九州市 1998	177 『日本経済新報社総覧』東洋経済新報社 東洋経済新報社 1995
100	『味の素社史叢書 17 生活史III』森末義彰・宝月圭吾・小西四郎編 山川出版社 1969	126 『文明堂総本店主中川安五郎苦闘録』中川安五郎述 改訂2版 1940	151 『物価の世相100年』岩崎爾郎 読売新聞社 1982	178 『日本缶詰史 第3巻』日本缶詰協会編 日本缶詰協会 1977
101	『日糖六十五年史』大日本製糖 1960	127 『文明堂総本店百年史』文明堂総本店編 2000	152 『松崎半三郎』電通森永製菓 1964	179 『安価生活法』額田豊 政教社 1915
102	『学校給食の発展：学校給食30周年, 日本学校給食会20周年』文部省〔ほか〕1976	128 『体験を語る』宮崎甚左衛門 1958	153 『争覇の経営戦略 製菓産業史』森田克徳 慶應義塾大学出版会 2000	180 『日本のパン四百年史』日本のパン四百年史刊行会 1956
103	『製糖の神斎藤定尚翁：一名製糖沿革史』黒野艮良好学書院 1928	129 『新修神戸市史 産業経済編II』新修神戸市史編集委員会編 神戸市 1999	154 『明治製菓40年小史』明治製菓四十年小史編集委員会編 明治製菓 1958	181 『失敗と再生の経営史』宇田川勝・佐々木聡・四宮正親編 有斐閣 2005
104	『川上善兵衛伝』木島章 サントリー 1992	130 『台湾製糖株式会社』台湾製糖株式会社東京出張所編 台湾製糖東京出張所 1939	155 『還暦小記』相馬半治 1929	182 『田中式豚肉調理法』田中宏 東京出版社 1958
105	『葡萄三説』高野正誠 1890		156 『古稀小記』相馬半治 1939	183 『人的事業体系 飲食料工業篇』松下伝吉 中外産業調査会 1942
106	『大鳴門橋と中川虎之助』児島光一 教育出版センター 1985	131 『自叙 益田孝翁伝』益田孝著 長井実編 1939	157 『『創造と変化』に挑んだ6人の製菓会社』志村和次郎 日刊工業新聞社 2005	184 『豊年製油株式会社四十年史』豊年製油 1963
107	『明治東京逸聞史, 第1』森銑三 平凡社 1969	132 『日本経済史 第2版』石井寛治 東京大学出版会 1991	158 『宝酒造株式会社三十年史』宝酒造 1956	185 『安房酪農五年史』安房郡畜産農業協同組合・千葉県史編 安房郡畜産農業協同組合 1971
108	『明治・大正・昭和食生活世相史』加藤秀俊 柴田書店 1977	133 『一商人として：所信と体験』相馬愛蔵 岩波書店 1950	159 『神奈川県史 別編1 神奈川県歴史人名事典』神奈川県県民部県史編集室編 神奈川県 1983	186 『明治乳業50年史』編集明治乳業社史編集委員会 明治乳業 1967
109	『近代日本産業史序説』信夫清三郎 日本評論社 1942	134 『ピロシキとチョコレート：新宿中村屋創業者相馬愛蔵・黒光物語』関口保 鱒書房 1994	160 『日清製油80年史』日清製油株式会社80年史編纂プロジェクトチーム編 日清製油 1987	187 『『食』を創造した男たち：日本人の食生活を変えた五つの食品と五人の創業者』島野盛郎 ダイヤモンド社 1995
110	『林檎図解』佐藤弥六編 恵愛堂 1893	135 『中村屋100年史』中村屋社史編纂室編 中村屋 2003	161 『野田の醤油史』市山盛雄 誉書房 1980	
111	『日本ビア・ラベル盛衰史』佐藤建次 東京書房社 1973	136 『長野県果樹発達史』長野県編 長野県 1979	162 『鈴木三郎助傳』故鈴木三郎助傳記編纂會編 故鈴木三郎助傳記編纂會 1932	188 『故吉谷辰四郎尋思録』梅村舜造 1931
112	『西洋菓子彷徨始末：洋菓子の日本史』吉田菊次郎 朝文社 1994	137 『愛媛県果樹園芸史』桐野忠兵衛編集 愛媛県青果農業協同組合連合会 1968	163 『日本製粉株式会社七十年史』日本製粉社史委員会編 日本製粉 1968	189 『日本資本主義発達年表』岡崎次郎・楫西光速・倉持博編 河出書房 1948
113	『青森県りんご発達史 第5巻 明治大正りんご販売史』青森りんご課 1965	138 『キャラメル王森永太一郎伝』山本清月 関谷書店 1937	164 『和歌山県 人物・和歌山県史編さん委員会編 和歌山県 1989	190 『続・モノづくり解体新書二の巻』日刊工業新聞社 2002
114	『りんごづくりに生きる』鈴木喜代春 小峰書店 1981	139 『近代日本糖業史 下巻』糖業協会編 勁草書房 1997	165 『パン百年史』全国パン粉工業協同組合連合会 1977	191 『高碕達之助 私の履歴書 経済人1』日本経済新聞社
115	『大阪人物辞典』三善貞司編 清文堂出版 2000	140 『北九州市産業経済史』北九州市産業さん委員会編 北九州市 1991	166 『現代日本食発達史 水産』山口和夷編 現代日本産業発達史研究会 1965	192 『神戸大学附属図書館データアーカイブ「新聞記事文庫」ホームページ』
116	『缶詰史こぼれ話-続-(3)金鶏煉乳と花島と山陽堂』(『缶詰時報』1993.11) 真杉高之	141 『ヤマサ醤油店史』ヤマサ醤油株式会社 ヤマサ醤油 1977	167 『日本経営史の基礎知識』経営史学会編 有斐閣 2004	193 『初志五十年』三島海雲 ダイヤモンド社 1965
117	『八十五年の歩み』逸見山陽堂 1965	142 『産業革命 近代日本の軌跡 8』高村直助編 吉川弘文館 1996	168 『山口八十八, 帝国臓器製薬 社史編』帝国臓器製薬 1970	194 『三島海雲 私の履歴書 経済人10』日本経済新聞社 2004
118	『EDINET(証券取引法に基づく有価証券報告書等の開示書類に関する電子開示システム)』金融庁	143 『福原有信伝』永井保・高居昌一郎編 資生堂 1966	169 『Fujiya book：創業80周年記念誌』不二家 1990	195 『キッコーマン醤油史』キッコーマン醤油 1968
119	『洋菓子事始め：神戸風月堂の百年江後通寺著『神戸風月堂の百年』編集委員会編 神戸風月堂 2002	144 『ブルドックソース55年史』ブルドックソース株式会社史編纂委員会編 ブルドックソース 1981	170 『研究の回顧』鈴木梅太郎 輝文堂書房 1943	196 『キッコーマン株式会社八十年史』キッコーマン株式会社編 キッコーマン 2000
120	『日々にあたに：サントリー百年誌』サントリー株式会社 サントリー 1999	145 『明治東京逸聞史 2』森銑三 平凡社 1970	171 『北海道県史』山内義人著：大日本製酪農組合編 大日本製酪農組合 1941	197 『喜劇の殿様：益田太郎冠者伝』高野正雄 角川書店 2002
121	『カゴメ八十年史：トマトと	146 『明治製糖株式會社三十年史：創立三十年記念』明治製糖株式會社東京事務所	172 『大日本著名鑑』報知新聞社	198 『加藤時次郎選集』成田龍一編 弘隆社 1981

199 『加藤時次郎』成田龍一 不二出版 1983

200 『豚と食肉加工の回想』飯田吉英 飯田吉英氏回想録記念出版委員会 1964

201 『日本史年表』歴史学研究会編 岩波書店 1979

202 『新宿高野100年史：創業90年の歩み』新宿高野100年編集委員会編 新宿高野 1975

203 『ソーセージ物語：ハム・ソーセージをひろめた大木市蔵氏』増田和彦 ブレーン出版 2002

204 『創意工夫：江崎グリコ70年史』江崎グリコ株式会社編纂 江崎グリコ 1992

205 『日本甜菜製糖四十年史』日本甜菜製糖社史編集委員会編 日本甜菜製糖 1961

206 『パン半世紀：シキシマの歩んだ道』岡戸武平 中部経済新聞社 1970

207 『敷島製パン八十年の歩み』安保邦彦 敷島製パン 2002

208 『岡山市史（産業経済編）』岡山市役所 1966

209 『千葉県 角川日本地名大辞典』同編纂委員会編 竹内理三編 角川書店 1984

210 『キーコーヒーの70年』キーコーヒー 1993

211 『栄養学者佐伯矩伝』佐伯芳子 玄同社 1986

212 『日本栄養学史』萩原弘道 国民栄養協会 1960

213 『江崎利一 私の履歴書 第20集』日本経済新聞社 1964

214 『三菱商事社史』三菱商事株式会社 1986

215 『日本食物年誌』(歴史読本『日本たべもの百科』)新人物往来社)井関寛 1974

216 『山本為三郎 私の履歴書 第3集』日本経済新聞社 1957

217 『東京百年史 別巻 年表索引』東京都編 ぎょうせい 1980

218 『二木謙三先生』二木謙三先生記念会 1969

219 『ユーハイム物語』ユーハイム 1964

220 『カール・ユーハイム物語：菓子は神さま』頴田島一二郎 新泉社 1973

221 『津田梅子』大庭みな子 朝日新聞社 1990

222 『一路 パンに賭けた真心の軌跡』舟橋重夫(フジパン) 食糧タイムス社 1975

223 『青森県りんご発達史 第11巻 戦前戦後りんご販売史』青森県りんご課 1972

224 『明治大正産業史 下巻ノ1 (復刻)』帝国通信社編著 クレス出版 1999

225 『明治大正史 3（経済篇） 昭和5年の復刻』牧野輝智編

226 『史料で追う開拓使缶詰-2-トリートと出島が製造指導」(『缶詰時報』1996.11) 真杉高之

227 『雪印乳業沿革史』雪印乳業編纂委員会編 雪印乳業 1985

228 『日本近代文学年表』小田切進編 小学館 1993

229 『うどんすき物語：薩摩きくの人生』亀井巌夫 大阪新聞社 1981

230 『大正十五年の聖バレンタイン：日本でチョコレートと出島がつくった』V.F.モロゾフ物語』川又一英 PHP研究所 1984

231 『レイモンさんのハムはボヘミアの味』シュミット村木眞寿美 河出書房新社 2000

232 『来日西洋人名事典 増補改訂普及版』武内博編著 日外アソシエーツ 1995

233 『阿波・徳島食文化史年表』西東秋男 1987

234 『伊藤伝三 私の履歴書 経済人18巻』日本経済新聞社 2004

235 『コカ・コーラへの道：挑戦と忍耐と先見でコークの時代をひらいた男』宮本悼夫かのう書房 1994

236 『鈴木三郎助伝 森矗昶伝』石川悌次郎 東洋書館 1954

237 『ヤマサ醤油株式会社史』ヤマサ醤油株式會社編 ヤマサ醤油 1979

238 『20世紀のことばの年表』加藤迪男編 東京堂出版 2001

239 『鈴木与平氏伝』清水市教育会 1942

240 『近代製靴の先駆者：時代を拓き夢に生きた19人の群像』静岡県近代史研究会編 静岡新聞社 1972

241 『スターキングの日本移植』斎藤義政 (『群像』昭和39年2月号 掲載)

242 『りんごを拓いた人々』斎藤康司著 神田健策編 筑波書房 1996

243 『蜜柑罐詰』四ツ菱食品 1941

244 『食料工業』桜井芳人・斉藤道雄・秀雄編 恒星社厚生閣 1962

245 『馬越獅渓の面影』馬越恭一編 1937

246 『値段史年表：明治・大正・昭和』週刊朝日編 朝日新聞社 1988

247 『はごろも缶詰の五十年』はごろも缶詰株式会社五十年史編集委員会編 はごろも缶詰 1981

248 『缶詰人の伝記書ガイド-2-缶詰王国の誕生に寄与一

249 『桜吹雪男乃一生』『眞珠の記』』(『缶詰時報』1991.10) 真杉高之

250 『初志貫徹：プリマハム社長竹岸政則』ダイヤモンド社編 ダイヤモンド社 1967

251 『社史：プリマハム株式会社史』プリマハム株式会社史編さん委員会編 1970

252 『馬越恭平翁伝』大塚栄三編 馬越恭平翁伝記編纂会 1935

253 『栄養学と私の半生記』香川綾 女子栄養大学出版部 1985

254 『実験応用梨樹栽培新書（明治農書全集第7巻『果樹』）』松戸覚之助 農山漁村文化協会 1983

255 『歴史、琥珀色に輝く／ニッカウヰスキー株式会社60年史』ニッカウヰスキー株式会社編 1994

256 『ウイスキーと私』第5版 竹鶴政孝 ニッカウヰスキー 1975

257 『ヒゲのウヰスキー誕生す』川又一英 新潮社 1982

258 『野崎産業100年史』野崎産業100年史編纂事務局編 野崎産業 1995

259 『日本酪農史年表』日本酪農史編著 全国酪農協会編 中央公論事業出版 1965

260 『極洋捕鯨30年史』極洋捕鯨30年史編集委員会企画・監修 極洋捕鯨 1968

261 『商工政策史 第11巻 産業統制（前田祥幸編）』通商産業省 商工政策史刊行会 1964

262 『日本食肉史』福原麟雄 食肉文化社 1956

263 『財政史』鈴木武雄 東洋経済新報社 1962

264 『森永乳業五十年史』森永乳業50年史編纂委員会編 森永乳業 1967

265 『岡山県の生業研究』鶴藤鹿忠 日本文教出版 1988

266 『大社義規 私の履歴書 経済人22巻』日本経済新聞社 2004

267 『日本歴西洋月別対象表』野島寿三郎 日外アソシエーツ 1990

268 『日本醤油業界史』日本醤油協会 1959

269 『日本産業史大系 第1巻 総論篇』地方史研究協議会編 東京大学出版会 1961

270 『日本の味噌の歴史』林玲子・天野雅敏編 吉川弘文館 2005

271 『日本食堂三十年史』日本食堂 1968

272 『日本糖化工業史 上巻』鈴木繁男・田中列次編著 林原共存会 1982

273 『日本糖業秘史』材木信治材木糖業事務所 1939

274 『日本チョコレート工業史：附チョコレート及びココア』井上碌朗編 日本チョコレート・ココア協会 1958

275 『帝国発明家伝』帝国発明家伝記刊行会編 帝国発明家伝記刊行会 1930

276 『みそ文化誌』みそ健康づくり委員会編 全国味噌工業協同組合連合会 2001

277 『砂糖問題便覧』松本十郎監修 宗広編纂 総合出版社 1955

278 『青森県りんご百年史』波多江久吉・斎藤康司編 青森県りんご百年記念事業会 1977

279 『薩摩藩英国留学生』犬塚孝明 中央公論社 1974

280 『物語サッポロビール』田中和夫 北海道新聞社 1993

281 『夢のサムライ：北海道にビールの始まりをつくった薩摩人＝村橋久成』西村英樹 文化ジャーナル鹿児島社 1993

282 『開拓使別海缶詰所』(別海町郷土資料館企画展ホームページ 16.7.22～8.20)

283 『缶詰の日と石狩缶詰所「『缶詰の日』と石狩缶詰所」(『缶詰時報』1990.9) 真杉高之

284 『来日西洋人名事典』武内博編著 日外アソシエーツ 1983

285 『日本老農伝 改訂増補』大西庄一 農山漁村文化協会 1985

286 『浅草海苔盛衰記：海苔の五百年』片田実 成山堂書店 1989

287 『物価の百年』大門一樹 早川書房 1967

288 『病気を診てせず病人を診る：麦版男爵高木兼寛の生涯』倉迫一朝 鉱脈社 1999

289 『明治前期勧農事蹟輯録（昭和14年刊の複製）』農林省農務局編 長崎出版 1975

290 『日本産業百年史（上）』有沢広巳監修 山中和雄[ほか]編 日本経済新聞社 1973

291 『中埜家文書にみる酢造りの歴史と文化』日本福祉大学知多半島総合研究所博物館『酢の里』共編著 中央公論社 1983

292 『舶来果樹要覧』竹中卓郎編 大日本農会三田育種場 1884

293 『デジタル版 日本人名大辞典+Plus』kotobank 講談社

294 『柑橘栽培地域の研究』村上節太郎 愛媛出版協会 1967

295 『都道府県農業基礎統計』加用信文監修 農林統計研究会編 農林統計協会 1983

296 『近代的製糖業の成立期に

典拠文献

296 『館林人物誌』群馬県邑楽郡館林町編　群馬県邑楽郡館林町　1941
297 『かつお節物語：日本の味から世界の味へ　かつお節を科学して二八〇年』現代経営研究所編著　にんべん　1979
298 『一筋の道：にんべん物語300年記念社史編集プロジェクト編　にんべん　1999
299 『国立科学博物館―産業技術の歴史ホームページ』
300 『新渡戸稲造全集　第4巻』教文館　1969
301 『新渡戸稲造全集　別巻』新渡戸稲造全集編集委員会編教文館　1987.4
302 『原敬　大正八年』田屋清日本評論社　1987
303 『満鉄コンツェルン読本復刻(日本コンツェルン全書第7巻)』小島精一　日本図書センター　1999
304 『ニチレイホームページ』
305 『日本経営史(新版)江戸時代から21世紀へ』宮本又郎ほか　有斐閣　2007
306 『国立国会図書館近代デジタルライブラリー』
307 『男爵薯の父　川田龍吉』館和夫　男爵資料館　1986
308 『喫茶店の時代：あのときこんな店があった』林哲夫編　集工房ノア』2002
309 『黎明期における日本珈琲店史』星田宏司　いなほ書房　2003
310 『全国菓子工業組合連合会ホームページ』
311 『ポケット砂糖統計(1965)』日本精糖工業会[編]　日本精糖工業会
312 『ネスレホームページ』
313 『ネッスル日本創立五十周年記念』ネッスル日本
314 『美酒一代：鳥井信治郎伝』杉森久英　毎日新聞社　1983
315 『森永太一郎伝』三好右京東京菓子研究協会　1937
316 『板東俘虜収容所　第九交響曲のルーツ』林啓介　南海ブックス　1978
317 『松江豊寿　板東俘虜収容所長』横田新　歴史春秋出版　1993
318 『高崎ハム三十年の歩み』萩原進　群馬畜産加工販売農業協同組合　2001
319 『ゴンチャロフ製菓ホームページ』
320 『聚楽ホームページ』
321 『酪農経済年鑑　昭和56年版』酪農経済通信社　1981
322 『茶、煙草、清酒、麦酒、清涼飲料水ニ関スル調査』鉄道省運輸局　1926
323 『酪連十年史』北海道製酪販売組合連合会編　北海道製酪販売組合連合会　1935
324 『缶詰史うらばなし―加島の蜜柑缶詰の周辺』(『缶詰時報』1989.6)　真杉高之
325 『元気がいちばん：ミクロの世界から人びとの健康をつくりだした代田稔』森下研作・高田勲絵―PHP研究所　1999
326 『ヤクルトホームページ』
327 『東京都食糧営団史』東京都食糧営団史刊行会編　東京都食糧営団史刊行会　1950
328 『カゴメホームページ』
329 『日本乳業の戦中戦後』諏訪義種　乳業懇話会　1975
330 『凍豆腐の歴史』宮下章全国凍豆腐工業協同組合連合会　1962
331 『麺業五十年史：創立五十周年記念』組合創立五十年誌編纂委員会編　東京都麺類協同組合　1959
332 『中島董一郎譜』中島董一郎董友会　1975
333 『日本の鉄道「ことはじめ」』沢和哉　築地書館　1996
334 『近代日本食文化年表』小菅桂子　雄山閣出版　1997
335 『西宮酒造100年史』西宮酒造株式会社社史編纂室編　西宮酒造　1989
336 『明治缶詰人列伝-12-杏(アンズ)で出発の信州男ふたり(雨宮と水井よ)』(『缶詰時報』1986.12)　真杉高之
337 『食品産業　企業のめばえ』日本食糧新聞社　1969
338 『吟醸酒誕生：頂点に挑んだ男たち』篠田次郎　実業之日本社　1992
339 『明治缶詰人列伝-9-蟹・蝦缶詰創始の碓氷勝三郎』(『缶詰時報』1986.9)　真杉高之
340 『月桂冠三百六十年史』月桂冠株式会社社史編纂委員会編　月桂冠　1999
341 『日本人物情報大系　36企業家編　6（昭和四年版財界人物選集／中西利八編）の複製』芳賀登〔ほか〕編　皓星社　2000
342 『SSKの50年』清水食品　1980
343 『龍野醤油協同組合要覧：組合120年史平成11年版』龍野醤油協同組合要覧編集委員会編　龍野醤油協同組合　2001
344 『明治文化全集　第21巻　文明開化篇』明治文化研究会編　日本評論社　1993
345 『新修神戸市史　歴史編IV』新修神戸市史編集委員会編　神戸市　1994

346 『生活経済史　大正・昭和篇』矢木明夫　評論社1978
347 『農林水産省統計表　年次』農林水産省
348 『満洲の大豆』神戸商工会議所　1943
349 『青森県りんご発達史　第10巻　昭和前期りんご経営史』青森県りんご課　1971
350 『日本酒税法史　下』夏目文雄　創士社　2000
351 『図説　明治人物事典　文化人・学者・実業家』湯本豪一編　日外アソシエーツ　2000
352 『全国清涼飲料工業会ホームページ』
353 『エスビー食品ホームページ』
354 『吉野屋ホームページ』
355 『神戸市文書館ホームページ』
356 『明治大正興業総覧』復刻版東洋経済新報社編　東洋経済新報社　1982
357 『月桂冠ホームページ』
358 『工業統計50年史．[第1]～[第3]』通商産業省大臣官房調査統計部編　1961～63
359 『味の素ホームページ』
360 『ハウス食品ホームページ』
361 『製菓実験社ホームページ』
362 『ガラスびんの文化誌』現代グラスパッケージ・フォーラム編　三推社　1988
363 『日本コレラ史』山本俊一東京大学出版会　1982
364 『英国紅茶の話』出口保夫東京書籍　1982

参考文献

『典拠文献』に掲載の文献

『日本食品工業史』笹間愛史　東洋経済新報社　1979
『日本資本主義発達史：産業資本の成立と発展』楫西光速　有斐閣　1958
『日本経済史　経済学全集　第12』山口和雄編　筑摩書房　1968
『索引政治経済大年表』東洋経済新報社編　東洋経済新報社　1971
『日本経営史講座3　日本の財閥』監修宮本又次・中川敬一郎　安岡重明編　日本経済新聞社　1976
『日本経営史3　大企業時代の到来』編集　由井常彦・大東英祐　岩波書店　1995
『明治維新と文明開化(日本の時代史21)』松尾正人編　吉川弘文館　2004
『御大礼記念　明治大正史(9)産業編』野依秀市編　実業之世界社　明治大正史刊行会　1929
『日本糖業発達史(人物編)』河野信治　日本糖業發達史編纂所　1931
『産業史の人々』楫西光速　東京大学出版会　1954
『明治文化史　第11巻　社会経済』渋沢敬三編　原書房　1979
『明治文化史　第13巻　風俗』渋沢敬三編　原書房　1979
『日本食品衛生史　大正・昭和前期編』山本俊一編　中央法規出版　1982
『近代庶民生活誌　第6巻　食・住』南博編　三一書房　1987
『北九州の近代化遺産』北九州地域史研究会編　弦書房　2000
『ビールレーベル興亡史』三宅勇三　春秋社　1964
『チンタオ独軍俘虜研究会ホームページ』
『日本を襲ったスペイン・インフルエンザ：人類とウイルスの第一次世界大戦』速水融　藤原書店　2006
『日本地名辞典　市町村編』山口恵一郎編　東京堂出版　1980
『最新全国市町村名事典』三省堂編修所編　三省堂　2006
『日本産業史大系2～8』地方史研究協議会編　東京大学出版会　1970～71
『人物で読む日本経済史8　金子直吉伝』白石友治　金子柳田両翁頌徳会　復刻版　1998
『満鉄四十年史』(財)満鉄会編　吉川弘文館　2007
『ビジネスのあゆみ　日本経営100年史』坂本藤良　文藝春秋新社　1961
『日本雇用史　上下』坂本藤良　中央経済社　1977
『日本就職史』尾崎盛光　文藝春秋　1967
『青島から来た兵士たち　第一次大戦とドイツ兵捕虜の実像』瀬戸武彦　同学社　2006

事項索引

あ

アイスクリーム …… 1869-6, 73-7, 1902, 1921-6
『青森県凶作惨状』 …………… 1903-3
青森リンゴ ………… 1892, 95, 1901
『赤沢仁兵衛　実験甘藷栽培法』
　　　　　　　　　　　　　　 1912-9
「赤玉ポートワイン」
　　　　 1907-4, 11-5, 22-3, 30, 32-6
空缶の配給実施 …………… 1938-10
「あけぼの印」(サケ缶) ……… 1913-4
「浅田ビール」発売 …………… 1885
「浅田ビール」 ………………… 1890-4
「アサヒスタウト」発売 ……… 1935-4
「アサヒビール」発売 ………… 1892-5
「味液(アミノ酸液)」 ………… 1934-9
「味の素」発売 ………………… 1909-5
「味の素」の文字を商標登録 … 1909-2
味の素前駅(鈴木町駅の前身)
　　　　　　　　　　　　　　 1929-12
「味の素」の特許延長 ………… 1923-7
アスパラガス ………………… 1913
アスパラガス缶詰 …………… 1924-11
アセトン …………… 1942-11, 43-4
圧搾生イースト ……………… 1923-4
「天晴みりん」 ………………… 1873-5
アニリン染料禁止 …………… 1878-4
アミノ酸液 …………………… 1930-5
アメリカン・カン・カンパニー製サニ
　タリー自動缶詰機 ……… 1913-4
アメリカン・カン・カンパニー製自動
　製缶機械 ………………… 1916
アルコール専売法公布 ……… 1937-3
アルコール添加 ……… 1943-1, 43-9
アルマイト弁当箱普及 ……… 1936
アルミニウム ………………… 1897
阿波糖業 ……………………… 1881-3
『阿波和三盆糖考』 …………… 1942-11
「安価生活法」 ………………… 1915-7
暗黒の木曜日 ………………… 1929-10
アンズのシロップ漬缶詰 …… 1894
安南米 ………………………… 1869

い

イースト ……………………… 1923-4
育児用粉ミルク「キノミール」発売
　　　　　　　　　　　　　　 1917-3
石臼製粉器 …………… 1873, 73-4
イチゴジャム缶詰(初め) …… 1881
1椀1銭 ………………………… 1891-11
一貫作業助成(共同作業場) … 1938-11
一茶双樹記念館 …… 1873-5, 1922-8
井上釜 ………………………… 1882

今津郷 ………………………… 1898
いも大増産運動 ……………… 1943-7
諸類配給統制規則公布 ……… 1941-8
イワシ漁獲量(過去最高) …… 1936
岩手県産リンゴ東京出荷の始め … 1878
飲食物其ノ他ノ物品取締ニ関スル法
　律公布 …………………… 1900-2
飲食物用器具取扱規則公布 … 1900-12
飲食物防腐剤取締規則公布 … 1903-9
飲用牛乳最終販売価格指示 … 1940-2
飲料水営業取締規則公布 …… 1888-6

う

ウィーン万国博覧会 …… 1872-1, 73-5
ウィスキーの初輸入 ………… 1871
上野公園開園 ………………… 1876-4
上野式ブリ大謀網 …………… 1912
牛久醸造場(牛久シャトー, シャトー
　カミヤの前身)竣工 ……… 1903-9
薄口醤油 ……………………… 1876
ウスターソースに公定価格制実施
　　　　　　　　　　　　　　 1940-2
ウスターソース初輸入 ……… 1900
うどん, そば(もり・かけ)の値段
　　　　　　　　　　　　　　 1930-7
雲鷹丸 ………………………… 1914-6

え

英国紅茶輸入の初め ………… 1887
『栄養と食糧経済』 …………… 1919-1
駅食堂開設 …………………… 1891-4
駅弁 ……………………… 1885-7, 92
エクレア ……………………… 1918-1
エチレンアルコール ………… 1943-6
「エビオス」発売 ……………… 1930-4
恵比寿駅の濫觴 … 1900-1, 01-2, 06-10
「恵比寿黒ビール」発売 ……… 1894-12
「恵比寿ビアホール」開店 …… 1899-8
「恵比寿ビール」販売開始 …… 1890-2
「恵比寿ビール」命名商標登録
　　　　　　　　　　　　　　 1889-12
愛媛県初の夏ミカン栽培 …… 1879
「エンゼルマーク」商標登録 … 1905-5
遠洋漁業奨励法公布 ………… 1897-4

お

王冠コルク配給制 …………… 1940-10
王冠栓 ………………………… 1894
王冠栓の発明 ………………… 1892
王冠配給制 …………………… 1937-10
大島黒糖 ……………………… 1890
「大関」商標登録 ……………… 1884-10
沖縄県設置 …………………… 1879-4

沖縄糖業 ……………… 1880-5, 92
思惑売買(小麦粉) …………… 1918
「オラガビール」
　　　　 1930-5, 31-1, 31-6, 32-6
オリザニン(ビタミンB)の発見
　　　　　　　　　　　　　　 1910-12

か

外米の輸入許可に関する勅令(輸入
　制限令)公布 …………… 1933-10
外国産塩輸入 ………………… 1896
外国米管理令施行 …………… 1918-4
会社経理統制令, 銀行等資金運用
　令, 賃金統制令, 地代家賃統制令
　公布 ……………………… 1940-10
会社利益処分制限 …………… 1938-11
『改醸法実践録』 ……………… 1898-9
外食券制 ……………………… 1941-4
懐中ラムネ …………………… 1881-7
外米 ……………… 1892, 1912-5, 32
カカオ豆 ……………………… 1937-9
価格等統制令・賃金臨時措置令・
　地代家賃統制令公布 …… 1939-10
価格等統制令の改正(9.18停止令の
　期間延長) ……………… 1940-10
カキ養殖 ……………………… 1888-9
角砂糖の製造 …… 1915-4, 1920-11
学生の飲酒取締 ……………… 1909-9
家計調査の初め ……………… 1926-9
「カゴメ印」商標登録 ………… 1917-4
『家事経済学』 ………………… 1904-5
菓子工業整理統合要綱(日菓工連)
　　　　　　　　　　　　　　 1941-10
菓子工業整理統合要綱発表(農林省)
　　　　　　　　　　　　　　 1942-10
菓子公定価格を実施 ………… 1940-8
菓子公定価格品種, 半分以下に削減
　　　　　　　　　　　　　　 1941-11
菓子公定価格 上・中・下の製品規
　格, 廃止 ………………… 1943-4
菓子税則公布 ………………… 1885-5
菓子税則廃止 ………………… 1896-3
菓子製造業者の整理統合実施
　　　　　　　　　　　　　　 1942-1
菓子製造業企業整備要綱 …… 1943-11
菓子配給統制要綱発表 ……… 1941-6
菓子祭(日本初) ……………… 1932-4
「カスケードビール」発売 …… 1920
カステラ ……………………… 1900-1
カゼイン増産 ………………… 1944-3
カゼイン統制実施 …… 1942-10, 44-5
活魚車 ………………………… 1931
脚気 …………………… 1872, 82-11

294　◆　事項索引

学校給食の初め ………………	1889-10	
「学校給食臨時施設方法」発令		
………………………………………	1932-9	
カツ丼 ………………………	1921-2	
カツレツ ……………………	1895	
『家庭実益食養大全』 ………	1906-12	
『家庭之友(後の主婦の友)』 …	1903-4	
家庭用食用油の切符制 ………	1941-6	
家庭用蔬菜登録制販売を実施		
………………………………………	1942-11	
家庭用麦酒購入票配布 ………	1941-6	
『家庭和洋菓子製法』 …………	1905-10	
『家庭和洋料理法』 ……………	1905-10	
『蟹工船』 ………………………	1929-5	
カフェー全盛 …………………	1929	
株式取引所条例公布 …………	1878-5	
カブトビール …………………	1910-6	
「カブトビール」商標登録 ……	1898-11	
「加富登ビール」発売 …………	1899	
株式取引条例公布 ……………	1874-10	
「亀ノ尾」 ………………………	1893-秋	
鴨の大和煮缶詰 ………………	1881	
樺太漁業に関する諸規則公布		
………………………………………	1907-12	
カルテル …… 1890-6, 1927-2, 1928-1,		
33-7, 35-5		
『カルテル・トラスト・コンツェルン』		
…………………………… 1931-7～8		
「カルピス」発売 ………………	1919-7	
カレーライス ………… 1927, 1929-4		
瓦煎餅 …………………………	1871	
簡易食堂の初め ………………	1918-1	
勧工場の初め …………………	1878-1	
観光ブドウ園廃止通告 ………	1942-7	
関税定率法施行 ………………	1899-1	
乾燥味噌 ………………………	1944-11	
乾燥野菜 ………………………	1944-11	
缶詰業盛況 ……………………	1894	
缶詰試作 ………………………	1871	
『缶詰時報』 ……………………	1922-8	
「缶詰の日」 ……………………	1877-10	
缶詰輸出の嚆矢 ………………	1874	
含糖アミノ酸液 ………………	1937-8	
関東菓子業者大会,砂糖関税撤廃		
及び糖業トラスト打破 …… 1935-2		
関東三印(醤油) ………………	1931-9	
関東大震災 ……………………	1923-9	
乾パン ……… 1872, 73, 1931-12, 36-11		

き

機械精米 ……………… 1889-5, 91-11		
企業許可令公布・施行 …… 1941-12		
起業公債発行条例公布 ………	1878-5	
企業整備 ………………………	1941-9	
企業整備令公布(総動員法第16条発		

動),中小商工業の整理 ……	1942-5	
企業整備令 …………… 1944-2, 44-3		
企業設立ブーム ………………	1917	
菊水ブドウ酒 ………… 1898, 1904-4		
汽船漁業の初め ………………	1899-7	
機船底曳網漁業取締規則公布		
………………………………………	1921-9	
汽船トロール漁業取締規則公布		
………………………………………	1909-4	
汽船トロール漁業取締規則改正公布		
………………………………………	1912-8	
生活必需物資に切符制採用を決定		
………………………………………	1940-4	
キャラメルの自動包装装置 … 1929-12		
9・18停止価格決定 ……………	1939-9	
牛鍋店 ……………… 1871-4, 81-暮		
牛飯屋 …………………………	1891-11	
牛肉大和煮缶詰 ……… 1879-4, 94		
牛乳営業取締規則公布(警視庁)		
………………………………………	1885-11	
牛乳営業取締規則発令(内務省)		
………………………………………	1900-4	
牛乳営業取締規則改正 ………	1927-11	
『牛乳衛生警察』 ………………	1907-12	
牛乳及び乳製品配給統制規則公布		
………………………………………	1940-10	
『牛乳考　屠畜考』 ……………	1872-5	
牛乳搾取業 ……………………	1873-5	
「牛乳搾取人心得」布達 ……	1873-10	
「牛乳デー」開催 ………………	1927-4	
牛乳博覧会開催 ………………	1924-5	
牛乳びんの初め ………………	1889	
「キユーピーマヨネーズ」製造販売		
………………………………………	1925-3	
窮民対策 ………………………	1907-4	
「凶作地ニ対スル政府所有米穀ノ臨		
時交付ニ関スル件」施行 … 1934-12		
「今日は帝劇,明日は三越」 ……	1917	
漁業法公布 ……………………	1901-4	
漁村救済全国水産大会開催 … 1932-7		
「キリンレモン」発売 …………	1928-3	
金解禁に関する省令公布 ……	1929-11	
「緊急食糧対策に関する件」を閣議決		
定 ………………………………	1941-9	
「銀座煉瓦街」表通完成 ……	1873-10	
銀座煉瓦街(新橋～京橋)完成		
………………………………………	1877-6	
禁酒会館 ………………………	1923-3	
「金線サイダー」 ……… 1904, 1925-5		
金属類回収令公布 ……………	1941-8	
近代の上水道の初め …………	1887-10	
『近代日本産業史序説』 ………	1942-4	
銀銅貨回収収納運動 ……… 1942-12		
金融恐慌最高潮 ………………	1927-4	
勤労酒場 ………………………	1944-5	

く

空襲 …………………… 1942-4, 44-11, 45		
空襲警報発令の初め …………	1942-3	
果物缶詰の試験製造 …………	1875	
造石税の廃止,庫出税一本化		
………………………………………	1944-4	
「グリコ」(大阪三越へ売込成功)		
………………………………………	1922-2	
「グリコ」の名称・商標・キャッフレー		
ズを考案 ……………………	1920-10	
「グリコ」の生産を中止 ………	1942-7	
「グルタミン酸塩ヲ主要成分トスル調		
味料製造法」特許取得 ………	1908-7	
グルタミン酸ソーダ販売統制 … 1944-5		
グルタミン酸ソーダの規格及び公定		
価格指示 ……………………	1941-2	
グルタミン酸ソーダの家庭配給実施		
………………………………………	1942-8	
車糖 ……………………………	1874	
軍需会社法公布 …………… 1943-10		
軍需会社法 ……………………	1944-1	
軍需工業動員法発動 …………	1938-1	
軍需会社指定 ………… 1944-1, 44-4		
軍用(型)乾パン …… 1937-6・7, 42-10		
軍用パン研究 …………………	1898	
軍用ビスケット ………………	1904-1	

け

鯨漁取締規則公布 ………… 1909-10		
経済栄養献立 …………………	1922-5	
鶏肉缶詰 …………………… 1880-10		
景品付醤油 ……………………	1933-9	
鶏卵価格引上げ禁止,生鮮食料品の		
価格統制の初め …………	1938-10	
鶏卵配給統制規則公布施行 … 1940-10		
「月桂冠」商標登録 …………	1905-4	
欠食児童 ………………………	1932-7	
健康保険法実施 ………………	1926-7	
玄米食奨励 ……………………	1914-2	
『玄米食養法:滋養絶大』 ……	1914-8	
玄米配給を開始 ………………	1943-1	
玄米パン ………………………	1918	
玄米の積極的な普及運動の展開実施		
………………………………………	1942-11	
原料(アルコール)甘藷配給統制規則		
公布 …………………………	1939-8	

こ

初の興亜奉公日 ………………	1939-9	
『興業意見』 ………………… 1884-12		
工業労働者最低年齢法公布 … 1923-3		
工業労働者最低年齢法施行 … 1926-7		
航空機部品工場 ………………	1944-1	
広告取締法公布 ………………	1911-4	
「香竃印」商標登録(蜂印葡萄酒)		

……………………………………1886-3	小作争議……………………1921, 1935	砂糖減産協定締結……………1922-12
『工産物表　明治42年』………1909	児島湾干拓事業……………1899-5	砂糖公定価格実施………………1939-4
豪州小麦輸入……………………1900	国家総動員法公布…………1938-4	砂糖購入制限令施行……………1940-5
工場事業場管理令公布・施行	国家総動員法改正…………1942-3	砂糖消費税反対……………………1896
……………………………………1938-5	小麦粉減産協定……………1928-5	砂糖消費税施行………………1901-10
工場就業時間制限令廃止………1943-6	小麦粉製品最高販売価格…1940-1	砂糖消費税引上げ実施…………1938-4
工場統計調査開始……………1909-12	小麦粉等配給統制規則公布…1940-8	『砂糖製造法』……………………1905-3
「工場払下概則」制定………1880-11	小麦粉等製造配給統制規則公布	砂糖の配給制実施……1940-6, 40-11
工場閉鎖　　　1943-1, 43-2, 43-12,	……………………………………1941-7	砂糖の家庭用配給停止…………1944-8
44-2, 44-5	小麦粉輸出……………1915, 16, 17	砂糖配給統制要綱発表…………1940-3
工場法公布………………………1911-3	小麦粉輸入………………………1869	砂糖前代…………………………1879-4
工場法施行………………………1916-9	小麦最高販売価格…………1940-1	砂糖・マッチ配給統制規則公布
工場法改正………………1923-3, 29-7	小麦増殖奨励規則施行……1932-7	……………………………………1940-10
香辛料, 配給制…………………1941-9	小麦配給統制規則公布……1940-7	砂糖輸入量………………………1877
合成酒…………………………1921-8	米及び籾の輸入税率(軽減)に関する	産業給食の始め………………1872-11
公設小売市場…………1918-8, 18-9	勅令公布………………1912-5	産業組合中央会設立及び事業の勧
公設市場………………………1918-4	米貸せ運動…………………1935-2	令公布………………………1909-8
公設食堂…………………………1918	米商会所条例公布…………1876-8	産業組合中央金庫特別融資損失補
工船蟹漁業取締規則公布………1923-3	米騒動始まる………………1918-7	償法公布施行………………1935-9
工船式カニ漁業試験に成功……1920	米騒動発祥の地……………1918-7	産業組合法公布…………………1900-3
工船式カニ漁業………………1923-3	米配給の通帳制実施………1940-7	産業合理化に関する答申を決定
耕地白糖…………………………1909	米不売デー…………………1921-2	……………………………………1929-12
『紅茶製法布達案並製造書』…1874	米よこせ闘争………………1932-8	三蔵協定(醤油)…………………1926-10
紅茶製造伝習規則公布…………1878-1	コレラ………1879―春頃, 1882-5,	三蔵協定(醤油)解消……………1933-7
紅茶伝習規則公布………………1878-1	86―夏～秋, 90, 95	産地冷蔵庫(工場)を建設………1919
紅茶店頭販売……………………1874-5	『虎列刺治方概略(6丁)』……1877-9	サンドイッチ……………………1892
紅茶の輸入禁止…………………1938	海港虎列刺病伝染予防規則…1879-7	酸糖化水飴………1911-9, 16-5, 19-12
公定価格(小売)決定(砂糖・清酒・	「コロッケの歌」…………………1917	産糖調節協定……………………1927-2
ビール・清涼飲料・木炭など)	混砂搗米厳禁………………1938-11	「サントリーウイスキー」発売…1929-4
……………………………………1939-3	混食の奨励…………………1919-7	「サントリーウイスキー　赤札」発売
公定値段表示売買を決定(鮮魚・青	コンデンスミルク…………1907-3	……………………………………1930-5
果)………………………1939-3	『最近清酒速醸法』…………1912-2	「サントリーウイスキー特角」発売
神戸市営上水道給水開始………1900-4		……………………………………1932-10
神戸市水道起工…………………1907-4	━━━━━━さ━━━━━━	
高野豆腐…………………1872, 1877-2	『最近麺麹製造法』…………1917-6	━━━━━━し━━━━━━
コーヒーの物品税………………1944-2	サイゴン米………………………1869	市営のガス事業…………………1912-2
氷砂糖…………………1870, 1877-1	財政経済最悪の年…………………1930	塩専売法公布……………………1905-1
凍豆腐………1872, 1877-2, 1901-9, 31-4	サイダー……………………1904, 13-2	塩の通帳制配給要綱発表……1941-11
コーンスターチ…………………1911-9	栽培契約文書化の初め……1924-10	自家用醤油税課税…………………1900
コカコーラ輸入販売……………1919	酒屋会議………………1881-11, 82-4	自社株贈与………………………1919-10
国際捕鯨会議……………………1938-6	搾乳業……………………………1869-4	下請作業分配を通牒…………1938-12
国産鋼製漁船の初め…………1899-10	サクマ式ドロップス………1907, 20-8	『実験和洋菓子製造法』………1905-6
国産製菓博覧会開催……………1927-5	「桜田ビール」発売…………1879-5	「シトロン」発売(大日本麦酒)…1909-6
国産ドライイースト………1915, 17-6	「桜田ビール」………………1890-4	支那事変特別税法改正…………1939-4
国産ハム採用………………………1930	サクランボ………………………1897	社会政策実行団…………………1918-1
国産品愛用運動通達……………1930-6	サケ・マスなどの缶詰…………1891-9	奢侈品課税法公布………………1924-7
国産マーガリン製造開始………1908-5	サケの人工孵化事業………………1888	奢侈品等製造販売制限規則公布
国産煉乳愛用運動………………1924-8	酒購入券配布………………1941-5	……………………………………1940-7
国民精神総動員強化方策決定	サッカリン……1888-3, 1900-6, 01-10	ジャムパン…………………………1900
……………………………………1939-2	サッカリン使用問題………1909-11	『シャンピン・サイダー・ラムネ清涼
黒糖………………………………1868-1	雑穀配給統制規則公布……1940-11	飲料水製造法』……………1908-5
黒麦防止(缶詰)…………………1895	『サッポロビール沿革史』…1936-7	従業員雇入制限令・賃金制限令・工
国民酒場…………………………1944-5	「札幌冷製ビール」……1876-9, 81-3	場就業時間制限令各公布…1939-3
国民精神総動員実施要領………1937-3	砂糖官営案…………………1909-7	シュークリーム…………………1918-1
国民徴用令公布…………………1939-7	砂糖供給組合…………1933-9, 34-3	集成配給切符制…………………1941-9

296　◆　事項索引

重要工産品	……	1931-12, 32-12, 35-9
重要産業統制法	………	1931-4, 31-12, 32-11, 34-5, 36-11
重要産業団体令公布	………	1941-8
重要肥料業統制法公布	………	1936-5
重要物産に指定(牛乳・バター)		
	……………………	1938-11
酒精	……………………	1882-3
酒精及酒精含有飲料税法公布		
	……………………	1901-3
酒精工場	…………	1908-4, 11-3
酒税規則	……………	1882-12
酒税増税反対	……………	1881-11
酒税等の増徴等に関する法律の制定		
	……………………	1941-11
「酒税法,麦酒税法」改正	………	1938-4
酒税法改定	……………	1940-4
酒石(酸)採取	……	1942-5, 43-1, 43-5, 43-12, 43, 44-5
酒造株鑑札	……………	1868-5
酒造規則五箇条	……………	1868-5
酒造組合法改正	……………	1935-1
酒造組合法公布施行	……	1904-12
「酒造税則＝麹営業税則俗解」		
	……………………	1880-10
酒造税則	…………	1880-9, 80-10
酒造税法制定	……………	1896-3
酒造米200万石節約声明	………	1939-11
酒種のあんパン	……………	1875-4
10銭スタンド	……………	1932
主要食糧	……………	1942-2
酒類業団体法公布施行	………	1943-4
酒類税則制定	……………	1875-2
酒類造石高	……………	1879
酒類販売業が免許制	………	1938-4
準戦時	……………	1937-1
商業会議所条例公布	………	1890-9
商圏擁護運動強化に関する件(醤油)		
	……………………	1935-4
松根油緊急増産対策措置要綱を決定		
	……………………	1944-10
殖産興業に関する建白書	………	1874-5
醸造税創設	……………	1871-7
「醸造篇(勧農叢書)」	………	1888-3
焼酎	……………	1912, 20
小豆島の醤油	……………	1870
上菱ビール	……………	1889-5
商標条例制定	……………	1884-10
商法一部施行	……………	1893-7
商法改正法・有限会社法公布		
	……………………	1938-4
商法公布	……………	1890-4
新商法公布	……………	1899-3
商法大意	……………	1868-5
醤油(カルテル)	……………	1890-6
醤油エキス	………	1903-10, 04-3
醤油醸造鑑札交付	……………	1869-1
醤油生産量	………	1905, 07, 24
醤油税復活	……………	1885-5
醤油造石税廃止	……………	1926-4
醤油販売価格告示	……………	1940-8
食料品缶詰用空缶配給統制規則公布		
	……………………	1940-6
昭和恐慌	……………	1930
昭和8年度産糖供給調節協定成立		
	……………………	1933-6
食育	……………	1903-1
食塩・味噌・醤油の通帳配給制実施		
	……………………	1942-1
食券制(デパート食堂で初めて導入)		
	……………………	1924-11
「職工事情」	……………	1903-3
殖産興業政策	……………	1871-11
食堂車	………	1899-5, 1901-12, 1906-4
「食道楽」	…………	1903-1, 1905-2
「食物衛生警察(上・中・下巻)」		
	……………………	1906-11
食肉加工技術者養成開始	……	1919-5
食肉加工品の卸売協定価格認可		
	……………………	1940-7
食肉加工品公定価格告示	………	1940-9
食肉業配給統制要綱制定	………	1940-9
食肉配給統制規則公布	………	1941-9
『食パン和洋菓子製法：家庭軽便』		
	……………………	1911-3
食品衛生取締布達(初の)	………	1873-8
食品衛生に関する罰則	………	1880-7
『食品及嗜品分析表：兵食養価算定用』		
	……………………	1910-2
食品企業の資産額ランキング		
	…………	1896, 1911, 14, 29
植物油脂及び植物油脂原料種実配給規則施行	……………	1940-11
食用蛙	……………	1918
食糧管理法公布	……………	1942-2
食糧配給統制規則公布	………	1941-9
食料品缶詰用空缶配給統制規則公布		
	……………………	1940-6
『女工哀史』	……………	1925-7
諸獣屠場規則及び売肉取締規則公布		
	……………………	1877-2
諸獣屠場及び売肉規則改定	…	1880-3
飼料配給統制法公布	………	1938-3
人員整理	……	1930, 31, 32
「新カスケードビール」発売	…	1929-4
シンガポール陥落祝賀ビール特配		
	……………………	1942-5
ジンギス汗鍋	……………	1935-12
人工甘味質取締規則制定	…	1901-10
人工氷	……………	1891

人工凍豆腐特許取得	………	1901-9
新式焼酎	…………	1910, 12
新式醤油製造法	……………	1943-10
信州味噌	……………	1910-8
人造氷	……………	1883-10
人造バター	……………	1917-8

す

水産統制令公布施行	………	1942-5
水産博覧会(第1回)	……………	1883-3
水産博覧会(第2回)	……………	1897-9
水産物配給統制規則公布施行		
	……………………	1942-1
水産冷蔵奨励規則公布	………	1923-5
水道条例制定	……………	1890-2
水稲農林1号	……………	1931-3
炊飯用ガスかまど	……………	1902-2
スコッチウイスキー	………	1902-1
スターキングデリシャス	………	1929
スペイン風邪	……………	1918-10
ズルチン	……………	1936-7

せ

月刊『製菓と図案』(『製菓製パン』の前身)を創刊	……………	1925-1
生活食料品の価格抑制に全力傾注策を決定	……………	1939-12
生活必需物資統制令公布	……	1941-4
青果物配給統制規則公布施行(イモ類を含む)	……………	1940-7
青果物配給統制規則公布施行		
	……………………	1941-8
第1次清酒減産命令	………	1939-9
第2次清酒減産命令	………	1939-11
清酒濁酒醤油鑑札収与並ニ収税方法規則布告	……………	1871-7
清酒に等級設定	……………	1943-6
清酒販売価格指定	……………	1939-3
生鮮魚介類公定価格告示	……	1940-9
鮮魚介配給統制規則公布施行	1941-4
「生鮮食料品の配給及び価格の統制に関する件」発表(8・16統制)	1940-8
製造分業協定(バター製造)	…	1932-2
清濁酒鑑札雛型等布達	………	1873-2
製茶共進会(初の)	……………	1879-9
製糖会社の高率配当	……………	1920
製糖業4カ月間休止決定	…	1926-3
製糖場取締規則	……………	1905-6
「製氷取締」公布	……………	1878-5
製粉カルテル	……………	1930-3
製粉業界波乱	……………	1918
製粉生産制限協定	……………	1926-5
製粉歩留り	……………	1944-5
製粉6割減産協定	……………	1927-5
精米取扱規則公布	……………	1938-11

事項索引 ◆ 297

舎密局	………………	1868-7
『西洋菓樹栽培法』	………	1873-6
『西洋蔬菜栽培法』	………	1873-6
西洋料理発祥の地	………	1871
『西洋料理指南』	…………	1872
『西洋料理通』	……………	1872
清涼飲料水営業取締規則制定		
	………………………	1900-6
『清涼飲料水製造法：最近研究』		
	………………………	1911-8
清涼飲料水の生産量	………	1924
清涼飲料水課税反対運動	…	1917
『清涼飲料水之新研究』	……	1915
清涼飲料税改定	……………	1939-4
清涼飲料税増額改定	……	1941-12
世界大恐慌	…………………	1929-10
石炭砂糖(サッカリン)	……	1878-3
石油発動機付鮮魚運搬船の初め		
	………………………	1905-11
石油発動機付漁船富士丸建造(漁船		
動力化の初め)	…………	1906-3
赤痢菌発見	…………………	1897-11
『節倹食料並に救荒食物』	…	1918-9
全国菓子飴大品評会(第3回)	…	1919-3
全国菓子飴大品評会(第4回)	…	1921-4
全国菓子飴大品評会(第5回)	…	1923-3
全国菓子飴大品評会(第6回)	…	1926-4
全国菓子飴大品評会(第7回)	…	1928-9
全国菓子飴大品評会(第8回)	…	1931-4
全国菓子飴大品評会(第9回)	…	1933-5
全国菓子大博覧会(第10回)	…	1935-5
全国菓子大博覧会(第11回)	…	1939-4
全国缶詰業者大会(第6回)	…	1911-4
全国ビスケット協会発足	……	1927-5
戦時食糧増産推進本部を設置	1944-5
戦時低物価政策発表	………	1940-1
『撰種園開園ノ雑説』	………	1881-3
全脂煉乳製造	………………	1930-7
専売局官制公布	……………	1902-11
戦力増強企業整備要綱発表(軍需工		
業超重点生産主義)	………	1943-6

≡≡≡ そ ≡≡≡

操業停止(日清製粉)	………	1943-12
造石税の廃止，倉出税のみとなる		
	………………………	1944-4
雑炊食堂	……………………	1944-3
ソース	…………………	1896-2, 1905
ソース協定価格認可	……	1940-4・5
ソーセージ缶詰の初め	……	1932
ソーダ水	……………………	1902
疎開令	………………………	1944-6
速醸酛	………………………	1926
即席食品	……………………	1880-12
牛羹汁(ソップ=スープ)販売	…	1873-9

蘇鉄の実の味噌	……………	1939-8
ソテツ中毒者	………………	1931
そば博覧会	…………………	1936-5
蕎麦屋	………………………	1906

≡≡≡ た ≡≡≡

第1次食糧増産応急対策要綱決定		
	………………………	1943-6
大正9年恐慌	………………	1920-3
大正デモクラシー	…………	1917
大豆油試験工場	……………	1914
大豆及び大豆油等配給統制規則公布		
	………………………	1940-10
昭和13年度日本内地大豆消費量推定		
総量	…………………………	1938
第一次世界大戦	……………	1914-7
第一次世界大戦休戦条約調印		
	………………………	1918-11
第2次食糧増産応急対策要綱決定		
	………………………	1943-8
『大日本麦酒株式会社三十年史』		
	………………………	1936-3
太平洋戦争の開始	…………	1941-12
鯛焼き	………………………	1909
代用食	………………………	1919-6
大連港開港	…………………	1907
『台湾製糖株式会社史』	……	1939-9
台湾糖業奨励規則・施行細則公布		
	………………………	1902-6
台湾産バナナ初移入	………	1903
台湾米移入	…………………	1898
台湾領有	……………………	1895-6
タカジアスターゼ	………	1909-4, 15
寶焼酎	………………………	1912, 20
濁酒課税	……………………	1877-12
脱脂大豆(「味の素」の製造原料)	1934-1
『脱脂豆飯と玄米麺麭』	……	1918
脱脂煉乳製造	………………	1930-2
『田中式豚肉調理法』	………	1916-10
『田中式豚肉料理法』	………	1916-2
煙草専売法公布	……………	1904-4
タラバガニ缶詰	………	1892, 1914-6
男爵いも	……………………	1908

≡≡≡ ち ≡≡≡

チーズ製造	…………………	1879
畜産恐慌起こる	……………	1932
地租改正条例公布	…………	1873-7
地租条例公布	………………	1884-3
地方産味噌	…………………	1923-9
着色料取締規則発令	………	1897-2
チューインガム	……………	1915-10
中央卸売市場法公布	………	1923-3
中小商工業者の整理統合及び職業		
転換促進	…………………	1942-3

長十郎梨	……………………	1896
朝鮮産出米	…………………	1913-4
朝鮮産リンゴ	………………	1909
朝鮮米の廉売告示(東京府)	…	1918-8
調理にガス使用	……………	1901-4
猪口冷糖(チョコレート)の広告	1878-12
チョコレート一貫製造	……	1918-8
チョコレートとチェッペリン飛行船		
	………………………	1929-8
食糧品工業(菓子・乳製品・食品・		
缶詰)に賃金統制令適用	…	1940-8
青島牛輸出	…………………	1914-11

≡≡≡ つ ≡≡≡

築地居留地廃止	……………	1899-7
築地精養軒	…………………	1872-2
築地ホテル	…………………	1868-8
築地ホテル館	………………	1871-9

≡≡≡ て ≡≡≡

ディーゼル機関付き漁船	……	1920-4
帝国菓子飴大品評会(第1回)	…	1911-2
帝国菓子飴大品評会(第2回)	…	1912-4
手形制度実施(醬油)	………	1930-3
手形ビール	…………………	1889-5
『手軽西洋料理』	……………	1885-12
鉄鋼配給統制規則公布	……	1939-9
鉄道国有法公布	……………	1906-3
鉄道パン	……………………	1944-8
デパートメントストアー方式	…	1907-4
デパートメントストアの元祖	…	1907-9
天下三分の宣言書	…………	1917
電気冷蔵庫	…………………	1930
甜菜	…………………	1870, 78-5
『甜菜栽培の心得』	…………	1889-4
電熱器	………………………	1926-3
田畑勝手作許可	……………	1871-9
澱粉糖	…………………	1911-9, 14-3
澱粉類配給統制規則公布	…	1940-8

≡≡≡ と ≡≡≡

ドイツ式ソーセージ製法	……	1918-2
『独逸農事図解』	……………	1875-8
統一商標「麦酒」使用	………	1943-5
『糖業改良意見書』	…………	1901-9
東京市中央卸売市場開場	…	1935-2
同業組合準則公布	…………	1884-11
『東京新繁昌記』	……………	1874
『東京大正博覧会・出品之精華』		
	………………………	1914-8
東京大正博覧会開催	………	1914-3
東京都制施行	………………	1943-7
関東菓子業者大会，砂糖関税撤廃		
及び糖業トラスト打破	……	1935-2
「東京ビール」発売	…………	1898-12

298 ◆ 事項索引

東西屋		1909-5
統制会令公布		1943-10
統制会令		1944-4, 44-7
『糖税建議録』		1907-12
陶製ビールびん		1880-9
『東北地方凶作惨状実況』		1903-7
東北地方大凶作		1902, 05, 13
『東北六県酒類密造矯正沿革誌』		
		1920-6
特約店制度(森永製菓)		1915-9
屠肉取締り・屠獣検査の必要性		
		1871-8
土地永代売買解禁		1872-2
利根運河開通		1890-5
『富山県凶作被害状況 明治35年』		
		1903-3
ドライイースト		1915, 30
トラスト規定適用産業		1936-11
虎屋文庫		1869-3
トロール漁業の先駆け		1908-5
ドロップ		1892
とんかつ		1929
糖廊取締規則公布		1904-5

な

内国勧業博覧会(第1回)		1877-8
内国勧業博覧会(第2回)		1881-3
内国勧業博覧会(第3回)		1890-4
内国勧業博覧会(第4回)		1895-4
内国勧業博覧会(第5回 最終回)		
		1903-3
内地糖業		1868
長崎ちゃんぽんの初め		1899
長野県初の洋種ブドウ栽培		1879
流山のみりん		1873-5
灘・西宮の酒樽工、賃上げで罷業		
		1914-9
灘五郷		1881, 86-2, 88, 92, 96, 1910
生ビール		1902-2, 03-3
成金		1906, 15
南氷洋捕鯨		1934-12, 36, 37-9, 38-10, 40
南方占領地(ジャワ,フィリピン)糖業		
		1942

に

2・26事件発生		1936-2
握り鮨の値段		1893-8
肉食奨励の論達		1872-10
肉なし日		1941-5
全国肉用畜産博覧会		1935-12
肉類(牛肉・豚肉・鶏肉)販売価格告示		
		1940-8
二十世紀梨		1898-9, 1934-6
日英博覧会		1910-3

日満一体,生産力拡充,国際収支の適合,物資の需給調整の総合的産業5カ年計画樹立閣議決定		
		1936-6
『創立5周年誌』(日満製粉)		1940-4
日露漁業協約調印		1907-7
日露講和条約調印(ポーツマス条約)		
		1905-9
日露戦争		1904-2
「ニッカアップルジュース」発売		
		1935-5
『ニッカウヰスキー』『ニッカブランデー』発売		1940-10
日清戦争		1894-8, 95-4
日新丸(初の国産捕鯨母船)		1936-8
日中戦争		1937-7
日中戦争特別税法		1938-4
『日糖最近二十五年史』		1934-4
『日糖最近10年史』		1919-4
日本勧業銀行法公布		1896-4
日本勧業銀行創立		1897-6
「日本盛」商標譲受		1897-3
『日本産業史(上・下)』		1928
『日本醸酒編』		1874, 81-8
日本茶の輸出額		1871
『日本糖業編』		1899-3
日本橋魚市場		1868-9
「日本兵食論大意」(森鴎外)		1886-1
日本本土初空襲		1942-4
乳製品配給制度実施		1940-12
乳製品販売拡張事業		1928-12

の

農業恐慌		1930
『農業雑誌』		1874-5, 76-1
『農業三事』		1874-5
農業生産統制令公布		1941-12
農工銀行法公布		1896-4
農山漁村経済更生助成規則制定		
		1932-10
農山漁村経済更生特別助成規則公布,即日施行		1936-6
農村経済更生特別助成施設要綱		
		1935-8
農村工業		1933
『農村工業經營事例』		1935-9
農村工業奨励規則公布		1935-8
『農村工業讀本』		1935-3
農村パン(内麦パン)		1932
農地作付統制規則公布		1941-10
濃尾大地震		1891-10
野崎家(製塩業)		1892
『野田醤油株式会社二十年史』		
		1940-10
ノモンハン事件		1939-5

ノルウェー式捕鯨の初め		1899-7

は

配当統制令発動		1939-4
パイナップル缶詰		1927
パイナップル缶詰工場の初め		1902-3
バウムクーヘン		1919
「白桃」作出		1901
白米禁止令決定		1939-11
白米食廃止運動		1938-8
『舶来果樹要覧』		1884-8
函館氷		1870, 71-夏, 98-12
場所請負制度		1869-1
バース(パス)ビール		1875, 78-7, 85
バター試作		1873
バター製造		1889, 91
バター輸出		1931-3
葉煙草専売所官制公布		1897-4
8時間労働の初め		1919-10
「蜂印香竄葡萄酒」発売		1903-4
蜂印葡萄酒		1886-3
バナナ		1897-5, 03, 04-8
馬肉商		1888-1
馬肉鍋		1898
ハム・ソーセージなどの家庭配給実施が困難		1942-8
ハム製造		1872-11, 86-6, 87-10
パリ万国博覧会(1878)		1878-5
パリ万国博覧会(1889)		1889-5
パリ万国博覧会(1900)		1900-4
『馬鈴薯(勧農叢書)』		1892-8
馬鈴薯配給		1943-6
馬鈴薯飯試食会		1919-7
パン(主要食糧)		1942-2
『パン科学』		1943-12
反産業組合運動(醤油)		1935-4
パン食		1912-4, 18-8, 20

ひ

ビアホール		1899-8
麦酒業者懇談会開催(第1回)		1900
ビール公定価格(㊄価格)		1939-4, 39-8, 41-12, 43-4
『麦酒醸造法(勧農叢書)』		1887-4
『麦酒醸造法』(ワグネル)		1888-10
ビール生産量		1924, 39
ビール税増額改定		1941-12
麦酒製造所(品川県)		1869-2
『麦酒製造論』		1902-3
麦酒税法案反対		1901-1
麦酒税法(『ビール税法』)公布		1901-3
ビール税法廃止		1940-4
ビール専売法(台湾)		1933-7
ビール党		1919-1
ビールの専売制		1925-6

事項索引 ◆ 299

家庭用ビールの配給制実施 …1940-6	ブドウ糖 ……………………1916-5	…………………………………1923-9
ビール配給 ……1941-5, 42-4, 44-5	『葡萄培養法』上・下 ………1879	暴利取締令公布 ……………1917-9
ビール販売価格の統制開始 …1939-3	『葡萄培養法摘要』…………1877-9	ボストン氷 ……………………1871-夏
ビール瓶の国産化 ……………1888-6	プラスチック什器 ……………1937	母船式漁業取締規則公布 …1934-7
ビール麦契約栽培中止 ………1942-7	ブリキ使用禁止 ……………1938-10	帆船沖手操りに動力を付けた機船底
ビール銘柄商標廃止 …………1943-3	「ブルドックソース」の文字商標登録	曳網開発 …………………1913-10
ビール輸出の先駆け ……………1893	…………………………………1921	北海道官有物払下げ認可 ……1881-8
ビール輸出 ……………1896, 1916	「ブルドック」の図形商標登録 ……1909	北海道氷の専売許可 ………1873-4
ビール輸入量 …………………1880	古ブリキ回収運動 …………1937-12	北海道産リンゴの初結実 ……1879
備荒儲蓄法公布 ………………1880-6	「フルヤミルクキャラメル」…1925, 30-8	北海道屯田兵制度創設 ……1874-6
非常特別税法公布施行 ………1904-4	粉乳試作 ………………………1873	北海道余市産リンゴ ……………1895
ビスケット ………………1877-2, 94	『文明開化』…………………1873-9	『北海道煉乳製造史』 ………1941-4
日高式ブリ大謀網 ……………1892-2		ホットドック立ち食い屋台店(東京銀
一ツ矢サイダー …………………1885	============ へ ============	座) ………………………1938
「日の出ソース」………………1900	米価高騰 …80-12, 97-8, 98, 1911-7,	ホップ栽培 ……………………1872-7
「日の出ビール」………………1893	17-5, 25-4	ホルスタイン種 …………………1897
日の丸酒場 …………………1944-5	『苹果栽培法』………………1893-4	ボンベイ航路開始 ………………1893
「日ノ本焼酎」(日本酒精)………1912	米価調整に関する勅令公布・施行	
百貨店 ………………………1907-9	…………………………………1915-1	============ ま ============
日向ハム ……………………1935-11	米価暴落 ……………1921-1, 30-9	マーガリン …1908-5, 39-9, 41-6
兵糧パン ………………………1868	米穀管理規則公布 …………1940-10	マグロ油漬缶詰 …1929-12, 31-5, 32
平野水 …………………………1884	米穀強制出荷命令発動 ……1940-4	マシュマロ …1892, 99-10, 1904-7
肥料共同販売協定締結 ………1908-5	米穀自治管理法公布 ………1936-5	マッチの製造及び配給に関する省令
肥料割当制実施 ……………1938-11	米穀生産奨励金交付規則公布・施行	公布 ………………………1940-2
ビワ缶詰 ………………………1936-6	…………………………………1941-12	ママレード ………………………1916
琵琶湖疎水開通式 ……………1890-4	米穀統制法公布 ……………1933-3	マヨネーズソース製造禁止 …1942-9
『貧乏物語』…………………1916-9	米穀搗精等制限令公布 ……1939-11	マヨネーズソース公定価格制実施
	「米穀ノ応急措置ニ関スル法律」公布	…………………………………1940-10
============ ふ ============	…………………………………1937-9	㊇, ㊕, ㊋などの表示 ………1940-6
フィラデルフィア万博 …………1876-5	米穀配給統制法公布 ………1939-4	「丸三ビール」発売 …………1889-5
「副業を中心に観たる農村工業化の	米穀配給通帳制 ……………1941-4	丸十パン ………………………1915
話」………………………1934-12	米穀配給統制応急措置令公布・施行	マロングラッセ …………………1892
「福島県凶作救済概要 明治38年」	…………………………………1939-11	満州移民計画大綱決定 ……1932-1
…………………………………1906-7	米穀配給統制規則公布施行 …1940-2	満州国建国宣言 ……………1932-3
福神漬創製 ……………………1886	米穀法及び米穀需給調節特別会計	満州事変発生 ………………1931-9
「福羽イチゴ」作出 ……………1898	法施行 ……………………1921-4	「万上みりん」………………1873-5
ふじ(リンゴ) …………………1939	米穀法改正公布 ………1931-3, 32-9	
「フジビール」発売(東洋醸造)	米穀法廃止 …………………1933-3	============ み ============
…………………………………1921-10	「米麦混食の奨励」…………1919-9	「ミカドソース」(ヤマサ醤油) ……1885
藤山コンチェルン ……………1909-4	米麦品種改良奨励規則制定 …1916-3	ミカン缶詰 ……………1928, 30-4,
不正枡使用多数検挙 ………1912-6	平民食堂 ……………………1918-1	33-12, 37-12, 39
「豚肉加工法:全」……………1912-8	平和記念東京博覧会 ………1922-3	味噌醤油等配給統制規則公布
豚肉加工講習会 ……………1910-2	ペニシリン ……………………1944-11	…………………………………1942-1
ブタノール …1942-11, 42, 43-4, 44-11	ベルサイユ平和条約調印 ……1919-6	味噌の規格と公定価格を告示
ブチルアルコール ……………1943-6		…………………………………1940-8
物価委員会公布施行 ………1938-4	============ ほ ============	「三ッ鱗」印ビール …1874-1, 75-3, 82
物資総動員計画基本原則発表	「鳳凰ミルク」(房総煉乳) …1916-9	「ミツカン」商標登録 ………1884-10
…………………………………1938-6	豊作飢饉 ………………………1930	食堂新設(三越呉服店) ……1907-4
物資統制令公布施行 ………1941-12	房州ビワ ………………………1878	「三ツ矢サイダー」…………1884, 85
物品販売価格取締規則公布施行	『豊年製油株式会社二十年史』	「三ツ矢シャンペンサイダー」発売
…………………………………1938-2	…………………………………1944-4	…………………………………1907-2
物品販売価格取締規則 ……1939-2	暴利行為等取締規則改正公布	「三ツ矢印平野水」発売 ……1905-10
『葡萄栽培新書』……………1882-11	…………………………………1940-6	嶺岡牧場 ……………1868-12, 69-1
『葡萄三説』…………………1890-12	暴利取締令拡充強化 ………1938-7	ミネラルウオーター ……………1880
ブドウ酒醸造 ……………1870, 79-5	暴利取締緊急勅令公布・施行	ミュンヘンビール ……1909-9(生), 10-1

ミルクキャラメルの初め ……… 1913-6	輸出飲食物缶詰取締規則公布	臨時農村負債処理法公布 …… 1938-4
ミルクチョコレート生産中止 … 1942-10	……………………………… 1916-1	臨時肥料配給統制令公布施行
ミルクホール開店……… 1897, 1907-5	輸出柑橘取締規則公布 …… 1934-10	……………………………… 1938-1
══════ む ══════	輸出タバラ蟹缶詰取締規則制定	臨時米穀配給統制規則公布 … 1940-8
無塩醤油 …………………… 1932-2	……………………………… 1924-10	══════ れ ══════
麦湯店 ……………………… 1873-6	輸出入品等臨時措置法 …… 1937-9	冷害 ……………………… 1929, 31, 34
麦類配給統制規則公布 …… 1940-6	輸出マッチ …………………… 1880	列車食堂連結中止 ………… 1944-4
無水酒精（アルコール）…… 1937, 38-2	「ユニオンビール」発売（日本麦酒鉱泉）	レモネード ………………… 1900-6
室戸台風 …………………… 1934-9	………………… 1922-4, 30-3, 31-1	檸檬水の広告 ……………… 1877-6
══════ め ══════	輸入原料糖払戻税法公布 … 1902-3	煉乳 ………………… 1872, 76-6, 82
「明菓低温殺菌牛乳」発売 …… 1935-6	輸入ハム …………………… 1898	煉乳共同輸出 …………… 1929-10
『明治7年府県物産表』……… 1874	輸入ビール ……………… 1873, 80	煉乳真空釜 ……………… 1896-9
「明治牛乳」誕生 ………… 1928-10	輸入米 …………………… 1869	══════ ろ ══════
「明治コナミルク」発売 …… 1928-4	══════ よ ══════	労働組合 …………………… 1921-6
明治30年恐慌 ……………… 1897	洋菓子規格制定 ………… 1941-9	ローズバンプー（甘蔗種苗） …… 1896
明治14年政変 …………… 1881-10	洋菓子工場の職工数(20人以上)	鹿鳴館オープン ………… 1883-11
『明治製菓株式会社二十年史』	……………………………… 1919	鹿鳴館バザー …………… 1884-6
……………………………… 1936-4	養鶏奨励 ………………… 1907-4	6割操業短縮決定 ………… 1927-6
『明治製糖株式会社三十年史』	養豚 …………………… 1869-1	ロシアパン流行 ………… 1909-6
……………………………… 1936-4	養豚富国論 ……………… 1914-10	蘆粟（ろぞく）栽培 ………… 1877
『伸び行く明治：明治製糖三十五周	4社協定（ビール） 1929-2, 30-1, 31-2	══════ わ ══════
年記念』 ……………… 1940-12	══════ ら ══════	和三盆糖（わさんぼんとう）…… 1881-3
明治40年恐慌 …………… 1907-1	ライスカレー ………… 1876-8, 98-7	『和洋菓子全書』 ………… 1905-8
名店街の初め …………… 1934-11	酪農 ……………………… 1887	
メートル法採用 …………… 1925-8	酪農業調整法公布 ……… 1939-3	
メチルアルコール取締規則施行	落花生の種苗輸入 ……… 1874-10	
……………………………… 1911-3	ラハイナ（甘蔗種苗）………… 1896	
免許税創設（清酒・濁酒・醤油）	ラムネ …… 1868, 72-5, 80-6, 86, 87, 97,	
……………………………… 1871-7	1900-6, 04, 13-2, 28-4, 36	
綿砂糖共進会 …………… 1880-2	ラム酒 …………………… 1899-3	
麺類製造機 ……………… 1888-3	══════ り ══════	
══════ も ══════	陸羽132号 ………………… 1921	
門司麦酒煉瓦館 ………… 1913-4	陸軍管理工場 …………… 1935-3	
3週間の支払猶予(モラトリアム)緊急	陸軍糧秣廠 …… 1897-5, 1903-10・12	
勅令公布・施行 ………… 1927-4	理研酒 …………………… 1921-8	
「森永ミルクキャラメル」『森永キャラ	「理研ぶどう酒」醸造開始 … 1942-10	
メル」商標登録 ………… 1915-12	立食パーティー（最初）………… 1878	
「森永牛乳」発売 ………… 1929-12	「リボンシトロン」と改名(大日本麦酒)	
══════ や ══════	……………………………… 1915-8	
焼き芋屋 …………………… 1900	硫安製造 ………………… 1924	
ヤクルト菌 ………………… 1930	硫酸アンモニア増産及び配給統制法	
野菜廉売所 ……………… 1918-3	公布 …………………… 1938-4	
大和煮 …………………… 1881	糧食研究会 ……………… 1919-6	
山梨産ブドウ酒の宣伝 …… 1936-11	糧秣廠(食糧管理部門)監督工場	
ヤミ取引横行 ……………… 1942	……………………………… 1940-7	
══════ ゆ ══════	リンゴ苗木輸入 ………… 1875-6	
有害性著色料取締規則制定 … 1900-4	林檎水 …………………… 1880-7	
有畜農業奨励規則即日施行 … 1931-7	『林檎図解』 ……………… 1893-5	
「雪印マーガリン（混成バター）」発売	リンゴ列車の初め ……… 1934-10	
……………………………… 1939-9	臨時資金調整法公布 …… 1937-9	
	戦時食糧増産対策決定 …… 1943-5	
	臨時租税増徴法公布 …… 1937-3	

会社等索引

あ

アーキペラゴビール会社昭南工場(シンガポール)管理受託
(大日本麦酒) ……………………………………… 1942-11
愛知県水産試験場開場 ………………………………… 1894-5
愛知トマトソース製造合資会社設立(カゴメの前身)
……………………………………………………… 1914-12
愛知トマト製造(株)に改組改称(愛知トマトソース製造
……………………………………………………… 1923-4
愛知トマト製造(株) …………………………………… 1935-11
愛知トマト製造,愛知商事(株)設立 ………………… 1940-10
青旗缶詰(株)設立 ……………………………………… 1916
秋元合資会社(天晴みりん)設立 …………………… 1922-8
浅草製粉所払下げ ……………………………………… 1886
浅田麦酒醸造所設立 …………………………………… 1884
浅田麦酒醸造所廃業 …………………………………… 1912-3
朝日アスパラガス缶詰(株)設立 …………………… 1932-4
旭電化工業(株)設立 …………………………………… 1917-1
亜細亜麦酒(株)設立 …………………………………… 1936
味の素本舗株式会社鈴木商店と改称(株式会社鈴木商店)
……………………………………………………… 1932-10
味の素本舗株式会社鈴木商店,宝製油株式会社設立
……………………………………………………… 1935-3
味の素本舗株式会社鈴木商店,社名を鈴木食料工業(株)
と改称 ……………………………………………… 1940-12
鈴木食料工業(株),大日本化学工業(株)と改称 …… 1943-5
アミノ酸製造工業組合設立 …………………………… 1937-6
ネッスル社,淡路煉乳(株)設立 ……………………… 1933-10

い

維新製糖合股会社設立 ………………………………… 1902-7
伊豆畜産販売購買利用組合 …………………………… 1936-9
井関農具商会設立 ……………………………………… 1926-8
井関農機(株)設立 ……………………………………… 1936-4
(株)伊勢丹創立 ………………………………………… 1930-9
一府五県醤油組合設立 ………………………………… 1887
1府6県醤油醸造家東京醤油問屋組合結成 ………… 1890-6
井村屋製菓起源 ………………………………………… 1896
(株)岩井商店設立 ……………………………………… 1912-10
祝村葡萄酒会社 ………………………………………… 1886-3
岩の原葡萄園 …………………………………………… 1890-6

う

ウイルキンソン鉱泉(株)設立 ………………………… 1880
牛久醸造場竣工 ………………………………………… 1903-9
宇都宮製粉(株)創立 …………………………………… 1900
浦上商店(ハウス食品の前身)開業 …………………… 1913-11

え

私立栄養研究所設立 …………………………………… 1914
国立栄養研究所設立 …………………………………… 1920-9
(合名)江崎商店設立(江崎グリコの前身) ………… 1921-4
(合名)江崎商店,(株)江崎(江崎グリコの前身)に組織変更
(会社設立日) ……………………………………… 1929-2

(株)江崎(江崎グリコの前身),グリコ(株)に社名変更
……………………………………………………… 1934-1
江崎グリコ(株)と社名変更(グリコ) ………………… 1943-2
江崎グリコ,大阪工場で飛行機部品生産(住友金属工業と
提携) ……………………………………………… 1943-10
日賀志屋(エスビー食品の前身)設立 ……………… 1926-8
日賀志屋(エスビーの前身),(株)日賀志屋に改組(会社設
立日) ……………………………………………… 1940-4
愛媛県合同缶詰(株) …………………………………… 1943-6
(合資)エム・ゴンチャロフ商会 ……………………… 1923-4
塩水港製糖(株)(現塩水港精糖の起源)設立 ……… 1903-12
塩水港製糖(株)設立.同商号の旧事業を継承 ……… 1907-3
塩水港製糖,耕地白糖試製に成功 …………………… 1909
塩水港製糖,アルコール工場製造開始 ……………… 1916-6
塩水港製糖,日本砂糖工業(株)設立 ………………… 1937-3

お

大倉組商会創立 ………………………………………… 1873-10
大阪缶詰商同業組合結成 ……………………………… 1924-3
大阪砂糖取引所開場 …………………………………… 1925-12
大阪糖業会社(資本金5万円)を設立 ………………… 1889
大阪堂島米会所再興 …………………………………… 1871-4
大阪堂島米穀取引所(改称) …………………………… 1893-9
大阪麦酒会社設立許可(アサヒビールの前身) …… 1887-12
大阪麦酒会社設立 ……………………………………… 1889-11
大阪麦酒(株)(改組) …………………………………… 1893-2
大阪麦酒社債 …………………………………………… 1895-7
大阪市中央卸売市場開場 ……………………………… 1931-11
岡山県合同食品(株) …………………………………… 1942-7
岡山ラムネ製造所開設 ………………………………… 1892-春
オリエンタル酵母工業(株)設立 …………………… 1929-6
尾張トマト加工品製造組合結成 …………………… 1918-2

か

カーネーション社 …………………………… 1932, 1936-9
開新堂 …………………………………………………… 1870
開拓使設置 ……………………………………………… 1869-7
開拓使庁開設(札幌) …………………………………… 1871-5
開拓使麦酒醸造所竣工 ………………………………… 1876-9
開拓使石狩缶詰所開業 ………………………………… 1877-10
開拓使別海缶詰所開業式 ……………………………… 1878-7
開拓使廃止 ……………………………………………… 1882-2
開洋社設立(洋式捕鯨) ………………………………… 1873-12
価格形成中央委員会 …………………………………… 1940-4
学農社農学校設立 ……………………………………… 1876-1
菓子小売商業組合結成 ………………………………… 1941-11
蟹缶詰卸販売(組) ……………………………………… 1925-2
兼松合資会社(兼松(株)の前身)設立 ……………… 1913-2
兼松合資会社,(株)兼松商店に改組,改称 ………… 1918-3
兼松商店,兼松(株)と改称 …………………………… 1943-2
カフェ・ユーロップ開設 ……………………………… 1919
カフェー・パウリスタ,オープン …………………… 1911-12
カフェー・プランタン,オープン …………………… 1911-4

カフェー・ライオン，オープン	1911-8
加富登麦酒(株)と社名変更(日本第一麦酒)	1908-7
カブトビール	1887
華北森永食糧工業(株)設立	1942-10
鎌倉ハム製造(株)設立	1907-6
神谷シャトー	1894
神谷酒造合資会社(合同酒精の前身)設立	1903-11
神谷酒造(株)設立	1920-2
神谷醸造(株)に改組	1919-10
洋式酒場「神谷バー」開店	1912-4
樺太製糖(株)設立	1935-7
過リン酸肥料の共販機関成立	1931-2
カルピス製造(株)と社名変更(ラクトー)	1923-6
官営硝子製造所設立	1876-4
官営札幌製粉所払下げ	1886-11
官営札幌製粉所設置	1873-4
官営製粉機械工場設立	1873
官営甜菜糖製糖所機械試運転	1880-2
官営紋鼈製糖所操業本格化	1881-10
柑橘組合連合会	1936-9
勧業寮設置	1874-1
甘藷澱粉製造業組合連合会結成	1926-2
缶詰普及協会設立(日本缶詰協会の前身)	1922-6
関東州森永食糧工業(株)設立	1943-9
乾パン工業組合	1937-5

=== き ===

北日本製菓(株)(ブルボンの前身)，米菓の製造を開始	1934-2
北日本製菓(株)(ブルボンの前身)，北日本産業(株)に変更	1943-8
(株)旗道園(アオハタの前身)設立	1932-12
木村商店(キーコーヒーの前身)創立	1920-8
木村コーヒー(キーコーヒーの前身)と改名	1928-春
木村屋	1870
木村屋総本店，(株)に改組	1930-11
牛鍋店「いろは」第1号店開店	1881-暮
協救社	1869-1
(財)協調会設立	1919-12
共同漁業(株)	1914-11, 35-10
共同漁業，日本水産(株)と社名改称(日本食料工業(株)を合併)	1937-3
共同国産煉乳(株)設立	1933-12
京都缶詰興業(株)	1943-3
京都魚類統制(株)設立	1944-7
京都市中央卸売市場開場	1927-12
京都青果物統制(株)設立	1944-7
京都舎蜜(セイミ)局	1871
極東煉乳(株)設立(明治乳業の前身)	1917-12
極東煉乳(株)，花島煉乳所と札幌煉乳所を買収	1917
極東煉乳，初の工業的アイスクリーム製造	1921
極東煉乳，(合資)新田帯革製造所の止若・釧路両工場を買収	1936-7
極東煉乳，北海道農産加工(株)のアスパラガス缶詰工場を買収	1938-5

極東煉乳，商号を明治乳業(株)と改称	1940-12
極洋捕鯨(株)設立	1937-9
麒麟麦酒(株)設立　キリンビール	1907-2
麒麟麦酒，仙台の東洋醸造を買収	1923-6
麒麟麦酒，(株)明治屋との一手販売契約解約	1927-1
麒麟麦酒，昭和麒麟麦酒(株)設立	1933-12
銀座風月堂，合名会社に改組	1931-2

=== く ===

宮内省御用菓子納入組合設立	1941-12
宮内省御用醤油醸造所	1939-3
グランド・ホテル開業	1873-9
グリコ(江崎グリコの前身)，グリコの生産を中止	1942-7
グリコ，江崎グリコ(株)と社名変更	1943-2
クリフォード・ウイ(キ)ルキンソン炭酸(タンサン)鉱泉(株)	1917, 24, 43-4
軍需省設置	1943-11
群馬畜産加工組合設立(JA高崎ハム株式会社の前身)	1937-10

=== こ ===

合名会社小網商店設立	1928-7
小岩井農場設立	1891-1
厚生省(厚生労働省の前身)発足	1938-1
紅茶試験場開設	1880-8
神津牧場開場	1887
神津牧場	1889, 1935-10
合同酒精(株)(オエノンホールディングスの前身)設立	1924-10
康德製粉股份有限公司	1937-2
興農会社(リンゴ)発足	1887
神戸酒類商組合，びん詰酒売協定	1917-2
神戸精糖(株)創立	1906-10
神戸風月堂創業	1897-12
神戸モロゾフ製菓(株)(モロゾフの前身)創立	1931-7
可否茶館開店　コーヒーちゃかん	1888-4
国策代用品普及協会設立	1938-9
国産煉乳共同販売組合設立	1933-7
国産煉乳共同輸出組合設立	1933-7
国分商店	1880, 90-2
合名会社国分商店に改組	1915-12
ココア豆加工業会設立	1938-12
後藤缶詰所設立(はごろもフーズの前身)	1931-5
寿屋洋酒店に変更(鳥井商店(サントリーの前身))	1906-9
合名会社寿屋洋酒店設立	1913-2
合資会社寿屋洋酒店設立	1914-2
(株)寿屋(サントリーの前身)創立	1921-12
寿屋，登利寿(株)を合併	1922-3
寿屋，国産ウイスキー製造を決定	1923-10
寿屋，日本初のウイスキー工場を完成	1924-11
寿屋，日英醸造(株)麦酒工場買収	1928-12
寿屋，「岩の原葡萄園」と共同出資で(株)寿葡萄園設立	1934-6
寿屋，山梨農場(サントリー登美の丘ワイナリーの前身)設立	1936-10
寿屋，寿産業を設立	1942-11

駒場農学校開校	1878-1
小麦粉実需者相談所設置	1940-4
小麦等輸入統制協会設立	1938-1

=== さ ===

埼玉製粉合資会社設立(日東製粉の前身)	1900
坂田農園(「サカタのタネ」の前身)設立	1913-7
坂田種苗(株)(「サカタのタネ」の前身)設立(会社設立日)	1942-12
佐久間製菓(株)設立	1920-8
佐久間製菓, 大阪工場操業開始	1935-11
桜麦酒(株)と改称(帝国麦酒株式会社)	1929-5
桜麦酒, 4社協定から脱退	1931-2
桜麦酒販売(株)創立	1935-5
桜麦酒会社と社名変更(発酵社)	1890-1
桜麦酒株式会社と改称(桜田麦酒会社<清水谷商会>)	1893
桜麦酒, 東京麦酒株式会社に改組改称	1896-9
札幌製糖(株)設立許可	1888-5
札幌製糖, 再製糖製造	1894
札幌製糖 操業中止	1896-2
札幌製糖 解散	1901
札幌製粉所操業開始	1885-9
札幌製粉(株)設立	1902-4
札幌農学校設立	1876-8
札幌麦酒会社設立(大倉組札幌麦酒醸造場を譲り受けり)	1887-12
札幌麦酒会社開業	1888-1
札幌麦酒(株)(社名変更)	1893-12
札幌ホップ園	1883-2
札幌酪農園煉乳所開業	1911-2
砂糖供給組合結成	1928-12
砂糖供給組合解散	1934-3
讃岐志度製糖場設立	1874-4
讃岐糖業大会社創立	1884-7
讃岐糖業大会社解散	1896
サルノー商会	1871
(社)産業組合中央会設立	1909-12
産業組合中央会設立	1910-1
産業組合中央金庫設立(農林中央金庫の前身)	1923-12
産業整備営団	1944-11
サントリー登美の丘ワイナリー	1909, 13, 36-10
サンミゲルビール会社(フィリピン)の管理受託(大日本麦酒)	1942-9
サンヨー堂創業	1880-8

=== し ===

四海樓創業	1899
敷島製パン	1919-12, 20-6, 32-8
治作(水たき料理店)	1911
資生堂パーラー開設	1902
志太煉乳(株)設立	1918-8
品川硝子会社	1888-6, 89-1
品川硝子製造所	1883-9
品川工作分局	1879-4

芝浦屠場開設	1936-12
渋谷麦酒製造所	1872-3, 81-5
島醤油製造(株)設立	1896-4
清水食品(株)設立	1929-12
ジャパン・ブルワリー	1870
ジャパン・ブルワリー・カンパニー設立	1885-7
ジャパン・ブルワリー・カンパニー, キリンビール売出し	1888-5
自由亭	1871
自由亭ホテル開業	1881-1
酒造組合中央会設立	1929-5
商工省設置	1925-3
商工省中央物価委員会	1939-3, 39-12
醸造試験所(独法酒類総合研究所の前身)設置	1904-5
小豆島馬越醤油製造会社設立	1888-6
少年養成工教習所開設(大日本麦酒)	1939-4
常平社	1874
醤油3社(野田醤油・ヤマサ醤油・銚子醤油)	1926-10, 1930-3
昭和麒麟麦酒(株)設立(麒麟麦酒)	1933-12
昭和工船漁業(株)設立	1927-11
昭和産業(株)設立	1936-2
昭和産業, 昭和製粉・日本加里工業・日本肥料の3社を合併	1938-3
昭和酒造(株)(メルシャンの前身)設立	1934-12
昭和酒造, 八代工場設置	1937-5
昭和炭酸(株)設立	1944-3
昭和酒造, 社名を昭和農産化工(株)と改称	1941-11
昭和麒麟麦酒, 内地と同様, キリンビールの名で売出す	1934-4
昭和肥料(株)創立	1928-10
昭和煉乳(株)設立	1934-3
食品工業(株)(キユーピーの前身)設立	1919-11
植物油卸商業組合, 植物油小売商組合発足	1941-3
食養研究所設立	1926-12
私立栄養研究所設立	1914
飼料配給(株)設立	1938-4
代田保護菌研究所発足	1935
合同氷糖(株)(新光製糖の前身)設立	1944-6
新燧社	1875-4
新東洋製缶(株)を設立(東洋製缶, 7社を合併)	1941-7

=== す ===

水産缶詰内地配給会設立	1940-12
水産缶詰販売(株)設立	1939-9
水産講習所設立	1897-3
水産伝習所開設	1889-1
吹田村醸造所起工	1890-8
吹田村醸造所完成	1891-10
鈴木商店設立(神戸の鈴木商店)	1874
鈴木商店	1891, 94-6, 1902-11 (合名), 1907-8, 1908
鈴木商店, 大里製糖所建設開始	1903-6
鈴木商店, 大里製糖所開業	1904-10
鈴木商店, (株)大里製粉所設立	1910-10

鈴木商店, 大里製粉所操業開始 ……………… 1911-11
鈴木商店, 大里製塩所設立 ………………………… 1911-3
鈴木商店, 帝国麦酒(株)設立 ……………………… 1912-6
鈴木商店, 合資会社大里硝子製造所開業 ……… 1913-8
鈴木商店, 大里酒精製造所設立 ………………… 1913-12
鈴木商店, 鈴木油房創設(満鉄中央試験所大豆油製油所の払下げ) ………………………………………… 1915-9
鈴木商店, 大豆油抽出工場完成(後の豊年製油清水工場) ……………………………………………………… 1916-6
鈴木商店破綻 ……………………………………… 1927-4
合資会社鈴木製薬所設立(味の素の前身) …… 1907-6
合資会社鈴木商店と改称(合資会社鈴木製薬所) … 1912-4
鈴木商店, 川崎工場の建設に着手 ……………… 1913-4
鈴木商店, 川崎工場落成, 操業開始 ……………… 1914-9
株式会社鈴木商店設立(合資会社鈴木商店の営業権を継承) ……………………………………………………… 1917-6
株式会社鈴木商店設立(味の素(株)の設立日) … 1925-12
(株)鈴木商店, 大連市に昭和工業(株)設立 …… 1927-2
味の素本舗株式会社鈴木商店と改称(株式会社鈴木商店) ……………………………………………… 1932-10
味の素本舗株式会社鈴木商店, 宝製油株式会社設立 ……………………………………………………… 1935-3
鈴木食料工業(株)と改称(味の素本舗鈴木商店) … 1940-12
鈴木食料工業(味の素本舗), 大日本化学工業(株)と改称 ……………………………………………………… 1943-5
鈴木製塩所(鈴木三郎) …………………………… 1905-3
鈴木製糖所設立(鈴木藤三郎) …………………… 1889-6
鈴木製糖所火災 …………………………………… 1894-3
鈴木澱粉製飴所開設(鈴木藤三郎) ……………… 1911-9
須田町食堂(聚楽の前身)開業 …………………… 1924-3
スプリング・バレー・ブルワリー ……………… 1870, 81
スプリング・バレー・ブルワリー倒産 ………… 1884-7

===== せ =====

ゼ・ジャパン・ブルワリー・コンパニー・リミテッド設立 ……………………………………………………… 1899
成光舎牛乳店開業(正栄食品工業の前身) …… 1904-11
製粉会社連合会 …………………………………… 1921-6
製粉共販組合 ……………………………… 1932-8, 35-7
製粉販売組合(32年製粉共販組合に改称) … 1930-4, 32-8
製粉連合会 ……………………………… 1911-12, 27-5, 27-6
精養軒開業 ………………………………………… 1872-2
精養軒, 上野公園内に支店(現上野精養軒)を出す … 1876-4
(株)精養軒設立 …………………………………… 1918-1
(社)清涼飲料研究所設立許可 …………………… 1914-4
石灰窒素製造組合設立 ………………………… 1936-12
有限責任摂津油会社設立 ……………………… 1889-5
摂津製油株式会社に改組 ………………………… 1893-1
摂津灘五郷酒造組合連合会設立 ……………… 1886-2
全国清涼飲料水同業組合連合会設立(社団法人全国清涼飲料工業会の前身) ……………………………… 1918-11
全国カレー工業組合連合会設立 ………………… 1942-5
全国缶詰業連合会発足(大日本缶詰業連合会の前身) ……………………………………………………… 1905-11
全国漁業組合連合会(全漁連)設立 ……………… 1938-10

全国グルタミン酸ソーダ配給統制協議会設立 ……… 1942-4
全国購買販売組合連合会設立 …………………… 1941-1
全国醤油工業協同組合連合会設立許可 ………… 1940-2
全国醤油醸造組合連合会 ……… 1926-11, 35-4, 36-11, 44-3
全国醤油統制(株)創立 …………………………… 1941-10
全国醤油統制(株)設立(統制会社令による) ……… 1944-3
全国食肉業組合連合会発足 ……………………… 1933-5
全国飼料配給(株)設立 …………………………… 1940-4
全国製粉協会設立 ………………………………… 1940-6
全国製粉工業組合設立 …………………………… 1940-2
全国製粉配給(株)設立 …………………………… 1940-9
全国ソース工業組合連合会設立 ………………… 1941-5
全国蔬菜缶詰製造協会発足 ……………………… 1917-2
全国麦酒業者同盟会結成 ………………………… 1900-11
全国米穀販売購買組合連合会設立 ……………… 1931-4
全国蜜柑缶詰工業組合連合会発足 …………… 1937-10
全国味噌工業組合連合会解散 …………………… 1944-3
全国味噌統制株式会社, 統制会社令による新統制会社に改組 ………………………………………………… 1944-3
洗愁亭開業 …………………………………………… 1886

===== た =====

ターミナルデパート阪急百貨店開店 …………… 1929-4
大黒葡萄酒(株)(メルシャンの前身)創設 ……… 1892-4
醍醐味合資会社設立(カルピスの前身) ………… 1916-5
大正製菓(株)設立 ……………………………… 1916-12
泰靖社設立 …………………………………………… 1879
泰靖社解社 ………………………………………… 1886-1
大東製糖(株)設立 ………………………………… 1907-3
台南製糖(株)設立 ………………………………… 1904-5
台南製糖(株)設立 ……………………………… 1907-11
大日本塩業協会設立 ……………………………… 1896-3
大日本遠洋漁業(株)設立 ………………………… 1907-5
大日本化学工業(味の素の前身), 宝製油を合併 … 1944-5
大日本果汁(株)(ニッカウキスキーの前身)設立 … 1934-7
大日本柑橘生産販売組合連合会設立 …………… 1934-9
大日本産業報国会創設 ………………………… 1940-11
大日本酒類販売(株)設立 ………………………… 1941-9
大日本人造バター工業組合設立 ……………… 1935-11
大日本人造肥料, 関東酸曹・日本化学肥料両社を合併 ……………………………………………………… 1923-5
大日本水産会 ………………………………… 1882-2, 89-1
大日本製糖(株)と改名(日本精糖) …………… 1906-11
大日本製糖, 台湾での原料糖工場設立許可 …… 1906-12
大日本製糖(株), 大里製糖所買収 ……………… 1907-8
大日本製糖・横浜精糖・神戸精糖3社間生産額協定成立 ……………………………………………………… 1908-4
大日本製糖(日糖)事件 …………………………… 1909-4
大日本製糖, 朝鮮製糖(株)を設立 ……………… 1917-8
大日本製糖, 内外製糖を合併 …………………… 1923-1
大日本製糖, 台湾の新高製糖を傘下に収める … 1927-6
大日本製糖, 東洋製糖を合併 ………………… 1927-12
大日本製糖, 新高製糖を合併 …………………… 1935-6
大日本製糖, 帝国製糖を吸収合併 …………… 1940-11
大日本製乳協会 ………………… 1919-4, 24-1, 24-8, 35-9

会社等索引 ◆ 305

会社名・事項	年月
大日本製乳協会，藤井乳製品(株)を除名	1933-11
日東製氷，大日本製氷(ニチレイの前身)と改称	1928-9
大日本製粉(株)設立	1907-3
大日本製酪業組合設立	1940-1
大日本製酪業組合，カゼイン統制	1944-5
大日本炭酸鉱泉(株)と社名変更(クリフォード・ウキルキンソン・タンサン鉱泉)	1943-4
大日本乳業協会発足	1933-7
大日本乳製品(株)と改称(北海道煉乳)	1927-9
大日本乳製品(株)	1928-6, 29-5
大日本乳製品(株)を経営(明治製菓)	1932-7
大日本農会設立	1881-4
(社)大日本バター協会設立	1938-11
大日本麦酒(株)設立	1906-3
大日本麦酒，東京麦酒新株式会社(旧桜田麦酒)を買収	1907-2
大日本麦酒，ミュンヘン式生ビールを初めて製造	1909-9
大日本麦酒，中国青島のアングロ・ジャーマン・ブルワリーを買収	1916-9
大日本麦酒，青島工場醸造開始	1916-12
大日本麦酒，「青島ビール」発売	1917-5
大日本麦酒，北京麦酒，工場竣工	1944-7
大日本麦酒，朝鮮麦酒(株)設立	1933-8
大日本麦酒，目黒工場に少年養成工教習所開設	1939-4
大日本麦酒，サンミゲルビール会社(フィリピン)の管理受託	1942-9
大日本麦酒，アーキペラゴビール会社昭南工場(シンガポール)の管理受託	1942-11
大日本ビスケット協会発足	1931-8
大日本葡萄酒醸造(株)と改名(山梨県のブドウ栽培の小山開墾事務所)	1913
大日本捕鯨(株)設立	1907-4
大日本山梨葡萄酒会社設立	1877-8
大日本山梨葡萄酒会社閉鎖	1886-1
大日本洋酒食料品商組合創立	1938-12
大日本煉乳同盟会発足	1917-1
太平洋漁業(株)	1935-2
台北製糖(株)設立	1910-8
(株)大丸と改称(大丸呉服店)	1928-6
大洋捕鯨(株)設立	1936-6
合資会社大里硝子製造所開業(神戸の鈴木商店)	1913-8
大里酒精製造所設立(神戸の鈴木商店)	1913-12
大里製塩所設立(神戸の鈴木商店)	1911-3
大里製糖所新設開業(神戸の鈴木商店)	1903-6
大里製糖所開業(神戸の鈴木商店)	1904-10
(株)大里製粉所設立(神戸の鈴木商店)	1910-10
大里製粉所，操業開始	1911-11
日本製粉，大里製粉所を合併	1920-3
大連油脂工業(株)設立	1916-5
台湾銀行設立	1899-6
台湾合同鳳梨(パイナップル)(株)設立	1935-6
台湾商工銀行設立	1910-7
台湾製糖(株)第1回創立発起人会	1900-6
台湾製糖(株)創立	1900-12
台湾製糖，橋仔頭酒精(アルコール)工場醸造開始	1908-4
台湾製糖，神戸精糖神戸工場買収契約締結	1911-2
台湾製糖，神戸第2工場新設に着手	1915-8
台湾製糖，台北製糖を合併	1916-5
台湾糖業連合会(カルテル組織)発足	1910-10
台湾糖業連合会，糖業連合会と改称	1920-10
(株)髙島屋呉服店，(株)髙島屋と改称	1930-12
高松砂糖会社設立	1880-11
高松砂糖会社解散	1896
宝酒造，日本酒造を合併	1939-1
宝醤油工業(株)設立(鈴木食品工業，銚子醤油と共同で)	1941-6
宝製油(株)設立	1935-3
竹岸ハム商会(プリマハムの前身)開設	1931-9
龍野醤油醸造組合設立	1876
館林製粉(株)設立	1900-10
館林製粉，(新)日清製粉と社名変更	1908-2
田村汽船漁業部(日本水産の前身)設立	1911-5

=== ち ===

会社名・事項	年月
千葉県醤油工業組合結成	1939-9
千葉県立食肉製造所設立	1880-冬
千葉県立食肉製造所	1884, 86-6
千葉醤油統制(株)創立	1941-12
地方麦酒販売(株)設立(全国7地区に)	1942-9
地方麦酒販売(株)	1943-3, 44-7
茶事集談会開催	1879-10
中央原料酒精会社設立	1943-9
中央製糖(株)設立	1910-12
中央畜産会発足，解散	1915-7, 41-8
中央麦酒販売(株)	1943-3, 44-7
中央物価委員会総会	1940-3
中央蜜柑缶詰工業組合結成	1935-12
中央食糧営団設立	1942-9
中央麦酒販売(株)設立	1942-9
銚子醤油合資会社設立	1914-9
銚子醤油(株)	1918-8, 37-5, 39-12
銚子醤油組合試験所設立	1899
銚子醤油同業組合設立	1888
朝鮮製糖(株)設立(大日本製糖)	1917-8
朝鮮製粉(株)設立(日清製粉)	1936-8
朝鮮中央麦酒販売(株)設立	1942-11
朝鮮麦酒(株)設立(大日本麦酒)	1933-8
朝鮮麦酒，出荷開始	1934-4
朝鮮丸金醤油(株)設立	1942-9

=== つ ===

会社名・事項	年月
築地牛馬会社	1869-9
築地精養軒(上野精養軒の前身)，「カフェー・ライオン」開店	1911-8
月島機械(株)設立	1917-6
堤商会設立(旧ニチロの前身)	1907
堤商会	1913-4, 15
帝国鉱泉(株)創立(三ツ矢平野鉱泉を改組)	1907-2

て

帝国水産会設立	1922-5
帝国水産統制(株)(ニチレイの前身)	1942-12
帝国製糖(株)創立	1910-10
帝国製糖(薩摩系安部幸)，神戸市に精製糖工場操業開始	1916-6
帝国製粉(株)設立	1906-8
帝国畜産会創立(中央畜産会を解散し)	1941-8
帝国農会設立許可	1910-11
帝国麦酒(株)設立(神戸の鈴木商店)	1912-6
帝国麦酒，「サクラビール」の商標登録認可	1912-11
帝国麦酒(株)操業開始	1913-4
帝国麦酒(株)，桜麦酒(株)と改称	1929-1
帝国麦酒輸出組合設立	1933-9
帝国ホテル会社設立	1890-7
帝国ホテル開業	1890-11
帝国油糧統制(株)設立	1942-8
帝国冷蔵(株)設立	1907-3
天狗屋(岩井松平)	1880-4
天津工業(株)設立(味の素本舗)	1935-3
(株)天龍館設立(養命酒製造の前身)	1923-6
(株)天龍舘，(株)養命酒本舗天龍舘を吸収合併	1943-2

と

東亜化学興業(株)設立(協和醗酵の前身)	1943-3
東亜製粉(株)設立	1906-10
東京魚市場解散式	1935-12
東京掛菓子製造組合	1897
東京菓子(株)設立	1916-10
東京菓子，大正製菓(明治製菓の前身)を合併	1917-3
東京菓子，明治製菓(株)と社名改称	1924-9
東京株式取引所設立	1878-5
東京缶詰同業組合設立許可(洋酒との分離実現)	1923-12
東京牛乳運輸(株)設立(明治乳業)	1941-6
東京合同市乳(株)設立	1941-4
東京米商会所開業	1883-6
東京砂糖取引所設立	1928-10
東京市芝浦屠場・東京市常設家畜市場開設	1936-6
東京市中央卸売市場築地本場，竣工式	1933-12
東京酒類商業組合連合会結成	1938-6
東京商工会設立(東京商工会議所の前身)	1883-11
東京醤油会社設立	1881-2
東京醤油問屋組合	1887-6, 90-6
東京食肉配給(株)設立総会	1941-10
東京食パン製造工業組合設立	1938-9
東京人造肥料，大日本人造肥料と社名改称	1910-7
東京人造肥料会社創立	1887-4
東京水産物統制(株)設立	1944-7
東京青果物統制(株)設立	1944-7
東京製糖	
東京製氷会社設立	1883-10
東京製粉合資会社設立	1894-3
東京清涼飲料水組合	1936
東京清涼飲料水同業組合設立	1910
東京ソース工業組合結成	1938-6

東京ソース製造業者協会発足	1931-1
東京蕎麦飩商組合設立許可	1912-5
(株)東京第一ミルクプラント設立	1927-6
東京月島機械製作所創業	1905-8
東京都缶詰配給組合設立	1944
東京乳業(株)設立	1942-10
東京麦酒(株)に改組改称(桜田麦酒株式会社)	1896-9
東京麦酒，東京麦酒新(株)と社名変更	1906
東京麦酒新(株)買収(大日本麦酒)	1907-2
東京麦酒協調会設立	1932-2
東京府下味噌製造業組合結成	1889-11
東京府食パン販売統制(株)設立	1941-4
東京米穀商品取引所	1908-12, 40-5
東京ミルクプラント創立	1928-6
東京洋酒缶詰問屋同業組合結成	1911-6
東京洋酒食料品商組合結成	1926-1
糖業連合会	1911, 27-2, 29-4, 33-6, 38-3
東京煉乳(株)設立	1884
木徳製粉(株)設立(東福製粉の前身)	1932-10
東福製粉，愛知製粉(株)を買収	1935-2
木徳製粉(株)，商号を東福製粉(株)に変更	1940-1
東部製糖共販組合	1931-4, 35-7
東洋化学肥料会社，日本硫安肥料会社を合併	1917-5
(財)東洋缶詰専修学校創設(東洋食品工業短期大学の前身)	1938-4
東洋醸造(株)設立	1919
東洋醸造(株)	1921-10
東洋水産(株)設立	1906-7
東洋製菓(株)設立	1900-4
東洋製缶(株)設立	1917-6
東洋製缶，7社を合併して新東洋製缶(株)を設立	1941-7
東洋製糖(株)設立	1907-2
東洋製糖，沖縄県大東島に分蜜糖工場建設	1916
東洋製乳(株)設立	1936-9
東洋製粉股份有限公司設立	1937-2
東洋曹達(株)設立	1935-2
徳島撫養塩田労働組合	1927-4
富岡商会	1932
虎屋	1869-3
鳥井商店(サントリーの前身)開業	1899-2
(株)鳥越商店(鳥越製粉の前身)設立	1935-12
登利寿(株)設立	1920-3

な

長崎県立缶詰研究所設立	1879-7
長崎製粉所操業開始	1896
(株)中島菫商店	1932-12
中埜酢店	1884
中村屋開業	1901-12
(株)中村屋に商号変更(中村屋〈個人経営〉)	1923-4
名古屋製糖(株)設立	1906-12
灘購買組合(生活協同組合コープ神戸の前身)	1921-5
灘商業銀行設立	1894-11
七重勧業試験場	1873

南海晒粉会社設立	1906-10
南昌製糖(株)設立	1903-7
南洋興発(株)	1921-11, 37-6
南洋製糖(株)設立	1917-11

に

新高製糖(株)設立	1909-10
新高製糖, 大阪市に, 精製糖工場完成	1916-7
新満製糖合併(大日本製糖)	1935-6
西大洋漁業統制(株)創立	1943-2
西宮企業会社設立(日本盛の前身)	1889-4
西宮企業株式会社と改名(西宮企業社)	1893-12
西宮酒造(株)と改名(西宮企業)	1896-7
日英醸造(株)設立	1919
日英醸造(株)麦酒工場買収(寿屋)	1928-12
日満製粉(株)設立	1934-6
日魯漁業(株)設立(旧ニチロの前身)	1914-3
日華製油(株)(後の日華油脂)設立	1917-3
日華油脂と改称(日華製油, 日華化学工業を合併)	1942-4
日商(株)(日商岩井→双日の前身)創立	1928-2
日清航空工業(株)設立	1944-3
(新)日清製粉と社名変更(館林製粉)	1908-2
日清製粉横浜工場運転開始	1909-8
日清製粉, 大日本製粉(株)と合併登記	1910-9
日清製粉, 館林第2工場運転開始	1911-6
日清・日本・東亜の製粉3社, 生産制限, 販売価格を協定	1911-10
日清製粉鶴見工場, 二期工事完了	1928-9
日清製粉, 愛国・常盤両製粉(株)を合併登記	1938-7
日清製粉, 敷島屋製粉所合併登記	1940-4
日清豆粕製造(株)設立(日清オイリオグループの前身)	1907-3
日清豆粕製造, 日清製油と改名	1918-5
日東食品(株)創業(日東ベストの前身)	1937-10
日東製粉(株)と改称(松本米穀製粉, 名古屋製粉・新田製粉を合併)	1930-12
日東製粉, 埼玉興業を合併	1938-6
日東製氷(株)設立	1919-6
日本アスパラガス(株)設立	1924-11
日本アミノ酸統制(株)	1941-11, 44-5
日本鮑缶詰業水産組合設立	1938-7
日本栄養食品(日本農産工業(株)に商号変更	1942-3
日本遠洋漁業(株)設立	1899-7
日本菓子工業組合連合会設立	1940-6
日本菓子販売統制組合創立	1940-2
日本家畜市場(株)と改称(白金共同家畜会社・東京家畜市場を合併)	1893-11
日本蟹缶詰水産業組合連合会発足	1924-5
日本蟹纒詰共同販売(株)設立	1931-3
日本硝子工業(株)設立	1916-6
日本柑橘輸出組合設立	1931-11
日本甘藷馬鈴薯(株)設立	1941-8
日本缶(株)設立	1905-7
日本缶詰協会設立	1927-3
日本缶詰工業組合連合会発足	1938-10
日本缶詰統制(株)設立	1942-2
日本缶詰統制(株), 統制会社令による会社に移行	1944-4
日本均質牛乳(株)設立	1919
日本興業銀行設立	1902-3
日本広告(株)及び電報通信社設立(電通の前身)	1901-7
日本工船漁業株式会社設立	1927-11
日本工船漁業, 昭和工船漁業と東工船を合併, 日本合同工船(株)と改称	1932-4
日本紅茶(株)設立	1917-3
日本小麦粉輸出組合設立総会	1939-12
日本小麦粉輸出組合解散	1942-9
日本鮭鱒缶詰業水産組合結成	1931-8
日本鮭鱒缶詰共同販売(株)設立	1935-9
日本雑缶輸出振興(株)設立	1940-4
日本砂糖配給(株)設立	1940-5
日本砂糖統制(株)と改称(日本砂糖配給)	1943-3
日本酒精(株)	1908, 12
日本酒精製造(株)設立	1900-11
日本商工会議所設立	1928-4
日本醸造工業(株)設立	1917-7
日本醤油醸造(株)設立	1907-6
日本醤油醸造(株), サッカリン問題	1909-11
日本食堂(株)設立	1938-9
日本人造肥料, (株)に改組	1912-8
日本水産(株)に変更(株式会社山神組)	1917-6
日本水産(株)と改称(共同漁業)	1937-3
日本水産缶詰製造業水産組合結成	1940-3
日本精製糖(株)発足	1895-12
日本精糖(株)設立	1896-1
日本精糖, 操業開始	1898-6
日本精麦工業組合連合会設立	1940-2
日本製氷(株)設立	1907-5
日本製壜合資会社設立	1901-9
日本製壜(株)設立	1918-11
日本製粉会社設立	1887-2
日本製粉(株)設立	1896-12
日本製粉, 帝国製粉(株)を合併	1909-9
日本製粉, 東洋製粉・(株)大里製粉所・札幌製粉を合併	1920-3
日本製粉, 本格的接岸工場横浜工場竣工	1924-5
日本製粉, 整理更生案決定	1927-5
日本製粉, 三井物産の系列会社となる	1928-3
日本製粉仁川工場(朝鮮)竣工	1935-10
日本製麺工業組合連合会	1941-7
日本製油(株)設立	1897-5
日本清涼飲料協会設立	1909
日本曹達工業組合連合会設立	1938-12
日本第一麦酒(株)と改称(丸三麦酒買収)	1906-10
日本第一麦酒, 加富登麦酒(株)と社名変更	1908-7
日本大豆統制(株), 大豆製品共販(株)設立	1940-10
日本炭酸瓦斯(株), 営業開始	1917-6
日本チョコレート菓子工業会設立	1940-5
日本チョコレート協会設立	1939-4
(旧)日本甜菜製糖(株)設立	1920-4
(旧)日本甜菜製糖, 清水工場竣工	1921-10

日本陶器合名会社(ノリタケの前身)設立 …………1904-1
日本特殊油(株)設立(鈴木食料工業,日本石油と共同出資)
　　　　　　　　　　　　　　　　　　　　…………1942-9
日本農産缶詰共販(株)設立 ………………………1940-3
日本栄養食品(株)設立(日本農産工業の前身) ………1931-8
日本栄養食品(株),日本農産工業(株)に商号変更 …1942-3
日本農民組合結成 …………………………………1922-4
日本麦酒協会に改組改称(麦酒協会) ………………1942-6
日本橋魚市場と称す(日本橋魚問屋組合) …………1884-11
日本バター組合設立 ………………………………1932-6
日本バター協会結成 ………………………………1932-8
日本バター配給(株)設立 ……………………………1944-3
日本ハム製造会社設立 ……………………………1907-1
日本麦酒(株)と改名(有限責任日本麦酒醸造会社) …1893-2
日本麦酒原料協会設立 ……………………………1938-10
日本麦酒原料(株)設立 ……………………………1943-6
日本麦酒鉱泉(株)設立 ……………………………1921-7
日本麦酒鉱泉,金線飲料(株)を合併 ………………1925-5
日本麦酒酒造組合設立 ……………………………1943-4
日本麦酒醸造会社設立 ……………………………1887-9
日本氷糖(株)設立 …………………………………1913-7
日本米穀(株)設立 …………………………………1939-7
日本貿易統制会設立 ………………………………1942-1
日本捕鯨(株)設立 …………………………………1934-5
日本蜜柑缶詰工業組合連合会設立 ………………1936-10
日本蜜柑缶詰輸出組合設立認可 …………………1937-12
合同油脂,日本油脂(株)と改称 ……………………1937-6
日本輸出鰯缶詰業水産組合結成 …………………1932-4
日本輸出農産物(株)設立 …………………………1940-7
日本洋式製菓合資会社設立 ………………………1899
日本リグレー(株)設立 ……………………………1916-4
日本硫安肥料(株)設立 ……………………………1912-5
日本冷蔵商会設立 …………………………………1899-5
日本冷蔵倉庫(株)設立 ……………………………1907-4
日本連続抽出(株) …………………………………1943-12
日本煉乳(株)設立(森永乳業の前身) ………………1917-9
日本労働組合野田支部結成 ………………………1921-12
乳業組合設立 ………………………………………1932-6
乳業統制会設立 ……………………………………1932-11
乳製品共販組合を組織 ……………………………1933-7
にんべん(鰹節店) …………………………………1899-3

======= ね =======

ネッスル(ネスレ)・アングロ・スイス煉乳会社,日本支店開
　設 …………………………………………………1913-4
ネッスル日本(株)………………………………1933-6, 35-5
ネッスル社 ……………………1907-3, 28-6, 28-8, 28-11, 29-5,
　31-6, 33-10, 34-1

======= の =======

農器具配給(株)設立 ………………………………1940-5
農商省設置 …………………………………………1943-11
農商務省新設 ………………………………………1881-4
農商務省畜産試験場設置 …………………………1916-4
農村工業指導所設置 ………………………………1938-2

農林省・商工省設置(農商務省廃止) ………………1925-3
農林中央金庫と改称(産業組合中央金庫) …………1943-9
ノースレー商会 ……………………………………1868
(株)野崎商店設立(旧野崎産業の前身) ……………1935-3
野田醤油(株)(キッコーマンの前身)設立 …………1917-12
野田醤油,商標を「キッコーマン」ほか七印に整理 ……1920-1
野田醤油,野田醤油醸造・万上味醂・日本醤油を合併
　　　　　　　　　　　　　　　　　　　　…………1925-4
野田醤油,新鋭工場「第17工場」落成 ………………1926-4
野田醤油,長期ストライキ …………………………1927-9
野田醤油の労働争議,218日で解決 ………………1928-4
野田醤油,関西工場完成 …………………………1931-9
野田醤油,野田醤油股份有限公司を設立 …………1936-8
野田醤油と銚子醤油(ヒゲタ醤油の前身)の提携成立
　　　　　　　　　　　　　　　　　　　　…………1937-5
野田醤油,銚子醤油のヒゲタ印醤油の地方販売を受託
　　　　　　　　　　　　　　　　　　　　…………1939-12
野田醤油,北京工場建設 …………………………1941-3
野田醤油,昭南工場(シンガポール),メダン工場(スマトラ
　島)開設 …………………………………………1943-2
野田醤油,新式醤油製造法を公表 …………………1943-10
野田醤油醸造組合,野田醤油醸造試験所開設 ……1904-3
野田醤油醸造組合,野田病院設立 …………………1914
野田醤油醸造組合設立 ……………………………1887-8
野田醤油醸造組合解散 ……………………………1918-11

======= は =======

白馬亭 ………………………………………………1874
博報堂設立 …………………………………………1895-10
八丈島煉乳(株)設立 ………………………………1923-5
醗酵社設立(桜田麦酒の前身) ……………………1878-10
醗酵社,創立5周年祝宴 ……………………………1883-1
初の料理学校 ………………………………………1882-2
林兼 …………………………………………………1920
(株)林兼商店・林兼漁業(株)・林兼冷蔵(株)設立 …1924-9
(株)林兼商店設立(林兼商店,林兼漁業,林兼冷蔵を合
　併) ………………………………………………1925-9
林兼食品工業 ………………………………………1935
バリンタワク麦酒醸造(株)設立(大日本麦酒ほか共同出資)
　　　　　　　　　　　　　　　　　　　　…………1937-1
ハルピンキャンデーストアー開店(森永製菓) ………1938-12
播州ブドウ園設置 …………………………………1880-3

======= ひ =======

麦酒協会に改組改称(日本麦酒原料協会) …………1939-3
麦酒共同販売(株)設立 ……………………………1933-8
麦酒共同販売(株) …………………………………1935-5
(麦酒)大日本・麒麟・日本麦酒鉱泉(カブトビール)3社間の
　協定成立 …………………………………………1928-6
麦酒配給統制(株)設立 ……………………………1944-7
ビール4社協定(3社協定に桜麦酒参加) …………1929-2
日賀志屋(エスビー食品の前身)設立 ………………1926-8
引札屋 ………………………………………………1878-6
広島県合同缶詰(株) ………………………………1943-2
広島蜜柑缶詰工業組合設立 ………………………1933-5

ふ

凰月堂	1868, 72
藤井乳製品(株)を除名(大日本製乳協会)	1933-11
「金城軒」(フジパンの前身)を開業	1922-5
富士屋ホテル開業	1878-7
不二家洋菓子舗(不二家の前身)創業	1910-11
不二家洋菓子舗,合名会社不二家と改組改称	1930-3
(株)第二不二家設立	1938-6
(株)第二不二家,合名会社不二家を合併	1938-9
(株)不二家,(株)不二家と商号改称	1938-12
ぶどう糖配給統制協議会発足	1942-1
ブルドックソース食品(株)設立	1926-9
ブルドックソース食品,ブルドック食品と改称	1940-5
北日本製菓(株)(ブルボンの前身)設立	1924-11
文英堂開業(木村屋総本店の前身)	1869-2
文明堂開業	1900-1

へ

米価調節調査会設置	1915-10
北京麦酒(株)設立(大日本麦酒・大倉土木ほかと共同出資)	1938-1
別海缶詰所開業	1878-7
別海缶詰所	1885-9
ヘフト・ブルワリー	1870
紅忠	1872-1
逸見山陽堂	1880-8, 96-9

ほ

房総水産(株)創立	1908-12
房総煉乳(株)設立(明治乳業の前身)	1916-9
房総煉乳,帝国煉乳(株)を合併	1917-10
房総煉乳,主基工場を開設	1918-2
房南煉乳(株)設立	1917-12, 37-5
豊年製油(J-オイルミルズの前身)設立	1922-4
北辰社牛乳配達開始	1881-2
星岡茶寮	1925-3
保証責任北海道製酪販売組合連合会設立許可(雪印乳業の前身)	1926-6
保証責任北海道製酪販売組合連合会,保証責任北海道酪農販売組合連合会と改称	1938-1
母船式鮭鱒漁業水産組合設立	1933-10
北海道製糖,北海道興農工業(株)に社名を変更	1944-9
北海道製酪販売組合連合会,有限責任北海道興農公社に改組	1941-2
北海道昆布輸出組合設立	1931-7
北海道人造肥料(株)設立	1907-2
北海道製糖(株)設立(日本甜菜糖の前身)	1919-6
北海道製糖,帯広工場落成	1920-12
北海道製糖,磯分内酵母工場完成	1938-3
北海道製糖,磯分内酵母工場設備拡張	1941-12
北海道製糖,明治製糖の傘下に入る	1944-2
(有限責任)北海道製酪販売組合(雪印乳業の前身)設立	1925-5
(有限責任)北海道興農公社,(株)北海道興農公社に改組	1941-9

ま

北海道畜産工業(株)創立	1930
北海道煉乳(株)設立	1914-9
北海道煉乳,大日本乳製品(株)と商号変更	1927-9
(株)松坂屋と商号変更((株)いとう呉服店)	1925-2
(株)増田製粉所設立	1908-5
松本米穀製粉(株)設立	1914-3
松本楼,開業	1903-6
藤萱製糖(株)設立(台湾)	1903-10
丸金醤油(株)設立(マルキン忠勇の前身)	1907-2
丸金醤油,関東に進出	1931-9
丸金醤油,初の現金配当	1937-2
丸金醤油,満州醤油(株)設立	1940-9
丸金醤油,朝鮮丸金醤油(株)設立	1942-4
丸三麦酒醸造所設立(個人経営,カブトビールの前身)	1887
丸三麦酒醸造所,丸三ビール売り出す	1889-5
丸三麦酒(株)改組設立(丸三麦酒醸造所)	1896-9
丸三麦酒,日本第一麦酒に改組	1906-10
マルダイ味噌合資会社	1926
満州愛知トマト製造(株)設立	1942-7
満州醤油(株)設立(丸金醤油)	1940-9
満州製粉(株)設立	1906-12
満州大豆工業(株)設立	1934-7
満州乳業(株)設立(明治製菓,新京特別区の三宅浜治と提携)	1940-3
満州麦酒(株)設立	1934-4
満州明治牛乳(株)設立	1938-11
満州森永食糧工業(株)設立	1942-9
満州ヤマサ醤油(株)設立	1940-10
万上味淋(株)設立	1917-12
満鉄中央研究所	1914, 34-7

み

みかはや(後の神谷バー)開店	1880-4
三河屋	1871
三沢屋商店(ブルドックソースの前身)創業	1902
水飴配給統制協議会発足	1941-7
三田育種場設置	1877-9
三井物産会社創立	1876-7
三井物産合名会社,台北に支店設置	1898
三井物産,極東煉乳(株)設立(明治乳業の前身)	1917-12
三ツ川商会と改称(九十九商会,三菱商事の前身)	1872-1
ミツカン,商標登録	1884-10
三越呉服店設立	1904-12
(株)三越と改称(三越呉服店)	1928-6
三菱社設立	1886-3
三菱商事(株)設立	1918-4
三菱商事	1934-3, 43-4
三ツ矢平野鉱泉合資会社(後の帝国鉱泉)設立	1905-10
三ツ矢平野鉱泉を改組し,帝国鉱泉(株)創立	1907-2
南日本製糖(株)設立	1912-3
南満州鉄道(株)(満鉄)設立	1906-11
南満州製糖(株)設立	1916-12

美々卯開店(麺類店)	1925
ミヨシ科学工業(株)(ミヨシ油脂の前身)に改組	1937-2
ミルクプラント協会設立	1929-6
民営機械製粉事業の始まり	1879

む

村井兄弟商会	1890, 97-8

め

明治牛乳(株)設立	1933-6
明治製菓(株)と社名改称(東京菓子)	1924-9
明治製菓, 川崎工場開設	1925-9
明治製菓, 菓子の海外輸出をすべて三菱商事に委託	1934-3
明治製菓, 奉天工場を開設	1934-9
明治製菓, 製乳部15工場, 製菓部3工場となる	1936-4
明治製菓, 明治製乳・旭日牛乳・明治食品・大島煉乳など6社合併	1939-8
明治製菓, 北海道興農公社に乳製品6工場の現物出資並びに財産を給付	1941-3
明治製菓, 社名を明治産業(株)と改称	1943-12
明治製糖(株)創立	1906-12
明治製糖蘒莖工場操業開始	1907-8
明治製糖維新工場操業開始	1910-7
明治製糖蒜頭工場操業開始	1910-11
明治製糖蒜頭精工場操業開始	1911-3
明治製糖蕭壠工場(台湾台南州)操業開始	1908-12
明治製糖, 横浜精糖(株)と合併契約締結	1911-6
明治製糖, 横浜精糖を合併	1912-1
明治製糖, 戸畑工場(精製糖工場)完成	1916-7
明治製糖, 川崎氷糖工場操業開始	1917-5
明治製糖, 川崎粉糖工場操業開始	1917-12
明治製糖, (株)明治商店設立	1920-11
明治製糖, 旧日本甜菜製糖(株)を合併し清水工場として操業開始	1923-6
明治製糖, 士別工場(甜菜糖)完工	1936-10
明治製糖, 神戸工場閉鎖	1943-1
明治製糖, 川崎工場閉鎖	1943-2
明治製糖, 北海道製糖の経営にあたる	1944-2
明治製乳(株)設立	1929-8
明治乳業(株)と商号改称(極東煉乳)	1940-12
明治乳業, 明治製菓の乳製品部門の経営を全面譲受	1943-9
明治乳業, 清水・帯広・釧路の3工場を北海道興農公社に現物出資	1941-3
明治乳業, 東京牛乳運輸(株)を設立	1941-6
明治屋創業	1885-10
明治屋	1888-5
昭和酒造(メルシャンの前身)設立	1934-12

も

森永商店と称す(森永西洋菓子製造所創設, 森永製菓の前身)	1899-8
(株)森永商店設立	1910-2
(株)森永商店, 森永製菓(株)と改称	1912-5
森永製菓, 日本煉乳を合併	1920-7
森永製菓, 塚口工場内に3階建ビスケット工場落成	1921-3
森永製菓, 森永製品販売(株)設立	1923-3
森永製菓, 鶴見工場完成	1925-6
森永製菓, 大連工場開設	1934-6
森永製菓, 新京工場(満州の首都)落成	1941-11
森永製菓, 満州森永食糧工業(株)設立	1942-9
森永製菓, 森永乳業・森永食品工業・東海製菓・森永関西牛乳を合併	1942-10
森永製菓, 森永食糧工業(株)と社名改称	1943-11
(株)森永キャンデーストアー設立	1933-5
森永牛乳(株)設立	1933-5
森永食品工業(株)設立	1936-5
森永煉乳(株)設立(森永製菓煉乳部分離独立)	1927-9
森永煉乳, 空知・野付牛・胆振・江別の4工場を北海道興農公社に現物出資	1941-4
森永煉乳, 社名を森永乳業(株)と改称	1941-5
森永乳業, 森永製菓と合併	1942-10
神戸モロゾフ製菓(株)(モロゾフの前身)創立	1931-7
モロゾフ製菓(株)に変更	1936-8
紋鼈製糖(株)創立	1887-4
紋鼈製糖(株)解散	1896-2

や

八重山糖業(株)創立	1895-12
八重山糖業事業整理可決	1898-8
安井(日本製粉)・正田(日清製粉)紳士協定	1928-10
山形県合同食品(株)	1942-7
山口県合同缶詰(株)(林兼産業の前身)設立	1941-1
山越工場, 製糖プラント製作納入	1905
(株)山越工場(明治機械の前身), 明治製糖の資本と参加を得る	1938-11
ヤマサ醤油店	1893
ヤマサ醤油店, ヤマサ醤油(株)に改組	1928-11
ヤマサ醤油店, 山十醤油を吸収合併	1918
山城屋(イカリソースの前身)開店	1896-2
山梨県立葡萄酒醸造場完成	1877-3

ゆ

(株)湯浅商店設立(ユアサ・フナショクの前身)	1937-1
有機肥料配給(株)設立	1939-12
上島忠雄商店(UCC上島珈琲の前身)創業	1933
ユーハイム開店	1924
輸出カニ缶詰業水産組合設立	1924-3

よ

羊(洋?)水舎設立	1880
羊(洋?)水舎	1886夏〜秋
洋糖商会を組織	1888
(株)養命酒本舗設立	1931-1
横浜食肉商業組合結成	1938
横浜食肉配給統制組合及び横浜食肉小売統制組合発足	1941-10
横浜精糖(株)創立	1906-9
吉野家(牛丼の吉野家の前身)	1899

吉原製油(株)(J-オイルミルズの前身)に改称(〈株〉吉原定
　次郎商店) ……………………………………1935-7
四ッ菱食品(株)設立 …………………………1930-4
米津風月堂 ………………………… 1872, 84-7, 92
四方合名会社設立(宝酒造の前身)…………… 1905-10
四方合名会社, 木崎工場完成 ………………1924-9
四方(合名), 宝酒造(株)に改組 ………………1925-9

============ら============

ラクトー(株)設立(カルピスの前身) ……………1917-10
酪連(保証責任北海道製酪販売組合連合会), 保証責任北
　海道酪農販売組合連合会(以降も酪連と略称)と改称
　………………………………………………1938-1

============り============

(財)理化学研究所設立 …………………………1917-3
陸軍中央糧秣廠創設 ……………………………1897-5
理研栄養薬品(株)設立(理研ビタミンの前身) …………1938
硫安販売(株)設立 ………………………………1937-10
硫安肥料製造組合設立 ………………………1936-12
糧食研究会発足 …………………………………1919-6
旅順醤油醸造(株)設立 …………………………1909
燐酸肥料配給(株)設立 ………………………1938-12
臨時缶詰配給統制会結成 ……………………1942-3
臨時物資調整局設置 ……………………………1938-5

============れ============

煉瓦亭開業 ………………………………………1895
煉乳組合結成 ……………………………………1931-7

============わ============

和光堂薬局(和光堂の前身), 国産初の育児用粉ミルク｢キノミ
　ール｣発売 ……………………………………1917-3

人名索引

あ
- 赤沢仁兵衛 …………… 1912-9
- 赤堀峯吉 ……………… 1882-2
- 秋元三左衛門 ………… 1873-5
- 秋元巳之助 ………… 1875, 1904
- 芥川鉄三郎 …………… 1892
- 阿久津正蔵 ………… 1943-12
- 朝家万太郎 …………… 1916
- 浅田甚右衛門 ………… 1884
- アトキンソン ………… 1874, 81-8
- 阿部亀治 …………… 1893-秋
- 安部幸兵衛 ……… 1905, 06-8, 06-9
- 雨宮敬次郎 ……… 1879, 83, 86-1, 87-2
- 雨宮竹輔 ……………… 1886
- 雨宮伝吉 ……………… 1894
- アンチセル …………… 1871-7, 72-7

い
- 飯田吉英 ………… 1912-8, 18-2
- 生田 秀 ………… 1888-4, 91-10
- 池田菊苗 ………… 1908-7, 36-5
- 石井治兵衛 …………… 1898-7
- 泉水新兵衛 …………… 1875-1
- 和泉庄蔵 ……………… 1908
- 井関邦三郎 ………… 1926-8
- 磯野長蔵 ……………… 1919
- 磯野 計 ……… 1885-10, 97-1, 97-12
- 伊谷以知二郎 ………… 1937-3
- 市川米三 …………… 1897-12
- 伊藤左千夫 ………… 1889-4
- 伊藤忠吉 ……………… 1922
- 伊藤忠兵衛 …………… 1872-1
- 伊藤伝三 …………… 1928-3
- 井上謙造 ……………… 1882
- 今井伊太郎 …………… 1886
- 井村和蔵 ……………… 1896
- 岩井勝次郎 ………… 1896-7
- 岩倉具視 …………… 1871-11
- 岩崎弥太郎 ……… 1870-10, 72-1, 85-2
- 岩崎弥之助 ……… 1886-3, 88-5, 91-1
- 巌本善治 ………… 1876-1, 89-6
- 岩谷松平 ……… 1880-4, 99, 1904-4, 05-11, 14-10

う
- ウィーガント ……… 1870, 75, 76-6, 80-1
- ウイルキンソン ………… 1880
- 植木枝盛 …………… 1881-11
- 上島忠雄 ……………… 1933
- 上野八郎右衛門 ……… 1912
- ウォルシュケ，ヘルマン …… 1919
- 碓氷勝三郎 …………… 1895
- 宇都宮三郎 …………… 1870-1
- 宇都宮仙太郎 ……… 1891, 1925-5
- 浦上靖介 …………… 1913-11

え
- 江木鰐水 ……………… 1878
- 江崎利一 ……… 1919-3, 20-10, 21-4, 22-2
- 江田鎌治郎 ……… 1910, 1926
- 榎本武揚 …………… 1869-2

お
- 大賀彊二 …………… 1917-3
- 大木市蔵 …………… 1919-3
- 大久保重五郎 ………… 1901
- 大久保善一郎 ……… 1890, 92
- 大久保利通 ……… 1871-11, 72-1, 74-5, 78-5
- 大倉喜八郎 …… 1873-10, 86-11, 88-5, 90-7
- 大社義規 …………… 1942-3
- 大藤松五郎 ………… 1875, 77-3
- 大町 信 ……………… 1906
- 大宮庫吉 ……… 1912. 1916-4, 25-9
- 大谷嘉兵衛 …………… 1902
- 岡村庄太郎 ………… 1902-3
- 尾崎貫一 ……………… 1910
- 小沢善平 ……… 1874-3, 77-9, 81-3, 86
- 小幡高政 ……………… 1876
- 恩田鉄弥 …………… 1893-6

か
- カーティス ……… 1874, 84-8, 87-10
- 嘉悦孝子 …………… 1912-5
- 香川綾 ………………… 1933
- 香川昇三 ……………… 1933
- 賀川豊彦 …………… 1921-5
- 片岡伊右衛門 …… 1872-11, 95-4
- 片岡敏郎 ……………… 1930
- 片桐寅吉 …………… 1904-4
- 桂二郎 ……… 1882-11, 86-9, 87-12, 88-6, 92-5
- 加藤時次郎 ………… 1918-1
- 仮名垣魯文 ………… 1871-4, 72
- 金沢嘉蔵 …………… 1872-3, 84
- 金沢三右衛門 ……… 1878-10
- 蟹江一太郎 ……… 1899-春, 1901, 1903-7, 04-6, 06-5, 08
- 金子直吉 …… 1886, 91, 94-6, 99, 1902-11, 17, 44-2
- 兼松房治郎 ………… 1889-8
- 神谷伝蔵 ………… 1894-9, 98-4
- 神谷伝兵衛 …… 1880-4, 81, 85-6, 86-3, 93, 94-9, 97-4, 98-4, 1900-11, 1903-9, 03-11, 12-4, 20-2, 22-4
- ガルトネル ……… 1869-2, 70-12

き
- 河井茂樹 …………… 1911-2
- 川上善兵衛 ……… 1890-6, 98, 1944-5
- 川田龍吉 ……………… 1908

- 岸田吟香 …………… 1877-6
- 岸田捨次郎 ……… 1899, 1901
- 北大路魯山人 ……… 1925-3
- 北村重威 …………… 1872-2
- 木村英三郎 ……… 1869-2, 87-5
- 木村幸次郎 ………… 1896-2
- 木村荘平 ……… 1879-4, 81-暮 88-3, 1906-4
- 木村安兵衛 ……… 1869-2, 89-7
- 桐野孫太郎 …………… 1871

く
- 草野丈吉 ………… 1871, 81-1
- 葛原猪平 ……… 1919, 21-1, 24-1
- 窪田惣八 ……………… 1875
- クラーク ……………… 1876-8
- 倉島謙 ………… 1910, 12, 14-4, 15
- 倉場富三郎 ………… 1908-5
- 黒沢酉蔵 …………… 1925-5
- 黒田清隆 … 70-5, 71-7, 75-6, 81-7, 82-1

け
- ケインズ …………… 1931-1
- ケテル ………………… 1919
- ケプロン ……… 1871-7, 72-1, 75-6

こ
- 小出孝男 …………… 1920-4
- 神津邦太郎 ………… 1887, 89
- コープランド …… 1869, 70, 73, 75, 76-6, 80-1, 1902-2
- 国分勘兵衛（9代） …… 1880
- 小島伸三郎 ……… 1902, 1905
- 児玉源太郎 … 1898-2, 1900-6, 01-5
- 後藤磯吉 …………… 1931-5
- 後藤新平 …… 1898-2, 99, 1906-11
- 後藤半七 ……………… 1896
- 小西儀助 ……………… 1884
- 小林一三 ………… 1917-6, 29-4
- 小林多喜二 ……… 1929-5, 33-2
- 小山新助 ……………… 1909
- 小山益太 ……………… 1895
- ゴンチャロフ，マカロフ …… 1923-4
- 近藤芳樹 …………… 1872-5
- 近藤利兵衛 ………… 1903-4

さ

佐伯矩 …………………… 1914, 20-9
斎藤嘉平 ………………… 1885-7
斎藤定篤 ………………… 1890-1, 1901-2
斎藤満平 ………………… 1884-8, 87-10, 95-4
齋藤義政 ………………… 1929, 34
坂田武雄 ………………… 1913-7, 1916
佐久間惣次郎 …………… 1907, 1920-8
酒匂常明 ………………… 1906-11, 09-1, 09-7
薩摩平太郎 ……………… 1925
佐藤弥六 ………………… 1893-5
塩川伊一郎 ……………… 1881

し

志賀潔 …………………… 1897-11
柴田文次 ………………… 1920-8
渋沢栄一 ………………… 1871-9, 87-12, 88-5,
  90-7, 94-5, 96-1, 1900-6, 09-4, 31-11
渋谷庄三郎 ……………… 1872-3, 81-5
渋谷兼八 ………………… 1913-10
島田信二郎 ……………… 1929
清水誠 …………………… 1875-4
下田喜久三 ……………… 1913
正田貞一郎 ……………… 1900-10
正田英三郎 ……………… 1935-12
代田稔 …………………… 1930

す

水原寅蔵 ………………… 1879
杉本隆治 ………………… 1923-4
鈴木乙松(音八) ………… 1868, 80
鈴木岩治郎 ……………… 1872, 74, 86, 89, 94-6
鈴木梅太郎 ……………… 1910-10, 24-7
鈴木清 …………………… 1879-4
鈴木三郎助 ……………… 1908-9, 31-3
鈴木忠治 ………………… 1932-10
鈴木藤三郎 ……………… 1883-12, 84-6,
  85-4, 89-6, 90-1, 91-4, 92, 94-3, 95-12,
  96-6, 99-3, 00-6, 00-12, 03-1, 03-3,
  03-4, 03-10, 04-3, 05-3, 06-7, 09-11
鈴木ナカ ………………… 1888-秋
鈴木よね ………………… 1894-6, 1902-11
鈴木与平 ………………… 1929-12

せ

関沢明清 ………………… 1876, 89-1, 96

そ

相馬愛蔵 ………………… 1901-12
相馬半治 ………………… 1905-3, 1906-12

た

高木兼寛 ………………… 1882-11
高碕達之助 ……………… 1917-6, 38-4

高梨仁三郎 ……………… 1928-7
高野吉太郎 ……………… 1900, 18
高野正誠 ………………… 1877-8, 90-12
高畑誠一 ………………… 1913, 17
高林謙三 ………………… 1885-8
高峰譲吉 ………………… 1909-4
滝口倉吉 ………………… 1871
詫間憲久 ………………… 1870
竹岸政則 ………………… 1931-9
竹鶴政孝 ………………… 1924-11, 34-7
田尻稲次郎 ……………… 1919-7
多田正吉 ………………… 1877-2
立花寛治 ………………… 1876-1
田中宏 …………………… 1916-2, 16-10
田辺玄平 ………………… 1915, 17-6, 18, 33-10
田村市郎 ………………… 1914-3, 17-6
田村顕允 ………………… 1887-4
田原良純 ………………… 1886, 99
ダン，エドウィン ……… 1873-8

ち

千葉勝五郎 ……………… 1872-5
陳平順 …………………… 1899

つ

塚田豊明 ………………… 1931-4
対馬竹五郎 ……………… 1929
辻村義孝(義久?) ……… 1882, 84
津田梅子 ………………… 1874-5
津田仙 …………………… 1871, 74-5, 76-1, 89-6
土屋龍憲 ………………… 1877-8, 1900-4
堤清六 …………………… 1907
角田米三郎 ……………… 1869-1
坪内逍遙 ………………… 1871

て

鄭永慶 …………………… 1888-4
出島松造 ………………… 1869-6, 73-7
デュリー ………………… 1871
寺尾博 …………………… 1921

と

当間辰次郎 ……………… 1896
堂本誉之進 ……………… 1907
栂野明二郎 ……………… 1920-10, 37-6
富岡周蔵 ………………… 1892
鳥井駒吉 ………………… 1887-1
鳥井信治郎 ……………… 1899-2, 1924-11
トリート ………………… 1877-9, 77-10, 79-2

な

中川(屋)嘉兵衛 ………… 1869, 70, 71-夏,
  97-1
中川清兵衛 ……………… 1873-3, 75-8,

  91-2, 1916-4
中川虎之助 ……………… 1881-3, 92, 98-8,
  1907-12, 08-5, 12-5, 26-3
中川安五郎 ……………… 1900-1, 14-3
中島董一郎 ……………… 1916, 19-11
中西敬二郎 ……………… 1921-2
中埜又左衛門(4代) …… 1887
中原孝太 ………………… 1899-5, 1901-9
永藤鉄太郎 ……………… 1912
中部幾次郎 ……………… 1880-9, 97,
  1905-11, 24-9
長与専斎 ………………… 1890-2
南條新六郎 ……………… 1892, 94-3, 96-12

に

西川貞二郎 ……………… 1892
西村勝三 ………………… 1884-2, 85-5, 88-6
新渡戸稲造 ……………… 1901-1, 01-5,
  01-11, 02-6, 04-6
仁部富之助 ……………… 1921

ぬ

額田豊 …………………… 1915-7

ね

根岸万吉 ………………… 1871
根津嘉一郎 ……………… 1906-10・12, 08-8

の

ノース …………………… 1868
野口正章 ………………… 1873, 74-1, 75-3, 82, 1901-3
野田清右衛門 …………… 1886

は

パーマー，ヘンリー・スペンサー
  ……………………………… 1887-10
橋谷義孝 ………………… 1930-4
橋爪貫一 ………………… 1873-9
橋本左五郎 ……………… 1914-9
花岡正庸 ………………… 1922
花島兵右衛門 …………… 1896-9
浜口儀兵衛(7代) ……… 1885
浜口儀兵衛(10代，のちに梧洞)
  ……………………………… 1893, 99
浜口富三郎 ……………… 1904
浜口文二 ………………… 1930-4
ハム，ハインリッヒ …… 1911, 19
林原一郎 ………………… 1931
原敬 ……………………… 1918-9, 20-1, 21-4, 21-11

ひ

日高亀市・栄三郎父子 … 1892-2
平塚常次郎 ……………… 1907
平野武治郎 ……………… 1879

ふ

福井数右衛門 …… 1871-8, 72-12, 76-5
福沢諭吉 …… 1871, 89, 93-5, 1901-2
福羽逸人 …… 1876-1, 78-11, 82, 85, 98
福原有信 …… 1902
藤井林右衛門 …… 1910-11
藤瀬半次郎(半兵衛) …… 1868
藤田伝三郎 …… 1893-12, 99-5
藤田辰次郎 …… 1887-2, 90-春, 91-9, 98, 1901
藤村紫朗 …… 1877-8
藤山雷太 …… 1909-4, 15-9, 38-12
三木謙三 …… 1921-9
プッティングハウス, カール …… 1919, 1924
舟橋甚重 …… 1922-5
フルスト …… 1872-3
降矢虎馬之甫 …… 1936-11
古谷辰四郎 …… 1899-2, 1914-9, 17-1, 30-8
フロインドリーブ, ハインリッヒ …… 1919, 1920-6

へ

逸見勝誠 …… 1880-8

ほ

ホーテン, ヴァン …… 1919, 22-8
細井和喜蔵 …… 1925-7
堀切紋次郎 …… 1873-5
堀越藤吉 …… 1869
本多静六 …… 1912-4

ま

前田喜代松 …… 1885
前田留吉 …… 1869-4, 71-11, 81
前田正名 …… 1877-3, 84-12
前田道方 …… 1881, 86-4
馬越恭平 …… 1892-5, 93-2, 1906-3, 20-11, 33-4
馬越幸次郎 …… 1930-4
真崎照郷 …… 1888-3
益田孝 …… 1876-7, 88-5, 1900-6, 38-12
益田太郎 …… 1917
益田直蔵 …… 1907-1
増田増蔵 …… 1905, 06-9, 07-8
増田(屋)嘉兵衛 …… 1874
町田房蔵 …… 1869-6
松江春治 …… 1921-11
松江豊寿 …… 1919, 1921-11
松方正義 …… 1878-5
松崎半三郎 …… 1905-1, 17-9, 35-4
松田雅典 …… 1871, 79-7, 82
松戸覚之助 …… 1898, 1934-6
松野庄兵衛 …… 1871

松山省三 …… 1911-4
丸山寅吉 …… 1907

み

三浦仙三郎 …… 1898-9
三河屋久兵衛 …… 1871
三島海雲 …… 1916-5, 17-10
水野龍 …… 1911-12
宮城新昌 …… 1924
宮崎光太郎 …… 1886-3, 92-4, 1903-9
宮崎甚左衛門 …… 1909, 1926

む

村井弦斎 …… 1903-1, 1905-2
村上光保 …… 1870, 74
村上もと …… 1870, 74
村上一政 …… 1910-5
村上芳雄 …… 1929
村田保 …… 1893-11
村橋久成 …… 1875-12

め

明治天皇 …… 1869-3, 69-4, 71-11, 72-1, 73-7, 75-4, 77-6, 1912-7

も

茂木啓三郎(初代) …… 1895-4, 1917-12
茂木佐平治(7代) …… 1881-2
茂木七左衛門 …… 1917-12
茂木七郎右衛門 …… 1887, 1917-12
森鷗昶 …… 1908-12
森鷗外 …… 1886-1, 92
盛田善平 …… 1887, 1919-12, 20-6
森田龍之介 …… 1880-冬, 86-6
森永太一郎 …… 1899-8, 1935-4, 37-1
森村市左衛門 …… 1904-1
モロゾフ …… 1926

や

ヤーン, カール …… 1918-2
安井敬七郎 …… 1900
安田善次郎 …… 1888-5
柳沢佐吉 …… 1875
山岡鉄舟 …… 1875-4
山口八十八 …… 1908-5
山越秀太郎 …… 1899
山崎峯次郎 …… 1923-4
山地土佐太郎 …… 1936-10, 37-9
山田宥教 …… 1870
山田寅吉 …… 1880-2, 81-7
山田箕之助 …… 1874
山内善男 …… 1886
山本為三郎 …… 1917, 21-7, 33-7

ゆ

ユーハイム, カール …… 1919, 21, 24

よ

横山省三 …… 1895-4
横山助次郎 …… 1885, 89-5, 93
米津恒次郎 …… 1884-7, 1900
米津松造 …… 1872, 76-7, 80

ら

ライマ …… 1871

れ

レイモン, カール …… 1918-夏, 1926, 33-5
蓮昌泰 …… 1868

ろ

ローマイヤ, アウグスト …… 1919

わ

和合英太郎 …… 1928-9

社史一覧

あ

味の素株式会社
『味の素沿革史』沿革史編纂会編　1951.3
『味の素の50年』1960.7
『味の素50年史稿』1960.6
『味の素株式会社社史1・2』社史編纂室編　1971.6・72.9
『未踏世界への挑戦味の素株式会社小史』日本経営史研究所編　日本経営史研究所　1974.6
『味をたがやす：味の素の八十年史』1990.7
『味の素グループの百年：新価値創造と開拓者精神：1909→2009』2009.9

アサヒビール株式会社
『アサヒビール：初めての味、最高の品質で快進撃』経済界「ポケット社史」編集委員会編著　経済界発刊　1990.8
『Asahi 100』アサヒビール株式会社社史資料室編　1990
『アサヒビールの120年：その感動を，わかちあう。』120年史編纂委員会編　2010.11

え

江井ケ嶋酒造株式会社(明石市)
『江井ケ嶋酒造株式会社八十年史』社史編集委員会編　1969
『江井ケ嶋酒造株式会社100年史』100年史編集委員会編　1989.1

江崎グリコ株式会社(1921年4月，合名会社江崎商店設立)
『グリコ35年の歩み』1957
『50年の軌跡』江崎グリコ株式会社グリコ新聞編集部編　1973.1
『創意工夫－江崎グリコ70年史』1992

エバラ食品工業株式会社
『味な文化を創造する：エバラ食品40年史』2000.6

お

大関株式会社
『魁：昨日・今日・明日：大関280年小史』1991.3
『大関二百八十年史』1996.4

沖縄コカ・コーラボトリング株式会社
『さわやか25年』1996.5

オリエンタル酵母工業株式会社
『オリエンタル酵母工業五十年史』1979.6

オリオンビール株式会社
『10年のあゆみ』山田弘　1967
『オリオンビール40年のあゆみ』1998

か

カゴメ株式会社
『カゴメ八十年史　トマトと共に』カゴメ八十年史編纂委員会編　1978.11
『先進志向―カゴメ最近10年史―』社史編纂委員会編　1988.4
『カゴメ一〇〇年史　本編　資料編』社会対応室100周年企画グループ編　1999.10

亀田製菓株式会社(新潟市)
『製菓展道三十年：亀田製菓30年史』亀田製菓株式会社経営企画室編　1987.11

カルピス株式会社
『70年のあゆみ』カルピス食品工業株式会社社史編纂委員会編纂　1989.7
『「カルピス」の忘れられないいい話』カルピス株式会社　チクマ秀版社　1997.10

き

キーコーヒー株式会社
『キーコーヒー70年史』社史編纂委員会編　1993.4
『キーコーヒー近10年史：パブリックカンパニーへの歩み：1988-2001』社史編纂委員会編　2002.2

キッコーマン株式会社(1917年12月7日　野田醬油株式会社設立)
『野田醬油株式会社二十年史』1940.10
『野田醬油株式会社三十五年史』野田醬油株式会社社史編纂室著　1955.7
『キッコーマン醬油史　会社創立五十周年記念』キッコーマン醬油株式会社編　1968.10
『キッコーマンの広告：1　1950～68』キッコーマン醬油広報部　1971.7
『キッコーマンの広告：2　1968～71』キッコーマン醬油広報部　1976.7
『キッコーマンの広告：3　1971～75』キッコーマン醬油広報部　1976.1
『味を創る　キッコーマン社史・挿話』キッコーマン醬油株式会社編　1975.4
『キッコーマン株式会社八十年史』2000.10

木村屋総本店
『おかげさまで創業百二十年：木村屋総本店百二十年史』社史編纂室編　1989.5

協同乳業
『協同乳業10年史：1953～1963』10周年記念準備委員会編　1963
『協同乳業50年史』50年史編纂委員会編　2003.4

株式会社極洋(旧・極洋捕鯨株式会社)
『極洋捕鯨30年史』30年史編纂委員会企画・監修　1968.5
『極洋60年小史』同社総務部企画・編集　1997.10

キリンビール株式会社(1907(明治40)年2月23日設立)
『麒麟麦酒株式会社五十年史』麒麟麦酒株式会社五十年史編集委員会　1957.4

『横浜工場生まれ変わりに向けての15年史(1976～1991年)』キリンビール横浜工場　1991
『麒麟麦酒の歴史：戦後編』麒麟麦酒株式会社編　1969
『麒麟麦酒の歴史：続戦後編』社史編纂委員会編　1985.3
『キリンビールの歴史：新戦後編』キリンビール広報部社史纂室編　1999.4
『びんを吹いて50年：キリンビール株式会社富田製壜工場50周年記念誌』同工場編　1988.6

く

熊本製粉株式会社
『熊本製粉50年のあゆみ』1997.12

久米島製糖株式会社(沖縄)
『久米島製糖株式会社20周年記念誌』久米島製糖株式会社編　1980.4

株式会社ふらんす菓子グローバー
『道ひとすじ：株式会社ふらんす菓子グローバー五〇年史』

群馬畜産加工販売農業協同組合連合会(高崎市)
『高崎ハム創業二十年史』群馬畜産加工販売農業協同組合連合会編　1958.10
『高崎ハム三十年の歩み』萩原進　群馬畜産加工販売農業協同組合　1969
『五十年の足跡　高崎ハム』1987.5

け

月桂冠株式会社(1637年(寛永14)大倉治右衛門『笠置屋』創業)
『月桂冠三五〇年の歩み』月桂冠株式会社社史編集委員会編　1987.10
『月桂冠三百六十年史』社史編纂委員会編　1999.6
『月桂冠史料集』社史編纂委員会編　1999.2

こ

合同酒精株式会社
『合同酒精社史』社史編纂委員会編纂　1970.12

小西酒造株式会社(1550(天文19)年創業)
『白雪の明治・大正・昭和前期』1995

さ

佐竹製作所
『米麦機械100年サタケ社史1896～1996』1997.2

サッポロビール株式会社
『サッポロビール沿革誌』大日本麦酒札幌支店編　1936
『サッポロビール120年史：since1876』広報部社史編纂室編　1996.3
『サッポロビール130周年記念誌』2006

サントリー株式会社
『サントリーの70年』編者：株式会社サン・アド　サントリー　1969
形態　2冊：第1　やってみなはれ　第2　みとくんなはれ

『日々に新たに　サントリー百年誌』サントリー株式会社編　サントリー　1999.10

し

敷島製パン株式会社(名古屋市)
『パン半世紀：シキシマの歩んだ道』岡戸武平　中部経済新聞社　1970
『敷島製パン80年の歩み』安保邦彦　2002.6

(株)資生堂
『資生堂社史：資生堂と銀座のあゆみ八十五年』1957.11
『資生堂百年史』1972

昭和産業株式会社
『昭和産業：食品コンビナートのパイオニア』(ポケット社史)ダイヤモンド社　1966.2

昭和炭酸株式会社
『昭和炭酸50年史』昭和炭酸社史編纂委員会編　1994.12

清水食品株式会社(静岡市清水区)
『SSKの50年』社史編集委員会編　1980.5

白木屋
『白木屋三百年史』白木屋編　1957.3

新光製糖株式会社
『新光製糖50年の歩み　砂糖・氷砂糖の歴史』社史編集委員会編　1994.6

(株)新宿高野
『新宿高野100年の歩み：創業90年の歩み　戦前編　戦後編』編纂委員会編　1975

す

スターゼン株式会社(旧・ゼンチク)
『ゼンチク30年史』30年史編纂委員会編　1978.6

せ

摂津製油株式会社
『摂津製油100年史』編纂チーム企画・編集　1991.1

た

第一屋製パン株式会社
『おいしさにまごころにこめて：第一パン45年のあゆみ』1994.6

大東糖業株式会社(沖縄)
『大東糖業30年の歩み』大東糖業30年の歩み編集委員会編　1982.9

大日本製糖株式会社
『日糖最近十年史』西原雄次郎編　大日本製糖　1919.4
『日糖最近二十五年史』西原雄次郎編　大日本製糖1934.4
『二十五周年祝賀会誌』西原雄次郎編　大日本製糖1934.7
『日糖六十五年史』(塩谷誠編)　大日本製糖　1960.12

大日本人造肥料株式会社
大日本人造肥料株式会社五十年史　1936

大日本麦酒株式会社(1949年日本麦酒(現・サッポロビールホールディングス)と朝日麦酒(現・アサヒビール)に分割される)
『大日本麦酒株式会社三十年史』浜田徳太郎編輯　1936.3

大洋漁業株式会社(マルハの前身)
『大洋漁業80年史』80年史編纂委員会編　1960

台糖株式会社
『台糖九十年通史』台糖九十年通史編纂委員会編　1990.3

台湾製糖株式会社　台糖株式会社
『台湾製糖株式會社創立15年記念写真帖』台湾製糖株式会社編　1915
『台湾製糖株式會社事業沿革之概要』台湾製糖株式会社編　1915
『台湾製糖株式会社事業沿革之概要　台湾製糖』　1921
『台湾製糖株式会社社史』(伊藤重ericht編)台湾製糖東京出張所編　1939.9
『台糖九十年通史』

宝酒造株式会社
『宝酒造三十年の概要』(富士野安之助著)　1955
『宝酒造株式会社三十年史』(富士野安之助編)　1958
『宝酒造創立50周年記念』　出版年不明
『宝酒造60周年記念誌』宝酒造株式会社広報室編　1985.9

竹屋
『タケヤ味噌百年史』タケヤ味噌百年史編集部編　1972

辰馬本家酒造(西宮市)
『白鹿　辰馬本家酒造330年記念誌』辰馬本家酒造　1992

=====ち=====

中部製糖株式会社(沖縄)
『中部製糖二十年のあゆみ：創立二十周年記念誌』中部製糖　1980.12

銚子醤油株式会社(ヒゲタ醤油の前身)
『社史』銚子醤油株式会社　1972.4

=====と=====

東京コカ・コーラボトリング株式会社
『さわやか25年：東京コカ・コーラボトリング株式会社』同社史編纂委員会編　1983.2

東京凮月堂
『東京凮月堂社史：信頼と伝統の道程』同編纂委員会編　2005.4

東洋製罐株式会社
『東洋製罐50年のあゆみ』東洋製罐　1967.6

利根コカ・コーラボトリング株式会社(1962(昭和37)年2月1日設立)
『利根コカ・コーラボトリング株式会社十年史』同編纂委員会編　1972
『利根コカ・コーラボトリング株式会社20年史』同編纂委員会編　1984.12
『利根コカ・コーラボトリング株式会社40年史』同編纂委員会編　2000.3

虎屋
『虎屋の五世紀：伝統と革新の経営. 通史編』[虎屋]社史編纂委員会編　2003.11
『虎屋の五世紀：伝統と革新の経営. 史料編』[虎屋]社史編纂委員会編　2003.11

鳥越製粉株式会社(1935(昭和10)年12月24日設立)
『五十年の歩み：鳥越製粉株式会社50周年社史』同社史編集委員会編　1985.12

=====な=====

ナイカイ塩業株式会社
『備前児島野崎家の研究：ナイカイ塩業株式会社成立史』社史編纂委員会編　財団法人竜王会館　1981.7

中村屋(1901(明治34)年12月, 相馬愛蔵・黒光夫妻が東大赤門前に創業)
『中村屋100年史』中村屋社史編纂室編　2003.4

名古屋精糖株式会社
『名糖』名古屋精糖　1955.6

南西糖業株式会社(事業本部は鹿児島県徳之島)
『十年の歩み』(南西糖業株式会社創立10周年記念)　1976.5
『30年のあゆみ』南西糖業株式会社社史編纂委員会編　1997.4

=====に=====

西宮酒造株式会社(現・日本盛)
『西宮酒造100年史』西宮酒造株式会社社史編纂室編　西宮酒造　1989

ニチレイ株式会社(1942(昭和17)年12月, 帝国水産統制株式会社設立)
『日本冷蔵株式会社二十五年の歩み』日本冷蔵株式会社編　1973.12
『ニチレイ50年史』ニチレイ編　1996.9

日魯漁業株式会社(ニチロの前身)
『日魯漁業経営史　第1巻』日魯漁業株式会社編　水産社　1971
『日魯漁業経営史(現ニチロ)　第2巻』ニチロ　1995.11

ニッカウヰスキー株式会社
『歴史, 琥珀色に輝く／ニッカウヰスキー株式会社60年史』ニッカウヰスキー編　1994

日清食品株式会社
『食足世平　日清食品社史』　1992.5
『日清食品・創立40周年記念誌　食創為世』　1998.8
『[日清食品50年史]：[1958-2008]』日清食品株式会社社史編纂プロジェクト編　2008.8

日新製糖株式会社
『日新製糖三十年史』　1982.11

日清製粉株式会社(1900(明治33)年10月27日　正田貞一郎が群馬県館林に館林製粉設立)
『日清製粉株式会社社史』日清製粉株式会社史編纂委員会編　1955.12
『日清製粉株式会社七十年史』日清製粉株式会社編　1970.80
『チャレンジこの一〇年　日清製粉創業九十周年記念史』日清製粉株式会社編　1990.5
『日清製粉100年史』　2001.3

日清製油株式会社
『日清製油株式会社60年史』　1969.11
『日清製油株式会社80年史』80年史プロジェクトチーム編　1987.10

日東製粉株式会社(2006年4月1日、富士製粉と合併し、日東富士製粉となる)
『日東製粉株式会社六十五年史』日東製粉社史編纂委員会編　1980.5

日本コカ・コーラ株式会社
『愛されて30年』日本コカ・コーラ株式会社社史編纂委員会編　1987.10

日本食堂株式会社
『日本食堂三十年史』　1968.10

日本水産株式会社
『日本水産50年』日本水産株式会社編　1961.5
『日本水産の70年』日本水産株式会社編　1981.5

日本製粉株式会社(1896(明治29)年12月28日、設立)
『日本製粉株式会社七十年史』日本製粉社史委員会編　1968.6
『九十年史』(財)日本経営史研究所、日本製粉社史編　1987.2
『日本製粉社史　近代製粉120年の軌跡』　2001.4

日本甜菜製糖株式会社
『日本甜菜製糖四十年史』　1961
『甜菜糖：日本甜菜製糖』(産業フロンティア物語／ダイヤモンド編)ダイヤモンド社発刊
『日本甜菜製糖50年史』　1969
『日本甜菜製糖60年史』　1979.9
『日本甜菜製糖70年小史』　1989.9
『日本甜菜製糖80年史』　1999.11
『日本甜菜製糖90年史』　2009.6

日本ハム株式会社
『日本ハム：幸せな食創りで世界一をめざす』経済界「ポケット社史」編集委員会編著　経済界発刊　1993.1

日本捕鯨株式会社
『日本捕鯨株式会社35年史』　1986.3

日本油脂株式会社
『日本油脂三十年史』社史編纂委員会編　1967.6
『日本油脂50年史』社史編纂委員会編　1988.5

日本輸出農産物株式会社
『日本輸出農産物株式会社社史』社史編纂委員会編　1948.12

(株)にんべん
『かつお節物語：日本の味から世界の味へ　かつお節を科学して二八〇年』現代経営研究所編著　にんべん　1979
『一筋の道：にんべん物語』300年記念社史編集プロジェクト編　にんべん　1999

═══════════════ は ═══════════════

白鶴酒造株式会社
『白鶴二百三十年の歩み』白鶴酒造株式会社社史編纂室編　白鶴酒造　1977

はごろもフーズ株式会社(1931(昭和16)年後藤磯吉が静岡県清水市に後藤缶詰所設立)
『はごろも缶詰の五十年』高杉高之著／はごろも缶詰の五十年史編集委員会編　1981.5
『シーチキン物語』シーチキン発売30周年記念出版　はごろもフーズ　1988.11
『はごろもフーズの七十年』はごろもフーズ　2001

合資会社八丁味噌
『カクキュー　山越え谷に越え350年』八丁味噌資料室編　2000.9

═══════════════ ひ ═══════════════

ヒゲタ醤油株式会社
『社史』銚子醤油株式会社　1972.4

═══════════════ ふ ═══════════════

(株)カステラ本家　福砂屋(長崎市)
『カステラ読本　復古創新　福砂屋』　2005.1

富士コカ・コーラボトリング株式会社
『富士コカ・コーラボトリング株式会社25年史』社史編纂委員会編　1988.12

フジパン株式会社(名古屋市)
『パンの道八十年：お客様の喜びを糧に』創業80周年社史編纂プロジェクトチーム編　2003.3

(株)不二家
『不二家：五十年の歩み』不二家　1959

社史一覧

『Fujiya Confectionary since1910　創業80周年記念誌』不二家　1990.11

プリマハム株式会社
『社史＝プリマハム株式会社』社史編さん委員会編　1970.5

ブルドックソース株式会社
『ブルドックソース55年史』ブルドックソース　1981.12

(株)文明堂総本店(長崎市)
『文明堂総本店百年史』文明堂総本店編　2000.12

━━━ヘ━━━

逸見山陽堂(サンヨー堂の前身)
『八十五年の歩み』逸見山陽堂　1965

━━━ほ━━━

豊年製油株式会社→ホーネンコーポレーション
『豊年製油株式会社二十年史』豊年製油　1944.7
『豊年製油株式会社四十年史』豊年製油　1963.12
『育もう未来を：ホーネン70年のあゆみ』ホーネンコーポレーション社史編集委員会編　1993.4

北部製糖株式会社(沖縄)
『北部製糖株式会社15周年記念誌』北部製糖株式会社編　1976.1
『北部製糖株式会社三十周年記念誌』北部製糖株式会社編　1990.7

(株)本嘉納商店(神戸)
『菊正宗三百年の歩み』本嘉納商店　1959

━━━ま━━━

マルハ
『大洋漁業80年史』　1990.12

丸美屋食品工業株式会社
『丸美屋食品50年史』　社史編纂委員会編　2001.4

━━━み━━━

日本蜜柑缶詰販売株式会社
『みかん共販33年の記録』花島満編著　日本蜜柑缶詰販売　1991.9（解散に当って刊行）

三国コカ・コーラボトリング株式会社
『みくに　爽やか25年史』　1988.10

三井製糖株式会社
『三井製糖20年史』社史編纂委員会編　1991.6

(株)三越
『株式会社三越85年の記録』　1990.2

株式会社ミツカン(1804(文化1)年、中野又左衛門が中埜酢店創業)

『七人の又左衛門―風雪，ミツカン百八十年の跫音』中埜酢店創業百八十周年記念誌編集　委員会編　1986.5
『MATAZAEMON　七人の又左衛門』【新訂版】ミツカングループ本社　2004
『尾州半田発：限りない品質向上を目指して：200th anniversary of founding』
ミツカングループ創業200周年記念誌編纂委員会編　ミツカングループ本社　2004.5

明星食品株式会社
『めんづくり味づくり―明星食品30年の歩み』　1986.10

ミヨシ油脂株式会社
『ミヨシ油脂株式会社史』幸書房編　1966

━━━め━━━

明治製菓株式会社
『明治製菓株式会社二十年史』明治製菓株式会社編　1936.4
『明治製菓四十年小史　1916-1956』明治製菓四十年小史編集委員会　1958.10
『明治製菓の歩み　創立から五十年』明治製菓社史編集委員会編　1968.10
『明治製菓の歩み　買う気でつくって60年　1916-1976』明治製菓社史編集委員会編　1977.9
『明治製菓の歩み　創業から70年』明治製菓社史編集委員会編　1987.10
『明治製菓の歩み　創業から80年』　1997.10
『明治製菓の歩み　創業から90年』明治製菓株式会社社史編纂委員会編　2007.3

明治製糖株式会社
『創立十五年記念写真帖』　1920
『十五年史』　1921.1
『明治製糖株式会社三十年史』明治製糖株式会社東京事務所編　1936.4
『伸び行く明治：明治製糖三十五周年記念』　1940.12

明治乳業株式会社
『明治乳業50年史』年史編集委員会編　1969.5
『明治乳業60年のあゆみ』　1977.3
『おいしさと健康を求めて：明治乳業70年史　激動と変化のこの10年』明治乳業株式会社70年史編集委員会編纂　1987.12
『明治乳業80年史』明治乳業株式会社編　1997.12
『自然のちからを、未来のチカラへ。：明治乳業90年史』明治乳業株式会社社史編集委員会編纂　2007.12

(株)明治屋
『明治屋七十三年史』明治屋本社　1958
『明治屋創業百年史』明治屋創業100年史編纂委員会編纂　1987.12

メルシャン株式会社(三楽オーシャンを経て，1990年メルシャン株式会社と改称)
『三楽50年史』三楽株式会社社史編纂室編纂　三楽　1986.5

も

森永製菓株式会社
『森永航空宣伝史』池田文痴菴著　森永製菓　1931
『森永五十五年史』森永五十五年史編輯委員会編　1954.12
『森永製菓一〇〇年史：はばたくエンゼル，一世紀』　2000.8

森永乳業株式会社
『森永乳業五十年史』50年史編纂委員会編　1967.9

や

山崎製パン株式会社
『ひとつぶの麦から：山崎製パン株式会社創業三十五周年記念誌』社史編纂委員会編　1984.6

ヤマサ醤油株式会社
『ヤマサ醤油店史』ヤマサ醤油株式会社編集　1977.3
『ヤマサ醤油株式会社社史』ヤマサ醤油株式会社編集　1979.7

(株)山本山
『山本山の歴史』横田幸哉著　山本山　1976.3

ゆ

ユーハイム
『バウムクーヘンに咲く花：ユーハイム70年の発展の軌跡』　1991.10

UCC上島珈琲株式会社
『UCCのあゆみ：60年史』UCC上島珈琲株式会社編纂　1995.10

よ

雪印乳業株式会社
『雪印乳業史　第1-2巻』編纂委員会編　1961
『雪印乳業史　第3巻』編纂委員会編　1969
『雪印乳業史　第4巻』編纂委員会編　1975
『雪印乳業史　第5巻』編纂委員会編　1985.4
『雪印乳業史　第6巻』編纂委員会編　1995.4
『雪印乳業沿革史』編纂委員会編　1985.4

横浜冷凍株式会社
『ザ・ヨコレイ40：横浜冷凍株式会社社史』

米屋株式会社(製菓業，千葉県成田市)
『米屋一〇〇年の歩み』米屋100周年社史編纂委員会編　1999.10

り

(株)菱食
『新流通の創造：株式会社菱食社史』菱食社史刊行準備委員会編　1999.8

わ

和光堂株式会社
『和光堂のあゆみ』社史編纂室編　1969

【編者紹介】
西東秋男(さいとう・ときお)
食料経済学・食品産業史・食生活文化史研究家

編著書
『食の366日話題事典』(東京堂出版)
『日本食文化人物事典―人物で読む日本食文化史』(筑波書房)
『日本食生活史年表(日本図書館協会選定図書)』(楽游書房)
『東北の食と農漁の文化事典(全国学校図書館協議会選定図書)』(筑波書房)
『果物の経済分析』(筑波書房)
『果物の需給分析』(筑波書房)
『食料経済の数量分析』(食料経済分析研究会)
『新・豆類の経済分析/日本食文化史講』(食料経済分析研究会)
『岡山の食文化史年表』(筑波書房)
『阿波・徳島食文化史年表』
『年表で読む日本果物文化発達史』(食料経済分析研究会)

論　文
「加齢と果物需要」(『1996年度日本農業経済学会論文集』所収)
「気象と果物需給」(『1997年度日本農業経済学会論文集』所収)
「エル・ニーニョ現象と農産物の価格上昇」(『1998年度日本農業経済学会論文集』所収)
「わが国における畜産食品の需要とその傾向(1)(2)」(「畜産の研究」)
「欧米における消費者被害救済の現状と課題」(「明日の食品産業」)
「米麦の消費者価格と消費者需要の計量的分析(分担執筆)」統計研究会
「消費者行動」(『第1回食料経済白書』〔農政研究センター〕)
「豆類関連産業の生産構造(1)(2)」(「豆類時報」)
そのほか

ねんぴょう　　よ　　にほんしょくひんさんぎょう　あゆ
年表で読む日本食品産業の歩み
　　めいじ　たいしょう　しょうわぜんきへん
　　　(明治・大正・昭和前期編)

2011年8月25日　第1版1刷印刷　　2011年8月30日　第1版1刷発行

編　者	西東秋男
発行者	野澤伸平
発行所	株式会社　山川出版社
	〒101-0047　東京都千代田区内神田1-13-13
	電話　03(3293)8131(営業)　03(3293)8135(編集)
	振替　00120-9-43993
	http://www.yamakawa.co.jp/
レイアウト	有限会社　プロシード
印刷所	明和印刷株式会社
製本所	株式会社　手塚製本所
装　幀	菊地信義

©2011　Printed in Japan　　　　　ISBN978-4-634-59070-0
●造本には十分注意しておりますが、万一、落丁・乱丁などがございましたら、小社営業部宛にお送りください。送料小社負担にてお取り替えいたします。
●定価はカバーに表示してあります。